"十三五"国家重点出版物出版规划项目

卓越工程能力培养与工程教育专业认证系列规划教材

（电气工程及其自动化、自动化专业）

本教材的出版得到了福州大学教材建设基金的资助

本书配有教师授课课件、企业培训课件

配电网自动化技术

第 3 版

主　编　郭谋发

参　编　高　伟　夏桃芳　黄　劼　黄建业

主　审　杨　钧　杨耿杰

机械工业出版社

本书系统地介绍了配电网自动化的基本概念、理论及实现的方法与技术。全书共 11 章，包括概述、配电网及一次设备、配电网自动化数据通信、配电网馈线监控终端、电力用户用电信息采集终端、配电网馈线自动化、电力用户用电信息采集系统、配电网自动化主站系统、配电网高级应用软件、配电网自动化规划、配电网自动化新技术。书中融入了编者多年的教学心得、科研成果及工程经验，力求使读者能够较快掌握和应用配电网自动化技术。

本书既可作为电气工程及其自动化专业本科生或电气工程专业学位硕士研究生的教材，也可作为供电企业从事配电网自动化系统运行和维护的技术和管理人员的培训教材，还可供从事配电网运行、调度、设计、试验、规划等工作的技术人员参考。

本书配有免费的教师授课电子课件，欢迎选用本书作教材的教师发邮件到 jinacmp@ 163.com 索取，或登录 www.cmpedu.com 注册后下载。

图书在版编目（CIP）数据

配电网自动化技术／郭谋发主编. -- 3 版. -- 北京：机械工业出版社，2025.6. --（卓越工程能力培养与工程教育专业认证系列规划教材）. -- ISBN 978-7-111 -78384-8

Ⅰ. TM727

中国国家版本馆 CIP 数据核字第 2025NX5067 号

机械工业出版社（北京市百万庄大街 22 号　邮政编码 100037）

策划编辑：吉　玲　　　　　　责任编辑：吉　玲
责任校对：贾海霞　薄萌钰　　封面设计：鞠　杨
责任印制：张　博
北京新华印刷有限公司印刷
2025 年 7 月第 3 版第 1 次印刷
184mm×260mm · 20.5 印张 · 509 千字
标准书号：ISBN 978-7-111-78384-8
定价：65.00 元

电话服务　　　　　　　　　　网络服务
客服电话：010-88361066　　机　工　官　网：www.cmpbook.com
　　　　　010-88379833　　机　工　官　博：weibo.com/cmp1952
　　　　　010-68326294　　金　书　网：www.golden-book.com
封底无防伪标均为盗版　　机工教育服务网：www.cmpedu.com

前　言 Preface

　　配电网自动化是提高供电可靠性和供电质量、扩大供电能力、实现配电网高效经济运行的重要手段，也是实现智能电网的重要基础之一。我国从20世纪90年代中期开始开展配电网自动化的试点建设，现在已由探索和试点阶段走向实用阶段。随着配电网改造和配电网自动化系统建设工作的大规模开展，需要培养大量高级专门人才，要求出版一本系统介绍配电网自动化技术的高校教材。

　　全书共11章，在简要介绍配电网自动化的概念、构成、功能及发展等的基础上，首先对配电网及一次设备、配电网自动化数据通信、配电网馈线监控终端、电力用户用电信息采集终端等做了系统阐述，接着介绍了配电网馈线自动化、电力用户用电信息采集系统，最后介绍了配电网自动化主站系统、配电网高级应用软件、配电网自动化规划及配电网自动化新技术。除了勘误，本书第3版修订时，重新编写了第8章配电网自动化主站系统，增加了第11章配电网自动化新技术，同时充实了各章的内容，使本书内容紧随实际生产和工程的需求。本书编写按照理论与实践相结合的思路，列举了大量的工程实例，旨在让读者在学习配电网自动化理论的基础上，掌握实用的配电网自动化技术并应用到实际生产和工程中。

　　本书第2章由福州大学高伟编写，第8章由国网福州供电公司黄劼编写，第10章由国网福建省电力科学研究院黄建业编写，其余8章由福州大学郭谋发编写（其中的第5章和第7章由国网福建营销服务中心夏桃芳修订），并由郭谋发进行全书的修改和定稿。本书初稿完成后，承蒙南京国网电瑞电力科技有限责任公司杨钧高级工程师、福州大学杨耿杰教授等的仔细审阅，提出了不少宝贵意见，在此表示衷心的感谢。福州大学电气工程与自动化学院硕士研究生黄世远、梁佳昌、林妙玉、贾景俊、高源、丁国兴、高琴等承担了书稿的插图绘制和文字编校工作，他们付出的劳动加快了书稿的完成，在此深表谢意。本书编者还对书中所列参考文献的作者表示感谢。

　　限于编者水平，书中不妥之处在所难免，诚望读者批评指正。

编者于福州大学旗山校区

目 录 Contents

第 1 章

概　述

1.1　配电网自动化概念

配电网是作为电力系统的末端直接和用户相连起分配电能作用的网络，包括 0.4～110kV 各电压等级的电网。目前，配电网自动化主要用于 6kV、10kV 及 20kV 电压等级的中压配电网。由国家能源局发布的中华人民共和国电力行业标准 DL/T 1406—2015《配电自动化技术导则》指出：配电网自动化（Distribution Automation，DA）以一次网架和设备为基础，综合利用计算机、信息及通信等技术，实现对配电网的检测与控制，并通过与相关应用系统的信息集成，实现配电系统的管理。其目的是提高供电可靠性，改善供电质量，提升配电网运营效率和服务水平，优化配电网操作，提高供电企业的经济效益和管理水平，使供电企业和用户双方受益，体现企业的社会责任和社会效益。

1. 配电网自动化系统

配电网自动化系统（Distribution Automation System，DAS）是实现配电网的运行监视和控制的自动化系统，具备配电网数据采集和监控（Distribution Supervisory Control and Data Acquisition，DSCADA）、馈线自动化、配电网分析应用及 DAS 与相关应用系统互联等功能，主要由配电主站、配电子站（可选）、配电终端和通信通道等部分组成。

（1）配电网数据采集和监控

DSCADA 采集安装在各个配电设备处的配电自动化终端上报的实时数据，并使调度员能够在控制中心遥控现场设备，它一般包括数据采集、数据处理、远方监控、报警处理、数据管理以及报表生成等功能。DSCADA 主要包括配电网进线监控、开闭所及配电站自动化、配变巡检及无功补偿三个组成部分。

1）配电网进线监控一般完成变电站向配电网供电的线路的出线开关位置、保护动作信号、母线电压、线路电流、有功和无功功率以及电能量的监控。这些数据通常可以采用转发的方式从地区调度或市区调度自动化系统中获得。

2）开闭所及配电站自动化利用计算机技术、现代电子技术、通信技术和信号处理技术，实现对开闭所及配电站的主要设备的自动监视、测量、控制和保护，以及与配电网调度的通信等综合性的自动化功能。

3）配变巡检及无功补偿是指对配电网柱上变压器、箱式变压器、配电站内变压器等的参数进行远方监控和对低压补偿电容器进行自动投切和远方投切等，以此达到提高供电可靠性和供电质量的目的。

（2）馈线自动化

馈线自动化（Feeder Automation，FA）指利用自动化装置或系统，监视配电网的运行状况，及时发现配电网故障，进行故障定位、隔离，以及恢复对非故障区段的供电。FA 包括故障诊断、故障隔离和恢复供电系统，以及馈线数据监测和电压、无功控制系统。其主要是在正常情况下，从远方实时监视馈线分段开关与联络开关的状态及馈线电流、电压的情况，并实现线路开关的远方分合闸操作，以优化配电网的运行方式，从而达到充分发挥现有设备容量的目的；在存在线路故障的情况下，能自动记录故障信息、自动判别和隔离馈线故障区段以及恢复对非故障区段的供电，从而达到减小停电面积和缩短停电时间的目的。

（3）配电网分析应用

配电网分析应用主要是在实时网络模型下完成的和用户供电相关的各类应用，包括网络建模、网络分析（Network Analyse，NA）和优化、配电网潮流计算、短路电流计算、状态估计、配电网重构、负荷预测、调度员培训模拟系统（Dispatcher Training System，DTS）等。其中的 NA 包括潮流分析和网络拓扑优化，目的在于减少线损、改善电压质量等。此外，NA 还包括降低运行成本、提高供电质量所必需的其他分析。DTS 通过用软件对配电网模拟仿真的手段，对调度员进行培训。当 DTS 的数据来自实时采集时，也可帮助调度员在操作前了解操作的结果，从而提高调度的安全性。

（4）DAS 与相关应用系统互联

DAS 的配电主站通过基于 IEC 61968 的信息交换总线或综合数据平台从相关应用系统，如上级调度自动化系统、电力用户用电信息采集系统、配电网地理信息系统（Geographic Information System，GIS）、配电生产管理系统（Production Management System，PMS）处获取图模及数据信息，也可向相关应用系统提供配电网拓扑、实时数据、准实时数据、历史数据、配电网分析结果等信息，通过各系统之间的信息共享实现跨系统业务流程的综合应用。DAS 与相关应用系统互联，应遵循电气图形、拓扑模型与数据的来源及维护唯一性原则和设备命名（或编码）统一性原则，实现"源端数据唯一、全局信息共享"。同时信息交互应满足电力二次系统安全防护规定。

2. DAS 的相关应用系统

（1）电力用户用电信息采集系统

电力用户用电信息采集系统涉及的内容主要包括负荷监控与管理（Load Control & Management，LCM）和远方抄表与计费自动化（Automatic Meter Reading，AMR），是营销管理系统的一个重要组成部分。

LCM 根据电力系统的负荷特性，用某种方式削减、转移电网负荷高峰期的用电或增加电网负荷低谷期的用电，以改变电力需求在时序上的分布，减少每日或季节性的电网高峰负荷，提高电网运行的可靠性和经济性。其对规划中的电网则主要用于减少新增装机容量和电力建设投资，从而降低预期的供电成本。

AMR 是一种不需要人员到达现场就能完成抄表的抄表方式。它利用公共通信网络、负荷控制信道、低压配电线载波等通信方式，将电能表的数据自动采集到电能计费管理中心进行处理。它不仅适用于工业用户，也可用于居民用户。目前，我国应用于远方自动抄表系统的电能表均为智能电能表。

（2）配电网地理信息系统

GIS 是设备管理（Facilities Management，FM）、用户信息系统（Consumer Information System，CIS）以及停电管理系统（Outage Management System，OMS）的总称。

1）FM 可将开闭所、配电站、馈线、变压器、开关、电杆等设备的技术数据反映在地理背景图上。

2）CIS 可对大量用户信息，如用户名称、地址、用电量和负荷、供电优先级、停电记录等进行管理，以便判断故障影响范围，其中用电量和负荷可作为网络潮流分析的依据。

3）OMS 可在接到停电投诉后，查明故障地点和影响范围，选择合理的操作顺序和路径，并自动将有关处理过程信息转给用户投诉电话应答系统。

将 DSCADA 和 GIS 结合，可在地理背景图上直观、在线、动态地分析配电网运行情况。

（3）配电生产管理系统

PMS 包括配电网资源管理应用和配电网生产管理应用。配电网资源管理应用用于配电网网络模型建立和台账管理维护；配电网生产管理应用提供设备资源管理、异动管理、缺陷管理、巡视管理、故障管理、检修和试验管理、实时信息显示等配电网日常生产功能。配电网状态检修辅助决策系统也集成在 PMS 中。

配电网自动化系统和相关应用系统一起构成配电网管理系统（Distribution Management System，DMS）。

1.2　配电网自动化系统的构成及功能

1.2.1　配电网自动化系统的构成

一个典型的配电网自动化系统组成结构如图 1-1 所示。配电主站通过基于 IEC 61968 的信息交换总线或综合数据平台与上级调度自动化系统、专变及公变监测系统、居民用电信息采集系统等实时/准实时系统实现快速信息交换和共享；与配电网 GIS、生产管理、营销管理、企业资源计划（Enterprise Resource Planning，ERP）等管理系统接口，扩展配电管理方面的功能，并具有配电网的高级应用软件，实现配电网的安全经济运行分析及故障分析功能等。系统中的配电主站是整个配电网自动化系统的监控、管理中心。配电子站是为分布主站功能、优化信息传输及系统结构层次、方便通信系统组网而设置的中间层，实现所管辖范围内的信息汇集与处理、故障处理、通信监视等功能。配电终端是用于中低压配电网的各种远方监测、控制单元及其外围接口电路模块等的统称，主要包括：配电开关监控终端（Feeder Terminal Unit，FTU），配电变压器监控终端（Transformer Terminal Unit，TTU），开闭所、公用及用户配电站监控终端（Distribution Terminal Unit，DTU）等。其中 FTU 和 DTU 统称为馈线监控终端。通信网络实现配电网自动化系统与其他系统、配电主站与配电子站、配电主站或配电子站与配电终端之间的双向数据通信。

1.2.2　配电网自动化系统的功能

配电网自动化系统有 3 个基本功能：安全监视功能、控制功能、保护功能。

1）安全监视功能是指通过采集配电网上的状态量（如开关位置、保护动作情况等）、模拟量（如电压、电流、功率等）和电能量，对配电网的运行状态进行监视。

2）控制功能是指在需要的时候，远方控制开关的合闸或跳闸以及电容器的投入或切除，以达到补偿无功、均衡负荷、提高电压质量的目的。

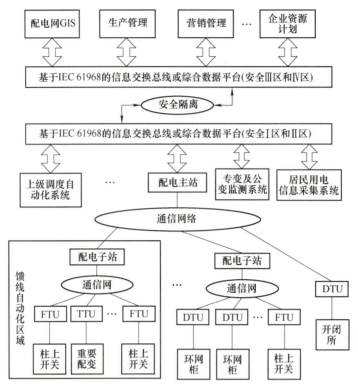

图 1-1 配电网自动化系统组成结构

3）保护功能是指检测和判断故障区段，隔离故障区段，恢复正常区段的供电。

也可将配电网自动化系统的功能分为相对独立但又有联系的 5 个管理子过程，包含信息管理、可靠性管理、经济性管理、电压管理和负荷管理。

1）信息管理：通过数据库使配电网自动化系统与所采集的信息和控制的对象建立一一对应关系。

2）可靠性管理：减少故障对配电网的影响。

3）经济性管理：提高配电网的利用率和减少网损。

4）电压管理：监测和管理配电网关键处的电压。

5）负荷管理：对用户的负荷进行远方控制，通过实行阶梯电价或分时计费达到削峰填谷的目的。

1.3 实现配电网自动化的意义

配电网自动化系统由于采用了各种配电终端，当配电网发生故障或运行异常时，能迅速隔离故障区段，并及时恢复非故障区段用户的供电，减少停电面积，缩短对用户的停电时间，提高了配电网运行的可靠性，减轻了运行人员的劳动强度，减少了维护费用；由于实现了负荷监控与管理，可以合理控制用电负荷，从而提高了设备的利用率；由于采用了自动抄表计费，可以保证抄表计费的及时和准确，提高了企业的经济效益和工作效率，并可为用户提供用电信息服务。

1. 提高供电可靠性

（1）缩小故障影响范围

一个典型的"手拉手"环状配电网如图 1-2a 所示，A 和 G 为馈线的出线开关，B、C、E 和 F 为分段开关，D 为联络开关。正常运行时，分段开关 B、C、E、F 闭合，在图 1-2a 中用实心表示；联络开关 D 打开，在图 1-2a 中用空心表示。假设开关 A~G 处均安装了配电网馈线监控终端，并通过通信网络与位于配电主站的后台计算机系统相连。

假设在图 1-2a 中开关 A 和 B 之间的馈线区段发生故障，则利用主变电站的保护装置跳开开关 A，断开故障区段，如图 1-2b 所示。通过配电网自动化系统断开分段开关 B、合上联络开关 D，实现故障区段的隔离，恢复受故障影响的健全区段 b 和 c 的供电，如图 1-2c 所示。可见配电网自动化可以及时隔离故障区段，并缩小故障影响范围。

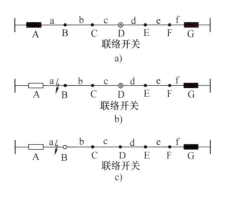

图 1-2　环状配电网
a）馈线正常运行　b）馈线发生故障
c）馈线故障隔离

（2）缩短事故处理所需的时间

实现配电网自动化能提高供电可靠性的另一个体现是缩短事故处理所需的时间。下面以某电力公司在应用配电网自动化系统前后，对配电系统事故处理所需时间的比较统计结果为例来说明。

配电站变压器组事故时，自动操作需要 5min，人工操作需要 30min。改由其他变压器组和配电站恢复送电操作，由配电网自动化系统完成需要 15min，而采用人工操作则需要 120min。配电站发生全站停电时，由配电网自动化系统完成全部配电线路负荷转移需要 15min，采用人工就地操作需要 150min。配电线路事故时，由配电网自动化系统控制向非故障区段恢复送电的时间平均为 3min，而采用人工操作则需要 55min。由故障发生至处理完故障使系统恢复正常运行，通过配电网自动化系统一般需要 60min，而人工操作则需要 90min。

2. 提高供电经济性

目前，可以通过多种方法来降低配电网的线损，如配电网络重构、安装补偿电容器、提高配电网的电压等级和更换导线等。其中，提高配电网的电压等级需要进行综合考虑，更换导线和安装补偿电容器则需要投资。配电网自动化使用户实时遥控配电网开关进行配电网络重构和补偿电容器投切管理成为可能，通过配电网络重构和补偿电容器投切管理，在不显著增加投资的前提下，可以达到改善配电网运行方式和降低网损的目的。配电网络重构的实质就是通过优化现存的网络结构，改善配电系统的潮流分布，理想情况是达到最优潮流分布，使配电系统的网损最小。

通过配电网自动化实现电力用户用电信息采集，可以杜绝人工抄表导致的不客观性和漏抄，显著降低管理线损，并能及时察觉窃电行为，减少损失。

3. 提高供电能力

配电网一般是按满足峰值负荷的要求来设计的。配电网的每条馈线均有不同类型的负荷，如商业类、民用类和工业类等负荷。这些负荷的日负荷曲线不同，在变电站的变压器及每条馈线上峰值负荷出现的时间也是不同的，导致实际配电网的负荷分布是不均衡的，有时甚至是极不均衡的，这降低了配电线路和设备的利用率，同时也导致线损较高。通过配电网优化控制，可以将重负荷甚至是过负荷馈线的部分负荷转移到轻负荷馈线上，这种转移有效地提高了馈线的负荷率，增强了配电网的供电能力。

配电网的某些线路有时会发生过负荷。为了确保供电安全，传统的处理办法是再建设一条线路，将负荷分解到两条线路上运行。但是实际上过负荷往往只发生在一年中的个别时期内，因此上述做法很不经济。在合理的网架结构下，通过配电网自动化实现技术移荷与负荷管理即可消除过负荷。

4. 降低劳动强度，提高管理水平和服务质量

配电网自动化还能实现在人力尽量少介入的情况下，完成大量的重复性工作，这些工作包括查抄用户电能表、监视记录变压器运行工况、监测配电站的负荷、记录断路器分合状态、投入或切除补偿电容器等。通过配电网自动化，相关人员不必登杆操作，在配电主站就可以控制柱上开关，实现配电站和开闭所无人值班，借助人工智能代替人的经验做出更科学的决策报表、曲线、操作记录等，实现数据统计和处理，建立配电网地理信息系统，应用客户呼叫服务系统等。这些手段无疑降低了劳动强度，提高了管理水平和服务质量。

实现配电网自动化提高了用户满意程度。供电部门除了在供电可靠性和电压质量上要使用户满意外，还应当使用户不为用电烦恼。例如，对实行分时电价制的用户，可利用配电网自动化系统协助他们合理停用或投入一些耗能较高的设备，这样一来既保证了设备发挥作用，又可节约电费。

1.4　国内外配电网自动化现状及发展

1.4.1　国外配电网自动化发展

国外自20世纪70年代起就进行了配电网自动化技术的研究和应用，其发展经历了以下三个阶段。

第一阶段：基于自动化开关设备相互配合的馈线自动化系统，其主要设备为重合器和分段器，不需要建设通信网络和配电主站，系统在故障时通过自动化开关设备相互配合实现故障隔离和健全区段恢复供电。这一阶段的配电网自动化技术，以日本东芝公司的重合器与电压-时间型分段器配合模式和美国 Cooper 公司的重合器与重合器配合模式为代表。

第二阶段：随着计算机技术和数据通信技术的发展，一种基于馈线监控终端、通信网络和配电主站的实时应用系统应运而生，在配电网正常运行时，系统能起到监视配电网运行状况和遥控改变运行方式的作用，故障时能够及时察觉，并由调度员通过遥控开关隔离故障区段和恢复健全区段供电。

第三阶段：随着负荷密集区配电网规模和网格化程度的快速发展，仅凭借调度员的经验调度配电网越来越困难。同时，为加快配电网故障的判断和抢修处理速度，进一步提高供电可靠性和用户满意度，一种集实时应用和生产管理应用于一体的配电网管理系统逐渐占据了主导地位，它覆盖了整个配电网调度、运行、生产的全过程，还支持用户服务。系统结合了配电网自动化系统、配电网地理信息系统、配电生产管理系统等，并且与营销管理系统相结

合，实现配电和用电的综合应用功能。国外的一些公司，如 ABB、SIEMENS、GE 等都有配电网管理系统产品，并得到广泛应用。

以上三个阶段的配电网自动化系统目前在国外依然同时存在。其中，日本、韩国侧重全面的馈线自动化；欧美的配电网自动化除了在一些重点区域实现馈线自动化之外，还使配电主站具备较多的高级应用和管理功能；最近几年东南亚国家（如新加坡、泰国、马来西亚等）新建的配电网自动化系统，基本上采用的也是欧美模式。

在工业发达国家，城市配电网络都已经成形且网架结构比较完善，所以给配电网自动化打下了良好的基础。但即使这样，许多国家也没有大面积搞馈线自动化，而是在一些负荷密集区和敏感区实施馈线自动化。这些国家重视配电网基础资料的管理及故障抢修管理，通过先进的工具和手段来提高配电网运行管理的工作效率和工作质量，最终体现在对用户的优质服务上。在大部分国外的配电网自动化系统中，除了 DSCADA 之外，都配置了停电管理系统。

在通信方面，光纤通信是最理想的配电网自动化通信方式；其次，配电线路载波通信和利用无线公网通信也是常用的通信手段。欧美比较偏重光纤和无线通信，日本曾偏重采用载波通信方式，韩国曾偏重租赁公共通信资源，但后来改为电力通信专网与各种通信方式的综合使用。从目前的技术条件看，没有一种单一的通信方式能够全面满足各种规模的配电网自动化的需要。因此，多种通信方式的混合使用是国外配电网自动化系统的普遍做法。

国外配电网自动化的建设非常注重实用性和经济效益，一般需要经历规划、建设和完善三个阶段，是一个分步实施，逐渐完善的过程。在一个地区或城市，并不追求设备及系统功能的齐全和指标的先进，而是根据地区和负荷的差异，选择不同档次和配置的配电网自动化系统分阶段逐步实施。另外，国外的电力公司还特别注重配电网自动化系统的使用培训和设备维护管理，并制定了严格的制度，明确规定了对配电网自动化系统进行日常检修、定期检修、临时检修、巡视和数据检查的工作内容、实施人员和实施频率。这些经验值得借鉴。

1.4.2 国内配电网自动化发展

国内配电网自动化技术的研究起步于 20 世纪 90 年代初，而真正开展试点项目和较大范围内的工程化实施是从 20 世纪 90 年代中后期开始的。其中比较有代表性的项目如下：

1996 年，在上海浦东金藤工业区建成基于全电缆线路的馈线自动化系统。这是国内第一套投入实际运行的配电网自动化系统。

1999 年，在江苏镇江和浙江绍兴试点以架空和电缆混合线路为主的配电网自动化系统，并起草了我国第一个配电网自动化系统功能规范。

2003 年，当时国内规模最大的配电网自动化应用项目——青岛配电网自动化系统通过国家电网公司验收，并在青岛召开了配电网自动化实用化验收现场会。

2002—2003 年，杭州、宁波配电网自动化系统和南京城区配电网调度自动化系统先后实施。其中，杭州供电局的配电网自动化系统经过 6 年的建设和实用化推广，于 2008 年通过验收；南京供电公司的配电网自动化系统于 2005 年通过工程验收和技术鉴定。

2005 年，国家电网公司农电重点科技项目——县级电网调度/配电/集控/GIS 一体化系统，在四川省双流县成功应用。这种类型的系统在近几年得到较好推广，说明简易、实用型的配电网自动化系统在中小型供电企业有着广泛的市场。

2006 年开始，上海电力公司在所辖 13 个区的供电所全面开展了采用电缆屏蔽层载波为主要通信手段，以遥信、遥测为主要功能的配电网监测系统的建设工作。

除上述典型案例之外，在 1998 年之后，随着大范围城乡电网建设与改造的开展，在多个省份和直辖市掀起了配电网自动化技术试点和应用的热潮。然而，由于技术和管理上的许多原因，大多数早期建设的配电网自动化系统没有达到预期的效果，没有怎么运行就被闲置或废弃了。

从 2004 年开始，国内许多电力公司和供电企业都对前一轮的配电网自动化系统建设进行了反思和观望，开始慎重地对待配电网自动化工作的开展，在后来为数不多的配电网自动化项目上显现出理性的工作态度和务实的建设思路。2005 年，国家电网公司委托上海电力公司牵头研究适合于城市配电网自动化的建设模式和企业标准，该项目已于 2008 年通过验收；国家电网公司还委托中国电力科学研究院农电所牵头研究适合于县城配电网自动化的建设模式。这些都为今后配电网自动化工作的开展做了有益的探讨和尝试。全国电力系统管理及其信息交换标准化技术委员会的配电网工作组，近年来积极进行配电网自动化应用系统间信息集成及接口规范 IEC 61968 的翻译和相应电力行业标准 DL/T 1080 的制定，以规范配电网自动化系统与其他各个系统之间的信息集成接口。目前国内已相继批准颁发了 DL/T 5709—2014《配电自动化规划设计导则》、DL/T 814—2013《配电自动化系统技术规范》、DL/T 721—2013《配电自动化远方终端》；国家电网公司相应颁布了 Q/GDW 11184—2014《配电自动化规划设计技术导则》、Q/GDW 11185—2014《配电自动化规划内容深度规定》、Q/GDW 1382—2013《配电自动化技术导则》、Q/GDW 513—2010《配电自动化主站系统功能规范》、Q/GDW 514—2010《配电自动化终端/子站功能规范》、Q/GDW 436—2010《配电线路故障指示器技术规范》等。配电网自动化系统的规划及建设逐步有了规范可依。

与此同时，配电网一次设备、配电终端和配电主站的制造水平不断提高，为配电网自动化的建设奠定了良好的设备基础；配电网分析与优化理论的研究为配电网自动化的建设奠定了良好的理论基础。随着城乡配电网的建设与改造的推进，配电网网架结构逐步趋于合理，这为进一步发挥配电网自动化系统的作用提供了条件。

因此，近年来各地新建设的配电网自动化系统以及对早期配电网自动化系统升级完善后的系统一般运行比较稳定，在配电网调度和配电生产运行中发挥了积极的作用。此外，一些应用较好的电力企业还制定了本企业内部的配电网自动化相关的技术原则、技术规范、运行管理制度等，促进了配电网自动化的实用化运行。随着智能电网建设工作的推进，实用化配电网自动化系统也开始推广应用。

1.4.3 配电网自动化发展趋势

配电网自动化发展呈现以下趋势：

1. 多样化

尽管配电网自动化技术的发展经历了三个阶段，但是从日本等国家目前的应用情况看，各个阶段的技术都在使用，并且各有其适用范围：第一阶段基于自动化开关设备相互配合的馈线自动化系统适合于农网等负荷密度低、供电半径长、故障较多而供电可靠性较差的区域；第二阶段的配电网自动化系统适合于中小城市和县城；基于人工智能，具有丰富高级应用的第三阶段配电网自动化系统适合于大城市和重要园区。甚至仅仅具有遥信和遥测功能而不具备遥控功能的配电网监测系统也有其应用前景，主要因为它可以直接采用公用通信资源（如 GPRS/CDMA1X/3G/4G/5G 等），不需要建设专用通信网。目前国内常用的几种典型配电网自动化实现方式见附录 A。

2. 集成化

配电网自动化涉及面很广，它不但有自己的实时信息采集部分，还有相当多的实时、非实时和准实时信息需要从其他应用系统中获取。比如，从地调自动化系统中获取主供电网和变电站信息，从 GIS 中获取配电线路拓扑模型和相关图形，从 PMS 中获取配电网设备参数，从营销管理系统中获取用户信息等。因此，配电网自动化的配电主站不再是单一的实时监控系统，而是将多个与配电有关的应用系统集成起来形成的综合应用系统。为了规范应用系统间的信息集成和接口，国际电工委员会制定了 IEC 61968 系列标准，提出运用信息交换总线（企业集成总线）将若干个相对独立的、相互平行的应用系统整合起来，形成一个有效的应用整体。

3. 智能化

配电系统是智能电网的重要环节，配电系统智能化是配电网自动化的发展方向。因此，配电网自动化与实现智能电网密切相关，主要表现在以下几个方面。

1）分布式电源和储能系统的接入技术。这是配电网自动化系统面临的新要求，尤其涉及配电网潮流计算和分析以及分布式电源对电网的影响。

2）自愈配电技术。其包含配电网自动化系统中馈线自动化的故障诊断、区段定位、隔离以及恢复供电的基本功能，在智能电网的背景下需要进一步升级为适应分布式发电的双向能量流下的馈线自动化功能。

3）定制电力技术。该技术即根据电能质量的相关标准，以不同的技术和价格提供不同等级的电能质量，以满足不同用户对电能质量水平的需求。配电网自动化系统是其技术支撑手段之一。

4）高效运行技术。其包含配电网自动化系统中的高级应用软件功能，在智能电网的背景下需要进一步升级为考虑设备全生命周期的资产优化与智能调度业务功能。

5）用户互动技术。其包含配电网自动化系统中的停电管理功能，在智能电网的背景下需要进一步升级为适应用户双向互动的业务功能。

1.5　配电网自动化系统建设的难点、存在的问题及解决办法

1.5.1　配电网自动化系统建设的难点

人们通常认为配电网自动化系统比输电网自动化系统简单，而且投资少，其实正好相反。配电网自动化系统不但比输电网自动化系统对于设备的要求高，而且规模也要大得多，因而建设费用也要高很多，究其原因主要有以下几点。

1. 测控对象多

配电网自动化系统的测控对象包含给配电网供电的变电站、10kV 开闭所、小区配电站、配电变压器、分段开关、并联补偿电容器、用户电能表、重要负荷等，其站点非常多，有成

百上千甚至上万点，这不仅对系统组织带来较大的困难，对配电主站的计算机网络要求也更高，特别是在图形工作站上，要想较清晰地展现配电网的运行方式，困难将更大。因此，对于配电网自动化系统主站，无论是硬件还是软件，比输电网自动化系统都有更高的要求。此外，由于配电网自动化系统的配电终端数量多，因此要求相关设备的可靠性和可维护性一定要高，否则电力公司会陷入烦琐的维修工作中，但是每台配电终端的造价却受到限制，否则整个系统造价会过高，影响配电网自动化系统潜在效益的发挥。

2. 终端设备工作环境恶劣、可靠性要求高

输电网自动化系统的终端设备一般可安放在所测控的变电站内，因此行业标准中这类设备按照户内设备对待，即只要求其在0~55℃环境温度下工作。而配电网自动化系统却有大量的配电终端必须安放在户外，其工作环境恶劣，通常要能够在-25~85℃环境温度下工作，还应考虑雷击、过电压、低温和高温、雨淋和潮湿、风沙、振动、电磁干扰等因素的影响，从而导致不仅设备制造难度大，造价也较户内设备高。此外，配电网自动化系统中的配电终端进行远方控制的频繁程度比输电网自动化系统高得多，因此要求配电网自动化系统中的终端设备具有更高的可靠性。

3. 通信系统复杂

配电网自动化系统的配电终端数量非常多，因此大大增加了通信系统建设的复杂性。从目前成熟的通信方式看，没有一种单独的方式能够满足要求，往往要综合采用多种方式，并且采用多层集结的方法以减少通道数量并充分发挥高速信道的能力。此外，在配电网自动化系统内，各种类型配电终端的通信规约尚未统一，使问题更加复杂。

4. 工作电源和操作电源获取困难

在配电网自动化系统中，必须面对许多输电网自动化系统中不会遇到的问题，如工作电源和操作电源的获取问题。判断故障位置、隔离故障区段、恢复正常区段供电是配电网自动化最重要的功能之一，为实现这一功能，必须确保故障期间能够获取停电区段的信息，并通过远方控制跳开一部分开关，再合上另外一些开关。但一个区段停电后，无论终端工作所需的电源、通信系统所需的电源，还是跳闸或合闸所需的操作电源，都成了问题。对于输电网自动化系统，可以通过所在变电站的直流电源屏获取电源，这个办法同样也适用于配电网自动化系统中当地有直流电源屏的远方站点，但对于FTU，则需安装足够容量的蓄电池以维持停电时供电，与之配套还需要有充电器。

5. 我国目前部分配电网现状落后

我国目前部分配电网的现状相对落后，因此要对配电网的拓扑结构进行改造，使之适合于自动化的要求，如馈线分段化、配电网环网化等；分段开关也需更换为能进行电动操作的真空开关或永磁开关，并且应具有必要的互感器；开闭所和配电站中的保护装置，应能提供一对信号接点，以作为事故信号，区分事故跳闸和人工正常操作。但是我国现在的部分配电网（特别是县一级电力公司的配电网）和上述要求尚存在一定的差距。为了实现配电网自动化，必须把对传统配电网的改造纳入工程之中，这进一步增加了实施的困难。

6. 大量分布式电源接入配电网

为实现"碳达峰、碳中和"目标，国家大力发展清洁能源发电，大量分布式电源接入配电网，使配电网由传统的功率单向流动的电力分配网络转变为电力交换与分配网络，给配电网的运行控制与管理带来了新的挑战。分布式电源的位置、容量及运行控制方式对配电网的线路潮流、节点电压、网络损耗以及故障时短路电流的大小、流向和分布等都将产生影响，加大了配电网自动化系统的规划、建设、运行和维护的难度。

1.5.2　配电网自动化系统建设存在的问题

1. 系统功能定位未能反映供电企业的实际需求

（1）原有配电网自动化系统的指标具有不合理性

对于居民用户、商业用户和小工业用户而言，以秒级计算的瞬间停电损失占停电总损失的比例相对较小。因此，对于以居民用户、商业用户和小工业用户为主要供电对象的地区，因实施配电网自动化而受益的用户是大部分能够承受短时停电的非重要用户，而对于要求停电时间小于1s的重要用户（如芯片制造企业），配电网自动化是无法满足其可靠性要求的，必须借助于更为快速先进的技术手段来实现可靠供电，如依靠大容量高速电子切换开关进行电源的自动切换等。

在原有的配电网自动化系统建设中，都比较注重追求馈线自动化的故障自动隔离和自动恢复的先进性，这样导致系统建设中对一次设备的配置及网络拓扑运行维护的要求较高。由于配电网快速发展导致网络变化大，一些配电网自动化系统不适应网架变化，使得FA功能被迫停用。在馈线自动化方面，原有建设片面强调快速（1min以内）完成配电网故障隔离，没有考虑针对不同的供电可靠性要求来设计不同的故障隔离和恢复方案。因此，有必要根据系统实际需求制定合适的技术指标。

（2）原有配电网自动化系统的功能设置不合理

部分地区开发了基于GIS的配电生产管理系统及营销管理系统，来完成相应的生产、营销管理功能，这使得配电网自动化不再是单纯的配电网数据采集与监控系统加馈线自动化，而是成为了由DAS、GIS、CIS、PMS等系统互联形成的配电管理系统（见图1-1）。但在具体的实施模式上，在系统的功能定位、各系统之间的相互联系方面，则缺乏统一的规范，一定程度上阻碍了配电网自动化系统的实用化进程。

另外，部分地区的配电主站的高级应用分析功能过于复杂，没有根据系统实用性、配电网实际需求确定，导致部分功能闲置。

2. 部分设备和系统的实用化程度不足

已投运的配电终端中，部分配电终端没有通过严格的质量测试，电子元器件及电源部分故障率居高不下，而配电终端本身运行条件相当恶劣，这加大了运行维护工作量，同时也存在一次设备可靠性不高的情况。

馈线自动化实现方式已由通过重合器时序整定配合的无通信方式逐步过渡到通过FTU或DTU进行故障检测并结合通信技术进行故障隔离和非故障区段恢复供电的集中式智能FA方式，同时也有了一些分布式智能FA的试点工程，但此部分试点的运行效果、规模不具代表性。目前大多数配电主站运行过程中，由于对系统及设备可靠性不信任，往往采用手动、半自动方式，没有实现全自动方式。

GIS技术逐步在配电网自动化系统中得到应用。GIS也由孤立的静态设备管理系统逐步转向动态的实时系统，将自动化信息和地理信息有机地统一起来。但是，它在配电网自动化的实时监控图形及实时信息与以GIS为基础的生产管理系统的信息交换的一致性方面仍然存在问题，配电管理系统和配电网自动化系统的参数和图形的一致性维护往往难以保证，带来大量的配电主站系统维护工作。

在通信方式方面，采用基于电缆屏蔽层载波及无线公网或专网等的多种通信方式，可适应不同城市配电网结构的要求。但目前大中城市的配电网自动化系统通信网络仍以光纤传输系统为主，通信系统的建设难度较大，成本较高，约占投资的30%，在一定程度上制约了系统普及推广。

3. 系统建设和运行维护存在不足

由于缺乏成体系的系统技术架构标准、技术指标、验收测试规范，各地建设的配电网自动化系统在总体结构设计以及各关键技术组件的选型方面存在很大的差异，导致系统建设质量和效益难以保证。

配电网自动化系统中大量的配电终端，如馈线监控终端必须放在户外，工作条件恶劣，对配电终端的质量要求较高，对这部分设备的维护水平也提出了挑战，大大加剧了平时的维护工作量。配电网自动化系统的设备量大、面广、巡视线路长，一旦运行维护人员少，不能有效维护，便会造成设备不能有效运行。运行维护人员培训不够，过分依赖开发商，也会使投运后的维护工作和功能扩展不能正常开展。

4. 缺乏行之有效的系列化标准

尽管国家电网公司在配电网自动化方面颁布了几个可实施的标准，但是考虑到我国各个地方配电网的复杂性，这些标准的可操作性还有待进一步完善。

1.5.3　解决办法

综合分析目前国内外配电网自动化发展现状和实施模式可知，配电网自动化已逐步成为提高配电网运行水平，提高供电可靠性和管理水平，降低供电损耗的重要手段。因此，供电部门有必要考虑采用配电网自动化这一先进的技术手段，并以经济、技术相对适应目前发展阶段为原则，将配电网自动化工作逐步推向实用化和规模化。

1. 分阶段推进实用化工作

建立配电网自动化系统性能规范、技术条件、测试方法的相关标准，并在此基础上推进配电网自动化的实用化工作，这应成为当前配电网自动化的阶段性发展目标。根据技术发展的现状与实际需求，应将配电网自动化工作分阶段、分层次逐步推向实用化，建立 DSCADA 系统并逐步向 FA 方向发展。

第一阶段，建立 DSCADA 系统，实现实时/准实时的配电网监控功能；建立基于通用信息模型（Common Information Module，CIM）和标准图形的综合数据平台；根据供电可靠性的需要实现半自动方式 FA 功能或集中式智能 FA 功能。

第二阶段，实现综合数据平台与基于 GIS 的配电生产管理系统的接口；全面贯彻 IEC 61968 配电管理系统接口标准，应用配电网优化运行分析软件，实现配电系统的安全运行和经济运行。

2. 明确功能定位，规范技术架构及系统配置

配电网自动化系统的功能定位应以配电运行和配电管理的业务需求为出发点，同时考虑我国配电网自动化所处的发展阶段、配电网自动化系统国内外的发展趋势。在进行系统的技术架构设计以及系统选型时，应该遵循成本合理、技术可靠的原则，实现系统投入产出比的有效提高。系统的标准化设计是实现系统建设实用化和规模化的重要前提，对于配电网自动

化系统的配电主站、配电子站、配电终端、通信方式、通信规约及馈线自动化模式等应该有较为统一的功能配置和技术指标。

3. 规范实用化验收测试及日常维护流程

配电网自动化系统涉及的部门多，包括自动化、通信、MIS、配电、调度、营销、生技等多个生产和职能部门。配电终端覆盖面广，对配电网自动化设备维护需要建立严格、科学的规范来保证相关部门的协调和系统的正常运行。

对配电网自动化系统的维护要纳入供电企业正常的运行管理和考核，明确各相关部门的职责。为保证系统运行规范、可靠，配电网自动化的实用化建设应在实用化技术功能规范和实用化验收导则的基础上，加强配电网自动化系统出厂试验和现场试验的试验方法的研究，制定相应的实用化考核和验收标准，保证配电网自动化系统及其相关设备在全寿命周期内的质量。

为了保证配电网自动化产品的质量，需要在其全寿命周期的各个阶段进行相关测试，全寿命周期包括产品研制、市场认可及供货、接入系统运行3个阶段。在全寿命周期的各个阶段的每个测试项目都必须有完整的测试计划，要明确初始条件，严格测试过程，并对测试结果进行有效评估。

课后习题

1. 什么是配电网自动化？
2. 简述配电网自动化系统的定义、功能与构成。
3. 实现配电网自动化有什么意义？
4. 简述配电网自动化建设的难点。
5. 配电网自动化建设主要存在哪些问题？如何解决？

▶ 第 2 章

配电网及一次设备

国家电网公司在《配电自动化建设与改造技术原则》中指出：配电网自动化建设应根据各地区经济发展、负荷差异、供电可靠性要求，以及配电网和通信现状、相关应用系统的成熟度条件，合理规划设计实施区域的配电网架结构、一次设备、通信方式、配电主站、配电子站及配电终端的功能和配置要求，制定配电网自动化分阶段实施计划。对于配电网自动化改造，应以提高供电可靠性和改善供电质量为目的，结合配电网一次网架的改造进行，避免仅为实施配电网自动化而对配电网一次网架进行大规模改造。本章重点介绍配电网常见的一次接线、一次设备和接地方式。

2.1 配电网接线

配电网自动化建设对一次接线的要求如下：

1）配电网自动化实施区域的网架结构应布局合理、成熟稳定，其接线方式应满足Q/GDW 156—2006《城市电力网规划设计导则》和Q/GDW 370—2009《城市配电网技术导则》等标准要求。

2）一次设备应满足遥测和（或）遥信要求，需要实现遥控功能的还应具备电动操动机构。

3）实施馈线自动化的线路应满足故障情况下负荷转移的要求，具备负荷转移路径和足够的备用容量。

4）配电网自动化实施区域的站、所应提供适用的配电终端工作电源，进行配电网电缆通道建设时，应考虑同步建设通信通道。

常用的配电网接线模式分为放射式接线和环式接线两类，如图2-1所示。

2.1.1 放射式接线

1. 树枝式接线

树枝式接线也称树干式接线，是由主干线、次干线和分支线构成的放射式接线，如图2-2所示。当负荷点沿线分布时，可采用这种接线方式，但分支线不宜太多。这种接线方式的供电可靠性较差，靠近末端的区段发生故障时影响面小，而靠近电源端的区段发生故障时影响面大。

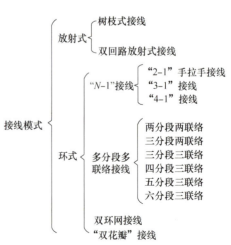

图 2-1 配电网接线模式

2. 双回路放射式接线

双回路放射式接线如图 2-3 所示。这种接线方式虽是单端供电，但每个电杆上都架有两回线路，每个用户都能由两路供电，即常说的双"T"接线，任何一回线路事故或检修停电时，都可由另一回线路供电。即使两回线路不是来自两个变电站，而是来自同一变电站的不同母线段，也只有在变电站全停电时，用户才会停电。

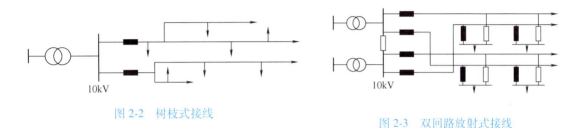

图 2-2　树枝式接线

图 2-3　双回路放射式接线

2.1.2　环式接线

由于放射式接线的供电可靠性低，随着配电网的发展，出现了在两个或多个放射式接线之间用联络开关连接起来，实现多电源有备用的接线模式，称为环式接线。

1. "N-1" 接线

"N-1"接线的特点是一条线路故障时，能够通过负荷转移，使其没有故障的部分继续运行。"N-1"接线一般是 N 条线路工作，一条线路备用，所有线路的末端通过联络开关连接，线路的平均负荷率是 $(N-1)/N$。如果 $N=2$，则为"2-1"接线，就是常说的手拉手接线方式，线路的平均负荷率是 50%。如果 $N=3$，则为"3-1"接线，线路的平均负荷率是 67%。如果 $N=4$，则为"4-1"接线，线路的平均负荷率是 75%。N 越大，平均负荷率越高，但运行操作也越复杂，一般 N 最大取 5。

（1）"2-1"手拉手接线

手拉手接线可以是电缆之间的连接，也可以是架空线之间的连接，甚至可以是电缆和架空线之间的混合连接。根据电源来源的不同，手拉手接线分为同变电站同母线的方式、同变电站不同母线的方式、不同变电站不同母线的方式。在配电线路上还可以是主干线间的连接、分支线间的连接、主干线和分支线间的连接，它们通过手拉手接线，形成单环网或双环网的结构。

手拉手接线如图 2-4 所示，正常运行时联络开关打开，分段开关闭合。当有一个电源故障时，与故障电源相连的分段开关打开，联络开关闭合，负荷转移到另外一个电源上。

（2）"3-1"接线

"3-1"接线方式有 3 种：有备用线的环网接线、首端环网接线和末端环网接线。

1）有备用线的环网接线如图 2-5 所示。这种接线方式虽然网架结构清晰，但是 2 条主供线路的设备要求满负荷运行，备用线路的设备又要求空载运行，并不是一种合理的运行方式，在配电网中不宜广泛使用。

2）首端环网接线如图 2-6 所示。3 条线路都由同一变电站（要求变电站有 3 台主变）出线且 3 间联络开关房的相对距离较近时，该接线方式的网架结构及操作程序较清晰。但由于每个分片的环网都是独立成环的，需要将线路电缆敷设到联络开关房实现环网，因此环网电缆较长。若 3 间联络开关房之间的距离较远，则联络电缆的投资相对较大。

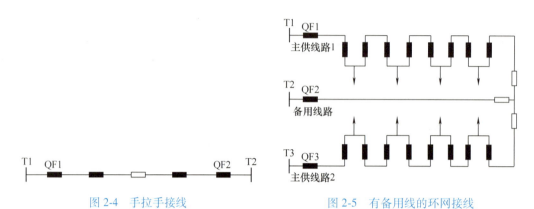

图 2-4　手拉手接线　　　　　　图 2-5　有备用线的环网接线

3）末端环网接线如图 2-7 所示。由于需要预留 1/3 的线路负荷裕度，正常运行时每条线路各承担 2/3 的线路负荷，并将 3 条线路中的 1 条（如线路 2）分为甲、乙两段，分别承担 1/2 的"3−1"线路负荷，即 1/3［(2/3)×(1/2)］线路负荷，并与其余 2 条线路在末端进行环网，在各联络开关房分别设立开环点。这种接线方式通过合理调整环网网架，每条线路都不必走回头路进行环网，而是改在不同电源线路间进行末端环网，相对首端环网接线方式减少了各分片环网的环网电缆长度，而且通过末端环网接线方式可充分利用环网电缆走向，避免了首端环网接线方式中首端环网要求较长的专用联络电缆的缺点。

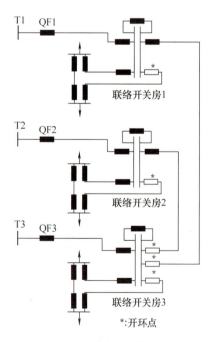

图 2-6　首端环网接线

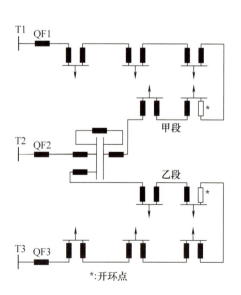

图 2-7　末端环网接线

（3）"4-1"接线

"4-1"接线也称"三供一备"，即3个回路共用1个备用回路，如图2-8所示。电源T1、T2、T3可取自不同变电站或同一变电站的3台不同主变，电源切换柜将3个回路的末端接入，并引一条线路接至附近变电站，作为3个回路的备用电源T4，以此实现环网（开环运行）。电源切换柜可装在任一回路末端的用户侧。该接线方式的优点是：电缆平均负荷率提高到75%；3个开式环网需变电站提供6个出线柜，而采用"4-1"接线方式只需4个出线柜；一般情况下，各同方向环网末端用户间的距离远小于到变电站的距离，所以用变电站的一条电缆出线作为3个回路的备用电源，相当于节省了变电站两条电缆线路的大部分投资。

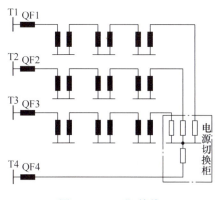

图2-8 "4-1"接线

上述几种接线方式中，"2-1"手拉手接线的网架结构较为简单，投资少，操作及维护简单，实现自动化难度小，所以当前配电网多数是按手拉手接线要求进行规划建设的，但是手拉手接线在正常情况下需要每条线路预留1/2的线路容量，运行方式不够灵活，资源浪费较大；"4-1"接线的网架结构较为复杂，运行及事故操作程序烦琐，增加了自动化实施难度，同时形成"4-1"环网需要敷设大量的线路联络线，电缆线路投资较大，性价比较低，不符合经济效益的要求；"3-1"接线要求预留1/3的线路冗余度，可充分利用线路的有效载荷，同时各线路间的联络线不多，运行方式较灵活，在开环点选择适当的情况下负荷转移操作难度不大，实现自动化比较容易。

2. 多分段多联络接线

多分段多联络接线方式根据分段数和联络数的不同，分为两分段两联络（见图2-9）、三分段两联络（见图2-10）、三分段三联络（见图2-11）、四分段三联络、五分段三联络、六分段三联络等。分段数目大于联络数目，分段数目越多，故障停电和检修停电的时间越短，则网络的可靠性越高，所以分段数影响供电可靠性。而联络线的数目不仅影响可靠性，还影响线路的负荷率。联络开关的数目越多，则线路的负荷率越高，经济性越好。假设联络数为N，则每条线路的负荷率是$N/(N+1)$。但是联络数目多了，设备投资也要增加，所以对于一定的供电负荷，应该有一个最佳的分段数和联络数。

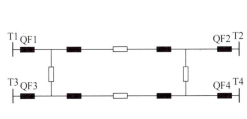

图2-9 两分段两联络

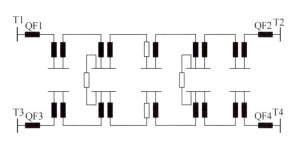

图2-10 三分段两联络

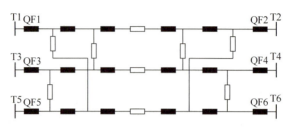

图 2-11　三分段三联络

3. 双环网接线

如图 2-12 所示，从同一供电区域两个变电站或开关站的不同中压母线上各引出一条线路，构成双环网接线。正常运行时，环网线路开环运行。当其中一条线路故障时，可由其他三条母线上的线路为其供电。如果环网单元的两段母线不设分段开关，那么双环网本质上就是两个独立的单环网，主干线的负荷率为 50%；如果设置分段开关，主干线的负荷率将提升至 75%。相较于 "N-1" 接线，双环网接线在负荷平均分布的区域具有更好的经济性，也是当前电缆网架中较为成熟的一种接线方式，在城市中广泛使用。

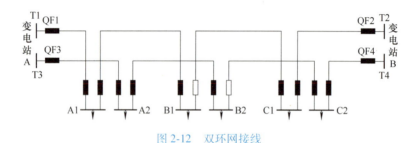

图 2-12　双环网接线

4. "双花瓣"接线

随着城市用电负荷密度不断增加，传统接线方式已难于满足用户日益增长的用电需求，因此一种 "双花瓣" 接线方式被提出，并在广州、苏州等地开始应用，其结构如图 2-13 所示。从变电站 A 开始，第一条线路经 T1→A1→B1→C1→F1→E1→D1→T1 构成一个 "花瓣" 状闭环；同样从变电站 B 开始，第二条线路经 T2→C2→B2→A2→D2→E2→F2→T2 构成另一个 "花瓣" 状闭环，两个闭环形成 "双花瓣" 接线。

图 2-13 中，每个开关站为单母线分段接线，由变电站 A、B 分别给每段母线供电。各开关站的每段母线均设置两路进线与两路出线，两个变电站也均设置两路出线。正常运行时所有开关站的母联开关断开，两个变电站的出线线路都处于合环运行状态，其中，A1，B1，C1，F1，E1，D1 等母线由变电站 A 供电，其余母线由变电站 B 供电。当开关站中某一段母线的某一进线电源（如 T1-A1 段）失电时，由该段母线的另一进线电源（如 B1-A1 段）为该段母线的负荷供电；当开关站中某一母线段的两路进线电源均失电时，则闭合该母线的母联开关，并同时断开失电的两路进线的开关，由该开关站的另一母线段为整条母线的负荷供电。

"双花瓣" 接线方式中，两个变电站均为所有开关站供电，故系统电源可以得到充分的利用。并且当任意母线段发生故障时，故障区段由继电保护装置隔离，而非故障区段的供电不会受到影响,其供电可靠性高。然而,"双花瓣"接线中各开关站均采用单母线分段接线方式,需要用到大量的配电开关,因此,其建设投资和维护费用较高,且系统中出现了双环网供电,加大了继电保护整定的难度。

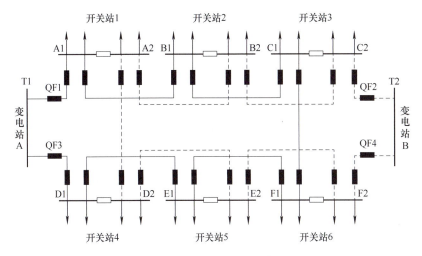

图 2-13 "双花瓣"接线

2.2 配电网一次设备

配电网一次设备主要包括配电线路、配电变压器、开关设备、熔断器、消弧设备、无功补偿装置、电压互感器和电流互感器等。

配电网自动化对一次设备的要求如下:

1)需要实现遥信功能的开关设备,应至少具备一组辅助触点;需要实现遥测功能的一次设备,应至少具备电流互感器,电流互感器二次电流额定值宜采用 1A 或 5A;需要实现遥控功能的开关设备,应具备电动操动机构。

2)一次设备的建设与改造应考虑预留安装配电终端所需要的位置、空间、工作电源、端子及接口等。

3)需要就地获取配电终端的供电电源时,应配置电压互感器或电流互感器,且互感器容量满足配电终端运行和开关设备操作等需求。

4)配电网站所内应配置配电终端用后备电源,并保证在主电源失电的情况下能够维持配电终端运行一定时间和开关设备分合闸一次。

2.2.1 配电线路

配电线路是配电网的重要组成部分,按结构可分为架空线路和电缆线路两类。在农村或者城镇的偏远地方一般以架空线路为主,在城市则采用以电缆线路为主的架空和电缆线路混合方式敷设。

1. 架空线路

架空线路主要指用绝缘子将导线固定在直立于地面的杆塔上,并暴露于空气中以传输电能的输配电线路。其架设及维修方便，成本较低，但容易受到气象和环境（如大风、雷击、污秽、冰雪等）因素的影响而引起故障。此外，整个输配电走廊占用土地面积较多。

配电网架空线路的主要部件有导线、避雷线（架空地线）、杆塔、绝缘子、金具、杆塔基础、拉线和接地装置等。常用架空线路的导线的型号命名构成及意义如下：L 为铝，G 为钢，J 为绞，Q 为轻型，F 为防腐，X 为稀土，LJ 为硬铝绞线，JJ 为加强绞线，GJ 为钢绞线，LGJ 为钢芯铝绞线，LGJQ 为轻型钢芯铝绞线，LGJJ 为加强型钢芯铝绞线，LGJF 为防腐型钢芯铝绞线。比如 LGJ-400/35 表示钢芯铝绞线，其铝绞线和钢芯的标称截面积分别为 400mm^2 和 35mm^2。

2. 电缆线路

电缆线路是将电缆敷设于地下或水底的配电线路，其金属导体通常由几根或几组绞合导线（每组至少两根）组合而成，每组金属导体之间通过绝缘层相互绝缘，外面包有高度绝缘的外护套，常用聚乙烯作为绝缘层和外护套间的填充层。因此，电缆具有内通电，外绝缘的特征。电缆按照线芯的数量可分为单芯电缆和多芯电缆，三芯电缆的结构如图 2-14 所示。

电缆的主要技术参数如下：

1）额定电压：电缆任一主绝缘体和"地"之间的电压有效值，是电缆长期工作的标准电压。

2）长期工作温度：长期工作温度指该电缆可以长期工作于此温度下，而不会对该电缆的绝缘材料造成额外损害。

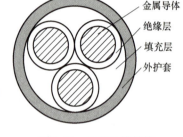

图 2-14　三芯电缆结构

3）电缆最小弯曲半径：即电缆本身的允许弯曲度。如果弯曲度超过此要求，会造成电缆绝缘层及线芯不可挽回的破坏。电缆最小弯曲半径为电缆外直径的 15 倍。

此外，电缆还有导体标称直径、绝缘厚度、护套厚度、电缆近似外直径和质量等技术参数。

常用电缆的型号命名构成及意义如下：用途代码——K 为控制，P 为信号电缆，不标为电力电缆；绝缘代码——Z 为油浸纸，X 为橡胶，YJ 为交联聚乙烯；导体材料代码——L 为铝，不标为铜；内护层代码——Q 为铅包，L 为铝包，H 为橡胶套，V 为聚氯乙烯护套。如 YJV22-10kV-3×50 表示铜芯交联聚乙烯绝缘双钢带铠装聚氯乙烯护套电力电缆，其中 YJ 代表交联聚乙烯绝缘，V 代表聚氯乙烯护套，22 代表双钢带铠装，额定电压为 10kV，三芯相线，每芯标称截面积为 50mm^2。

2.2.2 配电变压器

配电变压器（简称配变）通常是指电压为 35kV 及以下、容量为 2500kV·A 以下、直接向终端用户供电的电力变压器。它的作用有以下两个：

1）满足用户用电电压等级的需要。配电变压器的作用是把 35kV、20kV 或 10kV 的电压变成适合于用户生产和照明用的三相 380V 或单相 220V 电压。

2）向广大用户提供电能。即根据用户用电量的大小，安装不同容量的配电变压器满足用户的用电需求。

配电变压器的主要部件是铁心和绕组。铁心构成变压器的磁路，绕组构成变压器的电路，二者组成变压器的核心即电磁部分。除此之外，变压器还有油箱、冷却装置、绝缘套管、调压和保护装置等部件。

按照应用场合来分，配电变压器分为公用变压器（简称"公变"）和专用变压器（简称"专变"）。公变由电力部门投资、管理，如安装在居民小区的变压器、市政工程用变压器等；专变一般由业主投资，电力部门代管，只供投资的业主自己使用，如安装在大中型企业里的变压器等。

按照相数来分，配电变压器可以分为单相和三相变压器。按照材料、制造工艺来分，常见的配电变压器有油浸式变压器、干式变压器、非晶合金变压器和电力电子变压器等。

油浸式变压器以矿物油作为变压器的主要绝缘手段和冷却介质。由于变压器的硅钢片长期浸入变压器油中，油能渗入硅钢片层间，且矿物油有弹性，可起到缓冲作用，故油浸式变压器噪声较小。

干式变压器是指铁心和绕组不浸渍在矿物油中的变压器。其冷却方式分为自然空气冷却和强迫空气冷却。自然空气冷却时，变压器可在额定容量下长期连续运行；强迫空气冷却时，变压器输出容量可提高 50%。由于干式变压器过负荷时负荷损耗和阻抗电压增幅较大，处于非经济运行状态，故不应使其处于长时间连续过负荷运行，但可用于断续过负荷运行，或应急事故过负荷运行。

非晶合金变压器是一种低损耗、高能效的变压器。它以铁、镍、铬、钴、锰等金属为合金基，同时加入一定配比的硼、碳、硅、磷等元素，合成变压器的非晶合金铁心，这种铁心具有良好的铁磁性能。在同等磁通密度下，硅钢片材料的铁心损耗、电阻率和励磁功率分别为非晶合金材料的四倍、三分之一和一倍。由于非晶合金材料的饱和磁通密度低，使得其铁心截面积相比硅钢片的要大，所以用铜量也增加，这在一定程度上也造成变压器的外形尺寸、质量和成本比传统硅钢片变压器大。在能效水平全面提升的同时，非晶合金变压器存在运行噪声大、抗突发短路能力弱、过负荷及过励磁能力不足等问题。

电力电子变压器是一种通过电力电子变换器和中高频变压器实现电能转换的新型电气设备。电力电子变换器将交流电源侧输入的工频交流电转换为中高频交流电，由中高频变压器耦合变压后再经另一个电力电子变换器转换为工频交流电供负荷使用。与传统的电力变压器相比，电力电子变压器减小了体积和质量，并可借助数字控制技术改善配电网电能质量。

配电变压器的主要技术参数如下：

1）额定容量，即变压器在施加额定电压、额定电流情况下连续运行时能输送的容量，单位为 kV·A。

2）额定电压，即变压器长时间运行时所能承受的工作电压，单位为 kV。

3）额定电流，即在额定容量和允许温升条件下，变压器允许长期通过的工作电流，单位为 A。

4）阻抗电压，即将变压器的二次侧短路，一次侧施加电压，至额定电流值时，一次电压与额定电压之比的百分数。

两台并列运行的变压器的阻抗电压值要求相同，当变压器二次侧短路时，阻抗电压值将决定短路电流大小，阻抗电压值也是考虑短路电流热稳定和动稳定及继电保护整定的重要依据。

5）空载电流，即当变压器在一次侧施加额定电压、二次侧空载时，在一次绕组中通过的电流。它起变压器的励磁作用，故又称励磁电流，一般以其占额定电流的百分数表示。空载电流的大小取决于变压器容量、磁路结构和硅钢片质量等。

6）空载损耗（铁损耗），即变压器二次侧开路、一次侧施加额定电压时变压器的损耗。它等于变压器铁心的电涡流损耗和励磁损耗。

7）负载损耗（铜损耗），即把变压器的二次绕组短路，在一次绕组额定分接头的位置通入额定电流，此时绕组的电阻上所消耗的功率损耗和漏磁附加损耗。

随着社会经济的发展和新材料、新工艺的广泛应用，人们不断研制开发出各种结构形式的低损耗、高性能变压器，配电变压器不断向低损耗、高机械强度、高可靠性、低噪声、少维护方向发展。针对现代化城市的特点，配电变压器除满足基本技术性能和有较高的安全可靠性之外，还需要满足环境保护、经济运行、节约能源、防灾害等方面的要求。

2.2.3 开关设备

开关设备是连通和切断电路的主要设备，在整个配电网中起到至关重要的作用。它可以利用空气、SF_6 气体、固体材料或其他复合绝缘材料对高压导体和电气元件进行绝缘；可以连接导体、电气元件、电缆等以承载电流；可以利用真空（或 SF_6 气体）绝缘和灭弧装置实现对负荷电流、过负荷电流、短路电流的关合和开断。常用开关设备包括断路器，负荷开关，隔离开关，一、二次融合开关等。

1. 断路器

断路器具有可靠的灭弧装置，它不仅能通断正常的负荷电流，而且能接通和承担一定时间的短路电流，并能在保护装置作用下自动跳闸，切除短路故障。

按采用的灭弧介质进行分类，断路器可分为油断路器、压缩空气断路器、真空断路器、SF_6 断路器、自产气断路器和磁吹断路器等。目前配电网中常用真空断路器和 SF_6 断路器。

断路器的技术参数包括：

1）额定电压，这是表征断路器绝缘强度的参数，是断路器长期工作的标准电压。

2）最高工作电压，即最高允许运行的电压，为额定电压的 1.10~1.15 倍。

3）额定绝缘水平，即断路器在工频电压下的耐压水平，是断路器最大额定工作电压。

4）额定电流，即断路器允许连续长期通过的最大电流。

5）额定短路开断电流，即在额定电压下，断路器能保证可靠开断的最大电流。

6）额定短路开断次数，它可以反映断路器开断故障电流（小于额定短路开断电流）的性能，当断路器的实际开断次数小于额定短路开断次数时，其性能能够保持完好。

7）额定动稳定电流（峰值），即断路器在合闸状态下或关合瞬间，允许通过的电流最大峰值，又称为极限通过电流。它是表征断路器通过短时电流能力的参数，反映断路器承受短路电流电动力效应的能力。

8）热稳定电流，即合闸状态的断路器在确定的时间内（国家标准为4s）所允许通过的最大电流值（周期分量有效值），此时断路器不应因短时发热而损坏。热稳定电流可以反映断路器承受短路电流热效应的能力。

9）机械寿命，即弹簧、转轴、连动杆等构成机械传动控制系统的各个机械部件的整体使用寿命，任一部件损坏则机械寿命终止，断路器应至少允许10000次开断。

真空断路器特别适用于频繁操作和少维护的地方。试验表明，真空断路器的可动部分能耐受 50000 次"合-分"操作而没有较大的磨损痕迹，其开断负荷电流时所产生的过电压水平 90% 以上不高于 3 倍的额定电压值。真空断路器还具有低噪声、不燃爆、体积小、寿命长、可靠性高等优点。在中压配电网中，真空断路器市场占有率较大。

真空断路器触点装在真空灭弧室内，当触点切断电路时，触点间将产生电弧，在电流过零瞬间，电弧立即熄灭，此时电弧中的带电离子通过扩散、冷却、复合以及吸附，使真空空间的介质强度迅速恢复。由于真空断路器能在电流第一次过零时熄灭电弧，因此燃弧时间较短（至多半个周期），而且不致产生很高的过电压。

图 2-15 所示为真空断路器的外形，图 2-16 所示为真空断路器的灭弧结构。灭弧结构的中部有一对盘状的触点，在触点刚分离时，由于强电场发射和热电发射，在触点间产生电弧。电弧温度很高，可使触点表面产生金属蒸气。随着触点的分开和电弧电流的减小，触点间的金属蒸气密度也逐渐减小。当电弧电流过零时，电弧暂时熄灭，触点周围的金属离子迅速扩散，凝聚在四周的屏蔽罩上，以致在电流过零后几微秒的时间内，触点间隙恢复到了原来的高真空度。因此当电流过零后虽然电压很高，但触点间隙不会再次被击穿，即电弧在电流第一次过零时就能完全熄灭。

图 2-15　真空断路器的外形

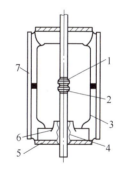

图 2-16　真空断路器的灭弧结构
1—静触点　2—动触点　3—屏蔽罩　4—波纹管
5—与外壳封接的金属法兰盘
6—波纹管屏蔽罩　7—外壳

2. 负荷开关

负荷开关在 10~35kV 配电网中得到广泛应用，它可作为独立的设备使用，也可与其他设备组合使用，如作为主要电气元件安装于环网柜等设备中。负荷开关可以进行手动或电动操作，也可以进行智能化控制。负荷开关用于开断负荷电流，可承载一定的短路电流，其使用寿命与开关电流值和灭弧介质或使用方式有关。负荷开关主要有产气式负荷开关、压气式负荷开关、SF_6 式负荷开关及真空式负荷开关等。

负荷开关的技术参数包括：

1）额定电流，即负荷开关长期正常工作时能够开断的最大电流。

2）额定峰值动稳定电流和额定热稳定电流，其中额定峰值动稳定电流是指负荷开关在合闸位置时，所能承受的额定短时耐受电流第一个半波的电流峰值；额定热稳定电流是指负荷开关在长时间运行过程中，能够承受的最大电流值，也称为额定运行电流。

3）额定电缆充电开断电流，空载情况下的电缆充电电流属于容性电流，电缆越长，容性电流值就越大。国标规定负荷开关额定电缆充电开断电流值为10A。

4）额定空载变压器开断电流，对于10~35kV电压等级的负荷开关，国标规定该值为开断额定容量为1250kV·A配电变压器时的空载电感性电流值。

5）单个电容器组额定开断电流，该数值等于负荷开关额定电流值的80%。

真空式负荷开关（见图2-17）的灭弧装置采用真空灭弧室。当开关分闸时，位于真空灭弧室内的开关主触点分开，电弧在真空中自行熄灭。真空式负荷开关没有明显的断开点，但开关的分、合状态可由机械联动装置准确指示。真空式负荷开关灭弧速度快，最大开断电流大，结构相对简单。但由于截流效应，真空式负荷开关操作时容易引起截流重燃过电压，尤其是开断5%额定有功负荷时的小电流。同时，需要定期检测真空式负荷开关的真空管的真空度，以保证开关的性能和安全。

3. 隔离开关

隔离开关无灭弧能力，不允许带负荷拉闸或合闸，但其断开时可以形成可见的明显开断点和安全距离，保证停电检修时工作人员的人身安全。因此，它主要安装在高压配电线路的出线杆、联络点、分段处以及不同单位维护的线路的分界点处。按装设地点的不同，隔离开关可分为户内式和户外式；按绝缘支杆数目的不同，隔离开关可分为单柱式、双柱式和三柱式；按运行方式的不同，隔离开关可分为水平旋转式、垂直旋转式、摆动式和插入式；按有无接地开关，隔离开关可分为单接地式、双接地式和无接地开关式；按操动机构类别的不同，隔离开关可分为手动式、电动式和气动式等。

图2-17 真空式负荷开关

隔离开关的主要技术参数包括：

1）额定电压，单位为kV。

2）额定电流，单位为A。

3）动稳定电流，取有效值，单位为kA。

4）热稳定电流，取有效值，单位为kA。

5）工频电压下的耐压水平，单位为kV。

6）在雷击情况下的抵抗水平，即冲击耐压水平，单位为kV。

一般隔离开关的结构由导电部分、绝缘部分、底座部分组成，如图2-18所示。

1）导电部分由一条弯成直角的铜板构成静触点，其有孔的一端可通过螺钉与母线相连接，叫连接板，另一端较短，合闸时它与动触点相接触。动触点由两条铜板组成。静触点安装在电源侧，动触点安装在负荷侧。

2）绝缘部分：包括对地绝缘和断口绝缘。对地绝缘一般为支柱绝缘子，通常采用瓷质、环氧树脂或环氧玻璃布板等作为绝缘介质。断口绝缘通常以空气

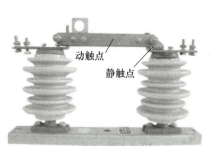

图2-18 隔离开关

为绝缘介质，分断后具有明显可见的间隙断口。

3）底座部分由钢架组成，每个单相底座上固定两个绝缘支柱，绝缘支柱及传动主轴都固定在底座上。

隔离开关在操作时一般使用操作绳或操作连杆对操作把加力，通过传动机构将动触点断开或合上。

4. 一、二次融合开关

一、二次融合开关是将一次设备与二次设备进行电气连接和电气连锁而成的新型成套电气设备。由二次设备对一次设备进行监测、控制和保护，如图 2-19 所示。

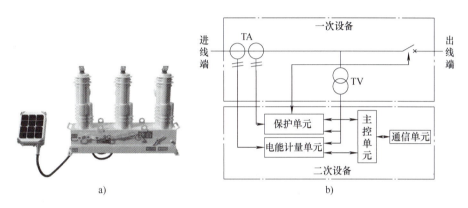

图 2-19　一、二次融合开关
a）实物　b）结构

一、二次融合开关主要适用于配电网架空线路分段、联络、分支以及用户分界等场合，在配电线路中起分断、控制、保护和线损采集的作用。其采用电子式互感器替代传统互感器，并将开关本体、互感器、电能计量单元、主控单元、保护单元和通信单元等进行了集成优化设计，具有传感、测量、馈线自动化和接地故障识别等功能。一、二次融合开关有效提高了配电网自动化系统对短路和接地故障的快速感知、定位和隔离能力。

2.2.4　熔断器

熔断器依靠熔体的特性，在电路出现短路电流或不被允许的过电流时，由电流流过熔体产生的热量将熔体熔断，使电路开断，以达到保护电气设备的目的。

熔断器熔断过程可大致分为以下 3 个阶段。①弧前阶段：从过电流开始到熔体熔化，可以从几毫秒到几小时不等，完全由过电流的大小和熔体的安秒特性决定；②燃弧初期阶段：从熔体熔化到产生电弧，一般为几毫秒；③燃弧阶段：持续燃弧到电弧熄灭，一般从几毫秒到几十毫秒不等。

熔断器的熔断时间和熔体电流的关系曲线称为 I-t 曲线，又称安秒特性曲线，是一条反时限曲线。不同额定电流的熔断器都有各自的 I-t 曲线。

熔断器按灭弧性能可分为限流式和非限流式两大类。限流式熔断器能在短路电流未达到最大值之前将电弧熄灭，从而限制短路电流的数值，减轻短路对电气设备的损害。非限流式熔断器通常在短路电流第一次过零之后电弧才熄灭，燃弧时间一般为几十毫秒。

熔断器按使用场合分为户内式与户外式。户外跌落式熔断器一般为非限流式熔断器，如图 2-20 所示。由于跌落式熔断器是应用喷逐式灭弧原理的，在开断大电流时产气多，气吹灭弧效果好，但在开断小电流时，有可能出现不能灭弧的现象。因此，选用此类熔断器时要注意下限开断电流。

限流式熔断器具有安装使用方便、价格低、限流性能好等优点，在环网柜和箱式变压器中被广泛采用。限流式熔断器可以在 10ms 内开断电路，排除故障，比断路器动作时间（60ms，内含继电器保护动作时间）更为快速。

另有一种新型限流式熔断器，称为全范围保护用高压限流熔断器，适用于户内额定电压 10kV 的中压系统。它将限流式熔断器的较高分断能力和非限流式熔断器的小电流过负荷保护能力结合起来，使之具有全范围的良好保护特性，可作为变压器及其他电力设备的过负荷和短路保护之用。

图 2-20　户外跌落式熔断器

2.2.5　消弧设备

当非有效接地配电网发生单相接地故障时，消弧设备可通过补偿接地故障电流达到抑制或消除接地故障的目的。消弧设备可分为无源和有源两类，无源消弧设备可分为被动式消弧和主动干预式消弧，有源消弧设备可分为混合式有源消弧和全电力电子式有源消弧。

1. 无源消弧设备

（1）被动式消弧设备

被动式消弧设备主要采用消弧线圈消弧，多安装于系统中性点，其根据控制方式不同可分为预调式和随调式，如图 2-21a 所示。

预调式设备在配电网正常运行时，预先将接入系统中性点的消弧线圈的感抗值调节得略高于系统的容抗值，为防止配电网正常运行时发生串联谐振，减小三相对地参数不对称引发的中性点电压的偏移量，需通过串联或并联阻尼电阻提高系统的阻尼率，发生单相接地故障时再快速将串联阻尼电阻短路或将并联阻尼电阻切除。

随调式设备不必串联或并联阻尼电阻，在配电网正常运行时，随调式设备通过控制器将消弧线圈的感抗值调节得远离系统的容抗值，这样系统便不会发生串联谐振。发生单相接地故障时，控制器自动将消弧线圈的感抗值快速调节得接近于系统的容抗值，实现接地故障电流补偿。

（2）主动干预式消弧设备

随着无源消弧设备的不断革新，主动干预式消弧设备也逐渐投入应用。为应对配电网不同位置发生的单相接地故障，主动干预式消弧设备通常安装在母线处，如图 2-21b 所示。发生单相接地故障时，控制器通过监测母线的三相电压和零序电压，判别故障类型并进行故障选相，然后控制单相接地故障相的接地开关接地，使故障点转移至母线处，从而将不稳定的接地故障转化为稳定的金属性接地故障。由于母线电压被钳制为零，实现了对单相接地故障点的故障电流的抑制。

2. 有源消弧设备

随着配电网规模扩大及大量电缆线路的投运，大量非线性负荷和电力电子设备投入使

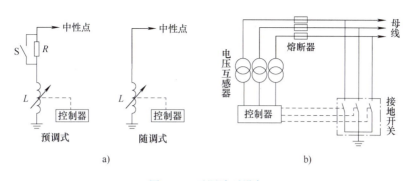

图 2-21　无源消弧设备
a）被动式　b）主动干预式

用，发生单相接地故障时，故障电流中同时存在大量有功分量和谐波分量。传统的消弧线圈只能补偿基波无功分量，无法补偿有功分量和谐波分量，因此，若接地故障电流中的有功分量和谐波分量的总含量较大，可能会维持故障电弧持续燃烧，造成消弧失败。

近年来，电力电子技术也应用到了配电网消弧设备中，通过测量配电网运行参量及对地参数，计算电压或电流的给定控制目标值，再控制电力电子元器件向配电网中性点或相线注入电流，实现对接地故障电流的柔性全补偿。有源消弧设备可分为混合式有源消弧设备和全电力电子有源消弧设备两类，根据控制目标的不同，有源消弧设备采用的消弧方法主要有电流消弧法、电压消弧法和电压电流融合消弧法。

（1）混合式有源消弧设备

混合式有源消弧设备通常由主消弧设备和从消弧设备组合构成。主消弧设备通常为传统的可调消弧线圈，由它补偿接地故障电流中的大部分基波无功分量；从消弧设备补偿接地故障电流中的有功分量、高次谐波分量以及剩余的基波无功分量。混合式有源消弧设备可由消弧线圈与带升压变压器的单级变流器或级联 H 桥变流器等组合而成，如图 2-22 所示。

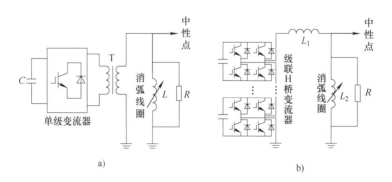

图 2-22　混合式有源消弧设备
a）带升压变压器的单级变流器与消弧线圈并联　b）级联 H 桥变流器与消弧线圈并联

（2）全电力电子式有源消弧设备

随着电力电子技术和功率型器件的发展，无需变压器或消弧线圈配合，可直接使用级联 H 桥变流器作为消弧设备，实现对接地故障电流的柔性全补偿。即采用单相级联 H 桥变流器或三相级联 H 桥变流器等拓扑结构实现有源消弧，如图 2-23 所示，单相或三相级联 H 桥变流器通过滤波电感分别接入配电网的中性点或相线。当配电网正常运行时，注入特定频率的电流，测量配电网对地参数并保存信息。当配电网发生单相接地故障时，变流器消弧设备先计算出注入全补偿电流的数值，然后将调制后的电流注入配电网，实现消弧。

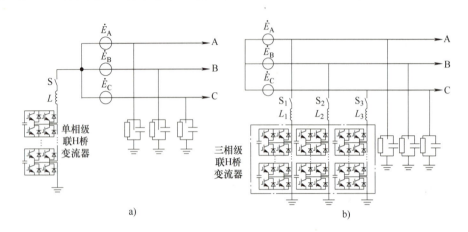

图 2-23 全电力电子式有源消弧设备
a）单相级联 H 桥变流器 b）三相级联 H 桥变流器

2.2.6 无功补偿装置

无功补偿装置承担提高功率因数、降低变压器及线路的损耗、改善供电环境等作用。常用的配电网无功补偿装置有并联电容器、并联电抗器、静止无功补偿器（Static Var Compensator，SVC）和静止无功发生器（Static Var Generator，SVG）等。

并联电容器是根据电压和无功容量的需要，把电容器（组）集中并联在变电站母线上或者分散并联在用电设备上而成的，如图 2-24 所示。它是应用最广泛的一种无功补偿装置，常与有载调压变压器配合使用。

并联电抗器是为抑制负荷低谷时配电网无功功率过补偿引起的电压过高而采用的补偿装置，它可以从系统中吸收无功功率，如图 2-25 所示。用电负荷大多数为电感性的，当电感性负荷较大时会削弱或消除线路末端电压升高的现象。但负荷是在随时变化的，工程中为了解决负荷较小或末端负荷开路时出现的工频过电压问题，会在线路中并联电抗器。此外，并联电抗器还具有改善轻负荷线路中的无功分布并降低线损、减少潜供电流、加速潜供电弧的熄灭、提高线路自动重合闸的成功率等作用。

图 2-24 并联电容器

图 2-25 并联电抗器

　　SVC 利用晶闸管作为固态开关来控制接入配电网的电容器和电抗器的容量，从而改变配电网的导纳。其"静止"是相对于发电机、调相机等旋转设备而言的。SVC 可以快速改变发出的无功，具有较强的无功调节能力，可以为配电网提供动态无功电源并调节配电网电压。当配电网电压较低、负荷较重时，SVC 输出电容性无功，当配电网电压较高、负荷较轻时，SVC 输出电感性无功，以此将供电电压调控到一个合理水平。按控制对象和控制方式不同，SVC 可分为晶闸管控制电抗器与晶闸管投切电容器配合使用的 TCR-TSC 型装置，以及晶闸管控制电抗器与滤波器配合使用的 TCR-FC 型装置，两种 SVC 装置原理图分别如图 2-26 和图 2-27 所示。

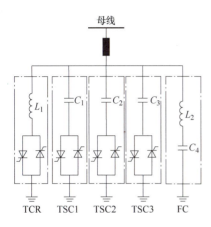

图 2-26　TCR-TSC 型 SVC 装置原理图

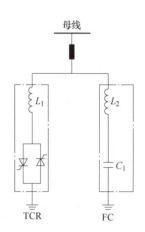

图 2-27　TCR-FC 型 SVC 装置原理图

　　SVG 通过调节其交流侧输出电压的幅值和相位，控制 SVG 所吸收电流的幅值和相位，从而改变 SVG 吸收无功功率的性质（电容性或电感性）。如图 2-28 所示，SVG 核心部件是大功率电压型变流器，其输出电压通过电抗器接入配电网，与配电网侧电压保持同频、同相，通过调节输出电压与配电网侧电压幅值的关系来确定输出功率的性质与容量。当输出电压幅值大于配电网侧电压幅值时输出电容性无功，小于时输出电感性无功。与传统的以 TCR 为代表

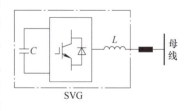

图 2-28　SVG 原理图

的 SVC 相比，SVG 的调节速度更快，运行范围更宽，而且在采取多重化或 PWM 技术等措施后，可大大减少补偿电流中谐波的含量。而且，SVG 可以瞬间提供一定的有功功率，补偿配电网的电压跌落和闪变。

2.3　开闭所

　　开闭所是变电站 10kV 母线的延伸。它是由 10kV 开关柜、母线、控制和保护装置等电气设备及其辅助设施，按一定的接线方式组合而成的电力设施，通常为户内布置，但也有开闭所采用户外型开关设备组装成户外箱式结构。

　　当负荷离变电站较远，采用直供方式需要比较长的线路时，可考虑在这些负荷附近建

设一个开闭所，然后由开闭所出线来保证这些负荷的正常供电。开闭所起到接收和重新分配10kV 出线的作用，虽然建设开闭所会使整个配电网的投资增加，但开闭所减少了高压变电站的 10kV 出线间隔和出线走廊，从而使发生故障的概率相对降低，开闭所可用作配电线路间的联络枢纽，还可为重要用户提供双电源，这在可靠性要求较高的地区如城市的繁华中心区较为常见。

20 世纪 90 年代开始，10kV 开闭所在我国绝大部分大、中城市开始建设，所用的设备逐步由少油断路器柜过渡到空气负荷开关柜，这使得开关柜的体积大大减小，操作也简单了很多。到了 20 世纪 90 年代中期，灭弧性能更好的真空负荷开关开始在 10kV 配电网中应用并逐步取代了空气负荷开关，成为 10kV 开闭所的主要设备，目前则主要为 SF$_6$ 负荷开关。

1. 设置原则

1）由于开闭所能加强对配电网的控制，提高配电网供电的灵活性和可靠性，因此在重要用户附近或配电网联络部位应设立开闭所，如政府机关、电信枢纽、重要大楼及有多条10kV 线路供电的十字路口等。

2）由于开闭所具有延伸变电站 10kV 母线的功能，可对电能进行二次分配，并为周边用户提供供电电源，因此在用户比较集中的地区应设立开闭所，如大型住宅区、商业中心地区、工业园区等。

3）因为城市建设及城市景观的需要，旧城改造及城市道路拓宽改造大规模开展，原先的架空线路需"下地"改造为电缆线路。为了解决原先接在架空线路上的分支线及用户的供电电源问题，必须在改造地块或改造道路的沿线建设部分开闭所或电缆分支箱，为周围用户提供电源。

4）开闭所应设置在通道通畅、巡视检修方便、电缆进出方便的位置。一般情况下要求开闭所设置在单独的建筑物中或附设在建筑物一楼的裙房中，尽量不要把开闭所设置在大楼的地下室中，避免地下室潮湿或进水引起线路跳闸。

5）开闭所选址应考虑设备运输方便的要求，并留有消防通道。设计时应满足防火、通风、防水、防小动物、防潮、防尘等要求。开闭所的电缆夹层、电缆沟和电缆室应采取防水、排水措施。对设在用户内部的公用配电装置，应与其他设备以防火墙的形式隔离，并设有独立门户。

2. 接线方式

常见的开闭所接线方式有单母线接线、单母线分段接线和双母线接线 3 种。

单母线接线方式如图 2-29a 所示，一般有 1~2 路进线间隔和若干路出线间隔。其优点为接线简单清晰、规模小、投资省。其缺点为不够灵活可靠，母线或进线开关在故障或检修时，均可能造成整个开闭所停电。这种接线方式一般适用丁线路分段、环网或为单电源用户供电。

单母线分段接线方式包括单母线两分段和单母线三分段。图 2-29b 为单母线两分段接线，其一般有 2~4 路进线间隔和若干路出线间隔，两段母线之间设有联络开关。其优点为用开关把母线分段后，对重要用户可以从不同母线段引出两个回路，提供两个供电电源，当一段母线发生故障或检修时，另一段母线可以正常供电，不至于使重要用户停电。其缺点为母线联络需占用两个间隔的位置，这增加了开闭所的投资；当一段母线的供电电源故障或检修，导入第二段母线供电时，系统运行方式会变得复杂。这种接线方式适用于为重要用户提供双电源或供电可靠性要求比较高的场合。

双母线接线方式如图 2-29c 所示，一般有 2~4 路进线间隔和若干路出线间隔，两段母线之间没有联系。其优点为供电可靠性高，每段母线均可由两个不同的电源供电，两回电源线路中的任意一回故障或检修，均不影响对用户的供电；调度灵活，能适应 10kV 配电系统中各种运行方式下调度和潮流变化的需要。其缺点为与开闭所相连的外部网架要强，每段母线要有两个供电电源。这种接线方式适用于为重要用户提供双电源或供电可靠性要求比较高的场合。

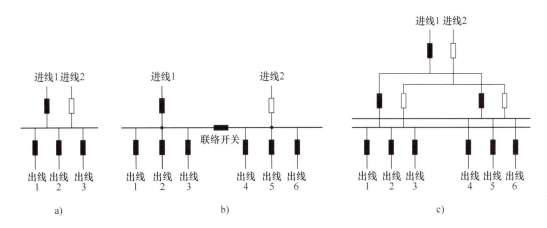

图 2-29　常见的开闭所接线方式
a）单母线接线　b）单母线两分段接线　c）双母线接线

2.4　环网柜和电缆分支箱

2.4.1　环网柜

早期建设的 10kV 配电线路多数是单回路放射式接线的，一旦线路、设备或电源发生故障，容易导致全线停电，造成的损失和影响较大。如果在配电网的建设和改造中考虑建立环网供电、开环运行，如图 2-30 所示，一旦其中一侧电源有故障或进行检修工作，可通过合上联络开关继续对负荷进行供电；如果线路出现故障，通过环网柜中的进线开关也可以把停电范围大大缩小。环网柜是实现电缆线路环网运行方式的重要设备，是将一组高压开关设备安装于铠装结构柜体内或做成拼装间隔式环网供电单元而成的电气设备，具有结构简单、体积小、造价低以及供电安全等优点。

图 2-30　双侧电源环网供电接线图

环网柜在国外叫环网供电单元，兴起于1978年，当时德国Driescher公司在汉诺威博览会上展出了世界上第一台SF_6环网柜，此后各大制造公司纷纷效仿，开发出自己的环网柜。环网柜的核心部件是负荷开关和限流熔断器。在1989年的国际配电网会议上，从理论角度阐述了负荷开关-限流熔断器组合电器对小型变压器的有效保护作用，欧洲的一些电力公司还从实践角度说明了这点，认为其比断路器更有效。从此之后，环网柜在配电网中得到大量应用。

环网柜的主要技术参数有额定电压、额定电流、额定短时耐受电流、额定峰值耐受电流等。

环网柜因其使用的负荷开关种类不同可分为产气式环网柜、压气式环网柜、真空环网柜（又称"固体绝缘环网柜"）、SF_6环网柜等。其中，产气式环网柜、压气式环网柜因所采用的负荷开关可靠性低，现已基本淘汰；真空环网柜、SF_6环网柜因性能指标高、操作维护方便、运行可靠性高等优点已在配电网中得到广泛使用。

1. 基本组成

环网柜的基本组成单元有柜（壳）体、母线、负荷开关、熔断器（或负荷开关-限流熔断器组合电器）、断路器、隔离开关、电缆插接件、二次控制回路等。

1）柜体：空气绝缘和复合绝缘环网柜柜体与常规的交流金属封闭开关设备在工艺和选材上类似，只是结构更简化，柜体体积也较小；SF_6气体绝缘环网柜的柜体一般是按IEC标准来设计的，柜体由$2.5\sim3mm$厚的钢板或不锈钢板焊成，在寿命期内一次密封。为了防止内部故障电弧引起爆炸，在柜体上装有防爆膜。但德国的Driescher公司使用所谓的限制器，当出现内部故障时，因压力上升而使柜体鼓胀，这一变形经机械连杆作用使接地开关立即接地，消除故障电弧。

2）母线：母线一般根据柜体的额定电流选取，常采用电场分布较好的圆形和倒圆形母排。

3）负荷开关：负荷开关多为三工位的，即具有负荷-隔离-接地等功能，这样大大简化了环网柜的结构。

4）熔断器：环网柜一般使用全范围限流熔断器，在熔断器两侧设接地开关。当高压熔断器任一相熔断时，熔断器顶端的撞针触发脱扣装置，使联动的负荷开关自动跳闸。

5）断路器：主要功能是在正常运行条件下接通或断开电路，以及在异常情况下，切断电路以保护电气设备和系统免受损害。许多公司采用SF_6断路器或真空断路器，如施耐德公司的SF_6断路器，采用旋弧加热膨胀灭弧原理，触点采用简单对接式结构；德国的Calor-Emag公司在变压器回路配置VD4型真空断路器，并使断路器处于SF_6气体中，其操动机构装在气室外面的面板上。

6）隔离开关：环网柜使用的支路三工位隔离开关结构与负荷开关类似，装在断路器下面，可实现线路侧接地。

7）电缆插接件：电缆插接件用来连接电缆，它是负荷开关的延伸部分，一般做成封闭的，以确保安全可靠。电缆插接件有内锥式和外锥式两种，其形状有直式、弯角式和T形。额定电压一般在35kV以下，额定电流为$200\sim630A$。

8）二次控制回路：二次控制回路采用集成方式实现就地或远程操作，并采用集控制、保护、计量、监视、通信为一体的微机控制管理系统模块，使多回路配电单元向小型化、模块化、智能化方向发展。

2. 组成结构

环网柜一般由两个进线间隔和若干个出线间隔组成，如图 2-31 所示。进线间隔主要用于故障线路的隔离，以及通过调整电源方向来恢复正常供电；出线间隔则通过组合电器实现变压器故障快速切除。

3. 应用实例

如图 2-32a 所示，正常情况下，环网柜 A、B、C、E、F、G 的开关 F1、F2 合闸；环网柜 D 的开关 F1 分闸、开关 F2 合闸；环网柜 A、B、C 的负荷由电源 T1 供电；环网柜 D、E、F、G 的负荷由电源 T2 供电；系统在环网柜 D 的开关 F1 处开环运行。各柜出线端或变压器

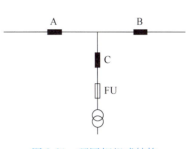

图 2-31　环网柜组成结构

进线端的分合操作由开关 F3 或 F4 操作完成，变压器故障由高压限流熔断器来保护，断路器 QF1、QF2 的继电保护与限流熔断器做时限配合，各个环网柜内的故障不会影响主环路的正常供电。

如图 2-32b 所示，当主环路在 X 处发生故障时，断路器 QF2 立即跳闸，环网柜 E 的开关 F1 及环网柜 F 的开关 F2 分闸，隔离故障区段，然后环网柜 D 合上开关 F1，断路器 QF2 重新合闸，恢复非故障区段供电：环网柜 A、B、C、D、E 由电源 T1 供电，环网柜 F、G 由电源 T2 供电。在极限状况下，每路电源都可带整条环线运行。

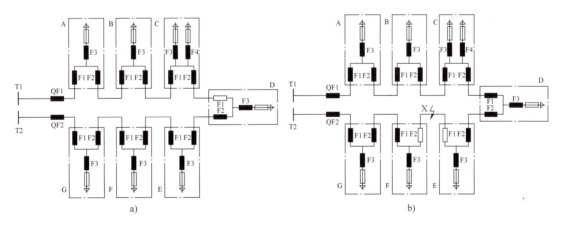

图 2-32　环网柜应用实例
a）正常运行　b）故障隔离后

2.4.2　电缆分支箱

电缆分支箱（又称"电缆分接箱"）是实现配电系统中电缆线路的汇集和分接功能的专用电气连接设备，常用于城市环网供电和放射式供电系统中的电能分配和终端供电，电缆分支箱一般直接安装在户外，可以和环网柜配合使用，构成电缆环网结构，如图 2-33 所示。

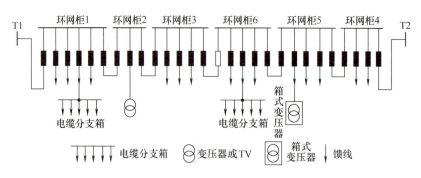

图 2-33   10kV 环网柜和电缆分支箱组成的电缆环网结构

1. 组成结构

电缆分支箱主要由箱体外壳、套管（母线）、带电指示器和硅橡胶预制式电缆接头组成，如图 2-34 所示。箱体外壳起到保护内部组件免受外界损害的作用，主要是防止污秽及雨水渗入和外界撞击，同时可靠地保证人身安全，因此它应有良好的密封及机械强度和防腐性能。套管（母线）是用来支撑、连接电缆接头的，它的芯部构成母线的一段，主要起传输电流的作用，因此必须具有良好的导电性能。带电指示器主要用来检测每相是否带电，它通过套管（母线）外部的感应电压工作，当母线的电压大于 3000V 时，带电指示器自动发光。硅橡胶预制式电缆接头主要用来与电缆端头的金属连接实现电缆分支，因此它具有良好的绝缘和耐热性能，同时能够承受长期的额定工作电压及短时间的各种过电压。

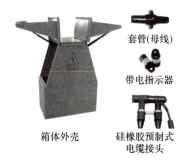

图 2-34   电缆分支箱的组成

2. 主要分类

电缆分支箱按其电气构成分为两大类：一类不含任何开关设备，箱体内仅有对电缆端头进行处理和连接的附件，其结构比较简单，体积较小，功能较单一，可称为普通分支箱；另一类在箱内不但有普通分支箱的附件，还含有一台或多台开关设备，其结构较为复杂，体积较大，连接器件多，制造技术难度大，造价高，可称为高级分支箱。

（1）普通分支箱

普通分支箱内没有开关设备，进线与出线在电气上连接在一起，电位相同，适宜于分接或分支接线。人们通常习惯将进线回数加上出线回数称为分支数。例如，三分支电缆分支箱，它的每一相上都有 3 个等电位连接点，可以用作一进二出或二进一出。电缆分支箱内含有 A、B、C 三相，三相电路结构相同，顺排在一起。箱体外形结构有下面 3 种：

1）单盖式：箱体外壳为长方体，有一个斜盖可以向上打开，以便安装施工或维护检修。三相的母排板顺列布置，所有进线和出线电缆都分相地连接到内部电气并联的母排板上，单盖式亦称并列式，如图 2-35 所示。母排板通常有两联、三联和四联几种。这种电缆分支箱适用于进出线 1~8 回的场合，缺点是三芯电缆的分相跨接比较困难。

2）双盖式：这种电缆分支箱相当于两个单盖式电缆分支箱背靠背连在一起，两个斜盖可分别打开。中间隔板装有三相的双向穿壁套管，两端均可连接电缆附件，双盖式亦称对接

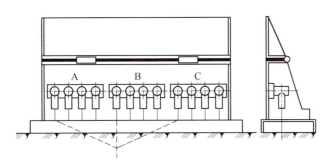

图 2-35　单盖式电缆分支箱

式，如图 2-36 所示。其优点是三相器件相距小，分相跨接容易。

3）无箱壳式：这种电缆分支箱没有壳体，直接将电缆附件连接的组合体置于地下的电缆沟或隧洞中。

（2）高级分支箱

高级分支箱内含有开关设备，既可起普通分支箱的分接、分支作用，又可起供电电路的控制、转换以及改变运行方式的作用。其开关断口大致将电缆回路分隔为进线侧和出线侧。箱体的外形类似于户外箱式变压器，箱体外壳上有若干个活动的门，有的门为便于开关设备的操作而设，有的门为便于电缆连接器件的安装施工或维护检修而设。这种箱体形式称为"门箱式"，如图 2-37 所示。

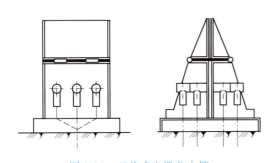

图 2-36　双盖式电缆分支箱

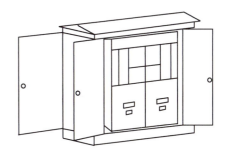

图 2-37　门箱式电缆分支箱

2.5　配电站和箱式变压器

2.5.1　配电站

10kV 配电站是工业、企业、居民小区内部供配电系统的重要组成部分，它将一路或两路 10kV 电源电压变成 0.4kV 电压，送至各建筑物，给用电设备供电。配电站由高压开关柜、配电变压器、母线、低压开关柜及其辅助设备组成，起到变换电压和分配电能的作用。

1. 主接线方式及要求

配电站常用的接线方式有单母线接线和单母线分段接线。单母线接线方式一般适用于具有一台主变压器且配电装置的出线回路数不超过 6 回的线路中，而单母线分段接线方式适用于出线回路数超过6回的线路中。主接线方式的确定对配电系统的安全、稳定、灵活、经济运行，以及配电站电气设备的选择、配电装置的布置、继电保护和控制方法的拟定将会产生直接的影响。因此，对主接线方式有以下几点要求：

（1）安全性

在高压断路器的电源侧及可能反馈电能的另一侧，必须装设高压隔离开关；在低压断路器的电源侧及可能反馈电能的另一侧，必须装设低压刀开关；在装设负荷开关-高压熔断器的出线柜母线侧，必须装设高压隔离开关；在配电站高压母线上及架空线末端，必须装设避雷器。装于母线上的避雷器宜与电压互感器共用一组隔离开关，避雷器前的线路上不必装设隔离开关。

（2）可靠性

可靠连续供电是电力生产中最重要的要求，其中主接线方式要求简单可靠，既能保证在事故或检修情况下可靠供电，又能满足维护方便、运行简单、使用经济、便于施工等要求。断路器检修时，不宜影响对系统的供电；断路器或母线故障以及母线检修时，应尽量减少停运的回路数和停运时间，并要保证对一级负荷及大部分二级负荷的供电。

（3）灵活性

主接线方式的灵活性体现在倒闸操作方便、事故处理快捷、对操作人员的技术要求不高等方面。配电站的高低压母线，一般宜采用单母线接线或单母线分段接线。对于具有两路电源进线，装有两台主变压器的配电站，当两路电源同时供电时，两台主变压器一般分列运行；当只有一路电源供电，另一路电源备用时，两台主变压器并列运行。主接线方式应与主变压器经济运行的要求相适应，还要考虑今后可能的扩展。

（4）经济性

主接线方式应力求简单，采用的一次设备特别是高压断路器数量要少，而且应选用技术先进、经济适用的节能产品。由于小区配电站一般都选用安全可靠且经济美观的成套配电装置，因此配电站的主接线方式应与所选成套配电装置的主接线方式配合一致。柜型一般采用固定式，只在供电可靠性要求较高时，才采用手车式或抽屉式。中小型乡镇配电站一般采用高压少油断路器，有防火要求、地方较小、与大楼建筑成为一体、经济方面比较宽裕的情况下，则应采用真空断路器或SF_6断路器。断路器一般采用就地控制，操作时多用手动操作机构，但这只适用于三相短路电流不超过6kA的电路中。如果短路电流较大或有远控、自控要求时，则应采用电磁操作机构或弹簧操作机构。电源进线应装设专用的计量柜，其互感器只供计费的电能表用。应考虑无功功率的现地补偿，使最大负荷时功率因数达到规定的要求。应优化接线及布置，减少配电站占地面积。随着经济的发展，可远控真空断路器或SF_6断路器，以及手车式或抽屉式成套配电装置的应用将越来越广泛。

2. 应用实例

图2-38是某工厂配电站一次电气接线图，该配电站为户内布置，电源采用单回进线，变压器容量为1250kV·A，其0.4kV侧采用单母线接线，变压器采用油浸式变压器，10kV开关柜采用中置铠装开关柜，低压柜采用固定柜。进线柜1是总开关柜，担负着整段母线所承载的电流，一般配置真空断路器；计量柜实现对用电情况的计量功能；进线柜2为低压进线柜，用来控制接入的所有用电设备，总开关一般采用框架断路器；出线柜起分配电能的作用，将主电源的电能分配到各个用电支路，每条支路配一出线柜。

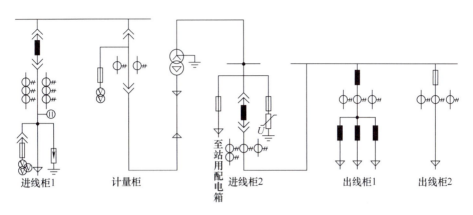

图 2-38 某工厂配电站一次电气接线图

2.5.2 箱式变压器

箱式变压器（又称"箱式变电站""预装式变电站"）是一种将变压器、高低压开关按照一定的结构和接线方式组合起来的预装式配电装置，如图 2-39a 所示，包括变压器、多回路高压开关系统、铠装母线、进出线、避雷器、电流互感器等电气单元。图 2-39b 所示为箱式变压器的一种典型组合方案，该方案采用电缆作为进出线，高压供电低压计量。箱式变压器的特点是占地面积小、工厂化生产、施工速度快、外形美观、适应性强、维护工作量小，因此箱式变压器得到了普遍应用。

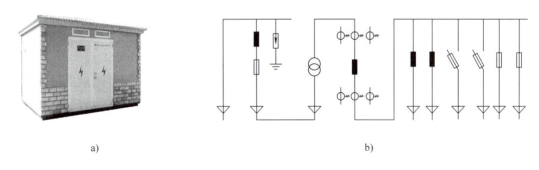

a)   b)

图 2-39 箱式变压器
a）外形结构　b）典型组合方案

2.6 配电网的接地方式

选择电力系统的中性点接地方式要考虑电网的各种运行情况、供电可靠性要求、故障时的过电压、人身安全、对通信的干扰、对继电保护的技术要求和设备的投资等，是一个系统工程。中性点接地方式可划分为两大类：大电流接地方式（中性点有效接地方式）和小电流接地方式（中性点非有效接地方式）。大电流接地方式主要有中性点直接接地和中性点经低电阻、低电抗或中电阻接地；小电流接地方式主要有中性点经消弧线圈接地、中性点不接地和中性点经高电阻接地等。

对 110kV 及以上电压的电网来说，如果采用小电流接地方式，在单相接地故障时，非故障相电压可能会达到正常运行值的 $\sqrt{3}$ 倍以上，对电气设备绝缘的要求大大提高，使设备制造成本显著增加，因此，这类电网一般采用中性点直接接地方式。对配电网来说，额定运行电压相对较低，接地故障过电压的矛盾不像在 110kV 及以上电压的电网中那样突出，中性点直接接地的优势不明显，因此，大电流接地与小电流接地这两种方式在实际工程中都有相当数量的应用。目前，我国配电网中性点主要采用小电流接地方式，对电容电流比较小的网络，采用中性点不接地方式；在电缆架空线混合网络接地电流超过 10A 以及纯电缆网络接地电流超过 20A 时，一般采用中性点经消弧线圈接地方式（谐振接地方式）。德国、法国、俄罗斯以及日本等国家一般采用小电流接地方式，主要考虑避免单相接地故障引起跳闸。美国、英国、新加坡等国家的中压配电网中性点一般采用直接接地方式或经小电阻接地方式，主要考虑单相接地故障时过电压小，继电保护容易配置。

人们对配电网的接地方式的认识，是随着电网规模及技术发展不断变化的。在电力系统发展的初期，电力系统的容量较小，当时人们认为工频电压升高是导致绝缘故障的主要原因，即使相电压短时间升高至 $\sqrt{3}$ 倍，也会威胁安全运行。为防止单相接地时相电压升高导致绝缘故障，电力设备的中性点最初都采用直接接地方式，在单相接地时瞬时跳闸切除故障。

单相接地是配电网中出现概率最大的故障形式，而直接接地方式会造成线路频繁跳闸的停电事故，于是，人们便将上述的直接接地方式改为不接地方式。后来，随着工业发展，电力传输容量增大，距离延长，电压等级逐渐升高，电力系统的延伸范围不断扩大。在这种情况下发生单相接地故障时，接地电容电流在故障点形成的电弧不能自行熄灭，同时，间歇电弧产生的过电压往往又使事故扩大，显著降低了电力系统的运行可靠性。为了解决这些问题，各国分别采取了不同的解决途径，如美国采用中性点直接接地和经低电阻、低电抗等接地，并配合快速继电保护和开关装置，瞬间跳开故障线路；德国、法国等则采用谐振接地，使故障点残余电流减小，电弧易于熄灭，自动消除瞬间的单相接地故障，还可避免对通信线路的干扰。谐振接地的概念最早是由德国电力专家彼得逊（Peterson）提出的，因此，消弧线圈又称彼得逊线圈。这两种具有代表性的解决办法，对后来世界上许多国家的电力系统中性点接地方式的发展产生了很大的影响。

随着配电网规模的扩大以及电缆线路的大量使用，配电网电容电流进一步增大，使用固定调谐的消弧线圈不可能完全补偿电网电容电流，故障电弧也难以自动熄灭。从避免长期接地过电压危害配电网绝缘出发，一些国家（如法国）逐渐将电缆网络的中性点谐振接地方式改为经小电阻接地方式。基于同样的考虑，我国一些电力专家也主张在电缆网络里优先使用经小电阻接地方式。20 世纪 80 年代以来，我国一些沿海城市（如上海、广州、深圳等）的部分电缆网络陆续采用了经小电阻接地方式。近年来，谐振接地方式又受到了电力工作者的重视。在我国，谐振接地的应用也越来越广泛，引起这一变化的主要原因是用户对供电可靠性的要求越来越高，电力部门希望通过采用谐振接地的方式，尽可能减少单相接地故障引起的供电中断。消弧线圈自动调谐装置的发明，也推动了谐振接地方式的应用，因为该装置能够自动跟踪电网电容电流的变化，使流过接地点的电流尽可能地小，由此故障电弧自动熄灭的可能性也大为提高。

我国配电网通常采用以下几种接地方式。

1. 不接地方式

当中性点不接地系统发生单相接地时，无论是发生单相金属接地还是不完全接地，三相系统的对称性仍保持不变，对电力用户用电设备的继续工作没有影响。但是中性点不接地系统发生单相接地时，不允许长期带电接地运行，这是因为非故障的两相对地电压升高 $\sqrt{3}$ 倍，可能引起绝缘的薄弱环节被击穿，并发展成为相间短路，使事故扩大。所以有关规程规定：中性点不接地系统发生单相接地时，继续运行的时间不得超过 2h，并要加强监视。

单相接地时所产生的接地电流，将在接地点形成电弧，这种电弧可能是稳定的或间歇性的。当接地电流不大时，电弧在电流过零瞬间自行熄灭，接地故障随之消失，于是配电网恢复正常运行。当接地电流很大（30A 以上）时，则会形成持续性的电弧接地，若不及时消除，可能烧毁设备并导致相间短路事故，这是中性点不接地系统的缺点之一。中性点不接地系统发生单相接地故障后，接地故障线路的判别方法有两种。第一种是人工判别故障线路，比如变电站运维人员常使用瞬停法和线路拉合法查找故障线路；第二种是先测量零序电压和电流信号，再根据信号识别算法发现故障线路及故障相别。

在 10kV 和 35kV 电压等级的配电系统中，当单相接地电流小于 10A 时，可以采用中性点不接地方式。若不满足上述条件，则应采用其他接地方式。

2. 谐振接地方式

配电网中性点谐振接地是指配电网的一个或多个中性点经消弧线圈与大地连接，消弧线圈的稳态工频电感性电流对电网的稳态工频电容性电流调谐，故称谐振接地。目的是使接地故障点残余电流减小，由此接地故障就可能自动清除。

消弧线圈是一个具有铁心的可调电感线圈，它接于变压器的中性点与大地之间，消弧线圈的补偿方式可分为欠补偿、完全补偿和过补偿，一般采用过补偿方式，其优势在于，当线路切除等因素引起系统电容电流骤降时，不易发生串联谐振，可避免形成谐振过电压；正常运行时，也可避免因中性点电压偏移产生的串联谐振。

当发生单相接地故障时，消弧线圈可形成一个与接地电流的大小接近相等、方向相反的电流，对接地电流起补偿作用，使接地点电流减小到零或接近于零，从而消除了接地点的电弧及由它所产生的危害。此外，当电流过零时，在电弧熄灭之后，消弧线圈的存在还能减小故障相电压的恢复速度，从而减小电弧重燃的可能性。因此，谐振接地是确保系统安全运行的有效措施之一。

谐振接地系统发生单相接地故障后，暂态零序电流中包含丰富的故障信息，人们常利用各线路暂态零序电流波形的特性，结合信号分析法和人工智能算法来实现故障选线。

然而，谐振接地系统普遍存在消弧线圈电感调节不连续、精度差，且补偿后的残余电流中的谐波含量较大等问题，影响故障消弧的效果。

3. 小电阻接地方式

该方式即在配电网中至少一个中性点处接入电阻器，目的是限制接地故障电流。中性点经电阻器接地，可以消除中性点不接地和谐振接地系统的缺点，既降低了瞬态过电压幅值，又易于实现单相接地选线及接地故障区段定位。由于这种系统的接地电流比直接接地系统的小，故地电位升高对信息系统的干扰和对低压电网的影响都会减弱。小电阻接地系统，一般控制接地故障电流在 100～500A，能有效降低内部过电压，适用于电缆线路较多的配电网。

电缆网络中性点采用小电阻接地的一个主要考虑是，电缆线路里的故障大都是永久性的，即便是采用谐振接地，电弧也难以自行熄灭。

采用比较小的电阻接于变压器中性点和大地之间，其电阻值为几欧姆到几十欧姆，在发生单相接地故障后，产生的接地电流为几百安培至几千安培，这样大的电流，对于保护来说已经很容易识别，所以，在城网中采用小电阻接地，利用零序保护，可以直接动作于保护而跳闸。这样，只要有故障，就可以进行跳闸保护。小电阻接地方式的缺点是哪怕瞬时性的故障也会跳闸。对于小电流接地系统，允许单相接地运行 2h，那么对于瞬时性的故障可以不跳闸，但采用小电阻接地，不管是何种性质的故障，均采取的是跳闸保护。在有些城市的统计中，采用小电阻接地，跳闸率反而更高了。这是因为，瞬时性故障通过谐振接地，可以自行消除，但采用小电阻接地后，只要有接地故障都要跳闸。

事实上，电缆网络里相当一部分故障是发生在电缆本体以外（如在用户变压器处）的瞬时性故障。对实际接地故障分析表明，电缆本体接地故障的电弧也有可能自动熄灭，从而维持一段时间的正常供电。因此，中性点采用小电流接地方式，可以避免不必要的供电中断。据我国沿海某城市供电局对一个变电站的统计数据，在配电网中性点改造为经小电阻接地之后 3 年中，10kV 线路共跳闸 136 次，平均每年约 46 次；而在改造之前的 2 年中，10kV 线路共跳闸 53 次，平均每年约 27 次。可见，中性点采用小电流接地方式时，10kV 线路平均每年的跳闸次数远小于采用小电阻接地方式。

4. 消弧线圈和中等阻值电阻并联可控的接地方式

消弧线圈的最大优点就是能消除瞬时性故障，很多接地故障不需要处理，就可以自动熄弧了。小电阻接地的优点则是有故障就可以进行跳闸保护，不至于带来后患。若采取消弧线圈并联一个智能的接地电阻的方式，当发生单相接地时，若是瞬时性的故障，则通过消弧线圈可以自动处理并消除故障；若故障持续时间达到几十秒，那么靠消弧线圈是不能熄弧的，说明这是一个永久性故障，只能采取断开故障线路的方式。采用消弧线圈是难以直接跳开故障线路的，若投入一个中等阻值电阻，当单相接地产生时，通过中等阻值电阻可以产生一个几十安培的接地故障电流，该电流小于小电阻接地方式发生单相接地时的接地故障电流，虽然对安全有点影响，但几十安培的电流也足可以让继电保护或者故障指示器检测出来，这样就可以快速地动作于跳闸，或者动作于选线，又或者动作于现场的故障区段定位，这样处理故障就只需要几秒钟的时间。如果两者结合起来，对于瞬时性故障可以自动消弧，对于永久性故障可以在很短的时间内消除，这样就将两种接地方式的优点结合在一起了。

5. 柔性接地方式

配电网发生单相接地故障时，传统的无源消弧技术无法补偿接地故障电流中大幅提高的有功电流分量和谐波电流分量，因此系统消弧能力降低，故障点的电弧难以自熄，接地电弧电流的能量及间歇性弧光接地产生的过电压将严重威胁系统绝缘，易引起故障扩大。因此，在无源消弧技术的基础上，逐渐出现了可同时补偿接地故障电流中的无功分量、有功分量和谐波分量的有源消弧技术和设备。

配电网柔性接地方式采用中性点经有源消弧设备接地，通过控制有源消弧设备中的变流器向配电网中性点主动注入电流的方式，实现接地故障零残余电流消弧，以达到有效抑制弧光过电压，快速熄灭电弧并使之不易重燃的效果，采用的有源消弧方法主要有电流消弧法和电压消弧法等。

　　电流消弧法以接地故障点的电流为抑制目标，其基本原理是：向配电网中性点注入与接地故障点电流大小相等、方向相反的补偿电流，抑制接地故障点电流为零。然而，配电网单相接地故障存在不确定性，故障点无法预知，接地故障电流难以直接测量获得。因此，通常以估算的方式得到注入电流的给定控制目标值，即控制有源消弧设备向配电网中性点注入电流，使其等于故障相电源电压负值与配电网对地导纳的乘积。电压消弧法以故障相电压为抑制对象，将零序电压调控为故障相电源电压的负值，抑制故障相电压到电弧重燃电压以下，使故障电弧不再重燃，对于电弧性接地故障具有良好的抑制效果。

　　工程应用中还需考虑配电网三相对地参数不对称、线路阻抗压降、对地参数测量误差和接地故障过渡电阻等因素对上述电流或电压消弧法的影响。

课后习题

1. 配电网自动化对配电网的一次接线和一次设备有什么要求？
2. 简述双环网接线和"双花瓣"接线的差异性，它们各自的优缺点是什么？
3. 有源消弧设备的基本原理是什么？为什么可以有效抑制电弧的持续燃烧？
4. SVC 和 SVG 的主要差异有哪些？
5. 采用消弧线圈和中等阻值电阻并联可控的接地方式的优点是什么？

▶ 第3章

配电网自动化数据通信

配电网自动化系统借助数据通信实现配电主站与各配电终端间的双向数据交互。在介绍配电主站及配电终端前，本章介绍数据通信的相关内容，包括数据通信基础、配电网常用通信方式及通信规约等。

3.1 数据通信系统的基本组成

1. 数据通信系统是软硬件的结合体

数据指对数字、字母以及其组合意义的一种表达。配电网数据一般指与配电网运行密切相关的数值、状态、指令等。例如，用数字 1 表示柱上分段开关的分闸状态，用数字 0 表示柱上分段开关的合闸状态；规定数字 1 表示馈线处于非正常状态，数字 0 表示馈线处于正常状态；以及表示电压、电流、功率、电能等的参数数值都是典型的配电网数据。

数据通信是两点或多点之间借助某种传输介质以二进制形式进行信息交换的过程。将数据准确、及时地传送到正确的目的地是数据通信系统的基本任务。数据通信技术主要涉及通信协议、信号编码、接口、同步、数据交换、安全、通信控制与管理等问题。

在配电网自动化数据通信系统中，配电主站的前置机和具有通信能力的配电终端是构成配电网自动化系统的通信网络节点。配电网自动化系统正是借助于它们之间的数据交换实现测量、控制、监视、操作等功能的。数据通信系统主要负责将数据按编码格式在两点之间准确传输，一般不对数据内容进行任何操作。

数据通信系统由数据信息的发送设备、接收设备、传输介质、报文、通信协议等几部分组成。图 3-1 所示为配电网自动化数据通信系统的一个简单示例，图中的发送设备（电能表）将电能量发送

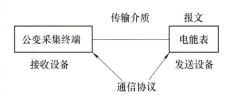

图 3-1　配电网自动化数据通信系统示例

给接收设备（公变采集终端）。这里的报文内容是所传送的电能量值，中间的连接电缆是传输介质，通信协议则是事先以软件形式存在于公变采集终端和电能表内的一组程序。这种数据通信系统实际上是一个软硬件的结合体。

2. 广义数据通信系统模型

广义数据通信系统模型如图 3-2 所示。信源是待传输数据信息的产生者。发送器将信息变换为适合于在信道上传输的信号，而接收器的作用则与发送器相反。信道指发送器与接收器之间用于传输信号的物理介质。经过传输，在接收器处收到的信号在信宿处变换为信息。通信传输过程中会受到噪声的干扰，而噪声往往会影响接收器准确地接收信号和理解所接收到的信号。当然，将所接收到的信号还原为原有信息，并让接收器理解，需要一套事先约定

的通信协议。

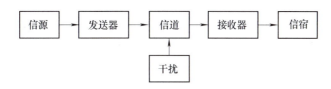

图3-2 广义数据通信系统模型

3. 发送设备与接收设备

发送设备、接收设备和传输介质是通信系统的硬件。其中，发送设备用于匹配信息源和传输介质，即将信息源产生的报文经过编码变换为便于传送的信号形式，送往传输介质；接收设备则需要完成发送设备的反变换，即从带有干扰的信号中正确恢复出原有信号，并进行解码、解密等。

在配电网自动化数据通信系统中，发送设备与接收设备往往都与数据源紧密连接为一个整体。在图3-1中作为发送设备的电能表就是一个带有通信接口的数据源。许多配电终端既可以作为发送设备，也可以作为接收设备，一方面将本设备产生的数据发送到数据通信系统，另一方面也接收系统内其他设备传送给它的信号。图3-1中的电能表在发送电能量值时为发送设备，而接收由公变采集终端发送给它的校时指令与时间时它又是接收设备。

在配电网自动化数据通信系统中典型的发送设备与接收设备如下：

1）各种仪器仪表，如电能表、低压用户抄表采集器、低压用户抄表集中器等。

2）各种配电终端，如 FTU、TTU、DTU 等。

3）配电主站的前置通信处理器。

4. 传输介质

传输介质是指从发送设备到接收设备之间信号传递所经过的媒介，也是通信系统中接收和发送双方的物理通路，更是通信系统中实际传送信息的载体。它也是组成通信系统的硬件之一。

配电网自动化数据通信系统可以采用无线传输介质，如电磁波、红外线等，也可以采用双绞线、电缆、电力线、光缆等有线传输介质。传输介质的特性对数据通信质量的影响很大。

传输介质的特性主要指：

1）物理特性——传输介质的物理结构。

2）传输特性——传输介质对数据传输所允许的传输速率、频率、容量等。

3）连通特性——点对点或点对多点的连接方式。

4）地理范围——传输介质的最大传输距离。

5）抗干扰性——传输介质防止电磁干扰等噪声对传输数据影响的能力。

5. 通信软件

报文与通信协议都属于通信系统的软件。一般把需要传输的信息，包括文本、命令、参数值、图片、声音等称为报文，它们是经过数字化后的信息。这些信息或是原始数据，或是监控参数值，或是经计算机处理后的结果，还可能是某些指令或标志。

各通信实体之间仅仅依靠传输的二进制码就相互理解信息的内容是不可能的，还需要有一套事先规定、共同遵守的规约。在通信设备之间用于控制数据通信与理解通信数据意义的一组规则，称为通信协议。通信协议定义了通信的内容、通信何时进行以及通信如何进行等。通信协议的关键要素是语法、语义和时序。

（1）语法

这里的语法是指通信中数据的结构、格式及数据表达的顺序。例如，一个简单的通信协议可以定义数据的前8位或16位是发送者的地址，接着的8位或16位是接收者的地址，后面紧跟着的是要传送的指令或数据等。

（2）语义

这里的语义是指通信帧的位流中的每个部分的含义，收发双方是根据语义来理解通信数据的意义的。例如，某数据表明了配电变压器的温度测量值、该点温度是否处于异常状态、测量温度的终端本身工作状态是否正常等。

（3）时序

时序包括两方面的特性：一是数据的发送时间，二是数据的发送速率。收发双方往往需要以某种方式校对时钟周期，并协调数据处理的速度。如果发送方以100Mbit/s的速率发送数据，而接收方仅能以1Mbit/s的速率处理数据，则接收方将因负荷过重而导致大量数据丢失。

一个完整的通信协议所包含的内容十分丰富，它规定了用以控制信息通信的各方面的规则，在通信设备或产品的形成过程中，还需参照各项标准或行规，如国际标准化组织的ISO标准、IEC标准等。

3.2　通信系统的性能指标

通信系统的任务是传输信息，因而信息传输的有效性和可靠性是通信系统最主要的性能指标。有效性是指所传输信息的内容有多少，而可靠性是指接收信息的可靠程度。有效性实际上反映了通信系统资源的利用率。通信过程中用于传输有用报文的时间比例越高越有效。同样，真正要传输的数据信息位在所传输报文中占的比例越高也说明有效性越好。

3.2.1　有效性指标

1. 数据传输速率

数据传输速率是单位时间内传输的数据量。它是衡量通信系统有效性的指标之一。当信道一定时，数据传输速率越高，有效性越好。

在数据通信中常用时间间隔相同的波形来表示一位二进制数字。这个间隔称为码元长度，而这样的时间间隔内的信号称为二进制码元。同样，n进制的信号也是等长的，并称为n进制码元。

数据传输速率为

$$S_b = \frac{1}{T} \log_2 n \tag{3-1}$$

式中，T为发送一个周期信号波形所需的最小单位时间；n为信号的有效状态。

例如，对串行传输而言，如果信号波形只包含两种状态，则 $n=2$，$S_b=\dfrac{1}{T}$（单位为 bit/s）。

配电网自动化数据通信中常用的标准数据传输速率为 1200bit/s、2400bit/s、4800bit/s、9600bit/s、19200bit/s、1Mbit/s、10Mbit/s 及 100Mbit/s 等。

（1）比特率

比特是数据信号的最小单位。通信系统中的字符或者字节一般由多个二进制位即多个比特来表示，如一个字节是 8 位的。通信系统每秒传输数据的二进制位数定义为比特率，单位为 bit/s。

（2）波特率

通信系统每秒传输码元的数目定义为波特率，单位为 baud。比特率和波特率较易混淆，但它们是有区别的。每个码元可以包含 1 个或多个二进制位。若单比特信号的传输速率为 9600bit/s，则其波特率为 9600baud，它意味着每秒可传输 9600 个二进制位。如果每个码元由 2 个二进制位组成，当传输速率为 9600bit/s 时，其波特率只有 4800baud。

在讨论信道特性，特别是传输频带宽度时，通常采用波特率；在涉及系统实际的数据传输能力时，则使用比特率。

2. 频带利用率

频带利用率是指单位频带内的传输速率。它是衡量数据传输系统有效性的重要指标，单位为 $bit \cdot s^{-1} \cdot Hz^{-1}$，即每赫兹带宽所能实现的比特率。由于传输系统的带宽通常不同，因而通信系统的有效性仅仅看比特率是不够的，还要看其占用带宽的大小。

3. 协议效率

协议效率是衡量通信系统软件有效性的指标之一。协议效率是指所传输的数据包中的有效数据位与整个数据包长度的比值，一般用百分比表示。它是对通信帧中附加信息的量度。不同的通信协议通常具有不同的协议效率。协议效率越高，其通信有效性越好。在通信参考模型的每个分层，都会有相应的层管理和协议控制的附加码，减少层次可以提高协议效率。

4. 通信效率

通信效率定义为数据帧的传输时间与用于发送报文的所有时间之比。其中数据帧的传输时间取决于数据帧的长度、传输的比特率以及要传输数据的两个节点之间的距离。这里用于发送报文的所有时间包括竞用总线或等待令牌的排队时间、数据帧的传输时间以及用于发送维护帧等的时间之和。通信效率为 1，就意味着所有时间都有效地用于传输数据帧；通信效率为 0，就意味着通信总线被报文的碰撞、冲突所充斥。

3.2.2 可靠性指标

数据通信系统的可靠性可以用误码率来衡量。它是二进制码在数据传输系统中被传错的概率，数值上近似为

$$P_e \approx N_e/N \qquad (3-2)$$

式中，N 为传输的二进制码元总数；N_e 为被传错的码元数。

理论上应有 $N \rightarrow \infty$，而在实际使用中，N 应足够大，才能把 P_e 作为误码率。理解误码率定义时应注意以下几个问题：

1）误码率应该是衡量数据传输系统正常工作状态下可靠性的参数。

2）对于一个实际的数据传输系统，不能笼统地说误码率越低越好，要根据实际传输要求提出误码率要求。在数据传输速率确定后，误码率越低，数据传输系统的设备越复杂，造价越高。

3）对于实际的数据传输系统，如果传输的不是二进制码元，则要将其拆成二进制码元来计算。差错的出现具有随机性，实际测量一个数据传输系统时，被测量的二进制码元数越大，越接近于真正的误码率值。在实际的数据传输系统中，需要对一种通信信道进行大量、重复的测试，求出该信道的平均误码率，或者给出某些特殊情况下的平均误码率。根据测试，当电话线路的数据传输速率为 $300 \sim 2400 \mathrm{bit/s}$ 时，平均误码率在 $10^{-6} \sim 10^{-4}$ 之间；当数据传输速率为 $4800 \sim 9600 \mathrm{bit/s}$ 时，平均误码率在 $10^{-4} \sim 10^{-2}$ 之间。而计算机通信的平均误码率要求低于 10^{-9}。因此，普通通信信道若不采取差错控制，则不能满足计算机通信的要求。

3.3 数据传输方式和通信线路的工作方式

3.3.1 数据传输方式

数据传输方式是指数据信号的传输顺序和数据信号传输时的同步方式，其内容包含串行传输与并行传输，同步传输与异步传输，位同步、字符同步与帧同步等。

1. 串行传输与并行传输

在串行传输中，数据流以串行方式逐位地在一条信道上传输。每次只能发送一个数据位，发送方必须确定是先发送数据字节的高位还是低位，同样，接收方也必须知道所收到的数据字节的第一位应该处于什么位置。串行传输具有易于实现、在长距离传输中可靠性高等优点。它适合远距离的数据通信，但需要收发双方采取同步措施。

并行传输将数据以成组的方式在两条以上的并行通道上同时传输。它可以同时传输一组数据位，每个数据位使用单独的一条传输线。例如，采用8条传输线并行传输一个字节的8个数据位，另外用一条"选通"线通知接收方接收该字节，接收方可对并行通道上各条传输线的数据位信号并行取样。若采用并行传输进行字符通信，则不需要采取特别措施就可实现收发双方的字符同步。

并行传输所需要的传输线多，一般在近距离的设备之间进行数据传输时使用。最常见的例子是计算机和外围设备之间的通信，以及 CPU、存储器模块和设备控制器之间的通信。显然，并行传输不适合长距离的数据通信。

串行传输与并行传输的区别在于组成一个字符或字节的各数据位是依顺序逐位传输还是同时并行地传输。

2. 同步传输与异步传输

在数据通信系统中，各种处理工作总是在一定的时序脉冲控制下进行的，而通信系统收发端工作的协调一致性又是实现数据传输的关键，这就引出了数据通信系统中的传输同步问题。

串行传输中的二进制代码在一条总线上以数据位为单位按时间顺序逐位传送，接收端也按顺序逐位接收。接收端必须能正确地按位区分才能正确恢复发送端所传输的数据。串行通信中的发送者和接收者都需要使用时钟信号，通过时钟决定什么时候发送和读取每一位数据。同步传输和异步传输都是串行通信，但使用时钟信号的方式不同。

在同步传输中，所有设备都使用一个共同的时钟信号，这个时钟信号可以是由参与通信的那些设备或器件中的一台产生的，也可以是由外部时钟信号源提供的。时钟信号可以有固定的频率，也可以间隔一个不规则的周期进行切换。所有传输的数据位都和这个时钟信号同步，即传输的每个数据位只在时钟信号的上升沿或者下降沿之后的一个规定的时间内有效。接收方利用时钟信号的跳变决定什么时候读取一个输入的数据位。如果发送方在时钟信号的下降沿发送数据字节，则接收方在时钟信号的上升沿接收并锁存数据，也可以利用检测到的逻辑高电平或者低电平来锁存数据。

同步传输可用于单块电路板元器件之间的数据传送，或者用于 30~40cm 甚至更短距离的电缆数据通信。由于同步方式比异步方式传输效率高，适合高速传输的要求，因而在高速数据传输系统中具有一定的优势。对于更长距离的数据通信，同步传输的代价较高，因为它需要一条额外的线来传输时钟信号，并且容易受到噪声的干扰。

在异步传输中，每个通信节点必须在通信速率上保持一致，并且通信速率误差不能超过一定范围。当传输一个字节时，通常会包括一个起始位来同步时钟。

在异步传输中，并不要求在传输信号的每一数据位时收发两端都同步。例如，在单个字符的异步传输中，在传输字符前设置一个启动用的起始位，预告字符的信息代码即将开始；在信息代码和校验信号结束后，也设置一个或多个终止位，表示该字符已结束。在起始位和终止位之间，形成一个需传输的字符。起始位对该字符内的各数据位起同步的作用。

当从不传输数据的状态转到起始位状态时，在接收端将检测出极性状态的改变，并利用这种改变启动定时器，实现同步。当接收端收到终止位时，就将定时器复位，准备接收下面的数据。

异步传输实现起来简单容易，频率的漂移不会积累，对线路和收发器要求较低。但在异步传输中，往往因同步的需要，要另外传输一个或多个同步字符或帧头，使线路通信效率受到一定的影响。

3. 位同步、字符同步与帧同步

在数据通信中，接收方为了能正确恢复位串序列并译码，必须能正确区分出信号中的每一位；区分出每个字符的起始与结束位置；区分出报文帧的起始与结束位置。因而按传输数据的基本组织单位，又将同步分为位同步、字符同步和帧同步。

（1）位同步

数据通信系统中最基本的、必不可少的同步是收发两端的时钟同步，也就是位同步，它是所有同步的基础。位同步要求每个数据位必须在收发两端保持同步。接收端可以从接收信号中提取位同步信号。

（2）字符同步

字符同步是将字符组织成组后连续传输，每个字符内不加附加位，每组字符之前必须加上一个或多个同步字符 SYN。接收端接收同步字符，并根据它来确定字符的起始位置。当不传输数据时，在线路上传输的是全 1 或 0101…。在传输开始时用同步字符 SYN 使收发双方进入同步。

（3）帧同步

数据帧是一种按事先约定将数据信息组织成组的形式。数据帧的一般结构形式如图 3-3

所示。它的第一部分是用于实现收发双方同步的一个独特的字符段或数据位的组合，称为起始标志或帧头，其作用与前面提到的起始位相同，用于通知接收方有一个数据帧已经到达；中间是控制域、数据域和校验域；最后一部分是域尾或称帧结束标志，它和起始标志一样是一个独特的位串组合，用于标志该帧传输结束，没有别的数据位要传输了。

| 帧头(起始标志) | 控制域 | 数据域 | 校验域 | 域尾(结束标志) |

图 3-3　数据帧的一般结构形式

在配电网自动化数据通信系统中涉及的同步方式主要有位同步和帧同步。

3.3.2　通信线路的工作方式

1. 单工通信

单工通信是指信息始终朝着一个方向传输，而不进行与此相反方向的传输，如图 3-4a 所示。设 A 为发送端，B 为接收端，则数据只能从 A 传输至 B，而不能从 B 传输至 A。

2. 半双工通信

半双工通信是指信息流可在两个方向上传输，但同一时刻只限于一个方向传输，如图 3-4b 所示。信息可以从 A 传输至 B，或从 B 传输至 A，所以通信双方都具有发送器和接收器。要实现双向通信必须切换信道方向。当 A 向 B 发送信息时，A 将发送器连接在信道上，B 将接收器连接在信道上；当 B 向 A 发送信息时，B 则要将接收器从信道上断开，并把发送器接入信道，A 也要相应地将发送器从信道上断开，而把接收器接入信道。这种在一条信道上进行通信方向切换，实现 A→B 与 B→A 两个方向通信的工作方式，称为半双工通信。

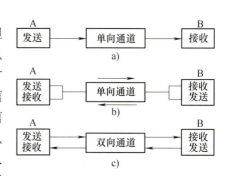

图 3-4　通信线路的工作方式
a) 单工通信　b) 半双工通信
c) 全双工通信

3. 全双工通信

全双工通信是指通信系统能同时进行如图 3-4c 所示的双向通信。它相当于把两个相反方向的单工通信方式组合在一起。

3.4　数据通信的差错检测

3.4.1　差错控制方式

差错控制的目的是要发现传输过程中出现的错码，进而加以纠正。接收端经过译码，能查出码中存在差错，但不知道差错的确切位置，称为检错译码。若能判定差错的位置并加以纠正，称为纠错译码。结合发送端与接收端双方的工作，常用的差错控制方式有以下几种。

1. 循环传送检错

循环传送检错方式的特点是信息源的同一信息被周期性地循环传送。为了使接收端能发现是否有差错，发送端应发出能够检出错误的数码（码元或码元的组合），即可检错的码。这种方式只需单向信道，如图 3-5a 所示。发送端经信道编码器对信息进行抗干扰编码后发送出去，接收端收到数码后经检错译码判断有无错码。若无错码，则该组数码可用；若有错码，则该组数码丢弃不用，待下次循环中再收该组数码信息。循环传送检错方式比较简单，也容易实现，但信道利用率不高。

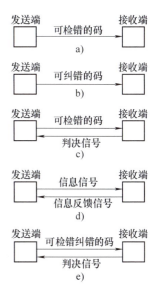

图 3-5　差错控制方式
a）循环传送　b）前向纠错
c）自动要求重传　d）信息反馈
e）混合纠错

2. 前向纠错

前向纠错（Foward Error Correction，FEC）方式如图 3-5b 所示。发送端的信号经信道编码器形成可纠错的码发送出去，接收端把收到的数码经信道译码器进行纠错译码。前向纠错方式的优点是只需单向信道，能纠正一定的差错，但其信道译码器一般较复杂。

3. 自动要求重传

自动要求重传（Automatic Repeat Request，ARQ）方式中发送端发出可检错的码，接收端进行检错译码，判断有无错码，并通过反馈信道把判决信号返送到发送端。若判决为有错码，发送端就要重新传输该数码，直到接收端认为无错为止；若判决为无错码，发送端就可继续传输下一个数码。自动要求重传方式如图 3-5c 所示，要求有反馈信道。如果干扰严重，则重传次数将增多，进而影响通信的连贯性，降低传输效率。但这种方式的差错控制只用到检错，其编码、译码比较简单。

4. 信息反馈

在信息反馈方式中，接收端把收到的信息通过反馈信道原样回送到发送端，如图 3-5d 所示，由发送端将反馈回来的信息与原来发送的信息进行比较，判定其是否有错码，若有错码，则原信息将被再次发送。这种方式控制电路较为简单，但需反馈信道，整个通信系统的传输效率也较低。

5. 混合纠错

混合纠错方式是前向纠错与自动要求重传两种方式的结合，如图 3-5e 所示。发送端发出的数码不仅可检错，还有一定的纠错能力。接收端收到数码后首先进行纠错，如果错码太多，超过了其纠错能力，就通过反馈信道要求发送端重新发送该信息。混合纠错要求有反馈信道并要求发送的数码及接收端的译码器具有一定的纠错能力。

上面介绍的各种差错控制方式，其主要工作是在发送端进行抗干扰编码，在接收端进行检错或纠错译码。

3.4.2　常用检错码

1. 奇偶校验

奇偶是指数码中"1"的个数是奇数还是偶数。奇偶校验会在数码后面附上一位奇偶校验位。若附上奇偶校验位后形成的数码中使"1"的个数为偶数，就称为偶校验；如果使

"1"的个数为奇数，则称为奇校验。例如，数码 1100111 中"1"的个数为奇数，采用偶校验时在数码后面附上偶校验位"1"，成为数码 11001111，使"1"的个数为偶数。对于数码 1011001，"1"的个数已是偶数，采用偶校验时附上偶校验位"0"，成为数码 10110010，"1"的个数依然是偶数。这种偶校验码在传输过程中若发生一位差错，无论是将 1 错成 0，还是将 0 错成 1，都会违反收发双方关于"1"的个数为偶数的约定，在接收端只要检查"1"的个数，就可发现错误。同理，如发生 3 个、5 个等奇数个差错，接收端也都能发现。但若发生 2 个、4 个等偶数个差错，接收端就无法检出了。若采用奇校验，则和偶校验一样能检出奇数个差错，但不能检出偶数个差错。

奇偶校验码只需附加一位奇偶校验位，编码效率高，获得了广泛应用。

2. 水平一致校验

水平一致校验将信息序列以长度 l 分成小组，依次排成 m 列。表 3-1 是 $l=5$、$m=10$ 的例子。对水平方向的每行进行奇偶校验，得到一列水平校验码元，附在各列之后。按列发送，先发送第 1 列，再发送第 2 列……最后发送第 11 列即校验码。信道中传输的序列是 1110111001…10101。接收端译码时把收到的码元仍按表 3-1 的形式排列，检查每行是否满足奇偶校验规则。

这种码的信息位有 $l×m$ 位，校验位有 l 位，按列发送时，它能检出长度不大于 l 的单个突发错误以及其他错误情况。

表 3-1　水平一致校验

| | m 列 | | | | | | | | | | 水平校验码元 |
	①	②	③	④	⑤	⑥	⑦	⑧	⑨	⑩	⑪
	1	1	1	0	0	1	1	0	0	0	1
	1	1	0	1	0	0	1	1	0	1	0
l 行	1	0	0	0	0	1	1	1	0	1	1
	0	0	0	1	0	0	0	0	1	0	0
	1	1	0	0	1	1	1	0	1	1	1

3. 水平垂直一致校验

在水平一致校验的基础上，再对垂直（列）方向的码元进行奇偶校验就形成了水平垂直一致校验。表 3-2 是将表 3-1 的水平一致校验改为水平垂直一致校验的示例。发送时既可以按行，也可以按列传输。接收端译码时把收到的码元仍按表 3-2 的形式排列，检查每行每列是否满足校验规则。

表 3-2　水平垂直一致校验

| | m 列 | | | | | | | | | | 水平校验码元 |
	①	②	③	④	⑤	⑥	⑦	⑧	⑨	⑩	⑪
	1	1	1	0	0	1	1	0	0	0	1
	1	1	0	[1]	0	0	1	1	0	[1]	0
l 行	1	0	0	0	0	1	1	1	0	1	1
	0	0	0	[1]	0	0	0	0	1	[0]	0
	1	1	0	0	1	1	1	0	1	1	1
垂直校验码元	0	1	1	0	1	1	0	0	0	1	

这种码的信息位有 $l×m$ 位，附加的水平校验码有 l 位，垂直校验码有 m 位，它能发现长度不大于 $l+1$（按列发送时）或 $m+1$（按行发送时）的单个突发错误以及其他错误情况。但对于某些错误，如表 3-2 中方框所标的 4 处同时发生的错误无法检出，尽管这类错误情况出现的概率极小。

4. 校验和

把 m 个长为 l 的数码作为二进制数按模 L 相加，即形成校验和（Check Sum，CS）。将校验和附在 m 个信息组之后一起传输。通常取 $L=2^l$ 为模。在接收端，将收到的 m 个数码以同样的方式按模 L 相加，得到接收端计算的校验和，以此与收到的校验和相比，检验是否一致。表 3-3 是校验和的示例，表中的每个数码长度 $l=8$，共 4 个。数码中每一码元对应的权分别定为 2^0、2^1、2^2、$\cdots$、2^7。求校验和时将 $m=4$ 个数码作为二进制数相加，并以 $L=2^l$ 为模。现 $l=8$，模 $L=2^l=2^8$，故得校验和为 10101101。表 3-3 中方框位的权为 $2^8=1$，被舍弃。在求校验和时，按模 $L=2^l$ 运算只保留 l 位，将溢出舍弃。

表 3-3　校验和

与码元对应的权		2^8	2^7	2^6	2^5	2^4	2^3	2^2	2^1	2^0
信息组	①		1	0	0	1	1	1	0	0
	②		0	1	0	1	0	0	1	1
	③		0	0	1	0	1	0	0	1
	④		1	0	0	1	0	1	0	1
校验和		1	1	0	1	0	1	1	0	1

5. 循环冗余校验

（1）多项式及其运算

8 位二进制数可用一个 7 阶的二进制多项式表示为

$$a_7x^7 + a_6x^6 + a_5x^5 + a_4x^4 + a_3x^3 + a_2x^2 + a_1x^1 + a_0x^0$$

例如，8 位二进制数 11000101 可表示为

$$A(x) = 1 \times x^7 + 1 \times x^6 + 0 \times x^5 + 0 \times x^4 + 0 \times x^3 + 1 \times x^2 + 0 \times x^1 + 1 \times x^0$$
$$= x^7 + x^6 + x^2 + 1$$

一般 n 位二进制数可用 $(n-1)$ 阶多项式表示。多项式中的 x 仅代表某个 "1" 所处的位置。多项式运算必须按照模 2 运算规则进行，即异或运算，多项式的加法运算与减法运算相同。

例 3-1　求 $M(x)=x^4+x^3+x^2+1$ 和 $G(x)=x+1$ 的加法、乘法及除法运算。

解：1）加法运算

$$\begin{array}{r} x^4 + x^3 + x^2 + 1 \\ x + 1 \\ \hline x^4 + x^3 + x^2 + x \end{array}$$

2）乘法运算

$$\begin{array}{r} x^4 + x^3 + x^2 + 1 \\ x + 1 \\ \hline x^4 + x^3 + x^2 + 1 \\ x^5 + x^4 + x^3 + x \\ \hline x^5 + x^2 + x + 1 \end{array}$$

3）除法运算

$$
\begin{array}{r}
x^3 + x + 1 \\
x+1 \overline{\smash{\big)}\ x^4 + x^3 + x^2 + 1} \\
\underline{x^4 + x^3 + 0\ + 0} \\
x^2 + 1 \\
\underline{x^2 + x} \\
x + 1 \\
\underline{x + 1} \\
0
\end{array}
$$

（2）循环冗余校验算法

多项式 $M(x)$ 为 k 位的待发送二进制数码，多项式 $R(x)$ 为 r 位的监督码序列，则多项式 $C(x)=M(x)x^r+R(x)$ 的总位数 $n=k+r$，如图 3-6 所示。$C(x)$ 可被相关标准所规定的生成多项式 $G(x)$ 整除。一般按照 $G(x)$ 的阶数 m，将循环冗余校验（Cyclic Redundancy Check，CRC）算法称为 CRC-m。

接收方收到 n 位码元的数据信息后将其除以 $G(x)$，若余数为 0，则认为传输无误。CRC 的实现步骤如下：

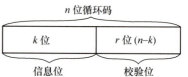

图 3-6　循环码构成

1）选择生成多项式 $G(x)$。

2）将 $M(x)$ 乘以 x^r，得 $M(x)x^r$，即在数码后面加上 r 个 "0"。

3）将 $M(x)x^r$ 除以 $G(x)$，得商 $Q(x)$ 和余项 $R(x)$。

4）用 $M(x)x^r$ 与余项 $R(x)$ 构成循环码 $C(x)=M(x)x^r+R(x)$，$R(x)$ 称为循环冗余值或 CRC 字节，$C(x)$ 能被 $G(x)$ 整除。式(3-3)说明了 $C(x)$ 能被 $G(x)$ 整除的原因。

$$
\frac{C(x)}{G(x)} = \frac{M(x)x^r}{G(x)} + \frac{R(x)}{G(x)} = Q(x) + \frac{R(x)}{G(x)} + \frac{R(x)}{G(x)} = Q(x) \tag{3-3}
$$

若干扰造成的差错码元超过一定数量，这个错误循环码就可能被生成多项式除尽，此时错误就无法检出而被错误接收。

例 3-2　设待发送二进制数码为 01100010，生成多项式 $G(x)=x^{16}+x^{12}+x^5+1$，求校验码。

解：$M(x)=x^6+x^5+x$

$G(x)=x^{16}+x^{12}+x^5+1$

$M(x)x^r=(x^6+x^5+x)x^{16}=x^{22}+x^{21}+x^{17}$

$\dfrac{M(x)x^r}{G(x)}=\dfrac{x^{22}+x^{21}+x^{17}}{x^{16}+x^{12}+x^5+1}$

列出多项式除法竖式，即

$$
\begin{array}{r}
x^6 + x^5 + x^2 \\
x^{16}+x^{12}+x^5+1 \overline{\smash{\big)}\ x^{22}+x^{21}+x^{17}} \\
\underline{x^{22}+x^{18}+x^{11}+x^6} \\
x^{21}+x^{18}+x^{17}+x^{11}+x^6 \\
\underline{x^{21}+x^{17}+x^{10}+x^5} \\
x^{18}+x^{11}+x^{10}+x^6+x^5 \\
\underline{x^{18}+x^{14}+x^7+x^2} \\
x^{14}+x^{11}+x^{10}+x^7+x^6+x^5+x^2
\end{array}
$$

可得

$$Q(x) = x^6 + x^5 + x^2$$
$$R(x) = x^{14} + x^{11} + x^{10} + x^7 + x^6 + x^5 + x^2$$

则

$$M(x)x^r + R(x) = x^{22} + x^{21} + x^{17} + x^{14} + x^{11} + x^{10} + x^7 + x^6 + x^5 + x^2$$

码元序列为：01100010010011001110000100

也可采用二进制数除法竖式算得商和余数，即

```
                              1100100
10001000000100001 ) 11000100000000000000000000
                    10001000000100001
                    ─────────────────
                    1001100000100010
                    1000100000100001
                    ─────────────────
                      10000001100011000
                      10001000000100001
                      ─────────────────
                         100110011100100
```

数据通信时，一般需传输多个字节数据。这里以传输两字节数据为例，说明其校验码形成过程。如图 3-7 所示，将上一字节 M_2 的校验码的高字节 R_{2H} 与待求校验码的当前字节 M_1 相加（模 2 加法），得到字节 M_{1_1}，再求得字节 M_{1_1} 的校验码 R_{1H}、R_{1L}，使字节 M_{1_1} 的校验码的低字节 R_{1L} 不变，将其高字节 R_{1H} 与字节 M_2 的校验码的低字节 R_{2L} 相加，其结果即为字节 M_2、M_1 的校验码 R_H、R_L。

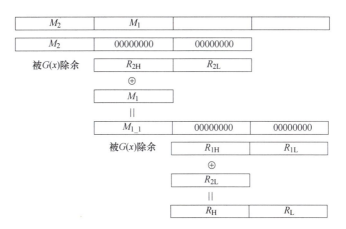

图 3-7　两字节数据校验码形成过程

（3）软件查表法求取 CRC 字节

求 CRC 字节的方法主要有由软件运算直接求取和软件查表法求取两种。由软件运算直接求取 CRC 字节的方法，每处理一个字节要运算 8 次，较为费时。一个字节的 8 位可以有 $2^8 = 256$ 种不同的信息组合。若把这 256 种不同的信息组合所对应的 CRC 字节事先算好，存在非易失储存器的 CRC 字节表中，需要时再按需查表，就可方便些。下面介绍软件查表法求取 CRC 字节。

使用软件查表法时，首先要有一张 CRC 字节表。设 $G(x) = x^8 + x^2 + x + 1$，对于 8 位数据 $M(x)$，即要求出 $M(x)x^8$ 除以 $G(x)$ 的余式 $R(x)$。

当 $M(x)=1$ 时可得 $1 \times x^8 \equiv x^2+x+1$，即数 D 为 01H 时余数为 00000111B＝07H。

当 $M(x)=x$ 时可得 $x \times x^8 \equiv x^3+x^2+x$，即数 D 为 02H 时余数为 00001110B＝0EH。

依此类推，可得出 $M(x)$ 为 x^0、x^1、x^2、$\cdots$、x^6、x^7，即数 D 为 01H、02H、04H、$\cdots$、40H、80H 时的余数 R，见表 3-4。

线性码的码字相加可得另一码字，由基本 CRC 字节表可构成 256 种信息数据的 CRC 字节。例如，从数 D 为 01H 和 02H 的 CRC 字节 07H 和 0EH，可得数 D 为 01H＋02H＝03H 的余数 07H＋0EH＝09H（模 2 加法）。由此求得的 8 位 CRC 字节表，见表 3-5。假设将表 3-5 存放在以 2000H 为首址的存储区，求数 D 的 CRC 字节时只要以 2000H 为基址，以数 D 为偏移，即可取得对应的 CRC 字节。若有多个字节，则可将每一字节与上一字节求得的余式相加（模 2 加法）后再查表。

表 3-4　基本 CRC 字节表

D/H	R		D/H	R	
	/B	/H		/B	/H
01	00000111	07	10	01110000	70
02	00001110	0E	20	11100000	E0
04	00011100	1C	40	11000111	C7
08	00111000	38	80	10001001	89

表 3-5　8 位 CRC 字节表

D/H	内存地址/H	内存内容/H
00	2000	00
01	2001	07
02	2002	0E
03	2003	09
$\vdots$	$\vdots$	$\vdots$
FF	20FF	F3

3.5　配电网自动化通信方式

配电网自动化系统需要借助通信手段，将配电主站的控制命令传送到为数众多的配电终端，并将反映远方设备运行情况的数据信息收集到配电主站。因此，如何降低通信系统的造价，而且还要满足配电网自动化系统的要求，就成为了设计人员面临的重要问题。

没有任何一种单一的通信方式能够全面满足各种规模的配电网自动化系统的需要，因此多种通信方式在配电网中的混合使用就难于避免，需根据所实施的配电网自动化系统方案的具体情况，选用恰当的通信方式。

配电网自动化系统的通信网络是一个典型的数据通信系统，如图 3-8 所示。一般数据终端设备（Data Terminal Equipment，DTE）和数据通信设备（Data Communication Equipment，DCE）之间会采用 RS-232 或 RS-485 标准接口。

常见的 DTE 有馈线监控终端、专变采集终端、负荷控制管理终端、抄表集中器和抄表

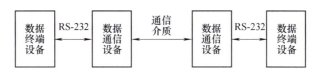

图 3-8　典型的数据通信系统

采集器等；常见的 DCE 有调制解调器、GPRS 模块、载波机和光端机等；常见的通信介质有双绞线、网线、光纤和无线电波等。

根据采用的通信介质的不同，用于配电网自动化系统的通信方式可分为有线通信和无线通信两类。常用的有线通信方式主要有 RS-232、USB、RS-485、CAN 总线、电力线载波通信、光纤通信等；常用的无线通信方式主要有 ZigBee 无线传感器网络、蓝牙通信、LoRa 低功耗无线局域网、GPRS、4G/5G 等。

3.5.1　RS-232

RS-232 是由美国电子工业协会公布的一种串行通信接口标准，在串行异步通信中应用广泛。其中，RS 是 Recommended Standard 的缩写，代表推荐标准；232 是标识符。

该标准的用途是定义 DTE 与 DCE 接口的电气特性及它们之间信息交换的方式和功能。

1. RS-232 引脚分配及定义

RS-232 引脚分配及定义见表 3-6。

表 3-6　RS-232 引脚分配及定义

引脚	信号名称	信号方向	简称	信号功能
1	载波检测	DTE←DCE	DCD	DCE 接收到远程载波信号，通信链路已连接
2	接收数据	DTE←DCE	RXD	DTE 接收串行数据
3	发送数据	DTE→DCE	TXD	DTE 发送串行数据
4	数据终端设备就绪	DTE→DCE	DTR	DTE 准备就绪
5	信号地		GND	公共信号地
6	数据通信设备就绪	DTE←DCE	DSR	DCE 准备就绪，可以接收数据
7	请求发送	DTE→DCE	RTS	DTE 通知 DCE，它请求发送数据
8	清除发送	DTE←DCE	CTS	DCE 已切换到接收模式
9	振铃指示	DTE←DCE	RI	DCE 通知 DTE，有远程呼叫

除了用于全双工串行通信的两根信号线 TXD、RXD 外，RS-232 标准还定义了若干"握手线"，如 DSR、DTR、RTS、CTS 等。在实际应用中，这些"握手线"的连接不是必须的。

2. RS-232 的传输特性

（1）RS-232 的数据线

RS-232 的数据线有两根：发送数据线 TXD 和接收数据线 RXD。它们与信号地线结合起来工作，实现全双工数据传输。对数据线上所传输数据的格式，RS-232 标准并没有严格的规定。数据的传输速率是多少、有无奇偶校验位、停止位为多少位、字符代码采用多少位等问题，应由发送方与接收方自行商定，达成一致的协议。

（2）RS-232 的控制线

RS-232 的控制线是为建立通信链接和维持通信链接而使用的。各控制线功能见表 3-6。

（3）RS-232 的总线连接

RS-232 是配电网自动化系统的 DTE 和 DCE 之间的接口标准之一。如果两个设备之间的传输距离小于 15m，可以使用电缆直接连接，TXD 和 RXD 是交叉连接的，这样两台设备均可以正常发送和接收，实现全双工通信。DTR 和 DSR 两根线也应交叉连接。此外，两端的 RTS 还应同时与本方的 CTS 和对方的 DCD 相连。这样，当 DTE 向对方请求发送时，可以立刻通知本方的 CTS，表示对方已经响应，如图 3-9 所示。

使用时，只需连接好 TXD、RXD、DSR、RTS、GND 这 5 根线即可正常通信。如果去掉握手信号，最少使用 3 根线也可实现串口通信，如图 3-10 所示。

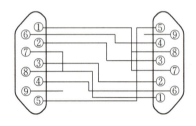

图 3-9　RS-232 直接连接图

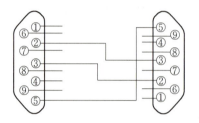

图 3-10　RS-232 连接的最简单形式

3. RS-232 的电气特性

RS-232 对电气特性、逻辑电平和各种信号线的功能都做出了明确的规定。对于数据，逻辑"1"的传输电平为 $-3 \sim -15V$，逻辑"0"的传输电平为 $3 \sim 15V$。对于控制信号，接通状态即有效信号的电平为 $3 \sim 15V$，断开状态即无效信号的电平为 $-3 \sim -15V$，也就是当传输电平的绝对值大于 3V 时，电路可以有效地检测出来，而介于 $-3 \sim 3V$ 之间的电平处于模糊区，此部分电平将使得 CPU 无法准确判断传输信号的意义，可能会得到 0，也可能会得到 1，即通信时会出现误码，造成通信失败。因此，在实际工程中，应保证传输的电平为 $\pm(3 \sim 15)V$。另外，一般的 CPU 均提供 TTL 电平串行异步通信接口，因此需要外接一个 RS-232 接口芯片，如 MAX232 等，实现 TTL 电平到标准 RS-232 电平的转换。一般情况下，DTE 的 RS-232 接口采用 DB9 针式插头，DCE 的 RS-232 接口采用 DB9 孔式插座。

3.5.2　RS-485

在通信节点多、位置分散、通信距离远的场合，要求采用最少的连线完成通信任务。例如只利用两根连线实现多节点互连。RS-485 正是在这一应用需求的驱动下产生的。

1. RS-485 的技术参数

采用如图 3-11 所示的平衡差分电路是 RS-485 的最大特点。接收器的输入电压为 A、B 两根导线电压的差值。在图 3-11 中，DI 为数据发送端，当 DI = 1，$U_{OA} > U_{OB}$，$U_{IA} - U_{IB} > 200mV$ 时，接收端 RO = 1；当 DI = 0，$U_{OA} < U_{OB}$，$U_{IB} - U_{IA} > 200mV$ 时，接收端 RO = 0。DE 为发送使能端，当 DE = 1 时，发送器可发送数据；当 DE = 0 时，发送器输出端呈高阻态。$\overline{RE}$ 为接收使能端，当 $\overline{RE} = 0$ 时，接收器可接收数据。

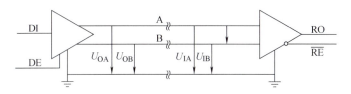

图 3-11　平衡差分电路

RS-485 实际上是 RS-422 的变型。RS-422 采用两对平衡差分电路，其数据的发送和接收是独立的，因此不必控制数据流向；RS-485 只用一对平衡差分电路。差分电路的最大优点是能抑制噪声，由于在它的两根信号线上传递着大小相同、方向相反的电流，而噪声电压往往在两根信号线上同时出现，所以一根信号线上出现的噪声电压会被另一根信号线上出现的噪声电压抵消，因而可以极大地削弱噪声对信号的影响。

差分电路的另一个优点是不受节点间接地电平差异的影响。在非差分（单端）电路中，多个信号共用一根接地线，一旦需要长距离传输时，不同节点接地线的电平可能相差好几伏，甚至会引起信号的错误。差分电路则完全不会受到接地电平差异的影响。

实现 RS-485 通信所需硬件的费用较低，能够很方便地添加到一个系统中，RS-485 也可以支持比 RS-232 更长的传输距离、更快的传输速率以及更多的节点。RS-232、RS-422、RS-485 的主要技术参数见表 3-7。

表 3-7　RS-232、RS-422、RS-485 的主要技术参数

标准	RS-232	RS-422	RS-485
最大传输距离/m	15	1200（速率 100kbit/s）	1200（速率 100kbit/s）
最大传输速率（距离 12m）	20kbit/s	10Mbit/s	10Mbit/s
驱动器最小输出/V	±5	±2	±1.5
驱动器最大输出/V	±15	±10	±6
接收器敏感度/V	±3	±0.2	±0.2
传输方式	单端	差分	差分

RS-485 更适用于带微控制器的设备之间的远距离数据通信。RS-485 标准没有规定连接器、信号功能和引脚分配。使用中要保持两根信号线相邻、两根差动导线位于同一根双绞线内。引脚 A 与引脚 B 直连，不需要交叉连接。

2. RS-485 的网络连接

（1）网络拓扑

多个 RS-485 节点互连形成网络时，节点间的连接方式也会影响通信信号的质量。配电网自动化数据通信中的 RS-485 网络大多采用总线拓扑，如图 3-12 所示。按 RS-485 的规定，一般情况下，一个网段最多可以连接 32 个节点。如果实际应用的需要超过这个限制，可以将中继器作为一个节点，让中继器重新

图 3-12　总线拓扑

生成 RS-485 信号，这样又可以再连接 32 个节点。采用中继器还可以扩展网段的长度，使传

输距离超过 1200m。

（2）偏置电路

串行数据的一个字节发送完后，必须保持高电平的空闲位，直到新字节的起始位开始发送。如图 3-11 所示，若没有偏置电路，通信线路空闲时 $U_{IA} - U_{IB} = 0V$，由表 3-8 可知 RO 状态不确定，将接收到随机数据，影响正常通信。

表 3-8　接收端 RO 的真值表

$\overline{RE}$	A–B（输出）	RO
0	≥200mV	1
0	≤−200mV	0
0	−200mV ≤（A–B）≤200mV	×
1	×	High-Z

偏置电路如图 3-13 所示。一般 $R_T = 120\Omega$，这里要确定 R_1 和 R_2 的阻值，令

$$R_1 = R_2 = R$$

因为

$$U_{IA} - U_{IB} \geq 200\text{mV}$$

则

$$U_{IA} - U_{IB} = R_T \frac{V_{CC}}{2R + R_T} = 200\text{mV}$$

若 $V_{CC} = 5V$，则 $R = 1440\Omega$，取 $R = 1000\Omega$；若 $V_{CC} = 3.3V$，则 $R = 930\Omega$，取 $R = 500\Omega$。

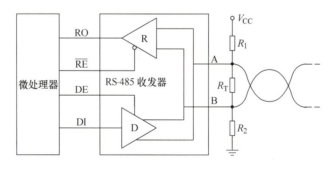

图 3-13　偏置电路

（3）电气隔离

由于 RS-485 网络的节点一般比较分散，为了削弱电气噪声对信号传输的影响，在一些应用场合还需要采取措施实现节点间电气隔离。

实现节点间电气隔离最有效的方法是实现完全隔离，包括电源隔离与信号隔离。例如，采用变压器耦合的方式实现电源隔离，采用光电耦合的方式实现信号隔离，并使总线中的地线不与任何节点的信号地或大地相连，以避免不同节点处接地电平差异产生的影响。

（4）浪涌保护

为防止瞬态电流对通信接口的影响，可采用瞬态电压抑制二极管及限流电阻进行保护，保护效果及应用电路如图 3-14 及图 3-15 所示。

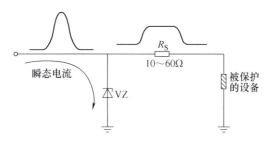

图 3-14   浪涌保护的保护效果

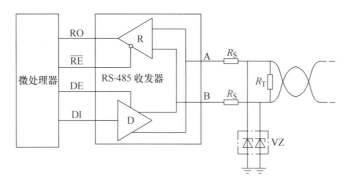

图 3-15   浪涌保护的应用电路

（5）屏蔽与接地

有些电缆带有金属屏蔽层，金属屏蔽层将导线裹于其内，可以有效阻止电磁干扰对导线上通信信号的影响。屏蔽层通常一点接地。

采用屏蔽电缆会为网络系统的工作提供更好的环境。但并不要求 RS-485 网络一定要采用屏蔽电缆，非屏蔽电缆在许多 RS-485 网络中也得到了成功运用。

3. RS-485 网络的主从式通信管理

主从协议是常用的通信协议。若 RS-485 网段的一个节点被指定为主节点，则其他节点均为从节点。由主节点负责控制该网段上的所有从节点。为保证每个节点都有机会传输数据，主节点通常对从节点依次逐一轮询，形成严格的周期性报文传输。任一通信过程均由主节点发起，主节点传送报文给从节点，并等待相应的从节点的应答报文。从节点如果收到了一个正确无误的报文，而且报文中的地址与自己的节点地址相同，则发送应答报文。任一时刻都只允许一个节点向总线发送报文。从节点与从节点之间不能直接通信。

3.5.3   CAN 总线

现场总线是一种全数字化、双向、多站的通信系统。国际电工委员会在 IEC 61158 中指出：安装在制造和过程区域的现场装置与控制室内的自动控制装置之间的数字式、串行、多点通信的数据总线称为现场总线。20 世纪 80 年代以来，各种现场总线技术开始出现。美国仪表协会于 1984 年开始制定现场总线标准，欧洲则有德国的 PROFIBUS 和法国的 FIP 等各种现场总线标准陆续形成。如今，现场总线中主要有基金会现场总线（Foundation Fieldbus，FF）、控制局域网络（Controller Area Network，CAN）、局部操作网络（Local Operating Network，LonWorks）、过程现场总线（Process Fieldbus，PROFIBUS）和 HART（Highway Addressable Remote Transducer）协议等。

CAN 总线最早由德国 Bosch 公司推出，它是一种具有很高可靠性、支持分布式实时控制的串行通信网络。国际标准化组织 ISO/TC22 技术委员会已制定了 CAN 协议的国际标准，其中 ISO/DIS11898 的通信速率为 1Mbit/s；ISO/DIS11519 的通信速率为 125kbit/s。Intel、Philips、Motorola 等芯片厂商均生产 CAN 总线芯片产品。

CAN 协议实现了 ISO/OSI 七层模型中的三层网络结构，即物理层、数据链路层和应用层。物理层定义了传输过程中的所有电气特性。数据链路层包含逻辑链路控制子层及介质访问控制子层。逻辑链路控制子层的功能包括确认哪个信息是要发送的，确认介质访问控制子层接收到的信息并为之提供接口。介质访问控制子层的功能包括帧组织、总线仲裁、检错、错误报告、错误处理等。应用层可能包含了除物理层和数据链路层外其余四层的某些功能。

CAN 能够以点对点、一点对多点及全局广播等几种方式发送和接收数据，能够以多主方式工作，网络上任意一个节点均可以在任意时刻主动地向网络上其他节点发送信息，可方便地构成多机备份系统。

网络上各节点可以定义不同的优先级以满足不同的实时要求，CAN 采用非破坏性总线仲裁技术，当两个节点同时向网络上传输数据时，优先级低的节点主动停止数据传输，而优先级高的节点可不受影响地继续传输数据；如果优先级一样，则两个节点均延时任意短的时间后再传输数据，有效地避免了总线冲突。

CAN 总线的节点数，理论值为 2000 个，实际值为 110 个；通信距离为 10km（5kbit/s），40m（1Mbit/s）；传输介质为双绞线或光纤。

CAN 总线采用短消息报文，每帧有效字节数为 8 个，受干扰概率低，受干扰重发所用的时间也较少，并采用 CRC 及其他纠错措施，保证了极低的信息出错率。而且 CAN 总线具有自动关闭总线功能，在错误严重的情况下，可切断该节点与总线的联系，使总线上的其他操作不受影响。

CAN 总线在配电网自动化系统中得到了一定的应用。图 3-16 所示为采用 CAN 总线的环网柜 FTU，可实现对环网柜内各个分支线路的电参数信息采集及电气设备运行监控。它通过 CAN 总线将信息经数据集中器汇总后，通过以太网上传给配电主站，为故障判断和故障区段定位提供基础数据。配电主站也可以根据需要，远程进行电气设备的遥控，如开关的分合闸操作等。

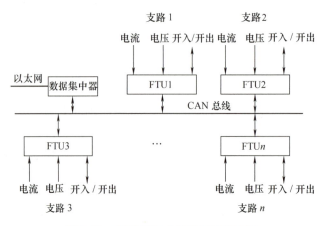

图 3-16　采用 CAN 总线的环网柜 FTU

3.5.4　电力线载波通信

按电力线载波通信所采用的通信线的不同，其分为输电线载波通信、配电线载波通信和低压配电线载波通信三类。

电力线载波通信将信息调制在高频载波信号上，通过已建成的电力线进行传输。对于输电线载波通信，其载波频率一般为 10~300kHz；对于配电线载波通信，其载波频率一般为 5~40kHz；对于低压配电线载波通信，其载波频率一般为 50~150kHz。对传输信息的调制可采用幅度调制、单边带调制、频率调制或频移键控（Frequency Shift Keying，FSK）等方式。

配电线载波通信的设备有在主变电站安装的多路载波机、在线路各测控对象处安装的配电线载波机（称为从站设备）和高频通道。高频通道主要由高频阻波器、耦合电容器和结合滤波器组成。

高频阻波器是用以阻止高频载波信号向不希望的方向传输的设备。耦合电容器的作用是将载波设备与馈线上的高电压、操作过电压及雷电过电压等隔开，以防止高电压进入通信设备，同时使高频载波信号能顺利地耦合到馈线上。结合滤波器是与耦合电容器配合，将载波信号耦合到馈线上，并抑制干扰进入载波机的设备。它由接地开关 Q，避雷器 FA，排流线圈 L 和电容 C 构成的调谐网络及匹配变压器 T 组成，如图 3-17 所示。

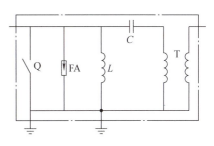

图 3-17　结合滤波器的组成

在发送端，载有数据信息的载波信号经结合滤波器和耦合电容器注入电力线传往接收端；在接收端，通过耦合电容器和结合滤波器将调制信号从电力线上分离出来，并经解调装置将信息提取出来。配电线载波通信系统的典型构成如图 3-18 所示。

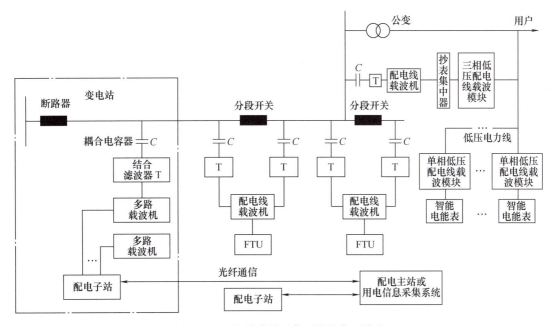

图 3-18　配电线载波通信系统的典型构成

在变电站安装多路载波机并与配电子站相连，在 10kV 馈线的分段开关处安装 FTU，采用配电线载波机经耦合电容器耦合至馈线，并通过馈线与相应的配电子站相连，这样就可把分散的 FTU 上报的信息集中至变电站的配电子站处，配电子站再通过高速数据通道将收集到的信息转发给配电主站。为了避免线路开关分断时切断载波通道，可在分段开关处通过耦合电容器及结合滤波器构造载波桥路；为了防止在发生单相接地时影响载波通信，可采取两线对地耦合方式，即通过 4 台耦合电容器将载波信号分别耦合至分段开关两侧的两相线上。

对于低压用户的用电信息，可采用低压配电线载波通信方式，将各用户的用电信息传至公变的抄表集中器，再通过配电线载波方式传至配电子站，配电子站以光纤以太网方式与用电信息采集系统互连。低压配电线载波通信是以 380V/220V 低压配电线作为信息传输媒介进行数据传输的一种特殊通信方式。低压配电线载波通信具有不必装设通信线路，不占用无线通信频道资源，可大大减少投资和对线路的维护成本等优点。但由于低压配电线输入阻抗变化范围大，使发送机功率放大器的输出阻抗和接收机的输入阻抗难以与之保持匹配，给电路的设计带来很大的困难；同时，低压配电线载波信道具有衰减较大、线路阻抗变化大、高噪声等传输特性，使其成为了不太理想的通信媒介。

为了提高通信的可靠性和有效性，一方面可以辅助性地采取一些措施，如增加发射信号功率、提高接收设备灵敏度、采用合适的耦合电路及新的载波信号检测方法；另一方面也可以采用合适的调制技术或自动中继技术。从调制技术来看，目前流行的扩频通信技术主要有直接序列扩频、线性调制、正交频分复用、跳频、跳时以及上述各种方式的组合扩频技术。自动中继技术可在通信距离太长或某一区域通信不可靠时，利用通信中继器作为中继转发节点将需要中继的数据包接收下来并解码后存储在中继器的内存中，等发送方将数据发送完并且总线空闲后再将该数据包重新编码发送到接收方以完成通信。它可以提高通信成功率，降低误码率。由于低压配电线载波通信网络的拓扑结构具有强烈的不确定性和时变性，所以在通信的过程中，要根据当前的网络状况进行路由自动更新。

在设计配电线载波通信系统方案时，应注意以下技术问题：

1）随着线路上的分段开关、联络开关和分支开关的动作，线路结构将变化，载波信号的衰减情况也随之发生变化。随着线路的用电负荷变化，载波信号的衰减情况也随之发生变化，一般负荷越重，衰减越严重，在设计时应考虑最坏的情况。

2）不同的用电设备对载波信号的干扰也不同，直接整流环节和高频激励的气体放电等对载波信号的干扰较大。

3）地埋电缆的线与线、线与地之间的分布电容较大，因此对载波信号的衰减较大，并且载波信号频率越高，衰减越大，因此要求在有地埋电缆的线路上，使用较低的载波频率。配电线的载波频率越低，在线路上传输时信号的衰减越小，受 50Hz 工频的谐波干扰越强；其频率越高，在线路上传输时信号的衰减越大，受 50Hz 工频的谐波干扰越弱。综合来看，配电线载波信号的频率范围应为 5~40kHz，在衰减可以接受的情况下，使用 20~40kHz 最佳。

4）因使用的频率较低，耦合电容器必须在 10000pF 以上，阻波器和结合滤波器也与输电线载波通信系统的不同。

5）因线路分支较多，为降低成本，一般不在各分支上加阻波器，为此必须采取以下措施：配电线载波机采用 FSK 方式提高抗干扰能力；增大输出功率以提高信噪比和适应范围；具备一定的输出功率裕量，以保证在最不利的情况下满足使用要求。对一些非常复杂且信号衰减大的线路，或对一些能产生强干扰的线路分支，应适当加设阻波器以降低信号衰减和减少干扰信号进入载波通道。对一些在通信距离上满足不了的配电长线路，可以在其适当位置加设阻波器，并将其两侧的线路上的数据信息分别上报给两侧相应的主变电站。

6）配电线载波通信系统由于反射导致的驻波，在馈线某些位置可能会存在盲点。

配电线载波通信有如下优点：可以完全为电力公司所控制，便于管理；可以沟通电力公司所关心的任何测控点；不需要得到无线电管理委员会的许可等。但是配电线载波通信系统的数据传输速率较低，容易受到干扰、非线性失真和信道间交叉调制的影响，并且配电线载波通信系统采用的电容器和电感器体积较大，价格也较高。

3.5.5　光纤通信

光纤通信是配电终端与配电主站通信的主要方式，为配电网自动化提供了实时、可靠的数据通信通道。

1. 光纤通信的基本原理和特点

用各种电信号对光波进行调制后，通过光纤进行传输的通信方式称为光纤通信。一般通信电缆的最高使用频率为 9~24MHz，而光纤的工作频率能达到 100~1000GHz，比目前半导体芯片的极限开关速度要高几十倍。

配电网自动化中的光纤通信首先应用于电业局调度大楼到 110kV 及以下变电站、配电子站的数据通信，继而广泛地用于 FTU、DTU 到配电子站或配电主站的数据通信，成为配电网自动化系统数据通信的基础。目前应用于配电网自动化系统的光纤通信技术主要有光纤同步数据体系（Synchronous Digital Hierarchy，SDH）、光纤以太网、RS-232/RS-485 串行异步光纤环网和以太网无源光网络（Ethernet Passive Optical Network，EPON）。

2. 主要的光纤通信技术和设备

下面介绍几种主要的光纤通信技术：SDH、光纤以太网、RS-232/RS-485 串行异步光纤环网、以太网无源光网络。

（1）SDH

SDH 是一种光纤通信系统中的数字通信体系。它是一套国际标准。SDH 既是一个组网原则，又是一套通道复用的方法。过去的光纤通信系统没有国际统一标准，都是由各个国家自行开发出的不同系统，称为准同步数字体系（Plesiochronous Digital Hierarchy，PDH）。因此，各国所采用的传输速率、线路码型、接口标准、结构都不相同，无法在光路上实现不同厂家设备的互通和直接联网，造成许多技术上的困难和费用的增加。

SDH 有以下 3 个主要的特点：

1）在全世界范围内统一了体系中各级信号的传输速率。SDH 定义的速率为 155.52NMbit/s（N=1，2，3…）。

2）复接和分接实现简单。SDH 可以把 2Mbit/s 口直接复接入 140Mbit/s 口，而不必逐级进行。另外，每个 2Mbit/s 口还可以分接为 64 路 64kbit/s 串行同步口或 9.6kbit/s 串行异步口。SDH 的出现简化了复接、分接技术，大大提高了通信组网的灵活性和可靠性。图 3-19

所示为配电子站利用 SDH 的 2Mbit/s 口、配电终端利用 SDH 的串行异步口实现的到配电主站的通信连接关系。

3）确定了全世界通用的光接口标准。这样就使不同厂家生产的设备可以按统一的接口标准互通使用，节省网络的成本。

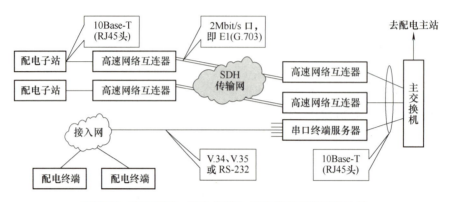

图 3-19　配电子站、配电终端与 SDH 传输网的通信连接

（2）光纤以太网

以太网利用光纤介质实现网络通信，便构成了光纤以太网通信。以太网在网络层使用了以太网协议，在传输层使用了 TCP/IP，并通过捆绑 IEC 60870-5-104 协议实现配电网自动化数据通信业务。光纤以太网的通信速率可达 10Mbit/s 及以上，其信息路由方便，适用于数据文件传输，如配电子站到配电主站的点对点通信，配电主站与上级调度自动化系统、PMS、CIS、GIS、ERP 等其他系统的互连。图 3-20 所示为配电子站到配电主站的点对点光纤以太网通信连接关系，此时配电子站可以看成是"挂"在以太网延伸网线上的一个工作站。

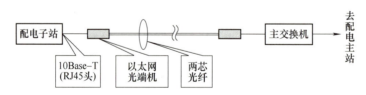

图 3-20　配电子站到配电主站的点对点光纤以太网通信连接关系

光纤以太网也可用于配电终端到配电子站的数据通信，各配电终端在光纤上可通过交换机构成开环链，也可通过网关构成闭环链，其中闭环链具有"自愈"能力，而开环链则会"甩掉"被断开的节点。另外，以太网是一种局域网，多个配电终端可以"挂"在同一个交换机下面并通过交换机与以太网光端机连接，或通过 10Base-T 的 T 形接线方式构成"总线"并直接与以太网光端机连接。图 3-21 所示为配电终端到配电子站的链状光纤以太网通信连接关系，其中虚线表示光纤上的不同网段可以通过增加两个以太网光端机"合并"为同一个网段，此时配电子站不能向"合并"前的两个网段同时发起通信，否则会引起光路和以太网信号碰撞。另外，RJ45 网线接入配电子站有两种方式：一是配电子站配置了多个网卡，各以太网光端机网线分别接入不同的网卡；二是配电子站配置了带网关功能的交换机，以太

网光端机和配电子站都连接到交换机上。

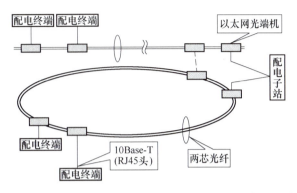

图 3-21　配电终端到配电子站的链状光纤以太网通信连接关系

（3）RS-232/RS-485 串行异步光纤环网

串行异步光端机在增加少量成本的基础上，利用时分复用技术可在同一对光纤上复用出多个相对独立的 64kbit/s 以上的逻辑通道，并能提供 1~4 个光方向，为配电网自动化实现数据的分组通信和交叉接入功能提供了可靠实用的技术支持。

利用 RS-232/RS-485 串行异步接口接入光纤环网的通信方式称为 RS-232/RS-485 串行异步光纤环网，它具有"自愈"和"网管"功能。RS-232/RS-485 串行异步接口在光纤上的通信方式有点对点、一点对多点、开环链、闭环链等多种基本形式，并可将各种形式"混合"在一起以适应现场复杂的通信结构。在配电网自动化的实际应用中，经常使用闭环链来组成配电终端接入网的主干网络。配电终端到配电子站使用光纤自愈环连接，如图 3-22 所示。

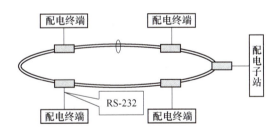

图 3-22　配电终端到配电子站的单通道光纤自愈环连接

图 3-22 所示为单通道光纤自愈环，即光端机只有一个串行接口，并且在一个光纤物理环上只提供一个独立的通信通道。为了实现多种全透明并行接入通信业务、兼容多种通信协议，并提供"网管"功能，采用时分复用技术，在同一对光纤上复用出多个独立的逻辑通道，每个逻辑通道相当于一个普通光端机通道。利用这种多通道的串口光端机，可以节省光缆投资，提升通信容量，以实现分组通信和多种通信业务。例如，一种价位和普通光端机相差无几的 8+1 通道光端机就可以在同一对光纤环上复用出 8 个 57.6kbit/s 的数据口和 1 个 9.6kbit/s 的网管口。在配电网自动化系统通信应用中，经常把 8 个数据通道划分为 2 个配电终端分组通信口、2 个采集器分组通信口、4 个独立手拉手电气环的保护通信口，为实现网络式保护和控制功能提供通信保障。配电终端到配电子站、采集器到用电信息采集系统的多通道通信连接关系，如图 3-23 所示。

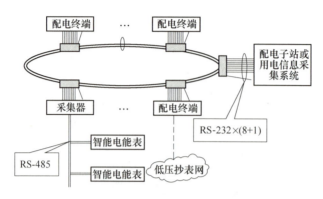

图 3-23　配电终端到配电子站、采集器到用电信息采集系统的多通道通信连接关系

一种 8+1 通道光端机的通道分配如图 3-24 所示。

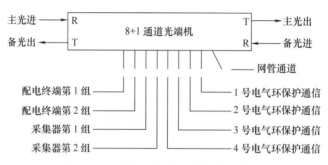

图 3-24　一种 8+1 通道光端机的通道分配

在配电网自动化系统通信网的实用方案设计上，主馈线上的配电终端经常使用两芯光纤构成两个光方向的自愈主环，而分支线路上的配电终端则可以通过主环四光口光端机提供的另外两个光口就近接入，这就是交叉连接的组网方式。除了扩充交叉连接的组网方式以外，还可以在主环里面增加一个热备用主节点光端机，当某一个配电子站、主节点光端机出现故障或检修停运时，备用主节点光端机立即启动工作，成为光纤环的主节点光端机，不中断整个通信网的正常通信。这种热主备方式如光纤自愈环的自愈功能一样，极大地提高了配电网自动化系统通信网的可靠性。

光端机的交叉连接和热主备方式在环形基础上扩充了星形和树形结构的网络拓扑关系，并在每个光纤环里配置了热备主节点，基本满足了当前配电网自动化的通信需求，如图 3-25 所示。

（4）以太网无源光网络

EPON 是基于以太网但光的传输及分配无需电源的光纤通信网络，是一种采用点到多点结构的单纤双向的光纤通信技术。它始于 20 世纪 90 年代中期，经过几十年的发展已走向大规模商用。EPON 设备由 3 部分组成，分别是线路侧设备（Optical Line Terminal，OLT）、中间无源分光设备（Passive Optical Splitter，POS）和用户侧设备（Optical Network Unit，ONU）。EPON 系统组成如图 3-26 所示。目前，EPON 是配电网自动化系统主要的通信方式之一。

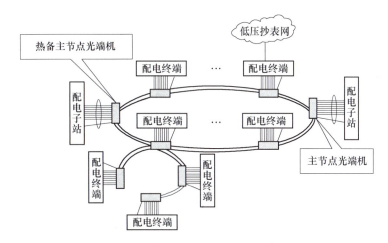

图 3-25　光端机的交叉连接和热主备方式

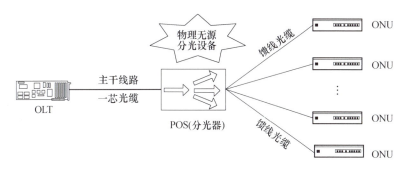

图 3-26　EPON 系统组成

1) EPON 的技术特点：EPON 采用单纤双向技术，主干线路只需要一芯光纤，通过 POS，最大可以辐射出 64 路光信号。ONU 上的不同业务类型可以实现业务通道隔离，上行数据通过时分复用（Time Division Multiple Access，TDMA）方式按照时隙传递，互不干扰，下行数据采用广播方式发送，通过动态带宽分配（Dynamically Bandwidth Assignment，DBA）技术进行动态带宽调整，各个 ONU 通过各自特定的数据标识接收数据。通过给每个光支路分配标签，在 OLT 的网管上可以清晰地区分出不同的 ONU。OLT 和 ONU 之间可采用自动注册方式，添加 ONU 时能实现即插即用，完全不影响整个通信网络的正常运行。采用 DBA 技术后，可根据各个 ONU 的业务容量情况，实时地动态调整带宽分配，最大限度利用光纤资源。

2) EPON 的组网优势：①维护简单。在 EPON 中，光传输不需要额外电源，可节约维护成本，并且随着接入节点的增加，只需要相应增加分光器和 ONU 即可。②可提供高带宽。EPON 目前可以提供上下行对称的 1.25Gbit/s 带宽，并且随着以太网规模扩大可以升级到 10Gbit/s。③网络覆盖范围大。EPON 作为一种点到多点技术，可以利用局端 OLT 上的单个光模块及光纤资源，接入大量配电终端，覆盖半径可达 20km。④网络可靠性高。EPON 系统中各个 ONU 与局端 OLT 之间是并联通信关系，任何一个 ONU 或多个 ONU 故障，不会影响其他 ONU 及整个通信系统的稳定运行，并且基于 EPON 的通信数据都采用 AES-128 进行加密，以保证数据的安全。⑤简化网络结构。EPON 通过使用分光设备，简化了中继传输系统，使网络结构更加简单明晰。⑥组网灵活。EPON 可以组成基础树形、主干保护树形、全冗余保护树形、链形、全保护链形等网络结构，如图 3-27 所示。

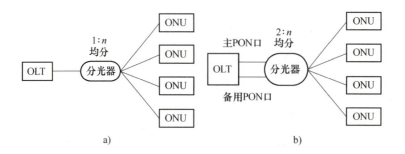

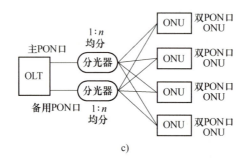

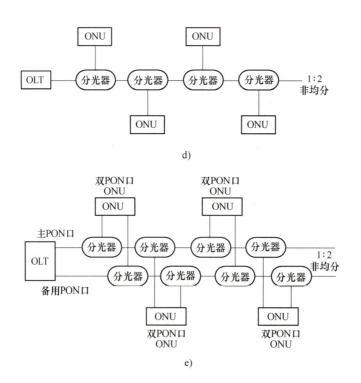

图 3-27　EPON 网络结构

a）基础树形　b）主干保护树形　c）全冗余保护树形　d）总线型（链形）
e）全保护总线型（链形）

3）EPON 系统使用的通信介质：目前各级电力公司已建成以光纤通信网络为主的调度通信网，所辖电网内 35kV、110kV 及以上变电站基本实现光纤全覆盖，因此，光纤通信网络具备向 110kV 或 35kV 以下的配电线路延伸的网络基础。常用于电力系统通信介质的光缆有 3 种：全介质自承式光缆、光纤复合架空地线、光纤复合相线。在实际施工中，通常有以下几种敷设光缆的方式：

① 将光缆沿着配电线路架设，挂在电力导线下方。

② 将光纤放置于架空的中高压配电线的地线中。

③ 在一些不架设地线的配电线路中，将光纤单元复合在配电电缆相线中。

④ 利用电力线管道，地埋光缆。

无论使用哪种光缆、采用何种方式敷设，只要是单模光纤介质，EPON 系统都可以支持。

4）EPON 系统的通信带宽及接口：现有配电终端一般具有 RS-232、RS-485、GPRS 或以太网等通信接口。随着以太网技术应用的不断发展，近年来配电终端接口正慢慢朝以太网过渡。

与传统的调度自动化系统相比，配电网自动化系统中配电终端节点数量极大，一个中等规模配电子站系统的配电终端节点数量可达一千多个，同时配电终端还具有节点分散、每一节点的通信数据量小、实时性要求高等特点。因此，在实施配电网自动化通信网络建设时，应该充分考虑到每个配电子站系统通信线路所需要提供的速率。通信速率的选择一般是依据监控点数量及实时性要求而定的，对不同配电终端的通信速率的选择见表 3-9。

表 3-9 不同配电终端的通信速率的选择

配电终端	通信速率/（bit/s）
DTU	1200～2M
FTU	1200～9600
TTU	300～9600
用户抄表终端	300～1200

EPON 系统所能提供的接入带宽足以满足上述的通信速率要求。在接口方式上，ONU 在以太网口、语音接口的基础上增加了 RS-232/RS-485 接口，并且可以配置、更改各接口的通信参数。

3.5.6 ZigBee 无线传感器网络

无线传感器网络（Wireless Sensor Network，WSN）技术综合了传感器技术、嵌入式系统技术、无线网络通信技术、分布式信息处理技术等，可通过各类集成化的微型传感器节点实时监测、感知和采集各种环境或监测对象的信息。每个传感器节点都具有无线通信功能，并且共同组成一个无线网络，将测量数据通过自组多跳的无线网络方式传送到监控中心。WSN 技术克服了传统数据传输模式中点对点无线传输模式的局限性，其拓扑结构具有动态性、自组织性以及网络分布式特性，同时具有低成本、低功耗、超强通信能力、通信距离较远和抗干扰能力强等诸多优点，适合于测量点多、范围分散的场合的信息传输。目前，WSN 技术在居民用户用电信息采集系统中得到了较好的应用。

1. ZigBee 简介

（1）网络构成

ZigBee 是一组基于 IEEE 802.15.4 无线标准研制开发的，有关组网安全和应用软件方面的技术。IEEE 802.15.4 仅处理 MAC 层和物理层协议，ZigBee 在 IEEE 802.15.4 基础上定义了网络层以支持先进的网络路由功能。ZigBee 规范是由组成 ZigBee 联盟的一个不断发展的企业财团开发的。联盟成员超过 300 家，包括了半导体企业、模块企业、协议栈和软件开发商等。

ZigBee 定义了 3 种不同类型的设备，即网络协调器、路由器和终端设备。ZigBee 网络如图 3-28 所示。

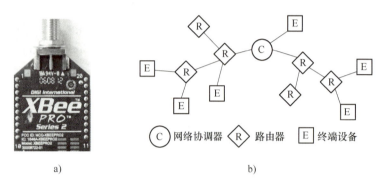

图 3-28　ZigBee 网络
a）ZigBee 节点实物图　b）ZigBee 网络构成

网络协调器通过选择一个信道和 64 位及 16 位的个域网标识（Personal Area Network Identification，PAN ID）来启动网络。网络协调器能够允许路由器和终端设备加入这个网络并协助路由数据。网络协调器必须保持供电，不能睡眠。

路由器在传输、接收或者路由数据前必须加入一个 ZigBee 网络。加入网络后，路由器能够允许网络协调器和终端设备加入这个网络；加入网络后，路由器能够协助路由数据。路由器必须保持供电，不能睡眠。

终端设备在传输或者接收数据之前必须加入一个 ZigBee 网络。终端设备不能允许其他设备加入该网络，且必须通过它的父设备传输和接收数据，不能路由数据。终端设备能够进入低功耗模式（即睡眠）以节约电能，可采用电池供电。

一个终端设备加入由路由器或者网络协调器构成的 ZigBee 网络后，便能够通过那个路由器或者网络协调器传输、接收射频数据。允许一个终端设备加入的路由器或网络协调器就成为这个终端设备的父设备。因为终端设备能够睡眠，所以父设备必须能够为它的子设备缓存或者保留发来的数据报，直到这个子设备醒来并接收这个数据报。

（2）PAN ID

ZigBee 网络称为个域网（PAN）。每个网络由一个唯一的 PAN ID 定义。ZigBee 设备可以加入一个预先设置 PAN ID 的网络，或者探寻附近的网络并选择一个 PAN ID 加入。

ZigBee 支持 64 位 PAN ID 和 16 位 PAN ID。这两个 PAN ID 都用来唯一地标识一个网络。在同一个 ZigBee 网络中的设备必须具有相同的 64 位 PAN ID 和 16 位 PAN ID。如果多个

ZigBee 网络运行在一个有限区域内，每个网络应该有唯一的 PAN ID。

64 位 PAN ID 是一种唯一的、不重复的值。当网络协调器启动一个网络时，它可以在预先设置的 64 位 PAN ID 上启动网络，也可以选择一个随机的 64 位 PAN ID。64 位 PAN ID 在加入网络期间使用。如果设备预先设置了 64 位 PAN ID，它将只加入具有相同的 64 位 PAN ID 的网络；否则，设备可以加入任何检测到的 PAN 网络，并在加入网络时从该网络继承其 PAN ID。64 位 PAN ID 包含在所有的 ZigBee 信标帧里，用来解决 16 位 PAN ID 因地址空间有限而产生的冲突问题。

路由器和终端设备常预先设置它们要加入的网络的 64 位 PAN ID。它们在加入网络时获得 16 位的 PAN ID。

（3）工作信道

ZigBee 采用直接序列扩频调制并工作于固定频道。IEEE 802.15.4 在 2.4GHz 的频段里定义了 16 个工作频道（网络信道）。

2. 网络组建

（1）网络协调器组建一个网络

网络协调器负责选择网络信道、64 位和 16 位的 PAN ID、安全机制和协议栈文件。因为网络协调器是唯一能够启动一个网络的设备，所以每个 ZigBee 网络都必须有一个网络协调器。在网络协调器启动一个网络后，它就能允许新的设备加入到这个网络。它也能够路由数据包，与网络中的其他设备进行通信。

为确保网络协调器在一个好的信道和没使用过的 PAN ID 上启动网络，其会进行一系列的扫描来探寻在不同信道上的所有射频活动（能量扫描）和发现附近所有运行中的 PAN（PAN 扫描），并通过安全机制决定哪些设备可被允许加入网络、哪些设备能够验证设备的加入。当网络协调器离开一个网络，并启动一个新的网络时，将丢失先前的 PAN ID、运行信道、安全机制、帧计数器值和子表数据。

（2）路由器加入一个网络

路由器必须探寻并加入一个有效的 ZigBee 网络。在路由器加入一个网络后，它能够允许新的设备加入到这个网络，也能够路由数据包，与网络中的其他设备进行通信。

路由器通过 PAN 扫描来发现附近的 ZigBee 网络。在 PAN 扫描期间，路由器广播一个信标，请求加入到其扫描信道列表中的第一个信道上。运行在这个信道上的网络协调器和已加入该网络的路由器通过发送一个返回信标到那个路由器来应答信标请求。这个信标包含 PAN ID 和是否允许加入的信息。如果没有找到一个有效的 PAN，路由器会在其扫描信道列表中的下一个信道上运行 PAN 扫描，直到找到一个有效的网络，或者直到扫描完所有的信道。如果扫描完所有的信道仍没找到一个有效的 PAN，路由器将再次扫描所有的信道。一旦路由器发现一个有效的网络，它就发送一个联络请求到那个发送有效信标邀请其加入 ZigBee 网络的设备处，然后那个设备会发送一个允许或者不允许加入的应答帧。

在一个启用安全机制的网络里，路由器必须再经历一个网络安全认证过程。当路由器离开一个网络，并加入一个新的网络时，将丢失先前的 PAN ID、运行信道、安全机制、帧计数器值和子表数据。

（3）终端设备加入一个网络

与路由器类似，终端设备在能够参与一个网络之前，也必须发现并加入一个有效的网络。在终端设备加入一个网络后，它可以与网络中的其他设备进行通信。因为终端设备可能由电池供电，所以支持睡眠模式。终端设备不能允许其他设备加入，也不能路由数据包。

终端设备通过发起一个 PAN 扫描来探寻网络。发送信标请求广播后，为了收到附近同一个信道上的路由器和网络协调器发送的应答信标，终端设备会倾听一小段时间。如果没有找到一个有效的 PAN，终端设备会在其扫描列表的下一个信道上进行 PAN 扫描，并且继续上述过程直到找到一个有效的网络，或者直到扫描完所有的信道。如果所有的信道均已经扫描，仍然没有找到一个有效的 PAN，终端设备可以进入睡眠模式，过一会儿再开始扫描。

一旦终端设备发现一个有效的网络，类似于路由器，它会通过发送一个联络信标来请求加入这个网络，然后相应的路由器或网络协调器会发送一个允许或者不允许加入的应答帧。

路由器和网络协调器维护着一张包括所有加入它们的子设备的表，称为子表。这个表大小有限，决定了能够加入多少个终端设备。如果路由器或者网络协调器的子表里有至少一个没使用的子设备入口，则能够允许一个或者更多的终端设备加入。ZigBee 网络应该有足够的路由器来确保足够的终端设备容量。

在一个启用安全机制的网络里，终端设备必须再经历一个网络安全认证过程。当终端设备离开一个网络时，将丢失先前的 PAN ID、安全机制和运行信道设置。

3. 设备地址、数据传输和数据路由

（1）设备地址

所有的 ZigBee 设备具有两种不同的设备地址：一个 64 位设备地址和一个 16 位设备地址。

1）64 位设备地址：64 位设备地址是在生产期间分配的唯一设备地址。这个地址对每个设备都是独一无二的。64 位设备地址包含 3 字节由 IEEE 组织分配的唯一标识符。

2）16 位设备地址：一个设备加入一个 ZigBee 网络时将收到一个 16 位设备地址。16 位设备地址也称为"网络地址"。16 位设备地址中的 0x0000 是为网络协调器保留的。所有其他设备从允许它加入的网络协调器或者路由器那里收到一个随机生成的 16 位设备地址。

所有 ZigBee 数据的发送都使用源节点和目的节点的 16 位设备地址。ZigBee 设备的路由表也是使用 16 位设备地址来确定如何通过网络路由数据包的。然而，因为 16 设备地址是可变的，所以它不是一个识别设备的可靠方法。为了解决这个问题，常常把目的节点的 64 位设备地址也包含在数据传输中，以保证数据传输到正确的目的节点。每个 ZigBee 设备维护着一张 64 位设备地址与 16 位设备地址的对应表，某网络中的 1 个 ZigBee 设备的 64 位设备地址与 16 位设备地址的对应关系见表 3-10。在数据传输到目的节点前，如果 16 位设备地址未知，ZigBee 网络将发起地址搜索广播，进行地址搜索以发现这个设备当前的 16 位设备地址。

表 3-10　64 位设备地址与 16 位设备地址的对应关系

64 位设备地址	16 位设备地址
0x 0013 A200 4000 0001	0x 4414
0x 0013 A200 4004 3568	0x 1234
0x 0013 A200 4004 1122	0x C200
0x 0013 A200 4002 1123	0x FFFE（未知）

（2）数据传输

ZigBee 数据传输可以用单播传输或者广播传输两种方式进行。单播传输数据从一个源设备路由到一个目的设备，广播传输数据从一个设备发送到多个或者所有在网络中的设备。

1）单播传输是指从一个源设备传输数据到另一个目的设备。目的设备可以是一个与源设备相邻的设备，或者是与源设备有几个跳距离的设备。

2）广播传输是通过整个网络传播的，所有节点都能收到这个传输。为实现这一目标，所有接收到广播传输的设备将重复传输这个数据包 3 次。因为网络中的每个设备都会重发广播传输数据包，易造成网络阻塞，所以广播传输应该谨慎采用。

（3）数据路由

单播传输的数据可能需要路由。ZigBee 包含 3 种路由方式：基于距离矢量的按需网状路由、多对一路由及源节点路由。

3.5.7　GPRS 通信

通用分组无线业务（General Packet Radio Service，GPRS）是在现有全球移动通信系统（Global System for Mobile Communications，GSM）系统上发展出来的一种新的承载业务，目的是为 GSM 用户提供分组形式的数据业务。GPRS 可以看作是在原有 GSM 电路交换系统基础上进行的业务扩充，它支持移动用户利用分组数据移动终端接入 Internet 或其他分组数据网络。因此，现有的基站子系统从一开始就可提供全面的 GPRS 覆盖。另外，GPRS 突破了 GSM 网只能提供电路交换的思维方式，通过增加相应的功能实体和对现有的 GSM 基站系统进行部分改造来实现分组交换，使用户数据传输速率得到很大提高，GPRS 的传输速率最高可达 171.2kbit/s。

1. GPRS 的应用

由于网络资源有限，在用户接入 GPRS 网络后，如果掉线或长时间没有进行数据传输，中国移动会重新分配一个新的 IP 地址（MAC 地址）给 GPRS 终端，GPRS 终端虽然"永远在线"，但 IP 地址随时可能会变。

配电终端一般通过 TTL 电平的串行异步通信接口与 GPRS 模块连接。目前，华为公司、中兴公司及西门子公司均生产内置 TCP/IP 的协议栈，其支持域名解析，支持点到点连接的 GPRS 模块，可以预先脱机设置配电主站的 IP 地址或域名，也可以设置 GPRS 模块在上电后自动接入 GPRS 网络并自动与指定的 IP 地址或域名联通。用户可以直接进行透明的数据传输，不用做任何其他的网络操作，避开了烦琐的网络协议。

配电网自动化系统在不方便建立专用通道的地方采用 GPRS 进行无线方式的网络数据传输是比较合适的：①GPRS 传输速率高，可满足系统采集大量数据的要求；②GPRS 的实时在线可满足系统对实时数据、报警数据及时传输的要求；③GPRS 的按流量计费可大大节省系统的运行成本，为系统的实际应用提供可能；④GPRS 与 GSM 的自由切换在应对配电主站与配电终端均无固定 IP 地址的局面时起了重要作用，一旦配电终端处的 GPRS 模块获得动态 IP 地址，则立刻以 GSM 短消息的方式通知配电主站，然后自动从 GSM 短消息状态切换到 GPRS 数据传输状态。

GPRS 在配电网自动化系统中的应用主要有以下两种模式：

1）配电主站具备固定的 IP 地址。配电主站建立 DDN 专线或专用服务器，又或者以其他方式具备固定的 IP 地址时，将 IP 地址设置到配电终端中，配电终端的 GPRS 模块设置为上电后自动连接 GPRS 网络，在连接上网络后将获得一个动态 IP 地址，并自动将获得的 IP 地址以透明方式向预先设置的配电主站 IP 地址请求建立连接，当配电主站对建立连接的请求回复响应后，配电主站与配电终端便建立了透明的数据网络传输通道，也就可以进行数据传输了。此外，配电终端还应具备自动检测功能，不断检测 GPRS 模块是否连接在网络上，一旦发生掉线，GPRS 模块应能即时联网，重新获得一个动态 IP 地址并与配电主站再次建立连接，从而保证系统通信实时在线。

2）配电主站只有动态分配的 IP 地址。配电主站采用宽带 ADSL、无线 GPRS MODEM 或其他方式不透明地上网，则会获得一个动态 IP 地址，配电终端处的 GPRS 模块设置为上电后自动连接 GPRS 网络，连接上网络后也将获得一个动态 IP 地址，此时 GPRS 模块先切换到 GSM 短消息状态，以短消息的方式将获得的动态 IP 地址发送给配电主站，再自动切换到数据传输状态，配电主站在连接上 GPRS 网络后查询收到的短消息，以获取各配电终端 GPRS 模块的 IP 地址，并将这些 IP 地址存储，再向各个已知 IP 地址的配电终端发送请求连接确认命令和配电主站的动态 IP 地址，从而与配电终端建立透明的网络数据传输通道，就可进行数据传输了。一旦配电主站发生网络掉线，配电主站需再次上网，并将重新获得的配电主站动态 IP 地址发送给各个配电终端；同样，当某个配电终端的 GPRS 模块掉线后，也应立即重新上网，并将重新获得的动态 IP 地址以短消息的方式发送给配电主站，来保证系统的通信连接实时在线。

一般情况下配电主站具备固定的 IP 地址。

2. 使用 GPRS 通信应注意的问题

1）GPRS 会发生包丢失现象。由于分组交换连接比电路交换连接的可靠性要差一些，因此使用 GPRS 通信时会发生一些包丢失现象，而且语音业务和 GPRS 业务无法同时使用相同的网络资源。

2）存在转接时延。GPRS 分组通过不同的方向发送数据，最终到达相同的目的地。GPRS 数据传输时延较长，最长可达 500ms。

3）实际速率比理论值低。GPRS 数据传输速率要达到理论上的最大值 171.2kbit/s，就必须让一个用户占用所有的 8 个时隙，并且没有任何防错保护。运营商将所有的 8 个时隙都给一个用户使用显然是不太可能的。另外，GPRS 模块仅支持 1 个、2 个或 3 个时隙，一个 GPRS 用户的带宽因此将会受到限制。所以，GPRS 理论上的最大通信速率受网络和 GPRS 模块实际条件的制约。

4）大量配电终端的应用使得运行费用较高。

5）GPRS 通信网络是公用无线网络，因此，如何保证 GPRS 网络通信的安全性，是一个必须重视的问题。人们对 GPRS 网络通信采取的安全措施主要有：

① 数据通信加密机制。例如，在电力用户用电信息采集系统专用通信协议的基础上，GPRS 模块同时对传输数据进行了加密，使攻击者在不了解加密算法及加密密码的情况下，很难得到明文数据。

② 专门设计的数据通信协议。GPRS 模块中有专门设计的数据通信协议，攻击者由于无法得知协议的细节，很难从协议方面进行攻击。

③ 密码认证机制。GPRS 模块中设计了密码认证机制，其密码传输全部采用密文传输，

可保证 GPRS 网络在诸如电力用户用电信息采集系统中应用的安全性。

此外，GPRS 网络采用的虚拟专网、独立 IP 地址、打包传输以及后台软件加密系统，都可起到提高网络信息的安全性、可靠性及正确性的作用。

3.5.8　多种通信方式综合应用

如图 3-29 所示，一个典型的配电网自动化通信系统由配电网自动化通信综合接入平台、骨干层通信网络、接入层通信网络以及配电网自动化通信综合网管系统等组成。

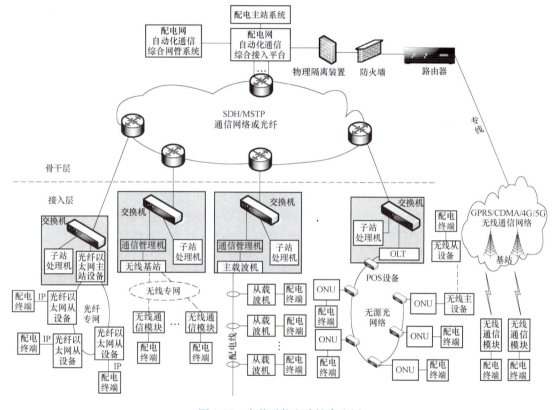

图 3-29　多种通信方式综合应用

1. 配电网自动化通信综合接入平台

在配电主站设置配电网自动化通信综合接入平台，可实现多种通信方式的统一接入、统一接口规范和统一管理，配电主站按照统一接口规范连接到配电网自动化通信综合接入平台。另外，配电网自动化通信综合接入平台也可以供其他配电网业务系统使用，避免每个配电网业务系统单独建设通信系统的麻烦，有利于配电网自动化通信系统的管理与维护。

2. 骨干层通信网络

骨干层通信网络可实现配电主站和配电子站之间的通信，该网络一般采用光纤传输网方式，配电子站汇集的信息通过 IP 方式接入 SDH/MSTP 通信网络或直接承载在光纤网上。在满足有关信息安全标准的前提下，可采用 IP 虚拟专网方式实现骨干层通信网络。

3. 接入层通信网络

接入层通信网络可实现配电主站或配电子站与配电终端之间的通信。

（1）以太网无源光网络

配电子站和配电终端的通信可采用 EPON 技术组网。EPON 由 OLT、POS 和 ONU 组成。ONU 设置在配电终端处，通过以太网接口或串口与配电终端连接；OLT 一般设置在变电站内，负责将所连接的 EPON 的数据信息综合，并接入骨干层通信网络。

（2）光纤以太网

配电子站和配电终端的通信采用光纤以太网实现时，光纤以太网从站设备和配电终端通过光纤以太网接口连接；光纤以太网主站设备一般设置在变电站内，负责收集光纤以太网自愈环上所有站点的数据，并接入骨干层通信网络。

（3）配电线载波通信组网

按照 DL/T 790.322 的规定，配电线载波通信组网采用一主多从组网方式，一台多路主载波机可带多台从载波机，由此组成一个逻辑载波网络，主载波机通过通信管理机将信息接入骨干层通信网络。多台主载波机接入通信管理机时，通信管理机必须具备串口服务器的基本功能和在线监控载波机工作状态的网管协议，同时也要具备支持多种配电网自动化通信规约的转换能力。

（4）无线专网

采用无线专网通信方式时，一般将无线基站建设在变电站中，负责接入附近的配电终端；每台配电终端均应配置相应的无线通信模块，实现与无线基站的通信。变电站中的通信管理机将无线基站的信息接入，进行通信规约转换，再接入骨干层通信网络。

（5）无线公网

采用无线公网通信方式时，每台配电终端均应配置 GPRS/CDMA/4G/5G 无线通信模块，实现无线公网的接入。无线公网运营商通过专线将汇总的配电终端数据信息经路由器、防火墙和物理隔离装置接入配电网自动化通信综合接入平台。

4. 配电网自动化通信综合网管系统

在配电主站设置配电网自动化通信综合网管系统，可实现对配电网自动化通信设备、通道、重要通信站点的工作状态的统一监控和管理，包括通信系统的拓扑管理、故障管理、性能管理、配置管理、安全管理等。配电网自动化通信综合网管系统一般采用分层架构体系。

3.6　配电网自动化常用的通信规约

3.6.1　电力负荷管理系统数据传输规约

Q/GDW 130—2005《电力负荷管理系统数据传输规约》规定了电力负荷管理系统中配电主站和配电终端之间进行数据传输的帧格式、数据编码及传输规则。

1. 帧结构

帧结构如图 3-30 所示。

（1）帧格式定义

帧的基本单元为 8 位字节。链路层传输顺序为低位在前，高位在后；低字节在前，高字节在后。

（2）传输规则

1）线路空闲状态为二进制 1。

2）帧内字符之间无线路空闲间隔；两帧之间的线路空闲间隔最少需 33 位。

3）若按 5）检出了差错，两帧之间的线路空闲间隔最少需 33 位。

4）帧校验和 CS 是用户数据区的 8 位位组的算术和，不考虑进位位。

5）接收方校验：①每个字符的起始位、停止位、偶校验位；②每帧的报文头中的开头和结束所规定的字符以及规约标识位；③识别 2 个长度 L；④每帧接收的字符数为用户数据长度 L_1+8；⑤帧校验和；⑥结束字符；⑦校验出一个差错时，按 2）的线路空闲间隔。若这些校验有一个失败，舍弃此帧；若无差错，则此帧数据有效。

（3）链路层

1）长度 L 包括规约标识和用户数据长度，由 2 字节组成，如图 3-31 所示。

起始字符(68H)	报文头
长度L	
长度L	
起始字符(68H)	
控制域C	用户数据区
地址域A	
链路用户数据	
帧校验和CS	
结束字符(16H)	

图 3-30　帧结构

D7	D6	D5	D4	D3	D2	D1	D0
D15	D14	D13	D12	D11	D10	D9	D8

图 3-31　长度 L

规约标识由图 3-31 中的 D0、D1 两位编码表示。D0 = 0、D1 = 0，表示禁用；D0 = 1、D1 = 0，表示本规约使用；D0 = 0 或 1、D1 = 1，表示保留。

用户数据长度 L_1 由 D2 ~ D15 组成，采用 BIN 编码，是控制域、地址域、链路用户数据（应用层）的字节总数。采用专用无线数传信道时，L_1 不大于 255，如 233MHz 数传模块；采用网络传输时，L_1 不大于 16383，如 GPRS、EPON 等。

2）控制域 C 表示报文传输方向和所提供的传输服务类型，如图 3-32 所示。

	D7	D6	D5	D4	D3～D0
下行方向	传输方向位 DIR	启动标志位 PRM	帧计数位FCB	帧计数有效位FCV	服务功能码
上行方向			请求访问位ACD	保留	

图 3-32　控制域 C

① 传输方向位 DIR：DIR = 0 表示此帧报文是由配电主站发出的下行报文；DIR = 1 表示此帧报文是由配电终端发出的上行报文。

② 启动标志位 PRM：PRM = 1 表示此帧报文来自启动站；PRM = 0 表示此帧报文来自从动站。

③ 帧计数位 FCB：当帧计数有效位 FCV = 1 时，FCB 表示每个站连续的发送/确认或者请求/响应服务的变化位。FCB 用来防止信息传输的丢失和重复。

启动站向同一从动站传输新的发送/确认或请求/响应服务时，将 FCB 取相反值。启动站保存每个从动站的 FCB 值，若超时未收到从动站的报文，或接收出现差错，则启动站不改变 FCB 的状态，重复原来的发送/确认或者请求/响应服务。

从动站接收启动站的请求帧，并向启动站发送响应帧，此时在从动站将此响应帧保存起来。在前后两次接收到的请求帧中的 FCB 值不同时，从动站会清除原保存的响应帧，并形成新的响应帧；若前后两个请求帧的 FCB 值相同，从动站会重发原保存的响应帧。

复位命令中的 FCB＝0，从动站接收复位命令后将 FCB 置"0"。

④ 请求访问位 ACD：ACD 用于上行响应报文中。ACD＝1 表示配电终端有重要事件等待访问，则附加信息域中带有事件计数器 EC；ACD＝0 表示配电终端无事件数据等待访问。

ACD 置"1"和置"0"的规则是：自上次收到报文后发生新的重要事件，ACD 置"1"；收到配电主站请求事件报文并执行后，ACD 置"0"。

⑤ 帧计数有效位 FCV：FCV＝1 表示 FCB 有效；FCV＝0 表示 FCB 无效。

⑥ 服务功能码：当启动标志位 PRM ＝1 时，服务功能码定义见表 3-11。

表 3-11　PRM＝1 时的服务功能码定义

服务功能码	帧类型	服务功能
0		备用
1	发送/确认	复位命令
2~3		备用
4	发送/无回答	用户数据
5~8		备用
9	请求/响应帧	链路测试
10	请求/响应帧	请求 1 级数据
11	请求/响应帧	请求 2 级数据
12~15		备用

规约规定：启动站服务功能码 10 用于应用层请求确认的链路传输，如配电主站对配电终端的参数设置等；启动站服务功能码 11 用于应用层请求数据的链路传输。

当启动标志位 PRM＝0 时，服务功能码定义见表 3-12。

表 3-12　PRM＝0 时的服务功能码定义

服务功能码	帧类型	服务功能
0	确认	认可
1~7		备用
8	响应帧	用户数据
9	响应帧	否认：无所召唤的数据
10		备用
11	响应帧	链路状态
12~15		备用

3）地址域 A 由行政区划码 A1、配电终端地址 A2、配电主站地址和组地址标志 A3 组成，格式见表 3-13。

表 3-13 地址域格式

地址域	数据格式	字节数
行政区划码 A1	BCD	2
配电终端地址 A2	BIN	2
配电主站地址和组地址标志 A3	BIN	1

① 行政区划码 A1 按 GB/T 2260—2007 的规定设置。

② 配电终端地址 A2 的选址范围为 1～65535。A2 = 0000H 为无效地址；A2 = FFFFH 且 A3 的 D0 位为 "1" 时表示系统广播地址。

③ 配电主站地址和组地址标志 A3：A3 的 D0 位为配电终端组地址标志，置 "0" 表示配电终端地址 A2 为单地址，置 "1" 表示配电终端地址 A2 为组地址。A3 的 D1～D7 位组成 0～127 个配电主站地址 MSA。配电主站启动发送帧的 MSA 不能为 0，其配电终端响应帧的 MSA 应与配电主站发送帧的 MSA 相同。配电终端启动发送帧的 MSA 应为 0，其配电主站响应帧的 MSA 也应为 0。

4）帧校验和是用户数据区所有字节的 8 位位组算术和，不考虑溢出位。用户数据区包括控制域、地址域、链路用户数据 3 部分。

（4）应用层

1）应用层格式如图 3-33 所示。

应用层功能码AFN
帧序列域SEQ
数据单元标识1
数据单元1
⋮
数据单元标识n
数据单元n
附加信息域AUX

图 3-33 应用层格式

2）应用层功能码 AFN 由 1 字节组成，采用二进制编码表示，见表 3-14。

表 3-14 应用层功能码 AFN

应用层功能码 AFN	应用功能定义	应用层功能码 AFN	应用功能定义
00H	确认/否认	10H	数据转发
01H	复位	11H～FFH	备用
02H	链路接口检测	0AH	查询参数
03H	中继站命令	0BH	备用
04H	设置参数	0CH	请求 1 类数据（实时数据）
05H	控制命令	0DH	请求 2 类数据（历史数据）
06H	身份认证及密钥协商	0EH	请求 3 类数据（事件数据）
07H～09H	备用	0FH	文件传输

3）帧序列域 SEQ 为 1 字节，用于描述帧之间传输序列的变化规则。由于受报文长度限制，数据无法在 1 帧内传输时，需分成多帧传输。每帧都应有数据单元标识，且都可作为独立的报文处理，如图 3-34 所示。

D7	D6	D5	D4	D3～D0
TpV	FIR	FIN	CON	PSEQ/RSEQ

图 3-34 帧序列域定义

① 帧时间标签有效位 TpV：TpV = 0 表示在附加信息域中无时间标签 Tp；TpV = 1 表示在附加信息域中带有时间标签 Tp。

② 首帧标志 FIR、末帧标志 FIN：FIR = 0，FIN = 0 表示多帧的中间帧；FIR = 0，FIN = 1 表示多帧的结束帧；FIR = 1，FIN = 0 表示多帧的第 1 帧，还有后续帧；FIR = 1，FIN = 1 表示单帧。

③ 请求确认标志位 CON：在所收到的报文中，CON 位置 "1"，表示需要对该帧报文进

行确认；置"0"，表示不需要对该帧报文进行确认。

④ 启动帧序号 PSEQ/响应帧序号 RSEQ：启动帧序号 PSEQ 取自 1 字节的启动帧计数器 PFC 的低 4 位计数值 0~15。每一对启动站和从动站之间均有 1 个独立的、由 1 字节构成的计数范围为 0~255 的启动帧序号计数器 PFC，用于记录当前启动帧的序号。启动站每发送 1 帧报文，该计数器加 1，从 0~255 循环加 1 递增；重发帧则不加 1。

响应帧序号 RSEQ 以启动报文中的 PSEQ 作为第一个响应帧序号，后续响应帧序号在 RSEQ 的基础上循环加 1 递增，数值范围为 0~15。

⑤ 帧序号改变规则：启动站发送报文后，当一个期待的响应在规定的时间内没有被收到时，如果允许启动站重发，则该重发的启动帧序号 PSEQ 不变。重发次数可设置，最多 3 次；重发次数为 0，则不允许重发。

当 TpV = 0 时，如果从动站连续收到两个具有相同启动帧序号 PSEQ 的启动报文，通常意味着报文的响应未被启动站收到。在这种情况下则重发响应，不必重新处理该报文。

当 TpV = 0 时，如果启动站连续收到两个具有相同响应帧序号 RSEQ 的响应帧，则不处理第二个。

配电终端在开始响应第二个请求之前，必须将前一个请求处理结束。配电终端不能同时处理多个请求。

⑥ 帧序列域变化规则如图 3-35 所示，图中的 S1、S2、S3 分别表示链路传输服务类别。

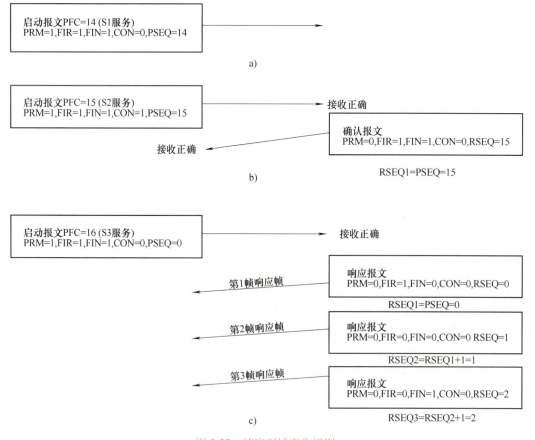

图 3-35 帧序列域变化规则

a）S1 发送／无回答传输服务   b）S2 发送／确认传输服务   c）S3 请求／响应传输服务

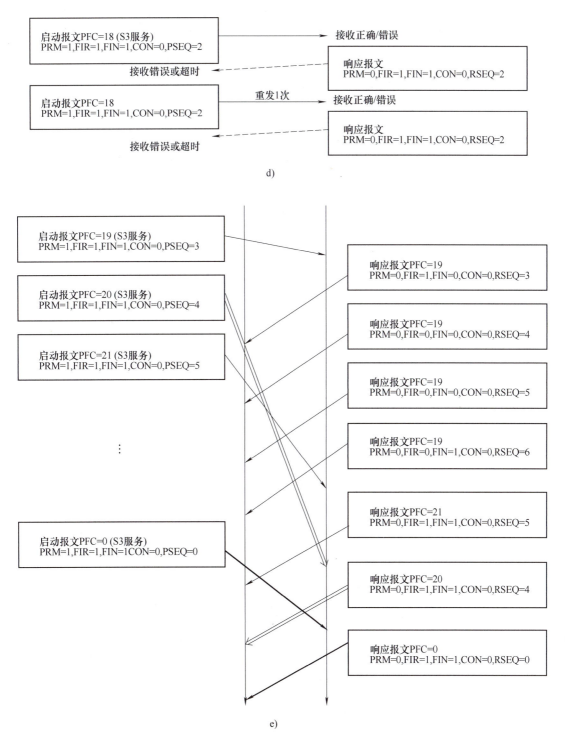

启动报文PFC=18 (S3服务)
PRM=1,FIR=1,FIN=1,CON=0,PSEQ=2

接收正确/错误

接收错误或超时

响应报文
PRM=0,FIR=1,FIN=1,CON=0,RSEQ=2

启动报文PFC=18
PRM=1,FIR=1,FIN=1,CON=0,PSEQ=2

重发1次

接收正确/错误

接收错误或超时

响应报文
PRM=0,FIR=1,FIN=1,CON=0,RSEQ=2

d)

启动报文PFC=19 (S3服务)
PRM=1,FIR=1,FIN=1,CON=0,PSEQ=3

响应报文PFC=19
PRM=0,FIR=1,FIN=0,CON=0,RSEQ=3

启动报文PFC=20 (S3服务)
PRM=1,FIR=1,FIN=1,CON=0,PSEQ=4

响应报文PFC=19
PRM=0,FIR=0,FIN=0,CON=0,RSEQ=4

启动报文PFC=21 (S3服务)
PRM=1,FIR=1,FIN=1,CON=0,PSEQ=5

响应报文PFC=19
PRM=0,FIR=0,FIN=0,CON=0,RSEQ=5

响应报文PFC=19
PRM=0,FIR=0,FIN=1,CON=0,RSEQ=6

响应报文PFC=21
PRM=0,FIR=1,FIN=1,CON=0,RSEQ=5

启动报文PFC=0 (S3服务)
PRM=1,FIR=1,FIN=1CON=0,PSEQ=0

响应报文PFC=20
PRM=0,FIR=1,FIN=1,CON=0,RSEQ=4

响应报文PFC=0
PRM=0,FIR=1,FIN=1,CON=0,RSEQ=0

e)

图 3-35　帧序列域变化规则（续）
d）S3 请求/响应失败重发传输　e）多通信服务传输

4）数据单元标识由信息点 DA 和信息类 DT 组成，如图 3-36 所示。

信息点DA	DA1	D7	D6	D5	D4	D3	D2	D1	D0
	DA2	D7	D6	D5	D4	D3	D2	D1	D0
信息类DT	DT1	D7	D6	D5	D4	D3	D2	D1	D0
	DT2	D7	D6	D5	D4	D3	D2	D1	D0

图 3-36　数据单元标识

① 信息点 DA 由信息点元 DA1 和信息点组 DA2 两个字节构成。DA2 对应位表示信息点组，DA1 对应位表示某一信息点组的 1~8 个信息点，以此共同构成信息点标识 pn($n=1$~64)，如图 3-37 所示。如果 DA2 采用二进制编码方式表示信息点组，则 DA1、DA2 可构成信息点标识 pn($n=1$~2048)。居民用户用电信息采集系统中，一个小区的电能表数量一般多于 64，用于标识电能表的信息点标识就要采用这种编码方式。

信息点组 DA2	信息点元 DA1							
D7~D0	D7	D6	D5	D4	D3	D2	D1	D0
00000001	p8	p7	p6	p5	p4	p3	p2	p1
00000010	p16	p15	p14	p13	p12	p11	p10	p9
⋮	⋮	⋮	⋮	⋮	⋮	⋮	⋮	⋮
10000000	p64	p63	p62	p61	p60	p59	p58	p57

图 3-37　信息点格式

当 DA1 和 DA2 全为"0"时，表示终端信息点，用 p0 表示；当 DA1 和 DA2 全为"1"时，表示全体信息点。

同一个信息点标识 pn 对应于不同信息类标识 Fn，可以是测量点号、总加组号、控制轮次、直流模拟量点号、任务号等。

② 信息类 DT 由信息类元 DT1 和信息类组 DT2 两个字节构成。DT2 采用二进制编码方式表示信息类组，DT1 对应位表示某一信息类组的 1~8 种信息类型，以此共同构成信息类标识 Fn($n=1$~248)，如图 3-38 所示。

信息类组 DT2	信息类元 DT1							
D7~D0	D7	D6	D5	D4	D3	D2	D1	D0
0	F8	F7	F6	F5	F4	F3	F2	F1
1	F16	F15	F14	F13	F12	F11	F10	F9
2	F24	F23	F22	F21	F20	F19	F18	F17
⋮	⋮	⋮	⋮	⋮	⋮	⋮	⋮	⋮
30	F248	F247	F246	F245	F244	F243	F242	F241
⋮	未定义							
255								

图 3-38　信息类格式

5）数据单元是按数据单元标识所组织的数据，包括参数、命令等。

数据组织的顺序规则是先按 pn 从小到大的次序，再按 Fn 从小到大的次序，即完成一个信息点 pi 的所有信息类 Fn 的处理后，再进行下一个信息点 p($i+1$) 的处理。

配电终端在响应配电主站对配电终端的参数或数据请求时，如配电终端无某项数据，且该"无某项数据"的信息需配电主站辨识，则配电终端应将该数据项内容的每个字节填写为"0EEH"。

具体数据单元格式参见 Q/GDW 130—2005《电力负荷管理系统数据传输规约》。

6）附加信息域 AUX 可由消息认证码字段 PW、事件计数器 EC 和时间标签 Tp 组成。消息认证码字段用于重要的下行报文中；事件计数器用于具有重要事件告警状态需上报的上行报文中；时间标签用于允许同时建立多个通信服务的链路传输和信道延时特性较差的传输中。

2. 链路传输

（1）链路传输服务类别

链路传输服务类别见表 3-15。

表 3-15　链路传输服务类别

类别	功能	用途
S1	发送/无回答	启动站发送传输，从动站不回答
S2	发送/确认	启动站发送命令，从动站回答确认
S3	请求/响应	启动站请求从动站响应，从动站做确认、否认或数据响应

（2）平衡传输过程

1）适用信道：全双工通道和数据交换网络通道，可采用平衡传输规则。

2）发送/无回答服务：启动站允许建立一个或多个通信服务。当同时建立多个通信服务时，由启动站进行数据流控制。

3）发送/确认服务：启动站允许建立一个或多个通信服务。当同时建立多个通信服务时，由启动站进行数据流控制。当从动站正确收到启动站报文，并能执行启动站报文的命令时，发送确认帧；否则发送否认帧。

4）请求/响应服务：启动站允许建立一个或多个通信服务。当同时建立多个通信服务时，由启动站进行数据流控制。从动站正确收到启动站请求 1 级数据帧时，若所请求的数据全部有效，则发送响应帧；否则发送否认帧。从动站正确收到启动站请求 2 级数据帧时，若所请求的数据全部有效，则发送响应帧；若所请求的数据部分有效，则根据能响应的数据内容组织数据单元标识发送响应帧；若所请求的数据全部无效，则发送否认帧。

配电终端作为从动站响应新的请求服务之前，必须完成前一个请求服务的响应。

5）通信出错处理：启动站在规定时间内没有正确收到响应报文时，作为超时处理，放弃该通信服务。超时时间应考虑信道网络延时、中继环节延时、配电终端响应时间等因素。

从动站若检出帧差错则不作回答。

3. 配变监测终端与配电主站间通信报文解析

（1）参数设置

将配变监测终端时间设为当前通信处理器时间。终端地址为 35050806。

1）配电主站发送时间参数设置命令。原始报文：6851005100684A0535060876057000004 0030240142249094C4B2116，报文解析见表 3-16。

表 3-16 配电主站发送时间参数设置命令报文解析

表 3-16　配电主站发送时间参数设置命令报文解析

报文	解析
68H	起始字符
5100H	0101 0001（D0）0000 0000（D8），长度 $L = 20$（14H）
5100H	0101 0001（D0）0000 0000（D8），长度 $L = 20$（14H）
68H	起始字符
4AH	0100 1010，控制域 C（下行，启动站，帧计数无效，功能码 10）
0535 0608 76H	地址域 A
05H	应用层功能码 AFN（控制命令）
70H	0111 0000，帧序列域 SEQ（无时标，单帧，需确认，帧序号为 0）
0000H	0000 0000（DA1）0000 0000（DA2），终端本身，信息点 0
4003H	0100 0000（DT1）0000 0011（DT2），信息类标识 F31
024014224909H	秒、分、时、日、星期、月、年（数据格式 01，2009-09-22，周一，14：40：02）
4C4BH	附加信息域 AUX（消息认证码字段 PW）
21H	校验和 CS
16H	结束字符

2）配变监测终端应答。原始报文：683900390068A8053506080000600000100843C1116，报文解析见表 3-17。

表 3-17　配变监测终端应答配电主站发送时间参数设置命令报文解析

报文	解析
68H	起始字符
3900H	0011 1001（D0）0000 0000（D8），长度 $L = 14$（0EH）
3900H	0011 1001（D0）0000 0000（D8），长度 $L = 14$（0EH）
68H	起始字符
A8H	1010 1000，控制域 C（上行，从动站，有事件发生，功能码 8）
0535 0608 00H	地址域 A
00H	应用层功能码 AFN（确认/否认）
60H	0110 0000，帧序列域 SEQ（无时标，单帧，不需确认，帧序号为 0）
0000H	0000 0000（DA1）0000 0000（DA2），终端本身，信息点 0
0100H	0000 0001（DT1）0000 0000（DT2），信息类标识 F1，全部确认
843CH	附加信息域 AUX（消息认证码字段 PW）
11H	校验和 CS
16H	结束字符

（2）读取实时数据

配电主站读取配变监测终端实时数据，在规约中为 1 类数据，F25 信息类。

1）配电主站发送读取实时数据命令。原始报文：6831003100684B05350608760C71010101038C16，报文解析见表 3-18。

表 3-18　配电主站发送读取实时数据命令报文解析

报文	解析
68H	起始字符
3100H	0011 0001（D0）0000 0000（D8），长度 $L=12$（0CH）
3100H	0011 0001（D0）0000 0000（D8），长度 $L=12$（0CH）
68H	起始字符
4BH	0100 1011，控制域 C（下行，启动站，帧计数无效，功能码 11）
0535 0608 76H	地址域 A
0CH	应用层功能码 AFN（请求 1 类数据，实时数据）
71H	0111 0001 帧序列域 SEQ（无时标，单帧，需确认，帧序号为 1）
0101H	0000 0001（DA1）0000 0001（DA2），信息点 1
0103H	0000 0001（DT1）0000 0011（DT2），信息类标识 F25，当前电流、零序电流等
8CH	校验和 CS
16H	结束字符

2）配变监测终端应答。原始报文：680501050168A805350608000C61010101030015220909
EEEEEEEEEEEEEEEEEEEEEEEEEEEEEEEEEEEEEEEEEEEEEEEEEEEEEEEEEEEEEEEEEE
EEEEEEEEEE7500750075002602843C4716，报文解析见表 3-19。

表 3-19　配变监测终端应答配电主站发送读取实时数据命令报文解析

报文	解析
68H	起始字符
0501H	0000 0101（D0）0000 0001（D8），长度 $L=65$（41H）
0501H	0000 0101（D0）0000 0001（D8），长度 $L=65$（41H）
68H	起始字符
A8H	1010 1000，控制域 C（上行，从动站，有事件发生，功能码 8）
0535 0608 00H	地址域 A
0CH	应用层功能码 AFN（请求 1 类数据，实时数据）
61H	0110 0001，帧序列域 SEQ（无时标，单帧，无需确认，帧序号为 1）
0101H	0000 0001（DA1）0000 0001（DA2），信息点 1
0103H	0000 0001（DT1）0000 0011（DT2），信息类标识 F25，当前电流、零序电流等
0015220909H	终端采集数据时间（2009-09-22，15：00）
EEEEEEEEEEEEEEEEEEEE EEEEEEEEEEEEEEEEEEEE EEEEEEEEEEEEEEEEEEEEE EEEEEEEEEEEEEH	无数据
7500H	当前 A 相电流
7500H	当前 B 相电流
7500H	当前 C 相电流

（续）

报文	解析
2602H	当前零序电流
843CH	附加信息域 AUX（消息认证码字段 PW）
47H	校验和 CS
16H	结束字符

（3）读取历史数据

配电主站读取配变监测终端历史数据，在规约中为 2 类数据，F92、F93 及 F94 信息类。

1）配电主站发送读取历史数据命令。原始报文：68A500A500684B05350608760D71010 1080B00102220909010401011000B0010222090901040101200B001022090901040516，报文解析见表 3-20。

表 3-20 配电主站发送读取历史数据命令报文解析

报文	解析
68H	起始字符
A500H	1010 0101（D0）0000 0000（D8），长度 $L=41$（29H）
A500H	1010 0101（D0）0000 0000（D8），长度 $L=41$（29H）
68H	起始字符
4BH	0100 1011，控制域 C（下行，主动站，帧计数无效，功能码 11）
0535 0608 76H	地址域 A
0DH	应用层功能码 AFN（请求 2 类数据，历史数据）
71H	0111 0001，帧序列域 SEQ（无时标，单帧，需确认，帧序号为1）
0101H	0000 0001（DA1）0000 0001（DA2），信息点 1
080BH	0000 1000（DT1）0000 1011（DT2），信息类标识 F92，A 相电流曲线
0010220909 01 04H	起始时间：分、时、日、月、年，数据密度 $m=1$，每 15min 1 个数据点（见规约附录 C），数据点数 $n=4$
0101H	0000 0001（DA1）0000 0001（DA2），信息点 1
100BH	0001 0000（DT1）0000 1011（DT2），信息类标识 F93，B 相电流曲线
0010220909 01 04H	起始时间：分、时、日、月、年，数据密度 $m=1$，数据点数 $n=4$
0101H	0000 0001（DA1）0000 0001（DA2），信息点 1
200BH	0010 0000（DT1）0000 1011（DT2），信息类标识 F94，C 相电流曲线
0010220909 01 04H	起始时间：分、时、日、月、年，数据密度 $m=1$，数据点数 $n=4$
D3H	校验和 CS
16H	结束字符

2）配变监测终端应答。原始报文：689D019D0168A805350608000D610101080B00102220909010400 001000100010001010110 0B001022090901040001000100010001010120 0B00102220909010450005000 50005000843C4316，报文解析见表 3-21。

表 3-21　配变监测终端应答配电主站发送读取历史数据命令报文解析

报文	解析
68H	起始字符
9D01H	1001 1101（D0）0000 0001（D8），长度 L=103（67H）
9D01H	1001 1101（D0）0000 0001（D8），长度 L=103（67H）
68H	起始字符
A8H	1010 1000，控制域 C（上行，从动站，有事件，功能码 8）
0535 0608 00H	地址域 A
0DH	应用层功能码 AFN（请求 2 类数据，历史数据）
61H	0110 0001 帧序列域 SEQ（无时标，单帧，无需确认，帧序号为 1）
0101H	0000 0001（DA1）0000 0001（DA2），信息点 1
080BH	0000 1000（DT1）0000 1011（DT2），信息类标识 F92，A 相电流曲线
0010220909 01 04H	起始时间：分、时、日、月、年，数据密度 m=1（见规约附录 C），数据点数 n=4
0001H	数据格式 06，1.0A
0001H	数据格式 06，1.0A
0001H	数据格式 06，1.0A
0001H	数据格式 06，1.0A
0101H	0000 0001（DA1）0000 0001（DA2），信息点 1
100BH	0001 0000（DT1）0000 1011（DT2），信息类标识 F93，B 相电流曲线
0010220909 01 04H	起始时间：分、时、日、月、年，数据密度 m=1（见规约附录 C），数据点数 n=4
0001H	数据格式 06，1.0A
0001H	数据格式 06，1.0A
0001H	数据格式 06，1.0A
0001H	数据格式 06，1.0A
0101H	0000 0001（DA1）0000 0001（DA2），信息点 1
200BH	0010 0000（DT1）0000 1011（DT2），信息类标识 F94，C 相电流曲线
0010220909 01 04H	起始时间：分、时、日、月、年，数据密度 m=1（见规约附录 C），数据点数 n=4
5000H	数据格式 06，0.5A
5000H	数据格式 06，0.5A
5000H	数据格式 06，0.5A
5000H	数据格式 06，0.5A
843CH	附加信息域 AUX（消息认证码字段 PW）
43H	校验和 CS
16H	结束字符

3.6.2　IEC 60870-5-104 规约

1. 规约概要

为适应网络传输，IEC 于 2000 年推出了 IEC 60870-5-104 规约。在国内，国家经济贸易委员会于 2002 年推出了 DL/T 634.5104—2002，等同于采用 IEC 60870-5-104 规约。国家能源局于 2009 年发布了 DL/T 634.5104—2009，以此代替了 DL/T 634.5 104—2002。

处于应用层协议位置的 IEC 60870-5-104 实际是将 IEC 60870-5-101 与 TCP/IP 提供的网络传输功能相结合，使得 IEC 60870-5-101 在 TCP/IP 内的各种网络类型中都可使用。IEC 60870-5-104 规定使用的端口号为 2404。

基于 TCP 应用程序，存在客户机和服务器两种工作模式。服务器一直处于侦听状态，若侦听到来自客户机的连接，则接受此请求并建立一个 TCP 连接，由此服务器和客户机就可通过这个虚拟的通信链路进行数据收发了。IEC 60870-5-104 规定：作为控制站的配电主站为客户机，作为被控站的馈线监控终端为服务器。

2. 应用规约数据单元的结构

一个 IEC 60870-5-104 数据帧称为应用规约数据单元（Application Protocol Data Unit，APDU），它由应用规约控制信息（Application Protocol Control Information，APCI）和应用服务数据单元（Application Service Data Unit，ASDU）组成。以遥测帧为例，其帧结构如图 3-39 所示。其中，APCI 由帧头、APDU 长度及控制域构成，其余为 ASDU。

内容	含义	分组
68H	帧头	APCI
2N+13(N 为信息体个数)	APDU 长度	APCI
发送序号（低位）　0	控制域	APCI
发送序号（高位）	控制域	APCI
接收序号（低位）　0	控制域	APCI
接收序号（高位）	控制域	APCI
15H	类型标识	ASDU
1　N	可变结构限定词	ASDU
14H(响应总召唤)	传送原因	ASDU
00H	传送原因	ASDU
公共地址低字节	公共地址	ASDU
公共地址高字节	公共地址	ASDU
01H	信息体地址	ASDU
40H	信息体地址	ASDU
00H	信息体地址	ASDU
遥测值 1 低字节	信息体元素 1	ASDU
遥测值 1 高字节	信息体元素 1	ASDU
⋮	⋮	ASDU
遥测值 N 低字节	信息体元素 N	ASDU
遥测值 N 高字节	信息体元素 N	ASDU

图 3-39　IEC 60870-5-104 帧结构

APCI 的启动字符为 68H，表示一个数据帧的开始；APDU 长度为控制域开始到本帧结束的总字节数；4 个 8 位控制域表示收发序号，前两字节为发送序号 N（S），后两字节为接收序号 N（R），用于检测报文丢失和报文重复传输。APDU 有 3 种报文格式，即 I 格式、S 格式和 U 格式。I 格式报文用于带编号的信息传输，其结构是一个包含 APCI 和 ASDU 的完整的 APDU；S 格式报文只含有一个 APCI，不含 ASDU，收到 I 格式报文时，若无 I 格式报文发给对方，则发 S 格式报文进行确认；U 格式报文也只含有一个 APCI，用于传输过程的控制，如启动子站进行数据传输（STARTDT）、停止子站数据传输（STOPDT）、TCP 链路测试（TESTFR）等。

控制域的定义如图 3-40 所示。控制域第一个 8 位位组的比特 1＝0 定义 I 格式；控制域第一个 8 位位组的比特 1＝1 并且比特 2＝0 定义 S 格式；控制域第一个 8 位位组的比特 1＝1 并且比特 2＝1 定义 U 格式。

图 3-40　控制域的定义
a）信息传输格式类型（I 格式）控制域　b）监视功能类型（S 格式）控制域
c）控制功能类型（U 格式）控制域

3. APDU 的发送和接收序号的维护

各馈线监控终端收到配电主站软件 U 格式的启动传输报文后，回应该命令报文，然后开始上送变位信息和周期性扫描信息，这些信息为 I 格式报文。即使馈线监控终端没有回应配电主站软件 U 格式的启动传输报文，也可以接受配电主站软件的控制命令或定值设置。配电主站软件收到若干个 I 格式报文后立即发送 I 格式报文确认，如图 3-41 所示，若无 I 格式报文要发送则在 t_2 时间内发送 S 格式报文确认，t_2 的默认值为 10s，如图 3-42 所示。

为保证信息的可靠传输，通信双方采取了防止报文丢失和重复传输的机制及超时时间限制措施。对于 I 格式报文，馈线监控终端每发送一个 I 格式报文后，其发送序号应加 1，配电主

配电主站 APDU发送或接收后的内部计数器 V 状态			传输	馈线监控终端 APDU发送或接收后的内部计数器 V 状态		
ACK	V(S)	V(R)		V(S)	V(R)	ACK
0	0	0	I(0,0)	0	0	0
			I(1,0)	1		
		1	I(2,0)	2		
		2				
		3	I(0,3)	3		
	1		I(1,3)		1	3
	2				2	
			I(3,2)			
2		4		4		

图 3-41 I 格式 APDU 的未受干扰过程

配电主站 APDU发送或接收后的内部计数器 V 状态			传输	馈线监控终端 APDU发送或接收后的内部计数器 V 状态		
ACK	V(S)	V(R)		V(S)	V(R)	ACK
0	0	0	I(0,0)	0	0	0
		1	I(1,0)	1		
		2	I(2,0)	2		
t_2时间内		3		3		
			S(3)			3

图 3-42 S 格式 APDU 确认 I 格式 APDU 的未受干扰过程

站软件每接收到一个发送序号与其接收序号相等的 I 格式报文后，其接收序号也应加 1；反之亦然。需要注意的是，每次重新建立 TCP 连接后，配电主站软件和馈线监控终端的接收序号和发送序号都应清零。在双方开始数据传送后，接收方收到一个 I 格式报文，应判断此 I 格式报文的发送序号是否等于自己的接收序号，若相等则应将自己的接收序号加 1；若此 I 格式报文的发送序号小于自己的接收序号，则意味着发送方出现了重复传送；若此 I 格式报文的发送序号大于自己的接收序号，则意味着发送方出现了报文丢失。出现报文丢失或重复传送应关闭当前的 TCP 连接，然后重新建立新的 TCP 连接，如图 3-43 所示。发送方把一个或几个 APDU 保存到一个缓冲区里，直到它将自己的发送序号作为一个接收序号收回，而这个接收序号是对发送方所有发送序号不大于该序号的 APDU 的有效确认，这样就可以删除缓冲区里保存的已正确传送过的 APDU 了。当未确认的 I 格式 APDU 达到 k 个时，发送方停止传送。对于接收方，一般收到 w 个 I 格式报文就必须发确认帧。k 值默认为 12，w 值默认为 8，一般要求 $w<k$。

协议设置了两个传输超时时间，分别为 t_1 和 t_3。发送方的 I 格式或所有类型的 U 格式报文发出后，如果超过 t_1 时间仍没有得到确认，则应关闭当前的 TCP 连接，然后重新建立新的 TCP 连接，t_1 的默认值为 15s，如图 3-44 所示。通信任意一方在超过 t_3 时间后未收到新的帧，且已经收到的帧都给予了确认，则此时需发送 U 格式的测试帧，以测试通道状态是否完好，t_3 的默认值为 20s，如图 3-45 所示。

配电主站				馈线监控终端		
APDU发送或接收后的内部计数器 V 状态				APDU发送或接收后的内部计数器 V 状态		
ACK	V(S)	V(R)		V(S)	V(R)	ACK
0	0	0	I(0,0)	0	0	0
				1		
		1	I(2,0)	2		
		错误	主动关闭	3		
			主动打开			
						1

图 3-43　I 格式 APDU 的受干扰过程

配电主站				馈线监控终端		
APDU发送或接收后的内部计数器 V 状态				APDU发送或接收后的内部计数器 V 状态		
ACK	V(S)	V(R)		V(S)	V(R)	ACK
0	0	0	I(0,0)	0	0	0
				1		
				2		
		1	S(1)	取消超时		
					t_1时间内	1
			主动关闭			
			主动打开			

图 3-44　最后的 I 格式 APDU 未被确认情况下的超时

配电主站				馈线监控终端		
APDU发送或接收后的内部计数器 V 状态				APDU发送或接收后的内部计数器 V 状态		
ACK	V(S)	V(R)		V(S)	V(R)	ACK
0	0	0	I(0,0)	0	0	0
				1		
				2		
		1	S(1)			
			U(TESTFR 激活)	t_3时间内		1
			U(TESTFR 确认)			

图 3-45　未受干扰的通道测试过程

4. ASDU 的结构

ASDU 的结构如图 3-46 所示。

（1）类型标识

类型标识有 1 字节，定义了信息对象的结构、类型和格式。一个 ASDU 内的全部信息对象有相同的结构、类型和格式，部分类型标识见表 3-22。

| 类型标识（1字节） |
| 可变结构限定词（1字节） |
| 传送原因（2字节） |
| 公共地址（2字节） |
| 信息体地址（每个地址3字节） |
| 信息体元素（每个元素最多2字节） |
| 信息体时标（可选，7字节） |

图 3-46　ASDU 的结构

表 3-22　部分类型标识

类型标识	语义
01H	遥信
07H	馈线监控终端或配电子站状态
0FH	电能值
2EH	遥控分合
2FH	遥控升降
31H	同期操作
64H	总召唤
65H	电能量召唤
67H	对时
69H	复位命令
72H	查询/固化定值

（2）可变结构限定词

可变结构限定词有 1 字节，其最高位用于确定信息对象的排列方式。最高位为"1"表示同类信息是顺序排列的，仅需指出第一个信息对象地址；最高位为"0"表示同类信息不是顺序排列的，每个信息对象地址均要给出。低 7 位用于确定 ASDU 内包含的信息对象数量，最多为 127 个。

（3）传送原因

传送原因有 2 字节，任何一次信息传输必须给出传送原因，且必须给出肯定确认或否定确认，如图 3-47 所示，源发地址用于标明响应来自哪个主站的召唤。一般源发地址不用时置为 0。

低 6 位是传送原因序号。P/N = 0 为肯定确认；P/N = 1 为否定确认。T = 0 为未试验；T = 1 为试验。

部分传送原因的语义见表 3-23，例如"03H"表示突发/自发，上行；"14H"表示响应站召唤，上行；"15H"表示响应第 1 组召唤，上行。

8	7	6	5	4	3	2	1
T	P/N	原因					
源发地址							

图 3-47　传送原因

表 3-23　部分传送原因的语义

传送原因	语义	应用方向	传送原因	语义	应用方向
03H	突发/自发	上行	0AH	激活终止	上行
06H	激活	下行	14H	响应站召唤	上行
07H	激活确认	上行	15H	响应第 1 组召唤	上行
08H	停止激活	下行	16H	响应第 2 组召唤	上行
09H	停止激活确认	上行	17H	响应第 3 组召唤	上行

（4）公共地址

公共地址有 2 字节，高字节为 0，它是和一个 ASDU 内的全部信息对象联系在一起的，格式如图 3-48 所示。其中，地址"0"没有被使用，"255"为广播地址。例如，某个馈线监控终端的公共地址为"01 00"。

8	7	6	5	4	3	2	1
0	0	0	0	0	0	0	1
0	0	0	0	0	0	0	0

图 3-48　公共地址格式

（5）信息体地址

信息体地址有 3 字节，高字节为 0，最多可表达 65535 个信息。同类信息体的地址必须连续，首个信息体地址一般从 1 开始。为了方便信息体的扩充，在每两类不同的信息体之间预留有部分地址空间，一旦某类信息体数量超过原定预留的地址空间，必须将后续信息体整体向后移动，但不能改变同类信息体的先后顺序。每个系统可以根据需要选择合理的地址分配方案，一般由配电主站给所辖的馈线监控终端规定统一的地址分配方案。配电主站与其所辖的馈线监控终端的地址分配必须一致，见表 3-24。

表 3-24　推荐的地址分配

信息体名称	对应地址（十六进制）	信息个数
遥信信息	1H～1000H	4096
继电保护信息	1001H～4000H	12288
遥测信息	4001H～5000H	4096
遥控信息	6001H～6200H	512
…	…	…

某馈线监控终端部分遥测信息见表 3-25。序号 0 对应地址为 4001H，序号 1 对应地址为 4002H，其余地址类推。

表 3-25 某馈线监控终端部分遥测信息

序号	名称	序号	名称
0	相电流曲线工作 ID	23	馈线 0 U_c
1	零序电流曲线工作 ID	24	馈线 0 $3U_o$
2	同期 A 相电压相位差	25	馈线 0 U_{ab}
3	同期 B 相电压相位差	26	馈线 0 U_{ca}
4	同期 C 相电压相位差	27	馈线 0 U_{cb}
5	系统保留 AI0	28	馈线 0 P_a
6	系统保留 AI1	29	馈线 0 P_b
7	系统保留 AI2	30	馈线 0 P_c
8	DC0（直流 0）	31	馈线 0 $P_总$
9	DC1	32	馈线 0 Q_a
10	DC2	33	馈线 0 Q_b
11	DC3	34	馈线 0 Q_c
12	DC4	35	馈线 0 $Q_总$
13	DC5	36	馈线 0 S_a
14	DC6	37	馈线 0 S_b
15	DC7	38	馈线 0 S_c
16	频率	39	馈线 0 $S_总$
17	馈线 0 I_a	40	馈线 0 COSa
18	馈线 0 I_b	41	馈线 0 COSb
19	馈线 0 I_c	42	馈线 0 COSc
20	馈线 0 $3I_o$	43	馈线 0 COS
21	馈线 0 U_a	44	馈线 0 A 相相位
22	馈线 0 U_b	45	馈线 0 B 相相位

（6）信息体元素及数据格式

1）带品质描述词的单点遥信信息。该信息占用 1 个字节，如图 3-49 所示，5~8 位表示馈线监控终端对该遥信的品质描述词。SPI 为遥信状态，SPI = 0 表示开关处于分位，SPI = 1 表示开关处于合位；RES 为保留位；BL 为封锁标志，BL = 0 表示未被封锁，BL = 1 表示该状态被当地封锁；SB 为取代标志，SB = 0 表示未被取代，SB = 1 表示该状态被人工设置或被其他装置取代；NT 为刷新标志，NT = 0 表示当前值，NT = 1 表示非当前值，即本次刷新没有成功；IV 为有效标志，IV = 0 表示时标有效，IV = 1 表示时标无效。带品质描述词的单点遥信信息对应的报文类型标识为 1，该信息带品质描述，不带时标。

8	7	6	5	4	3	2	1
IV	NT	SB	BL	RES	RES	RES	SPI

图 3-49 带品质描述词的单点遥信信息

2）归一化遥测值。1 个归一化遥测值占用 2 个字节，包含 15 位数据位和 1 位符号位。符号位 S = 0，表示正数、原码；符号位 S = 1，表示负数、补码。每一位所代表的权值如图 3-50 所示，取值范围为 $-1 \sim 1-2^{-15}$。遥测数据的实际值等于传输值乘以满码值，见表 3-26。

2^{-8}	2^{-9}	2^{-10}	2^{-11}	2^{-12}	2^{-13}	2^{-14}	2^{-15}
S	2^{-1}	2^{-2}	2^{-3}	2^{-4}	2^{-5}	2^{-6}	2^{-7}

图 3-50　归一化遥测值每一位所代表的权值

表 3-26　归一化遥测编码

遥测名称	实际值	满码值	传输值	传输编码
电流	5000A	5000A	$1-2^{-15}$	7FFFH
电流	2500A	5000A	0.5	4000H
电压	220kV	236kV	0.9322	7751H
有功	−550MW	550MW	−1	8000H

3）单点遥控信息。单点遥控信息占用 1 个字节,如图 3-51 所示。SCS 为遥控状态,SCS=0 表示控分,SCS=1 表示控合;保留位 RES=0;QU 为遥控输出方式,QU=0 表示由被控站内部确定遥控输出方式,不由控制站选择,QU=1 表示短脉冲方式输出,QU=2 表示长脉冲方式输出,QU=3 表示持续脉冲方式输出;S/E 为遥控选择标志,S/E=0 表示遥控执行命令,S/E=1 表示遥控选择命令。一般遥控过程为遥控选择、遥控返校、遥控执行或遥控解除。

8	7	6	5	4	3	2	1
S/E			QU			RES	SCS

图 3-51　单点遥控信息

（7）信息体时标

在实际应用中,带时标的信息往往可以在通道恢复后补充传输,但是通道中断时间是一个不确定的因素,仅有精确到分钟的时标是不够的,因此一般采用包含年、月、日、时、分、毫秒的 7 字节长时标,如图 3-52 所示。IV=0 表示时标有效,IV=1 表示时标无效;毫秒数除以 1000 得到的商为秒,余数为毫秒。

8	7	6	5	4	3	2	1
			毫秒				
			毫秒				
IV	RES1			分(0~59)			
0	RES2			时(0~23)			
星期(1~7)				日(1~31)			
RES3				月(1~12)			
RES4		年(0~99)					

图 3-52　7 字节长时标

5. 通信报文解析

（1）单点遥信

单点遥信报文:6812100800120102030001000600000108000000,报文解析见表 3-27。

表 3-27　单点遥信报文解析

报文	解析	报文	解析
68H	报文头	0300H	传送原因，突发
12H	长度	0100H	公共地址，0001H
1008H	发送序号	060000H	信息地址1，000006H
0012H	接收序号	01H	合闸
01H	单点遥信	080000H	信息地址2，000008H
02H	遥信数目	00H	分闸

（2）SOE

SOE 报文：6815D20404001E0103007300D9000001DEA22A090B0407，报文解析见表 3-28。

表 3-28　SOE 报文解析

报文	解析	报文	解析
68H	报文头	0300H	传送原因，突发
15H	长度	7300H	公共地址，0073H
D204H	发送序号	D90000H	SOE 所对应的遥信点号
0400H	接收序号	01H	SOE 状态，00 为分，01 为合
1EH	SOE	DEA22A090B0407H	时间，从前到后分别是毫秒低位、毫秒高位、分、时、日、月、年
01H	1个SOE，最高位为1时表示点号连续		

（3）标度化遥测值

标度化遥测值报文：6816081002300B0203000100034000012300084000023400，报文解析见表 3-29。

表 3-29　标度化遥测值报文解析

报文	解析	报文	解析
68H	报文头	0100H	公共地址，0001H
16H	长度	034000H	信息地址，004003H
0810H	发送序号	012300H	遥测值1及品质描述，00（品质描述），2301（标度化遥测值）
0230H	接收序号		
0BH	标度化遥测量	084000H	信息地址，004008H
02H	信息数目	023400H	遥测值2及品质描述，00（品质描述），3402（标度化遥测值）
0300H	传送原因，突发		

（4）遥控

配电主站发送的遥控预置报文：680E04000C002D010600010001600081，报文解析见表 3-30。

表 3-30　遥控预置报文解析

报文	解析	报文	解析
68H	报文头	01H	可变结构限定词（信息数目）
0EH	长度	0600H	传送原因，激活
0400H	发送序号	0100H	公共地址
0C00H	接收序号	016000H	信息体地址
2DH	遥控	81H	控合

馈线监控终端发送的遥控返校报文：680E0E0006002D010700010001600081，报文解析见表 3-31。

表 3-31　遥控返校报文解析

报文	解析	报文	解析
68H	报文头	01H	可变结构限定词（信息数目）
0EH	长度	0700H	传送原因，激活确认
0E00H	发送序号	0100H	公共地址
0600H	接收序号	016000H	信息体地址
2DH	遥控	81H	控合

配电主站发送的遥控执行报文：680E080010002D010600010001600001，报文解析见表 3-32。

表 3-32　遥控执行报文解析

报文	解析	报文	解析
68H	报文头	01H	可变结构限定词（信息数目）
0EH	长度	0600H	传送原因，激活
0800H	发送序号	0100H	公共地址
1000H	接收序号	016000H	信息体地址
2DH	遥控	01H	控合

馈线监控终端发送的遥控执行确认报文：680E12000A002D010700010001600001，报文解析见表 3-33。

表 3-33　遥控执行确认报文解析

报文	解析	报文	解析
68H	报文头	01H	可变结构限定词（信息数目）
0EH	长度	0700H	传送原因，激活确认
1200H	发送序号	0100H	公共地址
0A00H	接收序号	016000H	信息体地址
2DH	遥控	01H	控合

配电主站发送遥控预置命令后，若要撤销遥控操作，配电主站可向馈线监控终端发送遥控撤销报文：680E080010002D010801000160000，报文中的传送原因为停止激活 08H。馈线监控终端收到遥控撤销报文后，发送遥控撤销确认报文，其原始报文为：

680E12000A002D0109000100016000 01，报文中的传送原因为停止激活确认09H。

（5）对时

配电主站发送对时命令报文：681402000A006701060001000000000102030 4810905，报文解析见表3-34。

表3-34　对时命令报文解析

报文	解析	报文	解析
68H	报文头	000000H	信息体地址
14H	长度	01H	毫秒低位
0200H	发送序号	02H	毫秒高位
0A00H	接收序号	03H	分
67H	对时	04H	时
01H	可变结构限定词（信息数目）	81H	日与星期
0600H	传送原因，激活	09H	月
0100H	公共地址	05H	年

馈线监控终端发送对时确认报文：68140C000400670107000100000000010203 04810905，报文解析见表3-35。

表3-35　对时确认报文解析

报文	解析	报文	解析
68H	报文头	000000H	信息体地址
14H	长度	01H	毫秒低位
0C00H	发送序号	02H	毫秒高位
0400H	接收序号	03H	分
67H	对时	04H	时
01H	可变结构限定词（信息数目）	81H	日与星期
0700H	传送原因，激活确认	09H	月
0100H	公共地址	05H	年

课后习题

1. 简述数据通信中的同步传输与异步传输的区别。
2. 设 $G(x)=x^8+x^2+x+1$，要发送的1字节数据为20H，求其CRC校验码。
3. 配电网自动化常用的通信方式有哪些？
4. 简述IEC 60870-5-104规约的I格式、U格式、S格式报文的用途及它们之间的区别。
5. 参考表3-24，说明IEC 60870-5-104规约的信息对象地址分配方案应遵循的基本原则。
6. 分析IEC 60870-5-104规约如何防止I格式报文的报文丢失和重复传输。
7. IEC 60870-5-104规约中停止子站数据传输的报文为U格式，子站收到后发回的确认报文也为U格式，主站的报文为：68H 04H 13H 00H 00H 00H，写出子站的确认报文。

第 4 章

配电网馈线监控终端

4.1 馈线监控终端简介

4.1.1 馈线监控终端的功能及性能要求

馈线监控终端应具有遥测、遥信、遥控、对时、事件顺序记录等功能。

1）遥测功能。馈线监控终端应能采集线路的电压、电流、有功功率和无功功率等模拟量。一般线路的故障电流远大于正常负荷电流，要采集故障信息必须要求馈线监控终端能提供较大的电流动态输入范围。故障电流测量主要用于完成继电保护功能和判断故障区段，对测量精度要求不高，但要求响应速度快，而且要滤出基波信号。测量正常运行情况下的电流对测量精度有较高要求，但响应可以慢些。馈线监控终端一般还应对电源电压及蓄电池剩余容量进行监视。

2）遥信功能。馈线监控终端应能对开关的当前位置、通信是否正常、储能完成情况等重要量进行采集。若馈线监控终端自身有微机继电保护功能的话，还应对保护动作情况进行遥信。

3）遥控功能。馈线监控终端应能接收远方命令控制开关合闸和跳闸，以及启动储能过程等。

4）远方控制闭锁与手动操作功能。在检修线路或开关时，相应的馈线监控终端应具有远方控制闭锁功能，以确保操作的安全性，避免误操作造成的恶性事故。同时，馈线监控终端应能提供手动合闸、跳闸按钮，以备当通信通道出现故障时能进行手动操作，避免上杆直接操作开关。

5）对时功能。馈线监控终端应能接收配电主站或配电子站的对时命令，以便和系统时钟保持一致。

6）统计功能。馈线监控终端应能对开关的动作次数、动作时间及分断电流二次方的累计值进行监视。

7）事件顺序记录（Sequence of Event，SOE）功能。馈线监控终端应能记录状态量发生变化的时刻和先后顺序。

8）事故记录功能。馈线监控终端应能记录事故发生时的最大故障电流和事故前一段时间的平均电流，以便分析事故，确定故障区段，并为恢复健全区段供电时进行的负荷重新分配提供依据。

9）定值远方修改和召唤定值功能。为了能够在故障发生时及时地启动事故记录等过程，必须对馈线监控终端进行整定，并且整定值应能随着配电网运行方式的改变而自适应。

10）自检测和自恢复功能。馈线监控终端应具有自检测功能，并在设备自身故障时及时报警。馈线监控终端应具有可靠的自恢复功能，一旦受干扰造成死机时，即通过监视定时器重新复位系统，自动恢复正常运行。

11）通信功能。除了需提供一个通信口与远方配电主站通信外，馈线监控终端应能提供标准的 RS-232 或 RS-485 接口和周边各种通信传输设备相连，完成通信转发功能。

以下 3 项为馈线监控终端的选配功能。

1）故障录波功能。尽管故障时电流、电压的小型记录是否具有作用仍是一个有争议的问题，但是对于中性点不接地的配电网，对零序电流的录波用来判断单相接地区段显然是有用的。

2）微机保护功能。虽然在选用柱上开关时可以选择过电流脱扣型设备，即利用开关本体的保护功能，但利用馈线监控终端中的 CPU 进行交流采样构成的微机保护，则具有更强的功能和灵活性。因为这样做可以使定值自动随运行方式调整，从而实现自适应的继电保护策略。

3）电能采集功能。馈线监控终端对采集到的有功和无功功率进行积分，可以获得粗略的有功和无功电能值，对于核算电费和估算线损有一定的意义。虽然瞬间干扰造成的误差可能会被累计，影响电能测量精度，但在分段开关处测电能的目的在于估算线损和侦察窃电行为，因此该测量精度一般可以容忍。当然为了进一步提高精度，可以采用状态估计算法。

馈线监控终端是配电网自动化系统的核心设备之一，还有一些特别的性能要求，如抗恶劣环境、具有良好的维修性、具有可靠的电源等。

4.1.2　馈线监控终端的构成

馈线监控终端作为一个独立的智能设备，一般由 1 个或若干个作为核心模块的馈线终端单元搭配外置接口电路板、蓄电池、充电器、机箱以及各种附件组成。

馈线终端单元完成馈线监控终端的主要功能，如模拟和数字信号测量、逻辑计算、控制输出和通信处理等。馈线终端单元一般由高性能的嵌入式 CPU 或 DSP 构成，考虑到工作环境，设计时应选用工业级芯片。馈线终端单元是馈线监控终端中主要的功率消耗部分，为延长停电工作时间和降低馈线监控终端自身的发热量以适应高温环境，在器件设计和选用时还应考虑低功耗的元器件。从更换维护方便和工作可靠方面考虑，馈线终端单元宜安装在独立机箱中。

蓄电池是馈线监控终端所有供电电源的后备电源。蓄电池的电压可选 DC 24V 或 DC 48V，从安装维护方便和人身安全方面考虑，DC 24V 更合适些。蓄电池的容量选择要依据馈线监控终端自身的功耗和系统要求的停电工作时间而定。一般来说，馈线终端单元的功耗往往为 4~5W，而停电后开关至少还需分、合闸操作各一次，同时馈线监控终端也至少应能保证停电工作时间不少于 24h，因此蓄电池的容量至少应在 24V/7A·h 以上。

充电器完成交流降压、整流及隔离，完成蓄电池充放电管理，多电源自动切换，蓄电池容量监视等功能。充电器的功能可以采用专用集成电路来实现，亦可采用合适的单片机来实现。鉴于不同蓄电池充放电曲线也各不相同，为达到蓄电池的最佳管理，采用智能控制效果更佳。有些馈线终端单元内已经集成了充电器功能。

由于大多数馈线监控终端安装在户外，受酸雨等的腐蚀较严重，因而机箱宜采用耐腐蚀的材料做成，最好采用不锈钢材料。为保证馈线监控终端能够在 -25~70℃ 的环境温度下正常工作，机箱在设计时应考虑一定的隔热措施，如在机箱内侧敷一层隔热材料，在机箱顶部安装一层遮阳板避免阳光直射，在机箱侧面开百叶窗孔并与机箱底部的泄水孔构成对流散热。冬季温度低的场合，也可以在机箱底部安装加热设施，由馈线监控终端根据环境温度投退加热器。设泄水孔的另一个作用是排水和除湿，当由机箱结合部或百叶窗孔渗入水时，或机箱内凝露滴水时，泄水孔可以提供排水通道，及时将水分排出机箱。馈线监控终端属于精密电子设备，应有一定的防尘除虫措施，一般要求机箱的门及电缆孔应装设密封圈，百叶窗孔及泄水孔应装设防虫网。

各种附件包括就地远方控制把手、分合闸按钮、跳合位置指示灯、接线端子排、航空插接件、断路器、除湿和加热器等。

4.1.3 馈线终端单元的硬件

馈线终端单元作为整个馈线监控终端的核心模块，包括交流量采集回路、数字量输入回路、数字量输出回路、通信接口及人机界面、CPU 等部分，有时还会加入 DSP 芯片以追求高性能的滤波和数字信号处理能力，其框图如图 4-1 所示。

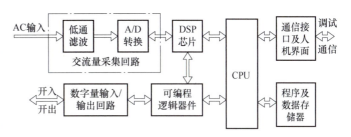

图 4-1 馈线终端单元的硬件框图

1. 交流量采集回路

交流量采集回路的设计需根据应用场合综合考虑，如需要监视的交流通道数量和各通道的输入范围，前置低通滤波器的参数，A/D 转换的位数、输入范围和转换速度等。

一般来说，交流通道数量取决于馈线终端单元需要监视的馈线数量。一条馈线需要监视的交流量主要有三相电压、三相电流共计 6 个。如果馈线终端单元需要监视分段开关，则需要考虑引入分段开关两侧的馈线电压量以用于备用电源自动投入，此时馈线终端单元需要监视的交流量就达到了 9 个（6 路电压、3 路电流）。目前，国内外设计的柱上馈线终端单元大多采用 9 路交流量输入。

考虑各通道的输入范围主要因为既要满足馈线终端单元正常遥测的精度，又要满足故障检测的范围。目前在变电站自动化设计时，保护 TA 的选取主要考虑在最大运行方式下出口短路并流过对应故障电流时 TA 应不饱和，而测量 TA 的选取则考虑额定运行时 TA 的电流变换能够保证足够的精度。由于故障电流的大小往往是额定电流的十倍甚至几十倍，这两者通常是矛盾的，因而变电站自动化系统应用的许多场合中，保护 TA 与测量 TA 往往是分开的。但在配电网自动化系统中，这种情形有所不同。一方面，配电网中需要监测的柱上开关、分段器、环网柜、开闭所等数目庞大，如果所有开关的保护 TA 和测量 TA 均分开的话，将造成整个配电网自动化系统投资大大增加；另一方面，各馈线终端单元需要上送的遥测量主要用于配电网运行状态监测，并非用于电量计费，因而对馈线终端单元的测量精度要求也就大大降低了，同时馈线终端单元提供的故障检测功能也主要为故障指示而用，馈线终端单元并不需要像传统的继电保护那样提供足够的精度来达到各级开关的配合。另外，为了便于安装调试，目前国内外厂家开发的各种类型的开关中往往已经集成了 TA/TV 或电压、电流传感器，如果再集成一组高精度的 TA 用于测量，开关的体积和制造费用就上升了。综合多个方面考虑，在馈线终端单元设计中，一般选取既能保证一定的测量精度，又能保证短路故障时不会深度饱和的 TA。馈线终端单元内的 TA 的输入范围也不同于传统的保护或监控装置，一般来说，其动态输入范围为 0~50A。

在选择前置低通滤波器时，需要综合考虑采样频率、软件数字滤波方式和外界的干扰情况。一般来说，低速的采样系统，由于其数字滤波效果有限、信号频率和截止频率比较接近等原因，对前置低通滤波器的滤波性能要求比较高，往往需要选取两阶以上的有源低通滤波器才能满足设计要求。有时为了追求更好的滤波效果，甚至要使用专用的滤波器件，如巴特沃斯或切比雪夫等滤波器。对结合数字信号处理的高速采样系统来说，由于采样频率为信号频率的几十倍甚至上百倍，使用快速傅里叶变换（Fast Fourier Transform，FFT）等数字滤波的效果极为明显，它能真实地分离出系统的基波分量和所关心的高次谐波分量，这样馈线终端单元中对前置低通滤波器的设计就变得较简单了，一般一个一阶 RC 无源低通滤波器就可以满足要求。另外，由于馈线终端单元所关心的最高次谐波频率往往是 15 次谐波或以上，因而根据采样定律，理论上低通滤波器的截止频率可以取 800～1500Hz（16～30 次谐波），采样频率可以取每周波 32 点或以上。但由于一阶低通滤波器的滤波特性不太理想，考虑一定的裕度，截止频率取 1500Hz 左右，则采样频率为每周波 64 点或以上。

A/D 转换的位数、输入范围和转换速度也是需要慎重考虑的问题。一般来说，应用于配电网的馈线终端单元所处的是一个比较恶劣的环境，其电磁污染严重。在这种环境下，馈线终端单元内部经小 TA、小 TV 变换后的信号的电压幅值越大，受噪声干扰的影响也就越小。因而在选取小 TA、小 TV 的输出范围和 A/D 转换的输入范围时，应该越大越好。由于模拟信号处理使用的电源电压往往为 ±12V，因而 A/D 转换的最佳输入范围应为 ±10V。A/D 转换的位数理论上越高越好，但馈线终端单元的电子元器件所处工作环境的电磁噪声强度往往在 1～10mV 之间，由此可以推断出 A/D 转换的最小分辨率低于 5mV 毫无意义。以输入范围为 ±10V 的 A/D 转换来说，12 位（最小分辨率为 ±5mV）或 14 位（最小分辨率为 ±1.25mV）精度已经足够了。至于 A/D 转换的速度，它取决于采样通道的数量，也与软件处理方式有一定关系，一般每秒采样 10 万～50 万次（100～500kbit/s）已经足够了。

2. 数字量输入回路

数字量输入回路比模拟量回路简单。馈线终端单元内部使用的工作电源一般是 DC 24V 或 DC 48V，数字量输入回路使用的电源一般也采用 DC 24V 或 DC 48V。对于监控馈线上的一个开关来说，所需采集的数字量输入信号主要为开关位置信号、弹簧储能信号、接地开关信号、工作电源失电信号等，因而每条馈线提供 6～8 个数字量输入已能满足要求。设计数字量输入回路时，最主要的问题是触点防抖问题，数字量输入回路还有一个遥信自检问题，由于许多馈线终端单元安装在户外甚至电杆上，检修维护极为不便，设计时最好能考虑到遥信量自检功能。

3. 数字量输出回路

数字量输出回路是馈线终端单元的执行接口，其安全可靠的工作对馈线终端单元至关重要。数字量输出从软件和硬件设计上都应考虑为顺序逻辑控制出口，以保证动作的可靠性。遥控输出宜提供相应的返校回路，由于机械执行机构需要一定时间才能完成一次分或合操作，提供返校回路能保证在错误的遥控命令已发出的情况下，通过返校回路还能及时发现命令是错误的并立即闭锁遥控出口，避免事故发生。返校回路也能使馈线终端单元可以定期地监视遥控回路，防患于未然。在遥控执行时将会在返校回路上产生由 1 到 0 的变位信号，CPU 将利用该信号与遥控命令核对，如果错误，则立即闭锁命令；如果正确，则记录遥控执行情况，以便于事后分析。

数字量输出回路设计的另一个问题是触点容量问题。一般馈线终端单元提供的继电器大都是焊接在印制电路板上的继电器，它的特点是体积小、动作速度快、驱动电流小，但是触点容量也有限，一般为 5A、AC 250V 或 5A、DC 30V。这个容量对某些开关的操作可能不够，因此往往需要在馈线终端单元箱体内部提供跳闸、合闸重动继电器一对。设置重动继电器还能够在机构故障时起保护馈线终端单元的作用。

4. 通信接口及人机界面

馈线终端单元除了需完成交流采样和故障检测外，更重要的是应与配电主站或配电子站通信，及时将遥测、遥信和故障信号传到配电主站或配电子站，并执行配电主站或配电子站的相应遥控命令。馈线终端单元与远方系统的通信连接有多种方案，常用的有 GPRS/CD-MA1X/4G/5G、自愈式光纤网、电力线载波、光纤以太网、EPON 等。高速可靠的以太网通信将使得配电主站或配电子站获取全区域馈线终端单元信息所需的时间大大降低。

馈线终端单元除了需提供与远方的通信接口外，还应提供与周边智能设备的通信接口，完成远方的配电主站等与这些智能设备的数据转发。如果馈线终端单元已经提供了以太网接口，则馈线终端单元可以完成类似网关的功能，为周边的智能设备提供一个以太网的接入点。

馈线终端单元的人机界面包括按键及显示两部分。其中显示部分一般采用液晶显示器，也可采用便携式计算机并由软件提供数据显示及人机交互功能，便携式计算机一般通过串行异步通信接口或以太网接口与馈线终端单元连接。

5. CPU

馈线终端单元中 CPU 的运算速度和位数的选择应以"够用"为原则，以保证设备的可靠性和完成馈线终端单元必备的功能，并有一定的扩充余地。在选择 CPU 时有两种方案，一种是按照功能划分，将不同的功能分配给不同的 CPU 来处理，例如由 DSP 完成数据滤波和处理，由网络协处理器完成以太网通信，由主 CPU 完成逻辑运算和其他功能。这种方案的好处是各 CPU 软件功能简单，开发速度快，系统可扩展性高。另一种是由单片 CPU 独立完成所有功能，这种方案对 CPU 的运算能力和运行速度就有一定要求了。一般来说，在不包含以太网接口的情况下，单片 CPU 很容易完成馈线终端单元必备的功能，如 Intel 公司的 80296SA、80C386EX，Motorola 公司的 68K 等。但如果加入以太网通信功能，上述芯片就难以胜任了。此时，一般采用 ARM 结构的 CPU 或与之性能相当的芯片。单片 CPU 方案成本较低，但软件系统庞大，开发速度较慢。

4.1.4 馈线终端单元的软件

1. 测控功能

馈线终端单元的测控功能包括交流电压、电流信号的高速实时采样和有效值计算，有功功率、无功功率、功率因数的计算，各交流量的 2~16 次谐波分量及谐波总量的计算，遥信量的采集及上送，遥控返校及执行等。

一般配电网中的交流信号可用表达式描述为

$$x(t)= \sum_{n=0}^{\infty} (a_n \sin n\omega_1 t + b_n \cos n\omega_1 t) \tag{4-1}$$

当选取一定的前置模拟滤波器参数时，可以滤除不关心的谐波分量。因此进入 A/D 转换芯片的交流信号，已经是基波及所关心的各次谐波分量的综合量。通过 FFT，CPU 可以方便地算出基波分量系数（a_1、b_1）和各次谐波分量系数（a_n、b_n，一般 $n=2\sim16$），即可求得该交流量的各次谐波分量的相量值，因而也就知道了各次谐波分量的幅值。

CPU 根据馈线终端单元各交流量的配置，对基波相量执行复数运算，然后进一步完成各负荷开关或断路器处的基波有功功率、无功功率和功率因数计算。

设计遥信量采集回路时，最主要的问题是触点防抖问题。为防止触点抖动造成遥信误报，馈线终端单元应从硬件设计和软件编程两个方面综合考虑。硬件上一般增加低通滤波回路以防止高频电磁干扰造成遥信误报，但低通滤波器会改变输入开关量信号的边沿的陡度，造成边沿跳变时间不准，因此滤波时间常数不宜过长。软件上也应采用变位记录并延时确认的方式避免触点抖动造成遥信误报。一般来说，CPU 每 1~5ms 定时扫描一次数字量输入回路，对发生变位的遥信量，首先将变位信息和变位时间记录到缓冲区中，然后根据该遥信量的延时设置时间，经过一定延时后进一步确认变位是否有效。图 4-2 所示曲线描述了变位记录与延时确认的过程。数字量变位记录发生在首次变位时刻，延时防抖仅是对已记录的变位信息的有效性进行确认处理。

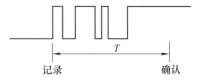

图 4-2　变位记录与延时确认的过程

由于检测对象不同，各数字量延时时间的设置可能不尽相同。即便各延时时间长短不一，上述防抖算法也不会影响记录各数字量动作时间的顺序，只会影响 SOE 报文的上送次序。

馈线终端单元既要监视硬件回路的正确性，也要监视软件程序的完整性，以确保遥控输出的正确性。馈线终端单元内部设置了多级软件和硬件闭锁，并且仅当正确的遥控命令下达时各级闭锁才开放，可靠的闭锁措施极大地提高了馈线终端单元的抗干扰能力。另外，配电主站下达遥控令必须经过配电主站下发选择对象命令、馈线终端单元返校命令、配电主站下发执行命令、馈线终端单元执行操作并确认几个步骤。这一系列措施保证了配电主站遥控命令的正确性。如前所述，为确保遥控命令能被正确执行，馈线终端单元对每一路数字输出量均提供硬件返校回路。该措施不仅能及时阻止不符合动作逻辑的错误命令被执行，同时也给馈线终端单元的遥控输出提供了硬件回路的自检通道。

2. 故障检测功能

馈线终端单元检测到故障之后，经计算生成故障信息，记录相关的故障测量信息和故障特征信息。故障测量信息包括故障前、故障起始、故障结束以及故障后的电压、电流幅值或波形；故障特征信息包括故障方向、故障发生时间及持续时间等。所有的记录信息可供馈线终端单元中的其他应用软件使用，也可被远方按一定的通信规约和格式调用。故障信息可以采用先进先出的方式，保证最近几次故障的信息能被随时访问。

（1）相间短路故障检测

馈线终端单元应能够自动检测配电网的各种短路故障，记录故障数据，并且根据具体的通信规约向配电主站报告。它可以通过监视交流输入相电流或零序电流是否超过整定值判别是否发生短路故障。考虑到测量方便，零序电流实际上使用的是 $3I_0$。

整定值的整定原则如下：①相电流的整定值一般选为大于线路的最大负荷电流值；②零序电流的整定值要躲过系统正常运行时的不平衡电流值。

由于配电网的每条馈线上都可能挂接着多个配电变压器，当线路合闸送电时，往往会发生比较明显的励磁涌流现象。这个涌流电流最大时可以达到配电变压器额定电流的 6~8 倍，且在配电网中励磁涌流通常需要 0.1~0.15s 才会衰减完毕。此时，以躲避馈线最大负荷电流整定的故障电流检测元器件通常会起动，可能误报故障信号。为避免此类事情发生，可以借鉴变压器保护常用的二次谐波制动原理。在变压器空载合闸时，通常会出现励磁涌流现象，涌流波形的二次谐波含量一般大于 15% 的基波，通过检测二次谐波含量的大小，可以有效地区分线路合闸送电和馈线短路故障。当并联电容器投入时，也会出现很大的合闸冲击电流，不过它衰减更快，可以通过二次谐波制动方案结合两个周波的故障延时确认，来避免误报故障信号。

（2）单相接地故障检测

单相接地选线和区段定位在采用小电流接地方式的配电网中是一个技术难点，而且单相接地故障占配电网总故障的 70% 以上，如何快速准确地找到接地点，是国内外配电网自动化系统必须面对的问题。实际上，配电网自动化已经使配电网小电流接地系统的检测条件有了极大的改善：一方面馈线终端单元丰富的测量功能使得线路上开关处的三相电流、三相电压可以方便地得到，并使得电气特征量的选取可以不再依赖于零序电流；另一方面馈线终端单元具有很高的测量精度和采样频率，有利于特征量的提取。配电网自动化通信系统使得配电网小电流接地系统的接地故障检测方案可综合考虑各处馈线终端单元的测量数据。研究表明，对于配电网小电流接地系统的接地故障检测，采用暂态零序电流或负序电流突变量的方案比传统上采用稳态零序分量的方案具有更大的优越性。配电主站或配电子站通过分布于全网各点的馈线终端单元获取零序、负序电气量，综合分析故障特征，进行单相接地故障选线及故障区段定位。

对零序电流测量，有直接和间接两种方式。直接方式指馈线终端单元直接接入零序电流互感器的二次输出，直接采集零序电流；间接方式指馈线终端单元接入三相电流互感器的二次输出，并使用软件将采集的三相电流相加，间接计算出零序电流值。对负序电流测量，一般通过软件计算间接求得。由于存在电流互感器误差、馈线终端单元模拟电路处理及计算误差，即便是在一次电流对称、未发生单相接地的情况下，由三相电流间接计算求得的零序电流或负序电流值也不为零，这个电流称为不平衡电流。为了保证故障线路及线路区段检测的准确性，馈线终端单元需采集暂态突变分量用于接地判断。如果条件允许，馈线终端单元在检测到单相接地故障发生的同时，应将故障前后的各相电压、电流波形记录下来，由配电主站通过通信网络调用这些录波数据，做进一步分析。馈线终端单元之间的录波数据存在同步问题，除通过远方发广播命令进行记录同步外，也可通过检测零序电压的瞬时值是否超过设定的门槛值来启动单相接地故障记录，门槛值可设定为 16.6% 额定相电压幅值。在没有接入零序电压的情况下，为了克服负荷不平衡电流的影响，馈线终端单元通过检测暂态零序电流或负序电流突变量是否超过门槛值来启动单相接地故障记录。

（3）备用电源自动投入功能

为保证在事故发生后对非故障区段内的供电负荷快速恢复供电，在系统条件允许的情况下，馈线终端单元还应具有备用电源自动投入（简称 BZT）功能。

假设电压大于 70% 额定电压时为正常状态，电压小于 20% 额定电压时为失电压状态，电流小于 0.1A 时为无电流状态。

1）对柱上分段开关，如果分段开关两边均配置 TV，则可投入 BZT 功能。具体逻辑判别如下：

① 充电准备。正常运行时分段开关两边电压均正常且分段开关处于分位，此时 BZT 经 10s 充电完毕。

② 动作执行。在 BZT 充电完毕后，当分段开关一侧失电压时，如果另一侧电压仍然正常，则 BZT 开始计时，等计时时间到，BZT 合上分段开关，同时对自身放电，以保证只动作一次。

2）对两进数出的环网柜，如果两进线开关两侧均配置 TV，则可投入 BZT 功能。具体逻辑判别如下：

① 充电准备。正常运行时两进线电压均正常，若有一条进线处于合位而另一条进线处

于分位，则 BZT 经 10s 充电完毕。

② 动作执行。在 BZT 充电完毕后，当工作进线失电压且无电流时，如果备用进线电压正常，BZT 开始计时，等计时时间到，BZT 跳开工作进线开关，合上备用进线开关，同时对自身放电，以保证只动作一次。

对既有两路进线，又有分段开关的开闭所，可以分别安装设置两路 BZT，每一路 BZT 均控制一路进线，同时又控制分段开关。

3. 报文转发功能

如前所述，馈线终端单元需要与周边智能设备和远方系统之间的报文转发功能。需要转发的周边智能设备主要有从馈线终端单元、配变监测终端、智能电能表、无线测温传感器等。通过报文转发功能，可以大大减少通信网络的投资，提高主干通信网的数据吞吐效率。为支持报文转发功能，往往需要让馈线终端单元具备一定的通信规约库，以方便与各种不同的周边智能设备通信。

4.1.5 环网柜和开闭所的馈线终端单元

柱上馈线终端单元往往安装在户外柱上或路边等处，在只有一条线路的情况下监控的是单一的柱上开关。对于同杆架设两条线路的情况，也有监控两路开关的。监控两条线路相比监控一条线路，除了要求馈线终端单元有更多的模拟量输入、开关量输入和控制量/数字量输出容量外，其他方面的功能要求是完全一样的。比如只监控一条线路时，要求的模拟量输入为 9 路、开关量输入为 12 路、控制量/数字量输出为 4 路；而当监控两条线路时，要求的模拟量输入为 18 路、开关量输入为 24 路、控制量/数字量输出为 8 路。一般的馈线终端单元都是按监控一条线路设计的，在碰到同杆架设两条线路的情况时，可以用同时装设两台馈线终端单元的办法来应对。两台馈线终端单元可以有各自的通信接口和配电主站系统通信。为了节省投资，一般两台馈线终端单元用级联的方法相连，两台馈线终端单元一主一从，只有主馈线终端单元直接和配电主站系统通信，从馈线终端单元通过主馈线终端单元间接和配电主站系统通信。

环网柜的馈线终端单元安装在环网柜内。环网柜一般都为两路进线，多路出线，因此环网柜的馈线终端单元至少需要监控 4 条线路，这要求馈线终端单元有很大的数据容量。因为环网柜本身的空间很小，在一个环网柜内同时安装多台馈线终端单元，用一个主馈线终端单元带多个从馈线终端单元的方法是行不通的，因此一般采用柜式结构，即多个带 CPU 的馈线终端单元板插到机柜的插槽中，采用 CAN 总线方式实现互连，如图 4-3 所示。

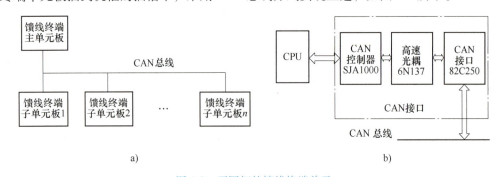

a)   b)

图 4-3 环网柜的馈线终端单元
a) 多个馈线终端单元板组网 b) CAN 接口示意图

至于开闭所的馈线终端单元，所要监控的开关和线路数量就更多了，因此对模拟量输入、开关量输入和控制量/数字量输出的容量要求也更大。但相对于环网柜的馈线终端单元，开闭所的馈线终端单元对体积的大小要求不是很严。对开闭所的馈线终端单元的实现，主要有两种方案：第一种是利用几个馈线终端单元组合并相互协调来实现，每个馈线终端单元分别监视一条或几条馈线，同时各馈线终端单元间通过通信网络互连，实现数据转发和共享。这种方案的好处在于系统可以分散安装，各馈线终端单元功能独立，接线相对简单，便于系统扩充和运行维护。第二种是参照传统的集中控制 RTU 来实现，在传统的 RTU 基础上将功能增强，提供故障检测，甚至继电保护及备用电源自投等功能，并由类似的成套设备来完成全部功能的实现。这种方案的优点在于投资相对较低，功能也可做得更复杂；缺点是不利于安装及维护，系统扩充不方便，整个系统稳定性也相对较低。因此，人们一般采用第一种方案。当然，也有的馈线终端单元设计的模拟量输入、开关量输入和控制量/数字量输出路数较多，可同时满足同杆架设两条线路及环网柜监控的要求，仅需在开闭所中采用馈线终端单元级联的方式即可。

4.2　馈线监控终端数据采集原理

4.2.1　概述

配电网馈线监控终端数据采集包含模拟量采集和开关量输入/输出两大类。

模拟量采集系统包括电平变换器、电压形成回路、模拟低通滤波器、采样保持器和 A/D 转换器等，其框图如图 4-4 所示。模拟量采集系统将一次设备电压互感器和电流互感器二次侧的模拟量电压、电流转换为 CPU 可用的数字量。

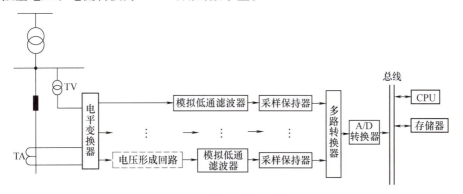

图 4-4　模拟量采集系统框图

反映配电设备运行状态的模拟量主要有两类：一类是来自电压互感器二次侧的交流电压信号或电流互感器二次侧的交流电流信号；另一类是来自分压器（或分流器）的直流电压（或电流）信号以及各种非电量变换器的直流电压信号等。模拟信号在进入配电网馈线终端单元的 CPU 之前，首先被转换成与馈线终端单元的 CPU 相匹配的电平信号，经过模拟低通滤波器滤除其中的高频分量后，利用采样保持器对模拟信号进行采样离散化处理，最后经过 A/D 转换器把模拟量转换成相对应的数字量，CPU 利用得到的数字量结合一定的算法就可求得各电参数的值了。

电平变换器的主要作用是完成输入模拟信号的电平变换与隔离。以交流信号的电平变换为例，配电网一次电压或电流幅值的数量级为千伏级或百安级，经过电压互感器或电流互感器可变换到二次侧的较低幅值，如100V或5A等，但这个数值仍然超过了馈线终端单元所要求的输入电信号的幅值范围。通常A/D转换器的输入电压量限为±2.5V、±5V或±10V。电平变换器的任务是把来自电压互感器或电流互感器的交流电波形的幅值降低，以达到电平配合的目的。通常可以采用电流、电压中间变换器使输入信号电平与馈线终端单元输入通道允许电平相匹配，同时实现系统二次回路与馈线终端单元之间的电气隔离和电磁屏蔽，以提高馈线终端单元的抗干扰能力。直流输入模拟信号的电平变换与此类似，只是其电平变换器采用的是隔离放大器或基于霍尔效应的传感器等。

输入的交流电压一般通过电平变换器达到电平配合的目的。输入的交流电流则还需要进行电流-电压变换。电流-电压变换有两种基本方式：第一种是使用中间变流器，并在其二次侧接入低阻值的电阻，此时中间变流器二次电压与输入电流成正比，从而将输入电流转换为所需要的电压；第二种是通过电抗变换器直接将电流转换为合适的电压。交流电流的这个变换过程所采用的电路通常称为电压形成回路。

馈线终端单元采用同一套模拟量采集系统实现测控及故障检测功能。这些输入信号在配电网中由正常状态过渡到故障状态时，有大的变化范围，因此电平变换器应该与A/D转换器配合，既要保证在正常状态下有足够的精度，又要保证在故障状态下有充分的裕度。对中间隔离变压器和中间变流器的基本要求是：①铁心磁导率要高，即使在故障状态下，也不允许中间变流器工作在饱和状态；②损耗要小，一、二次相位差也要尽可能小；③各通道中间隔离变压器之间、中间变流器之间，以及中间隔离变压器与中间变流器之间的一、二次相位差要尽可能一致。

配电网在不同运行工况下，馈线终端单元电流互感器的二次电流主要有两种情况：①正常状态下电流互感器的二次电流不超过5A；②短路电流可能达到正常状态下电流的10~20倍，甚至还要附加数值接近的非周期分量。当A/D转换器的分辨率一定时，电流-电压变换的困难就在于既要保证对小电流具有足够的分辨能力，又要保证大电流时A/D转换器不发生溢出，同时也不应该使中间变流器发生饱和。为此，电流-电压变换器的设计应遵循下列原则：

1）优先保证下限电流量化值的精度。下限电流量化值定义为：在给定场合，满足测量精度要求的最小工作电流幅值所对应的数字量值。一般情况下用满足测量精度要求的基波电流幅值作为最小工作电流。

2）在可能出现的最大短路电流情况下，电流-电压变换后的电压值不得使A/D转换器出现溢出。通常最大短路电流倍数难以定得很准，为充分利用A/D转换器的分辨能力，但其分辨率又不宜取得过高，这时就要预防可能发生的溢出，为此需要对模拟量进行限幅。选择分辨率更高的A/D转换器，可避免有效信号被限幅。在馈线终端单元受到系统浪涌冲击时，硬件限幅器也被用来保护模拟量采集系统的采样保持器、多路转换器及A/D转换器，防止它们遭到损坏。

3）在可能出现的最大短路电流情况下，中间变流器不应饱和。馈线终端单元的开关量输入和控制量/数字量输出接口电路设计的要点之一是实现馈线终端单元内外部之间的电气隔离，以保证馈线终端单元内部弱电电路的安全并减少外部干扰。馈线终端单元输入的开关量包括内部和外部两类。馈线终端单元输出的控制量/数字量有跳闸、合闸信号及其他信号，如馈线终端单元面板上显示的信号等。

4.2.2 模拟量采集的基本原理

1. 模拟量的采样离散化

馈线终端单元模拟量采集的首要环节是对输入的模拟信号进行采样离散化，以获得用数字量表示的离散时间序列。具体来说就是先把时间上的连续信号按一定的时间间隔变换成离散信号，称为时间取样量化的采样保持过程；然后逐一将这些离散信号电平转换为二进制数表示的数字量，称为幅度取样量化的 A/D 转换过程。

相邻两个采样时刻的时间间隔称为采样周期，通常用 T_s 来表示。采样周期 T_s 的倒数 $f_s = 1/T_s$ 称为采样频率。采样保持器每隔 T_s 采样一次（定时采样）输入模拟信号 $x(t)$ 的即时幅度，并把它存放在保持电路里面供 A/D 转换器使用。经过采样以后的信号称为离散信号 $x_s(t)$，可表示为

$$x_s(t) = x(nT_s), \quad n = 1, 2, 3, \cdots \tag{4-2}$$

采样保持过程如图 4-5 所示。开关每隔 T_s 短暂闭合一次，实现一次采样。如果开关每次闭合的时间为 τ，那么采样保持器的输出将是一串重复周期为 T_s、宽度为 τ 的脉冲，在 τ 时间内脉冲的幅度保持不变。显然，可以把采样过程看作是脉冲调幅过程。被调制的脉冲载波是一串周期为 T_s、宽度为 τ 的矩形脉冲信号，用 $s(t)$ 表示，而调制信号就是输入的连续信号 $x(t)$，则

$$x_s(t) = x(t)s(t) \tag{4-3}$$

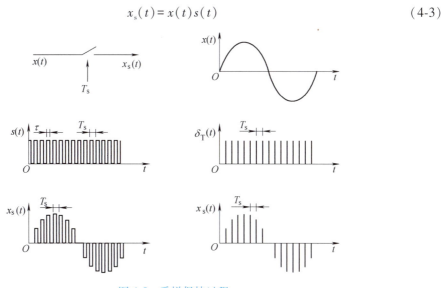

图 4-5　采样保持过程

当 $\tau \ll T_s$ 时，实际采样器接近理想采样器，采样脉冲信号 $s(t)$ 可用单位冲激信号 $\delta_T(t)$ 代替，则

$$s(t) = \delta_T(t) = \sum_{n=-\infty}^{\infty} \delta(t - nT_s) \tag{4-4}$$

将式（4-4）代入式（4-3）得

$$x_s(t) = x(t)\delta_T(t) = \sum_{n=-\infty}^{\infty} x(nT_s)\delta(t - nT_s) \tag{4-5}$$

式中，$x(nT_s)$ 为采样值，也可表示为 $x(n)$。

选取合理的采样频率才能保证采样信号 $x_s(t)$ 准确地反映被采样信号 $x(t)$ 的变化特征。根据香农定理，如果随时间变化的模拟信号（包括噪声干扰在内）的最高频率为 f_{max}，只要按照采样频率 $f_s \geq 2f_{max}$ 进行采样，那么离散信号 $x_s(t) = x(nT_s)$（$n = 1$，2，3，$\cdots$）就可准确反映 $x(t)$ 了。实际中，常采用 $f_s \geq (5 \sim 10)f_{max}$。

对于 50Hz 的正弦交流电流、电压来说，理论上只要每个周波采样两点就可以表示其波形的特征了。但为了保证计算准确度，需要有更高的采样频率，一般每个周波采样 12 点、16 点、20 点或 24 点。如果为了分析谐波，如考虑到 16 次谐波，则需要每个周波采样 32 点，即采样频率为 1600Hz。

2. 采样方式

（1）异步采样和同步采样

根据模拟输入信号中基波频率与采样频率之间的关系，采样方式可分为异步采样和同步采样两种。

1）异步采样也称定时采样。采样周期 T_s 保持等间隔不变，即 T_s 为常数。馈线监控终端的采样频率 f_s 通常取为工频 50Hz 的整倍数 N，两个采样点之间的电气角度为 $2\pi/N$。在配电网运行中，基频可能发生变化而偏离工频，且故障状态下频率的偏离更多。这时采样频率相对于基频不再是整倍数关系，两个采样点之间的电气角度也不再为 $2\pi/N$。这种情况会给许多算法带来误差。

2）同步采样的主要方式为同步跟踪采样。该方式的采样周期 T_s 不再恒定，而是使采样频率 f_s 跟踪系统基波频率 f_1 的变化，始终保持 $f_s/f_1 = N$ 不变，这通常是通过硬件或软件测取基波信号的周期 T_1 的变化，然后动态调整采样周期 T_s 来实现的，采用同步跟踪采样后，能消除基波信号频率波动引起的计算误差，此时采样频率不再是一个常数，但因为 $f_s/f_1 = N$ 不变，两个采样点之间的电气角度也保持为 $2\pi/N$ 不变。

（2）多通道采样

馈线终端单元常常要采样多个输入模拟信号，如三相电压、三相电流等。多通道采样方式就是在同一采样周期里对全部输入通道的模拟信号进行采样。常用的多通道采样方式有同时采样和顺序采样两种。

1）在同一采样时刻，同时对全部输入通道的模拟信号进行采样的方式称为同时采样。同时采样的实际使用方案有两种，如图 4-6 所示。一种方案是每一通道都设置采样保持器和 A/D 转换器，即同时采样，同时 A/D 转换，如图 4-6a 所示。另一种方案是各个通道采用各自的采样保持器，全部通道合用一个 A/D 转换器，在同一时刻对各通道一起进行采样保持，然后利用多路转换器，依次选择其多个输入信号中的一个送入 A/D 转换器，实现对各通道的顺序 A/D 转换，如图 4-6b 所示。

2）在每个采样周期里，对上一个通道完成采样保持及 A/D 转换后，再开始对下一个通道进行采样保持及 A/D 转换，称为顺序采样。其结构如图 4-7 所示。由于目前采用的采样保持器及 A/D 转换器的速度很快（数微秒/单通道），远大于基波变化速度（20ms/每周波），因此顺序采样是利用采样快速性来近似地满足采样的同时性要求的。当然，这只适合采样保持器及 A/D 转换器速度快，且对同时性要求不高的场合。顺序采样的优点是只需一个公用的采样保持器和 A/D 转换器。下面简略分析由于顺序采样引起的各通道之间的相位差问题。

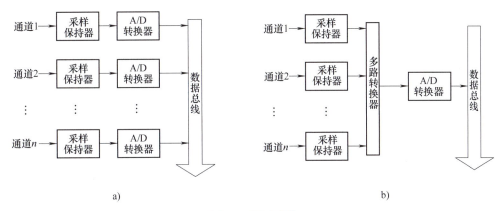

图 4-6　同时采样

a) 同时采样，同时 A/D 转换　b) 同时采样，顺序 A/D 转换

考虑 n 个通道间的基波信号相位差。设单通道采样时间为 ΔT_s（单位为 s），单通道 A/D 转换时间为 $\Delta T_{A/D}$（单位为 s），第 1 通道与第 n 通道之间的相位差为 $\Delta\theta_n$，则

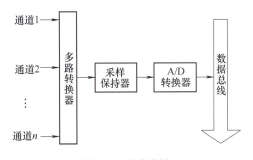

图 4-7　顺序采样

$$\Delta\theta_n = (n-1)(\Delta T_s+\Delta T_{A/D})\,2\pi f_1$$
$$= \frac{360°(n-1)(\Delta T_s+\Delta T_{A/D})}{T_1} \qquad (4\text{-}6)$$

式中，T_1 为基波信号周期。

假设先对三相电流及零序电流采样后，再对三相电压及零序电压采样，且同相电压与电流间的各项参数为 $n=5$、$T_1=20\text{ms}$、$\Delta T_s=10\mu s$、$\Delta T_{A/D}=30\mu s$，同相电压与电流通道间隔采样值间的相位差为

$$\Delta\theta_5 = \frac{360°\times(5-1)\times(10+30)\times10^{-6}}{20\times10^{-3}} = 2.88° \qquad (4\text{-}7)$$

为了减少相位误差，可以在对上一通道进行 A/D 转换的同时对下一通道进行采样，此时同相通道间的相位差为

$$\Delta\theta_5 = \frac{360°\times(5-1)\times30\times10^{-6}}{20\times10^{-3}} = 2.16° \qquad (4\text{-}8)$$

3. 采样保持器和 A/D 转换器

把在采样时刻上得到的模拟量的瞬时幅度完整地记录下来，并按照需要准确地保持一段时间称为采样保持。采样保持的功能是由采样保持器来实现的。A/D 转换器是一种译码电路，它将输入的模拟信号与模拟基准量进行比较，经过译码电路转换为数字量输出。

采样保持器和 A/D 转换器一般集成在一个芯片中，称为 A/D 转换芯片。有的 CPU 本身就集成有采样保持器和 A/D 转换器，若没有，则需要扩展一片 A/D 转换芯片。A/D 转换芯片与 CPU 间的接口有串行和并行两种。

A/D 转换器的主要技术指标有：

（1）分辨率　A/D 转换时，A/D 转换器对输入模拟量的辨别能力称为分辨率。分辨率通常用二进制数字量的位数 n 来表示。例如 12 位、16 位 A/D 转换器的分辨率分别是 12 和 16，它表明了 A/D 转换器最小分别能对其满量程的 2^{-12} 和 2^{-16} 的变化量做出反应。若 12 位 A/D 转换器的满量程为 ±5V，其能分辨的最小值为 $10 \times 2^{-12} V = 0.0024V$。如果输入电压的变化量比 0.0024V 还小，则 A/D 转换器将无法分辨。

（2）输入模拟量的极性　它指 A/D 转换器要求输入信号具有单极性或双极性电压。目前，绝大多数的 A/D 转换器是单极性输入的，对于双极性的输入模拟信号，可采用相应的转换电路将其转换成单极性信号，或者采用双极性的 A/D 转换器。

（3）量程　它指 A/D 转换器输入模拟电压的范围，如 0~5V、0~10V、−5~5V 等。

（4）转换精度　A/D 转换器的转换精度有绝对精度和相对精度两种表示方法。通常用数字量的位数表示绝对精度，如精度是最低位的 1/2 位即 ±1/2LSB；用百分比表示满量程的相对精度，如 0.05%。

（5）转换时间　它指 A/D 转换器完成一次将模拟量转换为数字量的过程所需要的时间。目前，馈线终端单元中 A/D 转换器的转换时间仅数微秒。

4.2.3　交流采样算法

1. 概述

（1）交流采样算法的基本概念

电压、电流等模拟信号经过离散采样和 A/D 转换成为数字量后，CPU 将对这些数字量进行分析、计算，然后得到所需的电压、电流有效值和相位，以及有功功率、无功功率等参量，又或者它们的各序分量，又或者配电线路和电气元件的视在阻抗、某次谐波的大小和相位等。而完成上述分析计算的方法，就称为交流采样算法。交流采样算法的主要任务是从包含有噪声分量的输入信号中快速、准确地计算出所需要的各种电气量参数。

（2）衡量交流采样算法优劣的标准

交流采样算法有多种。衡量各种交流采样算法的优缺点的主要指标有计算精度和计算速度。要消除噪声分量的影响，提高参数的计算精度，主要有两种基本途径：一是首先采用性能完善的滤波器对输入信号进行滤波处理，然后根据滤波后得到的有效信号进行参数计算；二是将滤波与参数计算算法相融合，通过合理设计，使参数计算算法本身具有良好的滤波性能，然后在必要的情况下，再辅以其他简单滤波。算法的计算速度有两方面的含义：一是指算法的数据窗长度，即需要采用多少个采样数据才能计算出所需的参数值；二是指算法的计算量，算法越复杂，计算量也越大，在相同的硬件条件下，计算时间也越长。通常在实际应用中，算法的计算精度与计算速度之间总是相互矛盾的，若要计算结果准确，往往需要利用更多的采样值，即增大算法的数据窗长度。因此，如何在算法的计算精度和计算速度之间取得合理的平衡，是算法研究的关键，也是对算法进行分析、评价和选择时应考虑的主要因素。

（3）监控和继电保护对交流采样算法的不同要求

首先，监控需要 CPU 得到的是反映正常运行状态的有功功率 P、无功功率 Q、电压 U、电流 I 等物理量，进而计算出功率因数 $\cos\varphi$、有功电能量和无功电能量；继电保护更关心的是反映故障特征的量，所以继电保护中除了要求计算 U、I、$\cos\varphi$ 等以外，有时还要求计算反映故障信号特征的其他量，如频谱、突变量、负序或零序分量以及谐波分量等。

其次，监控在算法的准确性上要求更高一些，即希望计算出的结果尽可能准确；继电保护更看重算法的计算速度和灵敏性,即必须在故障后尽快反应,以便快速切除故障。

监控算法主要针对稳态时的信号,而继电保护算法主要针对故障时的暂态信号。相对于前者,后者含有更严重的直流分量及衰减的谐波分量等。信号性质的不同必然要求从算法上区别对待。

2. 电气量的交流采样算法

为了获得被测电气量值,必须对采样值进行计算。由交流采样计算电气量的算法比较多,如有效值法、两点乘积法、导数法、半周积分法及傅里叶级数算法等。馈线终端单元常采用傅里叶级数算法。

傅里叶级数算法的基本思路来自傅里叶级数,该算法本身具有滤波作用。它假定被采样的模拟信号是一个周期性时间函数,除基波分量外还含有不衰减的直流分量和各次谐波分量,可表示为

$$x(t)= \sum_{n=0}^{\infty} X_n\sin(n\omega_1 t + \alpha_n) = \sum_{n=0}^{\infty} \left[(X_n\cos\alpha_n)\sin n\omega_1 t + (X_n\sin\alpha_n)\cos n\omega_1 t \right]$$
$$= \sum_{n=0}^{\infty} (a_n\sin n\omega_1 t + b_n\cos n\omega_1 t) \tag{4-9}$$

式中,a_n、b_n 分别为直流、基波和各次谐波分量的正弦项和余弦项的振幅,$a_n = X_n\cos\alpha_n$,$b_n = X_n\sin\alpha_n$。

由于各次谐波分量的相位可能是任意的,所以把它们分解成有任意振幅的正弦项和余弦项之和。a_1、b_1 分别为基波分量正弦、余弦项的振幅,b_0 为直流分量的值。

根据傅里叶级数的原理,可以求出 a_1、b_1 分别为

$$a_1 = \frac{2}{T}\int_0^T x(t)\sin(\omega_1 t)\,dt \tag{4-10}$$

$$b_1 = \frac{2}{T}\int_0^T x(t)\cos(\omega_1 t)\,dt \tag{4-11}$$

由积分过程可以知道,基波分量正弦、余弦项的振幅 a_1、b_1 已经消除了直流分量和整次谐波分量的影响,于是 $x(t)$ 中的基波分量为

$$x_1(t) = a_1\sin\omega_1 t + b_1\cos\omega_1 t \tag{4-12}$$

合并正弦、余弦项,可写为

$$x_1(t) = \sqrt{2}X_1\sin(\omega_1 t + \alpha_1) \tag{4-13}$$

式中,X_1 为基波分量的有效值;α_1 为 $t=0$ 时基波分量的相位。

X_1、α_1 与 a_1、b_1 之间的关系为

$$a_1 = \sqrt{2}X_1\cos\alpha_1 \tag{4-14}$$

$$b_1 = \sqrt{2}X_1\sin\alpha_1 \tag{4-15}$$

用复数表示为

$$\dot{X}_1 = \frac{1}{\sqrt{2}}(a_1 + jb_1) \tag{4-16}$$

因此,可根据 a_1 和 b_1 求出有效值和相位分别为

$$X_1 = \sqrt{\frac{a_1^2 + b_1^2}{2}} \tag{4-17}$$

$$\alpha_1 = \arctan \frac{b_1}{a_1} \tag{4-18}$$

在由 CPU 处理时，式（4-10）和式（4-11）可以用梯形法则求得，即

$$a_1 = \frac{1}{N}\left[2\sum_{k=1}^{N-1} x_k \sin\left(k\frac{2\pi}{N}\right)\right] \tag{4-19}$$

$$b_1 = \frac{1}{N}\left[x_0 + 2\sum_{k=1}^{N-1} x_k \cos\left(k\frac{2\pi}{N}\right) + x_N\right] \tag{4-20}$$

式中，$N+1$ 为基波信号的一周期采样点数；x_k 为第 k 次采样值；x_0、x_N 分别为 $k=0$ 和 $k=N$ 时的采样值。

当取 $\omega_1 T_s = 30°$（$N=12$）时，基波正弦和余弦的系数见表 4-1，由此可以得到式（4-21）和式（4-22）所示的基波分量正弦、余弦项的振幅 a_1、b_1 的计算式。

表 4-1 $N=12$ 时，基波正弦和余弦的系数

k	0	1	2	3	4	5	6	7	8	9	10	11	12
$\sin\left(k\dfrac{2\pi}{N}\right)$	0	$\dfrac{1}{2}$	$\dfrac{\sqrt{3}}{2}$	1	$\dfrac{\sqrt{3}}{2}$	$\dfrac{1}{2}$	0	$-\dfrac{1}{2}$	$-\dfrac{\sqrt{3}}{2}$	-1	$-\dfrac{\sqrt{3}}{2}$	$-\dfrac{1}{2}$	0
$\cos\left(k\dfrac{2\pi}{N}\right)$	1	$\dfrac{\sqrt{3}}{2}$	$\dfrac{1}{2}$	0	$-\dfrac{1}{2}$	$-\dfrac{\sqrt{3}}{2}$	-1	$-\dfrac{\sqrt{3}}{2}$	$-\dfrac{1}{2}$	0	$\dfrac{1}{2}$	$\dfrac{\sqrt{3}}{2}$	1

$$a_1 = \frac{1}{12}\left[2\left(\frac{1}{2}x_1 + \frac{\sqrt{3}}{2}x_2 + x_3 + \frac{\sqrt{3}}{2}x_4 + \frac{1}{2}x_5 - \frac{1}{2}x_7 - \frac{\sqrt{3}}{2}x_8 - x_9 - \frac{\sqrt{3}}{2}x_{10} - \frac{1}{2}x_{11}\right)\right]$$

$$= \frac{1}{12}\left[(x_1 + x_5 - x_7 - x_{11}) + \sqrt{3}\ (x_2 + x_4 - x_8 - x_{10}) + 2\ (x_3 - x_9)\right] \tag{4-21}$$

$$b_1 = \frac{1}{12}\left[x_0 + 2\left(\frac{\sqrt{3}}{2}x_1 + \frac{1}{2}x_2 - \frac{1}{2}x_4 - \frac{\sqrt{3}}{2}x_5 - x_6 - \frac{\sqrt{3}}{2}x_7 - \frac{1}{2}x_8 + \frac{1}{2}x_{10} + \frac{\sqrt{3}}{2}x_{11}\right) + x_{12}\right]$$

$$= \frac{1}{12}\left[(x_0 + x_2 - x_4 - x_8 + x_{10} + x_{12}) + \sqrt{3}\ (x_1 - x_5 - x_7 + x_{11})\ - 2x_6\right] \tag{4-22}$$

式中，x_0，x_1，x_2，$\cdots$，x_{12} 分别为 $k=0$，1，2，$\cdots$，12 时的采样值。

既然假定 $x(t)$ 是一个周期性时间函数，那么求 a_1、b_1 所用的一个周期的积分区间可以是 $x(t)$ 的任意一段。为此，可以将式（4-10）和式（4-11）写为更一般的形式，即

$$a_1(t_1) = \frac{2}{T}\int_0^T x(t + t_1)\sin\omega_1 t\,\mathrm{d}t \tag{4-23}$$

$$b_1(t_1) = \frac{2}{T}\int_0^T x(t + t_1)\cos\omega_1 t\,\mathrm{d}t \tag{4-24}$$

如果在式（4-23）和式（4-24）中取 $t_1 \neq 0$，即假定取从某一时刻起的一个周期来积分，当 $t_1 > 0$ 时，$x(t+t_1)$ 将相对于时间轴的零点向右平移，相当于积分从某一时刻后 t_1 开始。改变 t_1 不会改变基波分量的有效值，但基波分量的初相位 α_1 却会改变。因此式（4-23）和式（4-24）中，将 a_1 和 b_1 都写成了移动量 t_1 的函数。图 4-8 所示为 a_1、b_1 同 t_1、α_1 之间

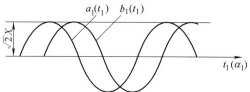

图 4-8 a_1、b_1 同 t_1、α_1 之间的函数关系

的函数关系。由式（4-23）和式（4-24）可见，$a_1(t_1)$ 和 $b_1(t_1)$ 都是 α_1（因而也是 t_1）的正弦函数，它们的峰值都是基波分量的峰值，但相位不同，a_1 超前 b_1 90°。

由于通过式（4-21）和式（4-22），已求得基波的实部和虚部参数，因此，可以方便地实现任意角度的移相，具体计算式为

$$\dot{F} = \dot{X}_1 \underline{/\delta} = \frac{1}{\sqrt{2}} \left(a_1 + jb_1\right) \left(\cos\delta + j\sin\delta\right)$$

$$= \frac{1}{\sqrt{2}} \left[\left(a_1\cos\delta - b_1\sin\delta\right) + j\left(a_1\sin\delta + b_1\cos\delta\right)\right] \tag{4-25}$$

式中，$\dot{F}$ 为移相后的相量；δ 为移相的角度。

由于 δ 为设计的移相角度，所以 $\sin\delta$ 和 $\cos\delta$ 两个参数可以事先算出来，成为已知的常数。在分别求得 A、B、C 三相基波分量的实部和虚部参数后，还可以求得基波分量的对称分量，从而实现对称分量过滤器的功能。求对称分量的计算式为

$$\begin{cases} \dot{F}_{1A} = \dfrac{1}{3} \left(\dot{X}_{1A} + a\dot{X}_{1B} + a^2\dot{X}_{1C}\right) \\[2mm] \dot{F}_{2A} = \dfrac{1}{3} \left(\dot{X}_{1A} + a^2\dot{X}_{1B} + a\dot{X}_{1C}\right) \\[2mm] \dot{F}_{0A} = \dfrac{1}{3} \left(\dot{X}_{1A} + \dot{X}_{1B} + \dot{X}_{1C}\right) \end{cases} \tag{4-26}$$

式中，$\dot{F}_{1A}$、$\dot{F}_{2A}$、$\dot{F}_{0A}$ 分别为 A 相正序、负序和零序的对称分量；$\dot{X}_{1A}$、$\dot{X}_{1B}$、$\dot{X}_{1C}$ 分别为 A、B、C 三相的基波相量；$a = 1\underline{/120°}$，$a^2 = 1\underline{/240°}$。

将式（4-19）和式（4-20）改为式（4-27）和式（4-28），即可求得任意 n 次谐波的振幅和相位，适用于谐波分析。当然，被分析的最高谐波次数和采样频率之间，应满足采样定理。

$$a_n = \frac{1}{N}\left[2\sum_{k=1}^{N-1} x_k\sin\left(kn\frac{2\pi}{N}\right)\right] \tag{4-27}$$

$$b_n = \frac{1}{N}\left[x_0 + 2\sum_{k=1}^{N-1} x_k\cos\left(kn\frac{2\pi}{N}\right) + x_N\right] \tag{4-28}$$

式中，n 为谐波次数。

将式（4-10）和式（4-11）中的 ω_1 更换为 $n\omega_1$，即可求得 n 次谐波分量正弦、余弦项的振幅。同样，n 次谐波分量正弦、余弦项的振幅 a_n 和 b_n 已经消除了直流分量、基波分量和 n 次以外的整次谐波分量的影响。

例 4-1　馈线终端单元的 CPU 对一个交流电压信号进行等间隔的采样及 A/D 转换，得到的5 个采样点经变换后的实际物理量值分别为 $x_0 = 0\text{V}$，$x_1 = 4.24\text{V}$，$x_2 = 0\text{V}$，$x_3 = -4.24\text{V}$，$x_4 = 0\text{V}$，试用交流采样傅里叶级数算法求其有效值（单位为 V）。

解：

$$a_1 = \frac{1}{N}\left[2\sum_{k=1}^{N-1} x_k\sin\left(k\frac{2\pi}{N}\right)\right]$$

$$= \frac{1}{4}\left[2\left(x_1\sin\frac{\pi}{2} + x_2\sin\pi + x_3\sin\frac{3\pi}{2}\right)\right]$$

$$= \frac{1}{4} \times [\, 2 \times (4.24 + 0 + 4.24)\,]\mathrm{V}$$

$$= 4.24\mathrm{V}$$

$$b_1 = \frac{1}{N}\left[x_0 + 2\sum_{k=1}^{N-1} x_k\cos\left(k\,\frac{2\pi}{N}\right) + x_N\right]$$

$$= \frac{1}{4}\left[x_0 + 2\left(x_1\cos\frac{\pi}{2} + x_2\cos\pi + x_3\cos\frac{3\pi}{2}\right) + x_4\right]$$

$$= \frac{1}{4} \times [\, 0 + 2 \times (0 + 0 + 0) + 0\,]\mathrm{V}$$

$$= 0\mathrm{V}$$

有效值为

$$X = \sqrt{\frac{a_1^2 + b_1^2}{2}} = \sqrt{\frac{4.24^2 + 0^2}{2}}\mathrm{V} = 3\mathrm{V}$$

4.2.4　数字滤波原理

1. 基本概念

在馈线终端单元的设计中有两种形式的滤波器可供选择，一种是传统的模拟滤波器，另一种是数字滤波器。在采用模拟滤波器时，模拟量输入信号首先经过模拟滤波器进行滤波处理，然后对滤波后的连续型信号进行采样、量化和计算，其基本流程如图4-9所示。采用数字滤波器时，则是直接对输入信号的离散采样值进行滤波计算，形成一组新的采样值，然后根据新的采样值进行参数计算，其基本流程如图4-10所示。

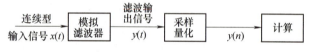

图4-9　模拟滤波基本流程

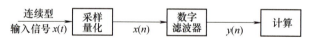

图4-10　数字滤波基本流程

配电网发生故障后的最初瞬变过程中，电压和电流信号由于混有衰减直流分量和复杂的成分而发生严重的畸变。目前，大多数配电网馈线终端单元或保护装置的故障检测原理会用到正弦基波或某些整次谐波的暂态变化量，所以滤波器是其关键器件。

滤波器就广义而言是一个硬件或软件系统，用于对输入信号进行某种加工处理，以达到取得信号中的有用成分而去掉无用成分的目的。

（1）模拟滤波器

模拟滤波器是应用无源或有源电路元器件组成的一个硬件系统。

1）无源低通滤波器。采用电阻器 R 与电容器 C 构成的无源低通滤波器，具有结构简单、可靠性高、能耐受较大的过负荷和浪涌冲击等优点，获得了较多的应用。

一种二阶无源低通滤波器电路如图4-11所示。

2）有源低通滤波器。这是一种由 RC 网络与运算放大器构成的滤波器，通常具有良好的滤波特性。高阶有源滤波器的频率响应具有十分平坦的通带和陡峭的过渡带，但会增加硬件的复杂性和时延，故一般使用二阶有源低通滤波器作为前置模拟低通滤波器。

一种二阶有源低通滤波器电路如图 4-12 所示。

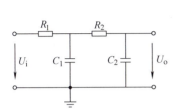

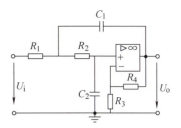

图 4-11　一种二阶无源低通滤波器电路　　　　图 4-12　一种二阶有源低通滤波器电路

（2）数字滤波器

数字滤波器将输入的模拟信号 $x(t)$ 经过采样和 A/D 转换变成数字量后，通过某种数学运算去掉信号中的无用成分，得到有用成分的数字量 $y(n)$。如果把数字滤波器看成一个双端网络，则从该网络的输入、输出端来看，其作用和模拟滤波器完全一样。

数字滤波器通常指一种程序或算法。数字滤波器的运算过程可用一个线性差分方程来描述，即

$$y(n)=\sum_{i=0}^{m} a_i x(n-i) + \sum_{j=0}^{m} b_j y(n-j) \tag{4-29}$$

式中，$x(n)$、$y(n)$ 分别为数字滤波器的输入、输出值序列；a_i、b_j 分别为数字滤波器的系数。

通过选择 a_i 和 b_j，可滤除输入信号序列 $x(n)$ 中的某些无用频率成分，使滤波器的输出序列 $y(n)$ 能更明确地反映有效信号的变化特征。在式（4-29）中，当系数 b_j 全部为 0 时，称为非递归型滤波器，此时，当前的输出 $y(n)$ 只是过去和当前的输入值 $x(n-i)$ 的函数，而与过去的输出值 $y(n-j)$ 无关。当系数 b_j 不全部为 0 时，过去的输出对现在的输出有直接影响，称为递归型滤波器。就数字滤波器的运算结构而言，主要包括非递归型和递归型两种基本形式。

数字滤波器的滤波特性通常可用它的频率响应特性来表征，包括幅频特性和相频特性。幅频特性反映的是不同频率的输入信号经过滤波计算后，引起的幅值变化情况；相频特性反映的是输入和输出信号之间的相位的变化情况。例如，频率为 f、幅值和相位分别为 X_m 和 φ_x 的正弦函数输入序列 $x(n)$，经过由式（4-29）所示的线性滤波计算后，输出序列 $y(n)$ 仍为正弦函数序列，并且频率与输入信号频率相同，只是幅值和相位发生了变化。假设输出序列 $y(n)$ 的幅值为 Y_m，相位为 φ_y，则滤波器的幅频特性定义为

$$H(f) \triangleq Y_m/X_m \tag{4-30}$$

相频特性定义为

$$\varphi(f) \triangleq \varphi_y - \varphi_x \tag{4-31}$$

由于多数配电网故障检测原理只用到基频或某次谐波，因此最关心的是滤波器的幅频特性，即使需要进行比相，只要参加比相的各量采用相同的滤波器，它们的相对相位总是不变的。因此，对滤波器的相频特性一般没有特殊要求，只有在某些特殊场合，才考虑相频特性的影响。数字滤波器作为数字信号处理领域中的一个重要组成部分，经过多年的发展，已具有较完整的理论体系和成熟的设计方法。原则上，这些理论和方法可应用于配电网保护装置或馈线终端单元的数字滤波器设计中。但是，配电网作为一个具体的特定系统，其信号的变

化有着自身的特点，有些传统的滤波器设计方法并不完全适用。作为对实时性要求较高的配电网馈线终端单元或保护装置，它们对滤波器的性能也有一些特殊要求。

数字滤波器与模拟滤波器相比具有以下优点：

1）滤波精度高。通过加大 CPU 所使用的字长，可以很容易地提高滤波精度。

2）具有高度的灵活性。通过改变滤波算法或某些滤波参数，可灵活调整数字滤波器的滤波特性，易于适应不同应用场合的要求。

3）稳定性高。模拟系统受环境和温度的影响较大，而数字系统受这些影响小得多，因而具有高度的稳定性和可靠性。

4）便于分时复用。采用模拟滤波器时，每个输入通道都需要装设一个滤波器，而数字滤波器通过分时复用，只需一套即可完成所有通道的滤波任务，并能保证各个通道的滤波性能完全一致。

2. 非递归型数字滤波器

差分滤波器是常用的非递归型数字滤波器之一，其滤波方程为

$$y(n) = x(n) - x(n-K) \tag{4-32}$$

式中，K 为差分步长，$K \geq 1$，可根据不同的滤波要求进行选择。

数字滤波器的滤波特性（如幅频特性）通常是根据表征滤波器输入和输出之间关系的传递函数来求取的。

假设 $x(n)$ 是输入的连续正弦函数信号 $x(t)$ 的采样值，有

$$x(t) = X_m \sin(2\pi f t + \varphi_x) \tag{4-33}$$

$$x(n) = X_m \sin(2\pi f t_n + \varphi_x) \tag{4-34}$$

式中，X_m、φ_x、f 分别为输入信号的幅值、相位和频率。

而

$$x(n-K) = X_m \sin[2\pi f(t_n - KT_s) + \varphi_x] \tag{4-35}$$

式中，T_s 为前后两个采样点之间的时间间隔，即采样周期。

若基波信号一个周期内的采样点数为 N，则

$$T_s = \frac{1}{Nf_1} \tag{4-36}$$

式中，f_1 为基波信号频率。

经过差分滤波计算后，输出信号序列为

$$y(n) = X_m \sin(2\pi f t_n + \varphi_x) - X_m \sin[2\pi f(t_n - KT_s) + \varphi_x]$$

$$= 2X_m \sin\left(\frac{2\pi f KT_s}{2}\right) \cos\left(2\pi f t_n + \varphi_x - \frac{2\pi f KT_s}{2}\right) \tag{4-37}$$

$$y(n) = Y_m \sin(2\pi f t_n + \varphi_y) \tag{4-38}$$

$$Y_m = 2X_m \sin\left(\frac{2\pi f KT_s}{2}\right) \tag{4-39}$$

$$\varphi_y = \varphi_x - \frac{2\pi f KT_s}{2} + \frac{\pi}{2} \tag{4-40}$$

因此，差分滤波器的幅频特性为

$$H(f) = \left| 2\sin\frac{2\pi f K T_{\mathrm{s}}}{2} \right| \tag{4-41}$$

差分滤波器的幅频特性曲线如图 4-13 所示，图中 $f_{\mathrm{m}} = \dfrac{N}{K}f_1$。

由图 4-13 不难看出，经差分滤波后，输入信号中的直流分量以及频率为 f_{m} 和 f_{m} 的整数倍次谐波分量将完全被滤除。

差分滤波器主要用于以下两方面：

1) 抑制故障信号中的衰减直流分量的影响。差分滤波器可完全滤除输入信号中的恒定直流分量，同时，对于衰减的直流分量也有良好的抑制作用。为减少算法的数据窗，加快计算速度，通

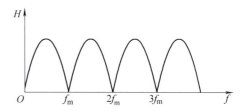

图 4-13　差分滤波器的幅频特性曲线

常取 $K=1$。但差分滤波器对故障信号中的高频分量有一定的放大作用，因此，差分滤波算法一般不能单独使用，需与其他算法如傅里叶级数算法相配合，以保证在故障信号中同时含有衰减直流分量和其他高频分量时，仍具有良好的综合滤波效果。

2) 提取故障信号中的故障分量。将式（4-32）中的 K 取值为基波信号一个周期内的采样点数 N，则滤波方程为

$$y(n) = x(n) - x(n-N) \tag{4-42}$$

相应地，在图 4-13 所示的幅频特性曲线中有 $f_{\mathrm{m}} = f_1$，即该滤波器可滤除直流、基波及所有整次谐波分量。这样，当配电网正常运行时，滤波器无输出，$y(n)=0$；当配电网发生故障时，在故障后的第一个基波信号周期内，输出量 $y(n)$ 为故障信号中的故障分量。根据上述特点，差分滤波器常用来实现故障检测元器件、选相元器件以及其他利用故障分量原理构成的保护。

差分滤波器的结构简单，计算量小，但在单独使用时，滤波特性难以满足要求。为此，在实际应用时，可以把具有不同特性的滤波器进行组合，以进一步提高滤波性能，这也是数字滤波器设计中常用的方法之一。在进行滤波器组合时，一种做法是将各滤波器单元进行级联。级联类似于各滤波器单元串联，即前一个滤波器单元的输出作为后一个滤波器单元的输入，如图 4-14 所示。

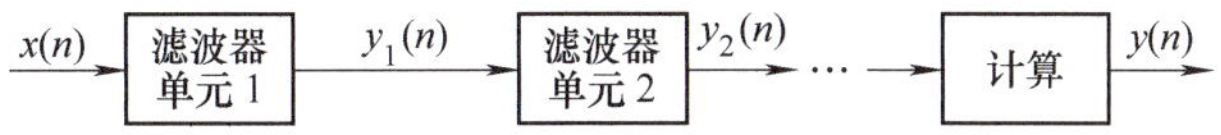

$x(n)$ → 滤波器单元 1 → $y_1(n)$ → 滤波器单元 2 → $y_2(n)$ → … → 计算 → $y(n)$

图 4-14　滤波器的级联

采用级联组合滤波后，整个滤波系统的幅频特性等于各滤波器单元幅频特性的乘积，即

$$H(f) = \prod_{i=1}^{m} H_i(f) \tag{4-43}$$

除差分滤波器之外，常用的非递归型数字滤波器还有加法滤波器和积分滤波器，其中积分滤波器的滤波方程为

$$y(n) = \sum_{i=0}^{K} x(n-i) \tag{4-44}$$

式中，$K \geqslant 1$。

通过合理选择具有不同滤波特性的滤波器单元，可使得整个滤波系统的滤波性能得到明显改善。若需提取故障信号中的基波分量，可将差分滤波器单元与积分滤波器单元级联，利用差分滤波器减少非周期分量的影响，并利用积分滤波器来抑制高频分量的作用。

对于非递归型数字滤波器而言，其突出的优点是由于采用有限个输入信号的采样值进行滤波计算，不存在滤波器的不稳定问题，也不存在因计算过程中舍入误差的累积造成的滤波特性恶化。此外，由于滤波器的数据窗明确，便于确定它的滤波速度，因此，易于在滤波特性与滤波速度之间进行协调。非递归型数字滤波器存在的主要问题是，要获得较理想的滤波特性，通常要求滤波算法的数据窗较长，所以在某些场合可考虑采用递归型数字滤波器。

3. 递归型数字滤波器

当式（4-29）中的滤波系数 b_j 不全为 0 时，滤波器的输出 $y(n)$ 不仅与当前和过去的输入值 $x(n-i)$ 有关，还取决于过去的输出值 $y(n-j)$，这种反馈和记忆是递归型数字滤波器的基本特征。

由于递归型数字滤波器采用递推计算，而 CPU 的字长有限，因此计算过程中的舍入误差可能不断累积造成滤波特性恶化，需要采取其他措施予以解决，如合理选择递推起始时刻、限定递推计算的持续时间等。

非递归型和递归型数字滤波器都可应用于保护。选择哪一种滤波器主要取决于应用场合的不同要求，包括所采用的保护原理、故障信号的变化特点以及保护所选用的微机硬件等。此外，在滤波器的选型和滤波特性的设计时，还应充分考虑所使用的参数计算方法的基本特点和要求，不同的参数计算方法，对滤波器的要求也会有所不同，两者应综合考虑。

4. 几种常用的非递归型数字滤波器

（1）差分滤波器

设 T_s 为采样周期，$x(nT_s)$ 为 $t=nT_s$ 时的输入数据（采样值），$x(nT_s-KT_s)$ 为前 K 个 T_s 时刻（$t=nT_s-KT_s$ 时）的输入数据，$y(nT_s)$ 为 $t=nT_s$ 时的滤波器输出，则差分滤波器的差分方程为

$$y(nT_s)=x(nT_s)-x(nT_s-KT_s) \tag{4-45}$$

采样周期 T_s 一般是均匀的，所以可将 $x(nT_s)$、$y(nT_s)$ 直接写成 $x(n)$、$y(n)$，则式（4-45）可写成

$$y(n)=x(n)-x(n-K) \tag{4-46}$$

式（4-45）或式（4-46）就是差分滤波器的数学模型，其数据窗长度为 K（或 KT_s），它表明该滤波器与先前的输出无关，所以这种滤波器是非递归型数字滤波器。差分滤波器的结构如图 4-15 所示，输入 $x(n)$ 经过延时单元得到 $x(n-K)$，然后与输入 $x(n)$ 相减得到输出 $y(n)$。

可以用图 4-16 来说明式（4-45）或式（4-46）所表示的差分滤波器的滤波原理。设输入信号中含有基波，其频率为 f_1，也含有 m 次谐波，其频率为 $f_m=mf_1$，如图 4-16 中波形所示（图中 $m=3$，为 3 次谐波）。输入信号 $x(t)$ 为

$$x(t)=A_1\sin2\pi f_1t+A_m\sin2\pi mf_1t \tag{4-47}$$

当 KT_s 刚好等于谐波的周期 $T_m=\dfrac{1}{mf_1}$，或者 $\dfrac{1}{mf_1}$ 的 p 倍（$p=1$，2，3，…）时，在 $t=nT_s$ 及 $t=nT_s-KT_s$ 两点的采样值中所含该次谐波的幅值相等，故两点的采样值相减后，恰好将该次谐波滤去，此时有

$$KT_s = \frac{p}{m f_1} \tag{4-48}$$

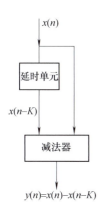

图 4-15　差分滤波器的结构

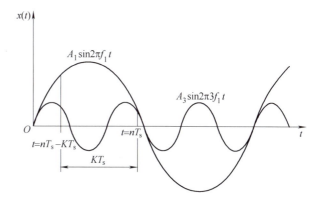

图 4-16　差分滤波器的滤波原理

故滤去的谐波次数为

$$m = \frac{p}{KT_s f_1} \tag{4-49}$$

由此可见，当 f_1 和 T_s 确定后，能滤掉的谐波最低次数是在 $p=1$ 时计算的 m 值，除此之外，还能滤掉 m 的整倍数次谐波。

差分滤波器有以下特点：

1）任两点采样值中所含的直流成分相同（不考虑衰减），故差分后对应的直流输出为 0，因此，差分滤波器能消除直流分量。

2）由式（4-49）可知，当选择 K 值后，差分滤波器能滤除 m 次及 m 的整倍数次谐波。当 $m=1$ 时，能滤除基波及各次谐波（包括直流），若输入信号中含有直流、基波及基波的整倍数次谐波，则在稳态输入时，差分滤波器的输出为 0。这一特点在保护中常被用作增量元件。在配电网正常时或故障进入稳态后，差分滤波器的输出为 0，在故障后 KT_s 时间内差分滤波器有输出，此时输出的是故障后的参数与故障前的参数之差，即故障分量，如图 4-17 所示。

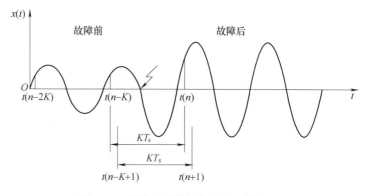

图 4-17　差分滤波器用作增量元件的原理

3）当用差分滤波器滤除谐波分量时，若 $KT_s \neq \dfrac{1}{m f_1}$，此时虽然不能滤去 m 次谐波及其整倍数次谐波，但会引起这些频率的分量的幅值和相位变化。例如，在图 4-16 中，取 $m=3$ 时，将 3 次及其整倍数次谐波滤除了，不会滤除基波，但基波在差分后幅值和相位都发生了变化，可以通过幅频和相频特性分析其变化规律。此时，常把差分滤波器用作移相器。

4）差分滤波器只需做减法，算法简单，运算量小。

（2）加法滤波器

加法滤波器的数学模型就是将差分滤波器中的减法运算变为加法运算，其表达式为

$$y(nT_s) = x(nT_s) + x(nT_s - KT_s) \qquad (4-50)$$

或

$$y(n) = x(n) + x(n-K) \qquad (4-51)$$

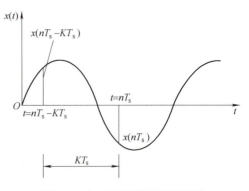

图 4-18　加法滤波器的滤波原理

显然，加法滤波器也是非递归型数字滤波器。加法滤波器的结构与差分滤波器的结构相似，只需将图 4-15 中的减法器改成加法器即可。对于图 4-18 所示的正弦波，设其频率为 f，在 $t = nT_s$ 和 $t = nT_s - KT_s$ 两点采样，若此两点距离为该正弦波的 1/2 周期，则此两点的采样值正好大小相等，符号相反，相加后输出为 0，正好滤除该次谐波。此时有

$$KT_s = \frac{1}{2} \frac{1}{f} = \frac{1}{2mf_1} \qquad (4-52)$$

事实上，KT_s 为 $\left(p - \dfrac{1}{2}\right)\dfrac{1}{mf_1}$ 时都可以滤除 m 次谐波，其中 $p = 1，2，3，\cdots$，f_1 为基波频率。于是有

$$KT_s = \frac{p - \dfrac{1}{2}}{mf_1} \qquad (4-53)$$

例如，要滤除 3 次谐波时，假设对基波每周波采样 12 点，即 $T_s = \dfrac{1}{12f_1}$ 且 $m = 3$，此时取 $p = 1$，则得 $K = 2$，即相隔两个采样点的两个采样值相加就可以滤除 3 次谐波及 3 的奇数倍数次谐波。加法滤波器有以下特点：

1）与差分滤波器相比，数据窗短，为工频周期的一半。

2）因使用前后两个采样值相加，故不能滤除直流分量。

3）加法滤波器只进行加法运算，算法简单，运算量小。

在某些情况下，加法滤波器也可用作增量元件。若输入信号中只有奇次谐波，当取 $KT_s = \dfrac{1}{2f_1}$ 时，可以滤除基波及 $m = 2p - 1$ 次谐波，即 3，5，7，$\cdots$ 次谐波，此时再配以一个数据窗较短的差分滤波器来滤除直流分量，就可以使加法滤波器在配电网正常运行及短路后进入稳态情况下的输出为 0，仅在短路后的半个周期内有输出，此时输出的是故障分量。

（3）积分滤波器

积分滤波器的结构如图 4-19 所示。其任意时刻 nT_s 的输出是由此时刻的采样值与前 K 个采样值相加而得的，即

$$y(nT_s) = x(nT_s) + x(nT_s - T_s) + x(nT_s - 2T_s) + \cdots + x(nT_s - KT_s)$$

$$= \sum_{m=0}^{K} x(nT_s - mT_s) \qquad (4-54)$$

对式（4-54）的两边同乘以 T_s，得

$$T_s y(nT_s) = T_s \sum_{m=0}^{K} x(nT_s - mT_s)$$

$$= T_s x(nT_s) + T_s x(nT_s - T_s) + T_s x(nT_s - 2T_s) + \cdots + T_s x(nT_s - KT_s) \qquad (4-55)$$

式（4-55）右边的物理意义可以用图 4-20 来说明。它相当于把区间 $KT_s = nT_s - (nT_s - KT_s)$ 等分成 K 段，并把由 $x(t)$ 覆盖的面积分成 K 个小面积，每个小面积可以分别用式（4-55）中的各项 $T_s x(nT_s - KT_s)$（$K = 0$，1，2，$\cdots$）来近似代替，这就是用小的矩形面积来代替每段曲线下的面积，其中 T_s 就是矩形的宽，而每个采样值 $x(nT_s - KT_s)$（$K = 0$，1，2，$\cdots$）就是矩形的长（高）。因波形的两端点都参与计算，所以式（4-55）的右边实际上表示曲线 $x(t)$ 与横轴在 KT_s 时间内所围成的面积，也就是积分。

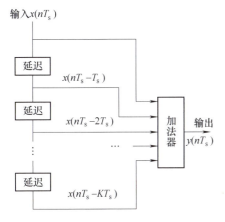

图 4-19　积分滤波器的结构

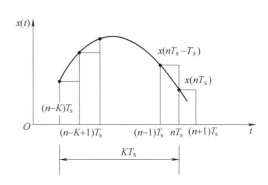

图 4-20　积分滤波器的滤波原理

很显然，若积分区间长度正好为某次谐波的周期或其周期的整倍数，则在此区间内，该次谐波积分的结果是正负半波所围成的面积，正好抵消，因此，积分滤波器对应于该次谐波无输出，即将该次谐波滤除。欲滤除 m 次谐波，数据窗长度应取

$$(K+1)T_s = \frac{p}{mf_1}, \quad p = 1, 2, 3, \cdots \qquad (4-56)$$

对于某些高频分量，尽管积分区间与其周期不成整倍数关系，但由于在积分区间内，高频分量的正负面积相互抵消了很多，不能被抵消的部分已经较小了，所以其输出也很小，因此，积分滤波器具有抑制高频分量的作用。

例 4-2　设采样频率为每周波 24 点（$N = 24$），设计一个由三个滤波器单元级联而成的滤波器，要求完全滤除直流分量及 3、4、6、8、9、10、12 次谐波分量，并且具有良好的高频衰减特性。

解：选用一个差分滤波器单元和两个积分滤波器单元组成该滤波器，如图 4-21 所示。

图 4-21　例 4-2 滤波器

差分滤波器单元的滤波方程为

$$y_1(n) = x(n) - x(n-6) \qquad (4-57)$$

积分滤波器单元的滤波方程为

$$y_2(n)=\sum_{i=0}^{7} y_1(n-i) \tag{4-58}$$

$$y_3(n)=\sum_{i=0}^{11} y_2(n-i) \tag{4-59}$$

由式（4-41）及图4-13可知，输入信号经式（4-57）所示的差分滤波器单元后，其直流分量以及频率为 $f_m=\dfrac{N}{K}f_1=\dfrac{24}{6}f_1=4f_1$ 和 f_m 的整倍数次谐波分量将完全被滤除，即完全滤除直流分量及4、8、12次谐波分量。

式（4-58）所示积分滤波器单元的数据窗长度 $(K+1)T_s=(7+1)T_s$（单位为s）。一个周波采集24点，即20ms采集24点，则 $T_s=\dfrac{20}{1000\times24}$，故 $(K+1)T_s=\dfrac{1}{50\times3}$。由式（4-56）可知，式（4-58）所示积分滤波器单元的积分区间正好为3次谐波的周期或其周期的整倍数，因此可以完全滤除3、6、9、12次谐波分量。同理可知，式（4-59）所示的积分滤波器单元能滤除4、6、8、10、12次谐波分量。

4.2.5 开关量输入/输出

开关量输入电路的基本功能就是将馈线监控终端需要的状态信号引入CPU，如柱上开关状态、开关储能状态等。开关量输出电路主要用于将CPU送出的数字信号或数据进行显示、控制或调节，如柱上开关跳闸命令和合闸命令等。

1. 开关量输入

图4-22所示为开关量输入电路示意。

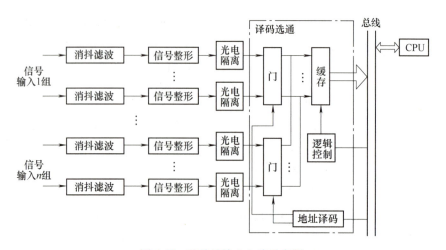

图4-22 开关量输入电路示意图

由图4-22可知，开关量输入电路由消抖滤波、信号整形、光电隔离、译码选通等电路组成。开关量信号都是成组并行输入CPU的，每组一般为8位、16位或32位。

（1）消抖滤波与信号整形电路

当开关量输入信号受干扰时，可能会发生状态错误。为此，需增加消抖滤波电路来消除抖动，图 4-23a 所示为消抖滤波电路之一。图 4-23b、c 所示为未采用消抖滤波电路及采用消抖滤波电路的输入/输出波形，在加入消抖滤波电路后，消除了输出信号中的抖动信号。图 4-23a 中点画线框内的电路为由施密特触发器构成的信号整形电路，该电路可实现对输入的开关量信号波形的修正，使得开关量信号波形的上升沿和下降沿更陡。

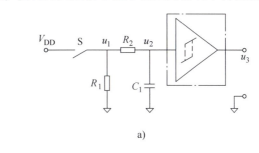

a)

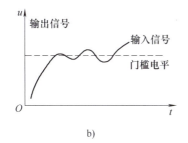

b)

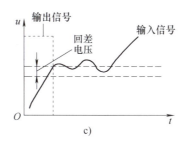

c)

图 4-23　消抖滤波电路说明

a）消抖滤波电路　b）未采用消抖滤波电路的输入/输出波形　c）采用消抖滤波电路的输入/输出波形

（2）开关量输入电隔离方法

现场开关量与馈线终端单元之间要采用电隔离技术，以实现强弱电隔离及多个开关量输入回路之间的隔离。常用的电隔离方法有以下两种：

1）光电隔离。光电耦合器常作为开关量输入 CPU 的隔离器件，其原理如图 4-24 所示。S 为一次开关的辅助触点，开关合闸时，S 闭合，光电耦合器 VLC 的发光二极管导通，发出光束，使光电晶体管饱和导通，于是输出端 U_o 的电平将发生变化，由高电平变为低电平，如图 4-24a 所示；由低电平变为高电平，如图 4-24b 所示。CPU 通过检测输出端 U_o 的电平，可知道一次开关是处于分闸状态还是合闸状态。图 4-24 所示的两种接线方式的输出电平不同，在实际电路设计时，可以灵活选用。在光电耦合器件中，信息的传递介质为光，其输入和输出没有电的直接联系，不易受电磁信号干扰，隔离效果比较好。

2）继电器隔离。CPU 采集断路器或负荷开关等一次开关的辅助触点的分合状态，在输入至 CPU 时，也可使用继电器隔离，其原理如图 4-25 所示，利用断路器或负荷开关的辅助触点 S1、S2 的接通，去启动小信号继电器 K1、K2，然后开关量信号经 K1、K2 的触点 K1-1、K2-1 输入 CPU，这样一来可以起到很好的电隔离作用。触点 K1-1、K2-1 的一端接到 CPU 输入接口板的弱电电源 V_{DD} 处，另一端接到 CPU 的并行口处。

（3）开关量输入电路分类

开关量输入电路可分成两大类：一类是安装在馈线监控终端面板上的触点，这类触点包括馈线监控终端现地控制用的按钮、输出控制压板以及切换馈线监控终端远方、闭锁及就地

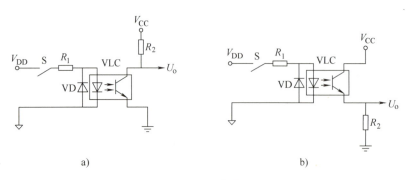

图 4-24　光电耦合器

a）S 合上，输出为低电平　b）S 合上，输出为高电平

工作方式用的转换开关等；另一类是从馈线监控终端外部经过端子排引入的触点，如开关辅助触点等。

安装在馈线监控终端面板上的触点可直接接至 CPU 的并行接口，如图 4-26a 所示。在初始化时规定可编程的并行口的 PA0 为输入端，CPU 就可以通过软件查询或中断方式，获取图 4-26a 所示内部触点 S 的状态。

对于从馈线监控终端外部引入的触点，如果也按图 4-26a 所示接线将给 CPU 引入干扰，故应经过光电隔离后接入 CPU，如图 4-26b 所示。强弱电之间即一次开关与 CPU 系统之间

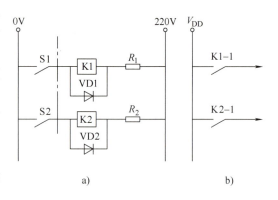

图 4-25　继电器隔离的原理

a）现场开关辅助触点输入电路　b）继电器触点输出

无直接电气联系，而光电耦合芯片的两个互相隔离部分的分布电容只有几皮法，因此可大大削弱干扰。

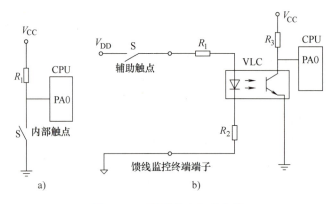

图 4-26　开关量输入电路分类

a）安装在馈线监控终端面板上的触点　b）从馈线监控终端外部引入的触点

2. 开关量输出

开关量输出电路主要包括跳闸出口以及信号电路等，一般采用 CPU 的并行接口控制带触

点的继电器或干簧管，但为了提高抗干扰能力，往往还会加入一级光电隔离，如图 4-27 所示。

只要 CPU 通过软件使并行接口的 PB0 输出"0"，PB1 输出"1"，便可使与非门 DAN 输出低电平，此时光电耦合器 VLC 的发光二极管导通，发出光束，使光电晶体管导通，继电器 K 得电吸合。在初始化和需要继电器 K 返回时，应使 PB0 输出"1"，PB1 输出"0"。之所以设置反相器 DN 及与非门 DAN，而不是将发光二极管直接同并行接口相连，主要是因为采用与非门后要同时满足两个条件才能使 K 动作，增加了电路的抗干扰能力。在拉合直流电源过程中，当直流电源处于某一临界电压值时，可能由于逻辑电路的工作紊乱造成输出误动作。特别是馈线监控终端的电源一般采用开关电源，接有大容量的电容器，所以拉合直流电源时，无论是电源 V_{DD} 还是驱动继电器 K 用的电源 V_{CC}，其电压下降或上升有一过程，可能使得继电器 K 的触点短时误动。在采用上述接法后，两个反相条件的互相制约，可有效防止误动作。

图 4-28a 所示为典型的馈线监控终端出口回路电路图，图 4-28b 所示为接点逻辑图，图中 K1 为常闭触点，K2、K3、K4、…、KN 为常开触点。为了实现与电路图一致的输出、输入控制功能，馈线监控终端的 CPU 应将并行接口的 PA0 ~PA7 设置为输出方式，将并行接口的 PB0 设置为输入方式。图 4-28a 中，用于跳闸出口或信号的出口继电器只画出了 K3 和 K4，其余的与此相似，点画线框部分为自动检测的反馈回路。由图 4-28 可以知道，除了 24V 工作电源 V_{DD} 外，还要同时满足以下 4 个条件，出口触点才动作：

1）报警继电器 K1 不动。

2）启动继电器 K2 动作。

3）出口继电器线圈所在回路的光

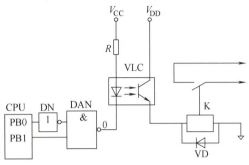

图 4-27　开关量输出电路

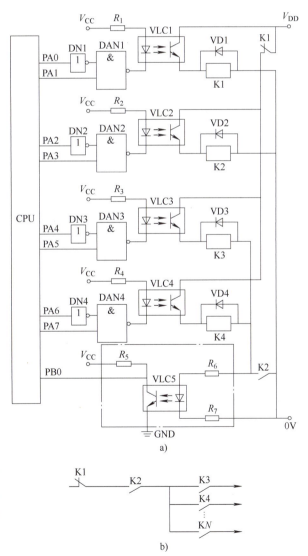

a)

图 4-28　典型的馈线监控终端出口回路
a）电路图　b）接点逻辑图

电耦合器导通。

4）在出口继电器线圈上施加动作值以上的工作电压，且持续到继电器触点闭合（快速继电器的动作时间一般为 2~3ms）。

下面介绍出口回路的典型工作情况。

1. 馈线监控终端正常、配电网无单相接地或短路

馈线监控终端正常、配电网无单相接地或短路时，CPU 通过控制 PA0 = PA2 = PA4 = PA6 = 1、PA1 = PA3 = PA5 = PA7 = 0，确保图 4-28a 中报警继电器 K1、启动继电器 K2 和出口继电器 K3、K4 均不动作，反馈回路的 R_6、VLC5、R_7 支路上没有电流流过，VLC5 的光电晶体管处于截止状态，CPU 读到反馈输入端 PB0 的电平为高电平"1"。

2. 出口回路自动检测

在没有对图 4-28a 中的任何继电器进行控制操作时，如果 CPU 从反馈输入端 PB0 读到低电平"0"信号，则说明出口回路出现了异常情况，可能是某个元器件或某一部分电路出现了击穿或短路。此时，CPU 应控制报警继电器 K1 动作，一方面发出报警信号，另一方面切断出口继电器的电源。为了实现出口回路和继电器线圈的自动检测，并保证安全性，应该采取以下3 个安全措施：

1）确认配电网无单相接地或短路，且启动继电器 K2 的常开触点处于"打开"的位置。

2）自动检测的脉冲时间要远小于继电器的动作时间。

3）在继电器线圈和 R_6、VLC5、R_7 支路构成的回路中，通过设计合适的 R_6 和 R_7 阻值，保证在施加自动检测电压时，继电器线圈两端压降较小，即远小于继电器的动作电压。

以自动检测出口继电器 K3 的回路和线圈为例，具体的自动检测方法为：确认配电网无单相接地或短路，且启动继电器 K2 的常开触点处于"打开"的位置，随后，CPU 短时控制 PA4 = 0、PA5 = 1，使 VLC3 饱和导通一段短时间（即发出短时自动检测脉冲），于是，由 K1 常闭触点、VLC3、K3 线圈、R_6、VLC5 和 R_7 构成电流通路，此时反馈输入端 PB0 的电平可反映该回路是否正常。

出口回路和线圈都正常时，在发出短时自动检测脉冲期间，光电耦合器 VLC5 的发光二极管流过电流，进而给 VLC5 的光电晶体管提供基极电流，于是，CPU 应该在反馈输入端 PB0 检测到低电平"0"；在短时自动检测脉冲消失后，CPU 应该在反馈输入端 PB0 检测到高电平"1"。若 CPU 检测到的反馈信号的电平与上述的反馈信号的电平不一致时，判断为出现了异常，应发出报警信号或采取其他措施。当然，在配电网出现单相接地或短路时，应立即停止自动检测。

3. 馈线监控终端异常

在配电网没有发生单相接地或短路时，由 CPU 通过各种自动检测手段，对保护的软件、功能、定值和硬件等进行实时诊断。如果在自动检测过程中，发现了有可能导致保护误动的任何异常情况，则 CPU 通过控制 PA0 = 0、PA1 = 1，使报警继电器 K1 动作，进而由报警继电器 K1 的常闭触点切断出口继电器的电源，保证出口继电器不会误动，提高保护系统的可靠性和安全性。如果自动检测过程中没有发现任何异常，则报警继电器不动作，开放出口继电器的电源正端。

4. 配电网发生单相接地或短路

当配电网发生单相接地或短路时，馈线监控终端先感受到有单相接地或短路情况发生，

通过控制 PA2＝0、PA3＝1，驱动启动继电器 K2 动作，开放出口继电器的电源负端。随后，判别是否跳闸，如果是区内单相接地或短路，则 CPU 再控制相应的出口继电器，使其动作，从而控制断路器切除故障。例如，馈线监控终端经判断后，认为需要让 K3 动作的话，只要控制 PA4＝0、PA5＝1 即可。

另外，如果出口继电器能够正常动作，则启动继电器 K2 的触点就将反馈回路的 R_6、VLC5、R_7 支路短接，CPU 读到反馈输入端 PB0 的电平应该为高电平"1"；如果在发出出口继电器动作命令后，反馈输入端 PB0 处为低电平"0"，则说明很有可能是启动继电器回路或反馈回路有问题。若为各出口继电器分别配置独立的自动检测反馈回路，则可实现完整的遥控过程，即遥控选择、遥控返校、遥控执行或遥控解除。

4.3 馈线监控终端实例

4.3.1 FD-F2010 型馈线监控终端的构成

鉴于配电网设备的多样性，考虑到生产、施工、使用、维护的易操作性及灵活性，应根据开闭所监控终端、环网柜监控终端、柱上开关监控终端需要具备的功能，设计能满足环网柜及柱上开关监控功能的基本型馈线终端单元，并将设计的基本型馈线终端单元通过现场总线 CAN 互连，构成馈线监控终端。如图 4-29 所示，FD-F2010 型馈线监控终端由 1 个或若干个 F2010B 型馈线终端单元、多功能电源模块、现地操作模块、通信接口设备、蓄电池、模拟量输入板、开关量输入板、开关量输出板、机箱和终端维护软件等构成。其中每个 F2010B 型馈线终端单元均配有模拟量输入板、开关量输入板、开关量输出板等外围接口设备。F2010B 型馈线终端单元可设置为主单元或子单元。其中主单元具有现地网络管理功能、与配电主站的通信管理功能和测控及线路故障监测功能，而子单元仅具有测控及线路故障监测功能。柱上开关监控终端、环网柜监

图 4-29　FD-F2010 型馈线监控终端

控终端采用一台 F2010B 型馈线终端主单元；开闭所监控终端采用一台 F2010B 型馈线终端主单元及若干台 F2010B 型馈线终端子单元，主单元和各子单元间采用 CAN 连接。

4.3.2 F2010B 型馈线终端单元的硬件

1. F2010B 型馈线终端单元内部的硬件结构

F2010B 型馈线终端单元由控制板、电源板和底板组成。控制板包括微控制器系统、数字信号处理器系统和可编程逻辑器件等。底板与外部的模拟量输入板、开关量输入板和开关量输出板等一起完成信号调理功能。F2010B 型馈线终端单元的原理框图如图 4-30 所示。

（1）微处理器系统

F2010B 型馈线终端单元采用双 CPU 结构，除了应用通用微处理器来控制系统运行外，还增加了一个数字信号处理（DSP）芯片，来完成模拟输入量的处理计算，从而使系统能够并行高效地完成各项功能。

通用微处理器为 PHILIPS 公司的 16 位 51XA 系列中的 XA-S3，主要完成硬件初始化、DSP 的软件下载及所有的并发通信和数字 I/O 口处理。PHILIPS XA-S3 微处理器是一种 51XA 系列的高集成度嵌入式 CPU。利用此方案，F2010B 型馈线终端单元配置了一个实时多任务操作系统和一个经现场应用考验过的、稳定的应用软件。系统中 XA-S3 的工作频率为 29.4912MHz，拥有 16 位外部数

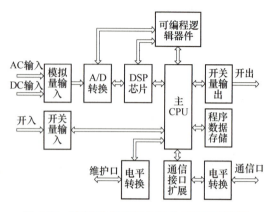

图 4-30　F2010B 型馈线终端单元的原理框图

据总线和 16MB 寻址空间。该 CPU 具有 2 个串行通信接口、1KB 片内 RAM、8 通道 8 位高速 A/D 转换器、3 个标准定时器/计数器等。

DSP 采用 AD 公司的高集成度 16 位定点单片数字信号处理器 ADSP-2185。它具有 29.4912MHz 主振频率，33MIPS；片内的 80KB 存储器可配置成 48KB 程序区和 32KB 数据区；内置一个 DMA 接口和两个双缓冲串行接口，DMA 接口用于和主 CPU 之间的数据传输，串行接口用于从串行 A/D 转换器处读取采样数据；由 FPGA 中的部分逻辑电路和一对八进制锁存器实现 DSP 芯片与主 CPU 间的接口。DSP 的运行程序代码存储于主电路的 Flash 存储器中，在系统上电初始化时，由主 CPU 通过 DSP 的 DMA 接口载入。

DSP 通过切换多路选择开关来使某一输入信号进入 A/D 转换器，获得的采样数据则作为原始数据进行电参数计算和故障判断。电参数计算包括电压、电流、零序电压、零序电流、有功功率、无功功率、视在功率、功率因数、相位和电流方向等；故障判断主要是进行相间短路故障、小电流接地故障等的判断。

系统中的存储器由 512KB 静态读写存储器和 512KB 电可擦除的 Flash 存储器组成。静态读写存储器是主 CPU 的工作内存，电可擦除的 Flash 存储器是掉电可保持的存储器，用于保存主 CPU 运行程序、DSP 运行程序及各类系统参数，可根据需要使用维护便携机下载各类程序到电可擦除的 Flash 存储器中。

（2）逻辑功能电路

F2010B 型馈线终端单元使用了一片大规模现场可编程逻辑阵列 FPGA，来完成各种复杂的逻辑运算，由于其利用软件编程实现各种分离逻辑器件的功能，不仅缩小了系统体积，同时还使得系统运行更加可靠和稳定。FPGA 实现的主要功能有主 CPU 和 DSP 之间的接口控制、模拟输入量的多路选择等。

（3）信息交互电路

1）模拟量输入电路。F2010B 最多可外接 24 个 50Hz/60Hz 交流模拟量，所有的交流模拟输入量都经模拟输入变换器实现隔离。F2010B 最多可外接 8 个直流模拟量，所有直流模拟输入量使用光电 MOS 开关实现隔离。

所有的模拟输入量经模拟输入变换器或光电 MOS 开关转换，然后滤波，再经过多路转换器选择输入，由 16 位高速 A/D 转换器转换为数字量，以串行数据流的形式送入 DSP 进行处理。

DSP 对交流输入信号的分析需要精确的采样间隔，主 CPU 动态跟随工频频率的变化，调整定时器的输出，从而精确控制多路转换器及采样保持电路，保证交流输入信号的采样总是满足每周波等间隔 64 次采样。

2）数字量输入/输出电路。F2010B 的数字量输入电路可以监视最多 64 路干触点输入的状态量，所有的 64 个状态量均经过光电隔离转换成逻辑信号。针对现场的实际应用，系统实现了对状态量的取反处理和消抖处理，且消抖时间可设。F2010B 的数字量输入电路可以设置为脉冲量采集方式。

F2010B 有 16 个常开继电器触点输出，触点额定值为 DC 10A/24V 或 AC 10A/220V，可通过当地/远方接线端子选择接通或断开继电器供电电源，以便在检修调试时闭锁继电器触点输出回路或进行手动操作。

F2010B 的数字量输出电路采用两级继电器设计以提高遥控输出的可靠性。CPU 通过返校寄存器，检查校对继电器输出控制过程中硬件控制电路及继电器驱动器状态是否正确，实现了继电器的状态返校。

3）通信接口。F2010B 标配 2 个串行通信接口，可以扩展为 4 个。为方便用户使用及转发设备的接入，F2010B 的通信接口设计较为灵活，各通信接口均可设置为 RS-232/RS-422/RS-485 中的任意一种。

F2010B 配置 1 个 10Mbit/s 或 100Mbit/s 自适应以太网网口。

（4）直流电源

为有效保证馈线终端单元电源部分的可靠工作，F2010B 采用了二级电源设计。第一级在 F2010B 外部实现 AC/DC 转换，为 F2010B 提供所需的直流电源，该级电源采用双路交流电源供电；第二级实现 DC/DC 转换，提供 F2010B 内部器件所需的工作电源，该级电源的输入为第一级电源的输出或后备蓄电池的输出。F2010B 的主供电源是浮地的直流电源，除了浪涌抑制电路以外，所有电路都与大地隔离，且所有电源输出都与一次侧输入隔离，总功耗小于 10W。

F2010B 的 DC/DC 转换器产生多组输出电压，其中 DC 5V 为内部逻辑电路供电；DC 12V 和 DC -12V 为内部模拟电路供电；隔离的 DC 5V 为通信接口提供隔离电源。

2. F2010B 型馈线终端单元的外部接口

F2010B 型馈线终端单元的外部接口如图 4-31 所示。

4.3.3　F2010B 型馈线终端单元的软件

F2010B 型馈线终端单元采用了实时多任务操作系统作为系统平台，在此平台上搭建各个程序模块。

1. 基本测量模块

系统对于外部输入电压、电流信号每个周波采样 64 个点，每个点的 A/D 转换位数为 16 位。数字信号处理器（DSP）可以自动调整采样速率以适应被测信号频率的变化。对这些采样点的计算是在 DSP 中进行的。

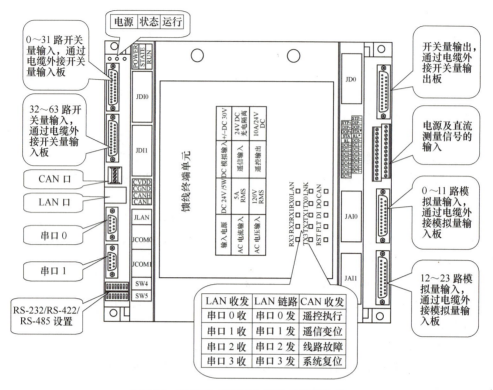

图 4-31　F2010B 型馈线终端单元的外部接口

数据缓冲区中的计算值可以被其他 F2010B 型馈线终端单元的应用软件、配电主站软件或馈线监控终端的调试软件访问。模拟量主要有每路馈线的三相电压及零序电压、线电压、三相电流及零序电流、有功功率、无功功率、视在功率、功率因数、相位、频率、直流电压等。开关量主要有输入遥信、馈线电流过电流、馈线电流方向、馈线电流倒送、零序过电流、零序过电压、开关动作、开关闭锁、中性点过电流、接地故障、馈线终端单元运行状态等。

2. F2010B 型馈线终端单元的通信规约

F2010B 型馈线终端单元采用国家标准规约实现与配电网自动化系统中配电主站的通信，其支持的数据通信规约有 IEC 60870-5-101、DNP 3.0、IEC 60870-5-104 等。F2010B 型馈线终端单元支持与配电主站通信的发送信息表灵活配置，该功能由馈线终端单元维护软件实现。

3. 故障检测

（1）故障检测类型

F2010B 型馈线终端单元的故障检测类型主要有相间短路故障、中性点过电流故障和小电流接地故障。在一个 F2010B 型馈线终端单元内，线路对应关系可任意配置，输入信号的差异会影响故障检测类型。

1）当三相电压、三相电流都能采集时，可以检测相间短路、中性点过电流、小电流接地故障。

2）当能采集两个线电压、两个相电流、零序电压、零序电流时，可以检测相间短路、中性点过电流、小电流接地故障。

3）当能采集两个线电压、两个相电流、零序电压时，可以检测相间短路、小电流接地故障。

4）当能采集两个线电压、两个相电流、零序电流时，可以检测相间短路、中性点过电流故障。

5）当只能采集两个线电压、两个相电流时，可以检测相间短路故障。

为了全面检测故障，应尽量采集三相电流及三相电压。另外，如果选择采集两个线电压和两个相电流，为了在正确判断故障的同时保证功率计算的正确性，应尽量采用线电压 u_{ab} 和 u_{cb}，电流则对应选择 i_a 和 i_c。

（2）相间短路故障检测

F2010B 型馈线终端单元通过检测相电流是否超过整定值，来判断是否启动相间短路故障处理模块。相电流整定值一般设置为大于线路的最大负荷电流值。相间短路故障处理模块可以检测和区分负荷过电流故障、瞬间故障和永久性故障，产生各相电流过电流、断路器重合成功、断路器闭锁等不同的报警信息并可以选择上报给配电主站。故障处理模块可以生成故障开始和故障结束几个周波的故障记录数据表供配电主站召唤。

相间短路逻辑过程根据现场各种实际情况共模拟出了 12 种状态进行获取，包括无电压无电流状态、确认无电压无电流状态、空闲状态、正常状态、过电流状态、确认过电流状态、确认复归状态、断路器动作状态、确认断路器动作状态、断路器闭锁状态、确认断路器复归状态、励磁涌流抑制状态。首先要明确的是每一种工作状态到另一种工作状态的转化都必须符合一定的条件，这种条件是严格的，也是在维护程序软件中预先规定好的。另外，状态转化条件与相应的维护程序软件的配置是一致的。

正常情况下，故障处理过程都是从空闲状态或正常状态开始的，最终再回到这两种状态，故障处理结束。比如，当正常运行时发生相间短路故障，只要电流超过故障电流定值（所有定值都可在维护程序软件里设置），故障处理进程就从正常状态进入确认过电流状态，这时可通过设置识别过电流时间（时间长短依据设置的周波数而定）来滤除瞬间状态。如果超过识别过电流时间，则判断为过电流状态，这时报告 SOE 并点亮故障指示灯；反之，如果电流正常，则进入正常状态。在过电流状态下，如果满足条件 1，即 F2010B 再次检测到失电压/失电流或者同时失电压失电流，则认为电源侧保护动作，进入确认断路器动作状态，经过确认断路器动作周期后，如果条件 1 成立，则进入断路器动作状态，报告 SOE；反之，则进入确认复归状态。在断路器动作状态下如果满足条件 2，即失电压后电压恢复/失电流后电流恢复或者同时失电压失电流后电压电流恢复，则认为电源侧保护进行重合闸，进入确认断路器复归状态，经过确认复归周期后进入正常状态，故障结束，熄灭故障指示灯。如果条件 1 再次成立，则认为重合闸不成功，再次跳开，返回到断路器动作状态，经过重合闸周期（该周期要大于实际保护的重合闸时间）后仍满足条件 1，则进入断路器闭锁状态，报告 SOE，接着进入无电压无电流状态，在此状态下经过一个可设置的闲置时间周期，则重新返回空闲状态，故障结束，熄灭故障指示灯。

（3）小电流系统单相接地故障检测

F2010B 型馈线终端单元通过检测零序电压或零序电流是否超过定值，来判断是否启动接地故障处理模块。零序电压启动的整定值一般设定为额定相电压值的 16.6%（相应 $3U_0$

的门槛值设定为额定相电压值的50%）；零序电流启动的整定值一般设定为系统最大接地电流稳态值的1/2，最大接地电流稳态值即系统接地故障时的3倍最大零序电容电流稳态值。故障处理模块可以生成故障开始和故障结束几个周波的故障记录数据表供配电主站召唤。

零序电压和零序电流的获取，需要根据用户配置的输入接线方式，采用不同的获取方法。

1）当有$3U_0$输入时，采用零序电压启动方式。

2）当没有$3U_0$输入，三相电压齐全时，用计算的$3U_0$作为判据，采用零序电压启动方式。

3）当没有$3U_0$输入，三相电压不齐全，有$3I_0$输入时，采用零序电流启动方式。

4）当没有$3U_0$和$3I_0$，三相电压不齐全，三相电流齐全时，用计算的$3I_0$作为判据，采用零序电流启动方式。

5）当以上条件均不满足时，小电流系统单相接地故障检测功能退出。

接地故障处理模块实现小电流系统单相接地故障选线或选段功能时，根据是否直接利用故障信号，可将选线或选段方法分为两类：主动式方法和被动式方法，其中被动式方法又可分为稳态量法和暂态量法。小电流系统发生单相接地故障时，因故障电流较微弱、电弧不稳定及随机因素等的影响，使得基于故障信号稳态量的选线和选段方法在实际应用时效果不理想，因此利用比故障信号稳态量大若干倍的故障信号暂态量进行选线和选段的方法，成为研究与应用的热点，下面介绍一种基于暂态零序电流和暂态零序电压导数间的极性关系的选线和选段方法。

小电流系统单相接地故障暂态零序等效网络如图4-32所示，图中u_{k0}为故障点零序虚拟电压源，在数值上等于故障点暂态零序电压；C_{k0u}、C_{k0d}、$C_{n0}(n \neq k)$、C_{s0}分别为故障点与母线间线路的对地电容、故障点下游线路的对地电容、非故障线路的对地电容、母线及其背后系统的对地电容；L_P为消弧线圈电感。对于非故障线路$j(j=1, 2, \cdots, n$且$j \neq k)$，故障暂态零序电压$u_0(t)$与暂态零序电流$i_{j0}(t)$满足关系

$$i_{j0}(t) = C_{j0} \frac{\mathrm{d}u_0(t)}{\mathrm{d}t} \tag{4-60}$$

式中，C_{j0}为非故障线路的对地电容。

忽略消弧线圈的影响，故障线路k的暂态零序电压$u_0(t)$与暂态零序电流$i_{k0}(t)$满足关系

$$i_{k0}(t) = -C_{b0} \frac{\mathrm{d}u_0(t)}{\mathrm{d}t} \tag{4-61}$$

式中，C_{b0}为所有非故障线路的对地电容与母线及其背后系统的对地电容之和。

可见，以暂态零序电压的导数为参考，检测暂态零序电流的极性就能判断出暂态零序电流的方向，实现选线，其判据为：故障线路的暂态零序电流与暂态零序电压导数间始终保持反极性，非故障线路的暂态零序电流与暂态零序电压导数间始终保持同极性。图4-33给出了一个现场实际记录的故障线路暂态零序电流与暂态零序电压的波形，对图4-33中的暂态零序电压求导，可得其与故障线路的暂态零序电流间的极性关系，如图4-34所示，两波形始终保持反极性，因此，可将暂态零序电流与暂态零序电压导数间的极性关系作为选线判据。

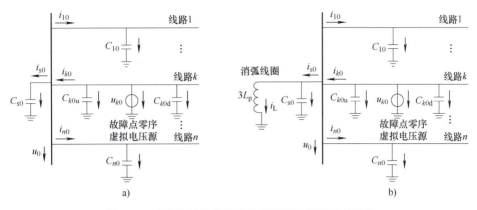

图 4-32　小电流系统单相接地故障暂态零序等效网络

a）中性点不接地配电网　b）谐振接地配电网

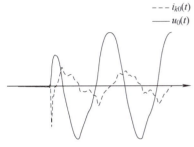

图 4-33　故障线路暂态零序电流与
暂态零序电压的波形

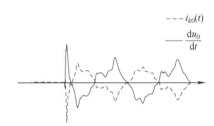

图 4-34　故障线路暂态零序电流与
暂态零序电压导数的波形

定义线路 m 的单相接地故障暂态零序电流 $i_{m0}(t)$ 和暂态零序电压 $u_0(t)$ 导数的极性关系系数为

$$D_m = \frac{1}{T}\int_0^T i_{m0}(t)\,\mathrm{d}u_0(t) \tag{4-62}$$

式中，T 为暂态过程持续时间。

对于单相接地故障选线的应用，如果 $D_m>0$，则 $i_{m0}(t)$ 与 $\dfrac{\mathrm{d}u_0(t)}{\mathrm{d}t}$ 同极性，判断线路 m 为非故障线路；如果 $D_m<0$，则 $i_{m0}(t)$ 与 $\dfrac{\mathrm{d}u_0(t)}{\mathrm{d}t}$ 反极性，判断线路 m 为故障线路。

对于单相接地故障选段的应用，其判据为：非故障区段两端测量的暂态零序电流与暂态零序电压导数同极性，故障区段上游测量的暂态零序电流与暂态零序电压导数反极性。除了利用式（4-62）判断暂态零序电流和暂态零序电压导数间的极性关系外，也有研究采用基于人工智能的图像识别技术，把图 4-34 中的波形作为图像进行识别，获得两个暂态零序量间的极性关系，进而实现单相接地故障选线或选段。

基于暂态零序电流和暂态零序电压导数间的极性关系的单相接地故障选线和选段方法，仅利用本线路或本测量点的暂态零序电流与暂态零序电压信号，不需要其他线路或其他测量点的暂态零序电流或暂态零序电压信号，所以无需数据通信，具备自具性，可以将该选线或选段方法集成到配电线路短路保护装置中，也可以用于馈线终端单元中，实现小电流系统单相接地故障选线或选段，提高单相接地故障运维效率，若能进一步采用单端或双端行波测距技术，则可更精确地定位单相接地故障点，大大缩短故障查找时间。

（4）故障信息和故障记录

故障处理模块产生软件 SOE，用于通知配电主站系统已检测到一次故障，并将本次记录的故障数据存储于 F2010B 的内存里。配电主站系统按照一定的通信规约召唤故障报告，获取详细的故障数据。

用一个遥测量（共 16 位软件开关量）表示一个回路的故障状态，简称故障状态字。

故障状态字包括相电流过电流、相功率方向、相电流倒送、中性点电流超过定值、中性点电压超过定值、断路器重合成功、断路器闭锁、接地故障等。

故障报告内容包括故障结束时间，故障发生源的 ID 号，故障状态字，故障开始前后一周波电流、电压、零序电流、零序电压有效值，故障结束前后一周波电流、电压、零序电流、零序电压有效值等。

4.4 故障指示器

4.4.1 概述

配电网发生故障后故障处理可分为 3 个阶段：第一阶段为故障开断和清除，它主要靠继电保护在较短时间内快速、有选择性地切除故障，一般在毫秒级时间内完成；第二阶段为故障区域的自动隔离和非故障区域的自动恢复供电，一般在秒级时间内完成；第三阶段为故障后的故障区段定位和故障处理。

配电网故障区段自动定位作为配电网自动化的一个重要内容，对提高供电可靠性有很大影响，也得到了越来越多的重视。配电网不同于输电网，其分支很多，故障后一般只是上级断路器跳闸，但不能确定具体故障分支和位置。目前，大多数情况下还不能对配电线路进行全面的监测和控制，即使在主干线上有分段开关，也只能隔离有限的几段，在故障后寻找故障点往往要耗费大量物力和人力。由于配电网密布在城乡及山区，常年处于户外，经受风雨冰霜、雷电及环境污染等影响，加上不可预测的人为因素造成配电网短路停电的事故时有发生，一旦发生故障，如果没有技术手段，就不能迅速确定故障所在的位置，只能派大量寻线人员四处查找。在中性点不直接接地的配电网中，对于单相接地故障，尽管没有大的短路电流，但由于故障后非故障相的电压会升高，如果不能及时排除，会引起新的短路故障，所以人们规定：发生单相接地故障后，最多带故障运行 1~2h。因此尽快找到故障点，及时恢复供电，减少停电时间是提高供电可靠性的关键。目前常用的方法有：

1）利用继电保护及配合，确定故障出线。

2）在线路上装设重合器、分段开关等，故障后自动隔离故障区段。

3）在分支上装设熔断器或分段开关等。

4）在线路分段开关处装设馈线监控终端。

5）安装故障指示器。

方法 1）~4）主要是在有条件的场合通过在线路上安装分段开关或馈线监控终端，于故障后利用分段开关的互相配合或配电主站计算机软件的故障区段定位算法，确定故障区段并将故障区段隔离，但由于开关设备的投资较大，有时保护也难配合，所以线路上只能安装有限的设备，很难精确进行故障定位，要找出故障点仍很困难，而且还未牵涉单相接地故障的检测和区段定位。

方法 5）是近年来发展的一种有效的故障位置指示手段，根据故障指示器的指示，可以比较快地找到故障点。将方法 4）、方法 5）结合使用，既可进行故障区段隔离及恢复对非故障区段供电，又可较好地确定故障点。

故障指示器是一种安装在架空线、电缆及母排上，用于指示故障电流通路的装置。通过在分支点和用户进线等处安装故障指示器，可以在故障后借助故障指示器的指示，迅速确定故障分支和具体区段，大幅度减少寻找故障点的时间，并有助于尽快排除故障，恢复正常供电，提高供电可靠性。

在中性点不直接接地的配电网中，对于单相接地故障，已有一些应对方法和装置在变电站使用，多数情况下它们可以找出故障出线，但不能直接用于查找单相接地故障区段、故障分支及故障点，单相接地故障区段定位仍是个技术难题。有些故障指示器采用首半波法、接地暂态电流突变法和信号注入法进行单相接地故障判断，然而简单采用单一的首半波法或者接地暂态电流突变法存在技术原理上的缺陷，经常导致误动。虽然信号注入法相对稳定，但由于设备费用高昂和安装不便而推广困难，对于负荷波动大的线路也经常误动，在接地阻抗较高和接地线接地不牢时甚至可能发不出信号。目前，国内少数厂家的产品能根据系统结构和不同的安装位置远程在线修改故障指示器的接地故障判据参数，并可通过通信网络将故障指示器监测到的接地暂态电流波形或突变量、对地电场、环境温湿度、变电站接地选线装置的接地报警和选线信息都汇总到配电主站，由配电主站软件进行综合决策判断，大大提高了单相接地故障点判断的准确性。

4.4.2　短路故障指示器

1. 短路故障指示器的原理

它通常包括电流和电压信号采集和处理、故障检测和判断、故障指示器动作驱动、状态指示及信号输出控制、故障指示延时计时及自动复位控制等部分，如图 4-35 所示。

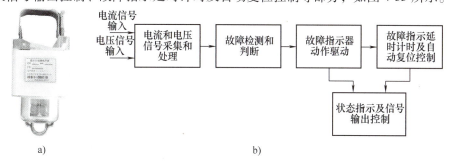

图 4-35　短路故障指示器
a）实物图　b）原理框图

由于短路故障指示器一般安装在配电网架空线路上、架空或地下电缆上、开关柜母排上，因此它通过检测空间电场电位梯度来检测电压，通过电磁感应来检测线路电流。

故障判别功能主要通过检测电流和电压的变化来识别故障特征，从而判断是否给出故障指示。由于短路故障指示器的指示方式不同，因此相应的驱动方式也不同。短路故障指示器动作后，其状态指示一般能维持数小时至数十小时，便于巡线人员到现场观察。为了免维护，短路故障指示器一般具有延时自动复归功能，在故障排除、恢复供电后自动延时复归，为下次故障指示做准备。

当系统发生短路故障时，线路上流过短路故障电流的短路故障指示器检测到该信号后自动动作，如由白色指示变为红色翻牌指示，或给出发光指示。巡线人员由变电站出口开始，沿着动作了的短路故障指示器指出的方向前行至分支处，再沿着有短路故障指示器动作的主干或分支线路前行，则该主干或分支线路上最后一个动作的短路故障指示器和第一个没有动作的短路故障指示器间的区段，即为故障点所在的区段。因此利用短路故障指示器，可减小巡线人员的工作强度，提高故障排查效率和供电可靠性。

如图 4-36 所示，相间短路故障发生在点 f 处，从变电站出口到故障点 f 之间，流过大的短路电流 I_f。短路故障指示器 GZ0、GZ2、GZ4 检测到故障电流，自动动作，GZ1、GZ3、GZ5、GZ6 没有动作，说明故障发生在 GZ4 和 GZ5、GZ6 之间。

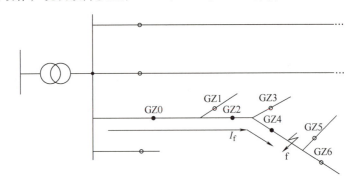

图 4-36　短路故障指示器故障区段定位原理

2. 过电流型故障指示器的原理

早期的故障指示器的故障检测利用与过电流继电器类似的原理，每只故障指示器出厂前设置一个动作值 I_v，运行过程中当检测到流过故障指示器的线路电流 I_f 大于设定值 I_v、该电流持续时间 T_f 大于设定值 T_v 时则判断为故障，自动给出故障指示。即

$$I_f > I_v \tag{4-63}$$

$$T_f > T_v \tag{4-64}$$

应用要求：

1）I_v 要大于安装点正常运行时可能流过的最大负荷电流。

2）I_v 要小于线路末端故障时安装点可能出现的最小短路电流。

缺点：

1）需仔细审核安装点正常运行时和故障状态下的电流，选择适当的动作值，否则会造成拒动或误动。

2）当系统运行状态改变时，需更换不同动作值的指示器，否则不能保证指示器正确动作。

优点：原理简单。

由于故障指示器是一种全户外、免维护的产品，除故障信号指示部分外，其余部分在出厂前一般采用密封材料全密封，因此其定值一般设定后就难以更改了，这可能会带来一些问题。

1）拒动。由于定值已事先设定好，因此其安装在线路上的位置还要考虑与变电站出口保护的配合，如果故障指示器定值大于变电站出口保护的过电流定值，就可能会出现保护动作了而故障指示器不动作，即所谓拒动的现象。

2）误动。如果故障指示器的定值小于变电站出口保护的过电流定值，有可能在线路负荷电流变化时，出现大于故障指示器定值但小于变电站出口保护的过电流定值的电流，这会导致故障指示器动作而变电站山口保护没有动作的误动现象。同样，有时由于励磁涌流现象或电容器投切，也会造成故障指示器误动作。

3）生产使用复杂。为了产品的经济性，一般故障指示器的动作定值是由硬件确定的，生产完成后不好更改定值，因此生产厂家要同时准备一定数量各种定值的故障指示器库存。由于定值种类繁多，一般会有十几档，用户要根据安装位置的不同选用不同定值的故障指示器，使用较复杂，安装位置不对有可能造成故障指示器将来误动和拒动。特别是当系统运行状态改变时，可能需要更换不同定值的故障指示器。虽然目前可通信故障指示器可解决定值设置问题，但基于过电流原理的故障指示器仍存在与变电站出口保护配合的问题。

3. 自适应型故障指示器的原理

自适应型故障指示器的动作判据与过电流型故障指示器的动作判据相比，有很大变化，自适应型故障指示器的故障判据不再是电流的大小，而是电流的变化量。配电线路发生短路故障时，线路电流一般会有以下变化规律：

1）从运行电流突增到故障电流，即有一个正的 ΔI 变化。

2）上级断路器的电流保护装置驱动断路器跳闸或熔断器熔断，其故障电流维持时间是断路器的故障清除时间（故障清除时间=保护装置动作时间+开关动作时间+故障电流熄弧时间）或熔断器的熔断及燃弧时间。

3）线路停电，电流和电压下降至零。

根据这些特征，自适应型故障指示器的动作判据可概括为

$$\Delta I_f > I_v \tag{4-65}$$

$$T_{min} \leqslant \Delta T \leqslant T_{max} \tag{4-66}$$

$$I_L = 0，U_L = 0 \tag{4-67}$$

式中，ΔI_f 为故障电流分量或电流变化量；I_v 为定值，不同型号的故障指示器根据使用的场合不同会略有差别；ΔT 为故障持续时间；T_{min}、T_{max} 为定值，由配电网的保护性能、开关性能等决定，T_{min} 为故障可能切除的最小时间，T_{max} 为故障可能切除的最大时间；I_L、U_L 分别为故障后的电流和电压值。

当线路上的电流突然发生一个正的突变，且其变化量大于定值，然后在一个很短的时间内电流和电压又下降为零时，则判定这个线路发生了短路故障。显然，该判据只与故障时的短路电流分量有关，而与正常工作时的线路电流的大小没有直接关系，因此，它能自适应负荷电流的变化，且对故障特征考虑得比较全面，可以大大减小误动的可能性。例如，当配电网运行结构变化，负荷变大时，如图 4-37a 所示；当有大负荷投切时，如图 4-37b 所示；当配电网中出现短时励磁涌流时，如图 4-37c 所示；当投大负荷后人为停电时，如图 4-37d 所

示。故障指示器均能有效识别而不动作，只有流过短路电流时才给出故障指示。

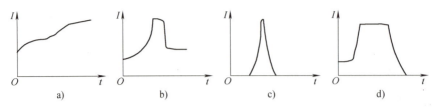

图 4-37　各种线路电流特征

a）负荷变大　b）大负荷投切　c）出现短时励磁涌流　d）投大负荷后人为停电

自适应型故障指示器不再需要设定动作过电流阈值，大大方便了生产和应用，同一个应用场合一般只要安装一类自适应型故障指示器即可。因其能识别故障特征，所以大大减小了拒动和误动概率，不管正常运行时的负荷电流有多大，只要不是故障电流一般都不会误动；空载长线路末端故障时，一般短路电流比较小，但只要满足故障特征，自适应型故障指示器也会可靠动作而不会拒动。

4.4.3　故障指示器的应用和发展

由于故障指示器的方便性、有效性和较高的性价比，其在配电网自动化系统中得到了广泛应用。美国每年大概有 20 多万只故障指示器应用到配电网中。德国柏林已经将其作为配电网主要的故障自动化检测工具。2018 年，我国约有 230 万只故障指示器投运。随着应用的普及，故障指示器根据获取工作电源的方式、应用场合、卡线结构、指示方式等方面的不同，分成多种类型，而且逐渐增加了其他一些功能，如故障录波等。

1. 故障指示器的种类

（1）按获取工作电源的方式分类

故障指示器在线悬挂在高压环境下，需要解决工作电源的获取问题，一般有以下几种方式：

1）电场型，利用配电线路空间电场的电位梯度给故障指示器的电源回路充电。

2）电流型，利用配电线路的工作电流给电源回路充电。

3）综合型，在电流型的基础上增加后备锂离子电池，平时靠电流工作，在线路电流很低、空载或停电情况下，后备电池自动投入工作。

（2）按应用场合和卡线结构分类

故障指示器根据需要可能安装在不同场合和不同的配电线路上，因此其卡线结构也要相应变化，一般有以下几种：

1）架空型，借助于绝缘操作杆操作，适合在架空线上直接带电安装或拆卸。

2）电缆型，卡线结构直径较大，适合在电缆上安装，一般可带电装卸。

3）母排型，适合在开关柜的矩形母排上安装，一般不可带电装卸。

（3）按指示方式分类

1）旋转式翻牌指示，平时红色显示体藏匿在遮挡体下方，观察不到，故显示为白色正常状态，动作时显示体旋转 60°或 90°，从遮挡体下方旋转出来，显示为红色动作状态。

2）发光指示，一般使用高亮度发光二极管，正常状态时不亮，动作时以一定频率闪烁。

由于故障指示器闪光期间一直耗电,因此故障指示器的闪光持续时间一般是有限制的。

3)近年来有些产品将旋转式翻牌指示和发光指示结合在一起,白天旋转式翻牌指示的红色反光膜容易观察,夜晚发光指示容易观察。

4)分离指示,这种指示方式将检测探头和指示部分分离,指示部分一般通过光纤或短距离无线通信的方式与检测探头相连,指示部分可以安装在容易观察的地方。比如,电缆系统中的故障指示器,检测探头安装在地下电缆沟中的电缆上,而指示部分安装在比较容易观察的开关柜的面板上,分离安装的指示部分一般用发光二极管指示,也有使用旋转式翻牌指示的。有些场合在给出发光指示的同时,还可以给出触点信号。当故障指示器动作后,其对应的触点状态也相应发生变化,这个触点既可以用来驱动第三方的信号,如给出音响报警等,又可以将触点连接到某些自动化装置的开关量输入端子上,从而为第三方自动化系统所利用,或借助于自动化装置的通信信道将故障状态信息远传到配电主站。

5)短距离无线通信。故障指示器与现场的故障采集器间采用短距离无线通信实现双向数据通信。故障指示器可以将动作信号通过短距离无线通信方式发送到现场的故障采集器,由故障采集器将故障信号通过 GPRS 或光纤送到配电主站,还可进一步与地理信息系统相结合,故障后就可以在地理图上直接将故障点的地理位置标识出来,从而可以让维护和抢修人员直接到达故障点,免去了人工现场巡检工作,提高了抢修速度,缩短了非计划停电的时间,提高了供电可靠性。

目前,也有采用被动式信号注入法实现单相接地故障检测的。该方法在变电站安装一个自动可控的电阻性负荷装置,发生单相接地故障时,设置在变电站变压器中性点(或接地变压器的中性点,无中性点时可接在母线上)的电阻性负荷装置自动短时投入,在变电站和现场接地点之间产生特殊的小电流信号(最大不超过 40A),这个小电流信号调制在故障相的负荷电流上,安装在变电站出口和线路上处于故障通路的故障指示器将检测到这个电流信号,并动作指示,达到指示故障的目的,或通过其他自动化装置(如馈线监控终端)检测此信号,达到判断故障区段的目的。

2. 故障指示器的自动复位功能

故障指示器动作后一般可维持动作状态数小时至 48h,便于巡线人员现场巡线,查找故障点。复位延时可事先设定,延时时间到后,可以自动触发故障指示器复位,恢复为原始状态或停止灯光闪烁。有些故障指示器还可以手动复位,即在故障排除恢复送电后手动复位。

有些故障指示器还有智能复位功能,对于瞬时性故障,为了查找故障隐患,按照事先约定的长延时复位。对于永久性故障,在故障停电期间一直维持指示状态,故障排除恢复送电后几分钟内马上自动复位。

3. 故障指示器的励磁涌流抑制功能

有些线路配置有重合闸装置,断路器跳闸后会在短时间内重合一次,重合不成功后再次跳闸。在重合闸时非故障线路上的故障指示器会感受到励磁涌流冲击,而如果故障线路上的故障未消除,则断路器会再次跳闸,该断路器下方的非故障线路分支上的故障指示器在励磁涌流冲击后会立即因断路器跳闸而检测到停电,因此形成了一个类似于短路故障特征的电流波形,有时故障指示器会因此而误动。这种情况下可以利用励磁涌流冲击前的无电状态作为闭锁动作条件。

4. 故障指示器的一般安装位置

1）变电站出线，用于判断故障在站内还是站外。

2）长线路分段，指示故障所在的区段。

3）高压用户入口，用于判断用户故障。

4）安装于电缆与架空线路连接处，指示故障是否在电缆段。

5）环网柜或电缆分支箱的进出线，判断故障区段和故障馈出线。

课后习题

1. 根据模拟输入信号中基波频率与采样频率之间的关系，采样方式可分为异步采样和同步采样2种，这2种采样方式有什么区别？如何实现采样的同步？

2. 简述配电网柱上馈线终端单元选用A/D转换器时需考虑的主要技术指标。

3. 对于配电网柱上馈线终端单元，假设其A/D转换器的电压输入范围为±10V，所处工作环境的电磁噪声强度处在1~10mV之间，简述如何选择A/D转换器的位数。

4. 馈线终端单元的A/D转换器的转换精度为16位，电压输入范围为±15V，若馈线终端单元的CPU测得A/D转换器的某次输出值为3645H，求此时A/D转换器的输入电压幅值及其最小分辨率（单位：V）。

5. 简述为什么傅里叶级数算法本身具有滤波功能。

6. 简述配电网柱上馈线终端单元开关量采集的变位记录与延时确认过程。

7. 配电线路发生短路故障时，线路电流一般会有以下变化规律：①从运行电流突增到故障电流；②上级断路器的电流保护装置驱动断路器跳闸或熔断器熔断，其故障电流持续时间是断路器的故障清除时间（故障清除时间=保护装置动作时间+开关动作时间+故障电流熄弧时间），或熔断器熔断及燃弧时间；③线路停电，电压和电流下降为零。根据上述规律制定的自适应型故障指示器的动作判据，能有效识别图4-37所示的4种非故障情况而不误动，试分析原因。

第5章

电力用户用电信息采集终端

5.1 智能电能表

智能电能表（Smart Electricity Meter，SEM）由主控单元、电能计量、远程费控、载波接口、红外接口、脉冲输出等组成，如图5-1所示，具有电能计量、信息存储及处理、实时监测、自动控制、信息交互等功能。单、三相智能电能表都是多功能的电能表，它们在电能计量基础上重点扩展了信息存储及处理、实时监测、自动控制、信息交互等功能，这些功能是围绕智能配电网建设而增加的，用于电能计量、营销管理、客户服务异常监测等。

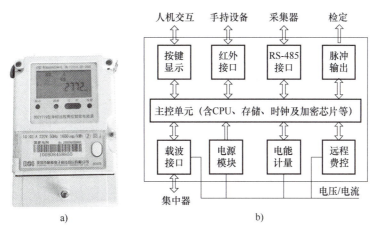

图5-1　智能电能表
a）实物图　b）原理框图

智能电能表的电路主要包含电能计量芯片、CPU、存储器芯片、时钟芯片、加密芯片、远程费控芯片、红外/载波/RS-485 通信接口芯片等。电能计量芯片将电压、电流模拟信号转换为数字信号后，经计算处理得到电能、电压、电流、功率等参数；CPU 定时或根据电能计量芯片的脉冲信号，以串行通信的方式读取电能计量芯片中的各类数据，结合运行参数，实现电能的分时段累加、定期数据冻结、事件生成等，并将相关数据存入非易失存储器芯片中。外部设备如手持设备、集中器等通过红外、RS-485、载波等通信接口，可读取智能电能表内实时或存储的数据、事件等，实现数据采集和异常监测的功能。单相智能电能表常用的计量芯片有锐能微 RN8209C、钜泉 HT7017 等，主控芯片主要有复旦微 FM33A048等。三相智能电能表常用的计量芯片有锐能微 RN8302B、钜泉 HT7032 等，主控芯片主要有锐能微 RN8318、复旦微 FM33A0610 等。

5.1.1　智能电能表的特点

与普通电子式电能表相比，智能电能表的主要特点有：

1. 应用功能扩展

智能电能表除具有基本的电能计量功能外，还具有正反向计量、分时计量、远程抄表、远程监测及控制、用电信息安全防护、事件记录、主动上报信息等多种功能，并支持分时电价、阶梯电价等电价模式。正反向计量使智能电能表兼有用电和售电的计量属性，适用于自备分布式电源的用户的用电及售电计量。

2. 配电网及电能表异常检测

智能电能表增加了停电时开表盖的检测，以及磁场干扰、电源异常、负荷开关误动作、电池电压低、失电压、失电流等多种配电网及电能表异常的检测记录功能，并可经由通信接口将异常信息及时上送至用电信息采集系统。

3. 通信协议及通信模块接口统一

DL/T 645—2007《多功能电能表通信协议》、DL/T 698.45—2017《电能信息采集与管理系统第4-5部分：通信协议——面向对象的数据交换协议》及其备案文件，对智能电能表的通信报文格式、字段做了定义，确保不同厂家的智能电能表可互换，此外还统一了通信模块的接口，以提高不同通信模块的兼容性，满足通信技术升级换代的需求。

4. 通信方式多样化

智能电能表具备 RS-485、红外等通信接口，还可以根据应用场合的需求，选择窄带载波、宽带载波、微功率无线、4G/5G 等多种通信方式。

5. 远程费控功能

智能电能表在本地主要实现电能计量功能，其没有本地计费功能，计费功能由远程的电力公司计费系统完成。当用户欠费时，计费系统向智能电能表发送跳闸命令，切断用户的供电电源，当用户充值后，计费系统向智能电能表发送合闸命令，恢复用户供电。

6. 信息交互安全可靠

智能电能表与传统电能表相比，增加了硬件加密芯片，采用 SM1 加密算法对购电、控制、参数设置等重要操作进行加密认证，确保信息交互安全可靠。

5.1.2　智能电能表的功能

智能电能表具有电能计量、需量及最大需量测量、数据存储、数据冻结、事件记录、通信、费控等功能。在指定的需量周期（一般取 15min）内测得的平均功率值称为电能的需量，在一定时间周期内测得的平均功率最大值称为电能的最大需量。智能电能表部分功能介绍如下：

1. 数据冻结

1）瞬时冻结：在需要临时进行数据冻结时，智能电能表可冻结当前的日历、时间、所有电能量和重要测量量等数据，应保存最后 3 次的瞬时冻结数据。

2）分钟冻结（负荷记录）：三相智能电能表可记录正反向有功总电能、组合无功总电能、四象限无功总电能、当前有功需量、当前无功需量、分相电压、分相电流、零线电流、三相电流矢量和、有功功率、无功功率、功率因数等数据，在间隔时间为 15min 的情况下，能够记录不少于 365 天的数据；单相智能电能表可记录正反向有功总电能、单相电压、单相电流、零线电流、有功功率、功率因数等数据，在间隔时间为 15min 的情况下，能够记录不少于 365 天的数据。分钟冻结（负荷记录）的间隔时间可以在 1~60min 范围内设置，默认为 15min。

3）整点冻结：存储整点时刻的有功总电能，可存储 254 个数据。

4）日冻结：存储每天零时的电能，可存储 365 天的数据。若因停电错过日冻结时刻，上电时将补全日冻结数据，最多补冻结最近的 7 个日冻结数据。

5）月冻结：存储每月 1 日零时的单向/双向总电能和各费率电能，以及正反向有功最大需量数据，可存储 24 个数据。

6）切换冻结：在新老两套费率转换、时段转换、阶梯电价转换或电力公司认为有特殊需要时，冻结转换时刻的电能量以及其他重要数据。

7）结算日冻结：至少能存储上 12 个结算日的单向或双向总电能和各费率电能数据、总最大需量和各费率最大需量及其出现的日期和时间的数据。数据转存分界时刻为月末的 24 时（月初零时），或每月的 1 日至 28 日内的整点时刻，其中需量保存的是月最大需量。若因停电错过结算时刻，上电时应能补全上 12 个结算日的电能、需量等数据。

8）阶梯结算冻结：存储每个阶梯结算日的阶梯用电量，可存储 4 个数据。

2. 事件记录

智能电能表可记录以下各类事件：

1）各相失电压、欠电压、过电压、断相、过电流、断电流、失电流、开表盖、开端钮盖等可能影响计量准确性的事件。

2）掉电、总功率因数超下限、分相功率因数超下限、需量超限、全失电压、电压（流）逆相序、总功率反向、分相功率反向等工况事件。

3）拉闸、合闸、负荷开关误动作等控制或异常事件。

4）永久记录电能表清零事件。

5）需量清零、事件清零、编程、校时等参数变更事件。

在供电情况下，所有事件均可主动上报，上报的事件可设置。在停电和上电时刻，分别上报停电和上电事件。

3. 通信

智能电能表的通信信道物理层必须独立，任意一条通信信道的损坏都不得影响其他通信信道正常工作。通信信道需支持重要事件主动上报。

（1）RS-485 通信

1）RS-485 接口与智能电能表内部电路实行电气隔离，并具有失效保护电路。RS-485 接口的电气性能、机械性能、通信协议应满足 DL/T 645—2007、DL/T 698.45—2017 及其备案文件的要求。

2）RS-485 接口的通信速率可设置，标准速率为 1200bit/s、2400bit/s、4800bit/s、9600bit/s，应用 DL/T 645—2007 时，默认值为 2400bit/s，应用 DL/T 698.45—2017 时，默认值为 9600bit/s。

（2）红外通信

1）应具备调制型或接触式红外接口，默认配置调制型红外接口。红外接口的电气性能、机械性能、通信协议应满足 DL/T 645—2007、DL/T 698.45—2017 及其备案文件的要求。

2）调制型红外接口的默认通信速率为 1200bit/s。

（3）载波通信

1）智能电能表可配置窄带或宽带载波通信模块。智能电能表与载波通信模块之间的通信遵循 DL/T 645—2007、DL/T 698.45—2017 及其备案文件。

2）在载波通信时，智能电能表的计量性能、存储的计量数据和参数不受影响和改变。

3）采用外置即插即用型载波通信模块的智能电能表，其载波通信接口应有失效保护电路，即在未接入、接入或更换载波通信模块时，不会对智能电能表自身的性能、运行参数以及正常计量造成影响。

（4）无线通信

1）智能电能表的无线通信接口应采用模块化设计。更换或去掉无线通信模块后，智能电能表自身的性能、运行参数以及正常计量不受影响。更换无线通信网络时，只需更换无线通信模块和软件配置，不需更换整只智能电能表。

2）可主动向配电主站上报发生的重要事件。

3）无线 GPRS/CDMA 等通信模块支持 TCP 与 UDP 两种通信方式，通信方式由配电主站设置，默认为 TCP。在设备拨号成功获取 IP 后，向配电主站发送登录帧，登录成功后定期发送心跳，心跳周期由配电主站设置。

4）无线通信底层协议应符合 DL/T 645—2007、DL/T 698.45—2017 及其备案文件的要求。

4. 费控

1）随着电力市场化交易的发展，电价调整的频次越来越高，因此要求费控的模式采用远程费控。远程费控智能电能表不涉及电费的计算和存储等，降低了因电价调整导致需要变更电能表电价参数的维护工作量。

2）采用远程费控模式时，用电信息采集系统采集智能电能表的电能数据，并传给营销业务系统，由营销业务系统计算电费，在发生欠费且需要执行跳闸控制时，则由营销业务系统向用电信息采集系统发出给指定的智能电能表下发跳闸控制指令的要求，智能电能表接收到跳闸控制指令后，由加密芯片解密并执行。当用户交费后，营销业务系统发起取消费控的流程，用电信息采集系统将加密的合闸控制指令发送给指定的智能电能表，经解密成功后，执行合闸控制指令。

5.1.3 安全认证

1. ESAM 模块

对智能电能表进行参数设置、预存电费、信息返写和下发远程控制命令时，需通过严格的密码验证或 ESAM（Embed Safe Application Module）模块等安全认证，以确保数据传输安全可靠。ESAM 模块嵌在设备内，可实现安全存储、数据加/解密、双向身份认证、存取权限控制、数据加密传输等安全控制功能。ESAM 模块一般以加/解密芯片的形式体现，其内置了 CPU 和特定的加/解密算法，负责确保营销业务系统与智能电能表数据在传输过程中的信息安全。ESAM 模块由智能电能表制造商安装在费控智能电能表中。运行管理部门在智能电能表安装到现场前，应将 ESAM 模块由公钥状态转为私钥状态。费控智能电能表的数据存取以及密钥的安全认证过程都在用户卡（或抄表配电主站、抄表集中器）与费控智能电能表中的 ESAM 模块之间进行，而与费控智能电能表中的微控制器无关，微控制器的软硬件仍然由智能电能表制造商负责设计，实现费控智能电能表的功能。

2. 智能电能表信息交换安全认证

远程费控智能电能表利用网络通信技术，不仅可以实现远程参数设置，例如时段编程、校时等，也可以实现远程控制等功能，其内置的加/解密芯片，为上述重要操作提供了安全保障。

远程费控智能电能表信息交换的过程如图 5-2 所示。远程费控智能电能表通过其内嵌的 ESAM 模块与密码机之间的安全认证来确保其信息交换的安全性。

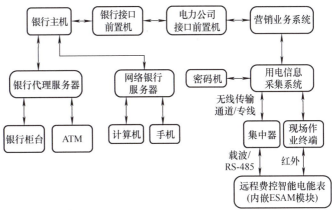

图 5-2　远程费控智能电能表信息交换的过程

5.2　专变及公变采集终端

5.2.1　专变及公变采集终端简述

专变采集终端是对专变用户用电信息进行采集的设备，它可以实现电能表数据的采集、电能表工况和供电电能质量的监测以及用户用电负荷的监控，并对采集的数据进行管理。专变采集终端大多具有交流采样功能，它通过 RS-485 接口外接三相电能表，抄读电能等数据并转发给配电主站系统，配电主站系统利用电能表的数据进行收费。现地无功补偿功能一般由独立的无功补偿控制器实现。

公变采集终端是对公用配电变压器进行综合监测和管理的设备，可实现公用配电变压器电能信息采集、设备状态监测、电能质量监测及无功补偿控制等功能，并实现对采集的数据进行存储、管理和远程传输。公变采集终端由主控单元、交流采样、输入/输出接口、键盘显示、设置查询、本地维护、远程通信及电源模块组成，如图 5-3 所示。

a)

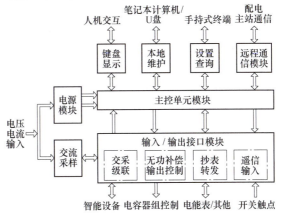

b)

图 5-3　公变采集终端
a) 实物图　b) 组成框图

公变采集终端通过交流采样模块采集公用配电变压器的实时电压、电流等模拟量数据，通过 RS-485 抄表接口与公用配电变压器的台区总表进行通信，以采集、存储并处理电能表的电能、运行状态等各项数据。由于功能扩展的需要，公变采集终端可通过 RS-485 转发接口与公用配电变压器油温监测器、低压抄表集中器等设备交换数据，并通过远程信道向配电主站转发数据，从而实现转发本地其他设备数据的功能。目前，公变采集终端还可以集成公用配电变压器考核电能表、低压抄表集中器的功能。

5.2.2 专变及公变采集终端的功能

公变采集终端与专变采集终端的主要区别在于公变采集终端具有无功补偿控制功能。下面主要介绍专变采集终端的功能，专变采集终端的功能配置见表 5-1，选配功能中的交流模拟量采集可为异常用电分析和实现功率控制提供数据支持。

表 5-1　专变采集终端的功能配置

序号	项目		必备	选配
1	数据采集	电能表数据	√	
		状态量	√	
		脉冲量	√①	
		交流模拟量		√
2	数据管理和存储	实时和当前数据	√	
		历史日数据	√	
		历史月数据	√	
		电能表运行状况监测	√	
		电能质量数据统计	√	
3	参数设置和查询	终端参数	√	
		抄表参数	√	
		预付费等参数		√
		费率时段等参数	√	
		时钟召测和对时	√	
		TA 电流比、TV 电压比及电能表脉冲常数	√	
		功率控制参数		√
4	控制	预付费控制		√
		功率定值闭环控制		√
		保电/剔除	√	
		遥控		√
5	事件记录	重要事件	√	
		一般事件	√	
6	数据传输	终端与配电主站通信	√	
		终端与电能表通信	√	
		中继转发		√
7	本地功能	人机交互	√	
		本地数据通信接口		√
8	终端维护	自检自恢复	√	
		终端初始化	√	
		软件远程下载（支持断点续传）	√	

① 有交流模拟量采集功能的专变采集终端，脉冲量采集功能可以选配。

5.2.3 专变及公变采集终端的通信协议

专变及公变采集终端与配电主站的通信协议应符合 Q/GDW 130—2005 或 DL/T 698.45—2017 的要求。专变及公变采集终端与电能表的通信协议应支持 DL/T 645—2007、DL/T 698.45—2017。

5.3 集中抄表终端

5.3.1 集中抄表终端简述

集中抄表终端是对低压用户用电信息进行采集的设备，包括集中器、采集器及手持抄表器等。

1. 集中器

集中器是安装在低压配电台区，用于数据采集、处理和汇总的设备。集中器利用本地信道对其下属的采集器和电能表的信息进行采集、存储、处理和控制。集中器利用远程信道与配电主站交换数据。它还可接收手持抄表器的参数设置和抄表命令。

集中器与其他级联的集中器、公变采集终端之间通常采用 RS-485 方式进行通信。集中器实物及其通信接口配置如图 5-4 所示。

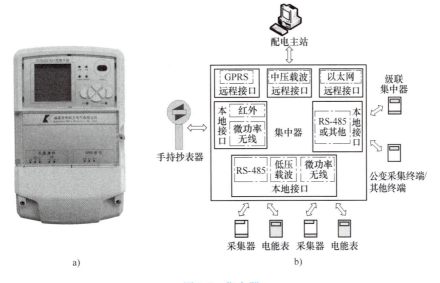

图 5-4 集中器
a）实物 b）通信接口配置

2. 采集器

采集器是集中抄表终端的前端采集设备，通常安装在居民小区或商业区的集中式电能表表箱内。采集器用于采集多只电能表的电参数信息及运行状态信息，各种信息经处理和存储后，可通过低压载波、微功率无线等本地信道，将数据上送到集中器。采集器依据功能可分为基本型采集器和简易型采集器。基本型采集器抄收和暂存电能表数据，并根据集中器的命令将存储的数据上传给集中器。简易型采集器直接转发集中器与电能表间的命令和数据。采集器的实物及其通信接口配置如图5-5所示。

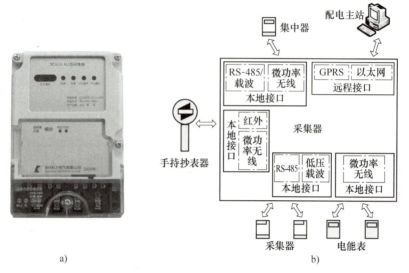

a)　　　　　　　　　　　　　　　　　　　b)

图 5-5　采集器
a）实物　b）通信接口配置

3. 手持抄表器

手持抄表器是用于对集中器、采集器或电能表进行参数设置和数据抄收的现场工具，如图5-6所示。手持抄表器通过本地红外通信接口或本地微功率无线通信接口对现场的集中器、采集器或电能表进行参数设置，并在现场完成电能数据的抄收，返回配电主站后可通过手持抄表器内置的通信接口将现场设置的参数和抄读的用户电能表数据导入配电主站数据库。

手持抄表器的主要功能如下：

1）设置功能。通过本地通信信道对集中器或采集器进行参数设置。

图 5-6　手持抄表器

2）抄收功能。通过本地通信信道抄收集中器、采集器或电能表的电能数据。

3）导入功能。通过有线 RS-232 接口将现场设置的参数和抄收的用户电能数据导入配电主站数据库。

5.3.2　集中抄表终端的功能

集中抄表终端的功能配置见表5-2。

表 5-2　集中抄表终端的功能配置

序号	项目		集中器		采集器	
			必备	选配	必备	选配
1	数据采集	电能表数据	√		√	
		状态量		√		
		交流模拟量		√		
		直流模拟量		√		

（续）

序号	项目		集中器		采集器	
			必备	选配	必备	选配
2	数据管理和存储	实时和当前数据	√			√
		历史日数据	√			√
		历史月数据	√			√
		重点用户数据采集	√			
		电能表运行状况监测		√		
		公变电能计量		√		
3	参数设置和查询	时钟召测和对时	√			√
		终端参数	√			√
		抄表参数	√			√
		限值、预付费等参数	√			√
4	事件记录	重要事件记录	√			√
		一般事件记录	√			√
5	数据传输	与配电主站（或集中器）通信	√		√	
		中继（路由）	√		√	
		级联		√		
		数据转发（通信转换）	√		√	
6	本地功能	人机交互、运行状态指示	√			
		本地维护接口	√			√
		本地扩展接口		√		
7	终端维护	自检自恢复	√		√	
		终端初始化	√		√	
		软件远程下载（支持断点续传）	√			

5.3.3　集中抄表终端的通信协议

集中器与配电主站的通信协议应符合 Q/GDW 376.1—2009、DL/T 698.45—2017 的要求。集中器与本地通信模块的通信协议应支持 Q/GDW 376.2—2009。电能表的载波通信模块与电能表的通信协议应符合 DL/T 645—2007、DL/T 698.45—2017 及其备案文件的要求。

5.3.4　高性能集中器

随着业务发展的需要和数据通信能力的提升，尤其是高速电力线载波等新通信技术的应用，集中器可采集处理的智能电能表的数据越来越多。智能电能表的许多非计量数据，例如电压、电流、负荷曲线、停电等数据，在配电网自动化应用方面可发挥越来越重要的作用，例如利用智能电能表采集的电压数据，可获知配电网供电电压质量；利用智能电能表采集的电流数据，可获知是否有过负荷情况。为满足大量的数据处理需求，高性能集中器从 2022 年开始逐步得到应用。相较于之前的普通集中器，高性能集中器的硬件配置大幅提升，软件也实现了规范化和标准化，其硬件和软件主要有以下的改进。

1）硬件方面：相对于普通集中器，高性能集中器的 CPU 主频从 300MHz 提升到 1GHz，内核从单核提高到 4 核，内存从 64MB 提升到 1GB，其硬件支持部署统一的操作系统，RS-485、RS-232 通信接口的通信速率提升到 115kbit/s，增加了 CAN 通信接口和蓝牙 5.0 通信接口，可满足更多具备不同通信接口和应用功能的采集模块的接入。

2）软件方面：普通集中器只对软件做功能要求，而高性能集中器对操作系统、应用程序（APP）等进行了统一规范，其采用 Linux 操作系统，并制定了接口层，以此形成统一的对外硬件接口，支持不同的 CPU、显示器等硬件，实现了软硬件的解耦，如图 5-7 所示。软件系统可以根据不同业务需要安装多个应用程序，并在不同硬件平台上实现应用程序的兼容，为快速迭代不同业务需求提供了硬件平台支撑。

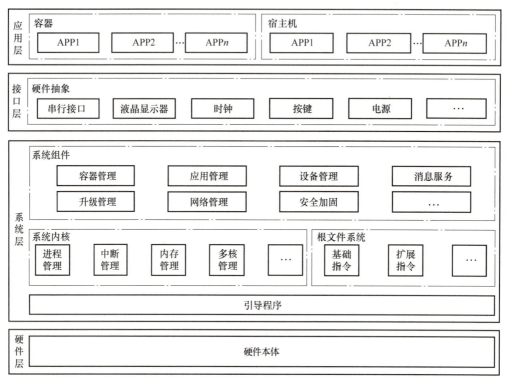

图 5-7　高性能集中器逻辑架构图

5.4　专变采集终端设计

5.4.1　概述

基于 GPRS 的专变采集终端（下称终端）的主要功能是对专用配电变压器（下称专变）进行抄表和监测，并与配电主站监测计算机依照 Q/GDW 130—2005《电力负荷管理系统数据传输规约》（下称负控规约），通过 GPRS 网络进行数据交换。专变使用的三相三/四线制电子式多功能电能表具备 RS-485 通信接口，其数据传输遵循 DL/T 645—2007（下称 645 规约）、DL/T 698.45—2017（下称 698 规约）。终端基于 645、698 规约抄读电能、需量、需量发生时间、参数、实时数据等，并根据所获得的数据监测电能表及配变运行状况。

终端的监测功能主要体现在 3 个方面：首先是对电能表数据的监测，终端对抄读到的电能表数据做出基本判断，如电能表停走/飞走、电能表故障、实时数据越限等，并将判断的结果按照负控规约中的规定格式生成事件，上传到配电主站，实现对用户用电情况的监测；其次是对状态量的监测，终端能将开关动作时专变的相关参数予以记录并上报配电主站系统，该功能可用于监测负荷开关状态、计量箱门开启状态等，这些状态量对配电网运行或管理有重要作用；最后就是温度监测，终端通过数字式温度传感器采集专变的温度，作为负控规约中要求的直流模拟量上传到配电主站。

终端可与符合负控规约的配电主站软件配合使用，满足配电主站依照规约对其进行的参数设置、数据召测、事件上报等操作。

5.4.2 终端硬件设计

终端是一个基于 ARM7 的嵌入式系统，其硬件分系统和接口两部分。系统部分在电路设计上强调通用性，调试成功后可作为核心模块在其他项目中使用；接口部分的电路用于实现终端的专门功能，硬件的升级调整也主要针对接口部分。终端硬件结构如图 5-8 所示。

图 5-8 中，SRAM 是主内存的同步存储器；NOR FLASH 和 NAND FLASH 分别是程序和数据存储器，均由 CPU 外部总线扩展；MAX485EESA 芯片实现 TTL 电平的串行异步通信接口 UART 到 RS-485 接口的转换；DS2480B 实现 TTL 电平的 UART 到单总线网络的转换，复用 CPU 的 UART1；DS18B20 是单总线温度传感器；ME3000

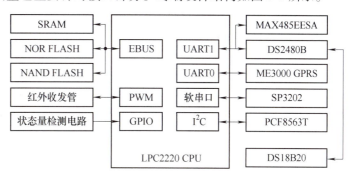

图 5-8 终端硬件结构

GPRS 是 GPRS 模块；SP3202 实现 TTL 电平的 UART 到 RS-232 通信接口的电平转换，并实现接口调试，其与 CPU 连接的 UART 由软件模拟实现软串口；PCF8563T 是实时时钟（Real Time Clock，RTC）芯片。

1. 系统部分

系统部分是终端的核心硬件，主要包括 CPU、存储器、RTC、复位及其外围电路。这部分电路结构复杂，调试难度大，应在设计上充分考虑其通用性，做到一次设计，多次重用。下面主要介绍 CPU 和存储器的选择和设计。

（1）CPU

这里选用 PHILIPHS 公司的 LPC2220 作为主 CPU。该 CPU 基于 ARM7TDMI 32 位内核，采用三级流水线以提高指令吞吐量，具备开放式结构总线，能与 8 位/16 位/32 位存储器接口，最大寻址空间为 4GB，同时集成有 GPIO（General Purpose I/O）、UART、PWM、I^2C、SPI、定时器、A/D 转换器等外设。终端主要的工作是通过 RS-485 接口抄读电能表、通过 GPRS 模块连接网络、通过单总线网络采集温度传感器数据，这些功能均依赖 CPU 的 UART 功能。终端的红外通信接口利用 PWM 模块实现。RTC 芯片通过 I^2C 总线连接。状态量监测用隔离电路配合 GPIO 实现。总之，LPC2220 在满足终端功能要求的同时，其资源也得到了充分利用，并且由于其最高运行速度达到 60MHz，性能裕量适中。

（2）存储器

终端存储器硬件包括 3 部分：外扩 RAM、外扩 NOR FLASH 程序存储器和外扩 NAND FLASH 数据存储器。

LPC2220 内部集成了一定数量的 RAM 和 FLASH，使用内部存储器的好处是访问速度相对较快，成本低廉，但其容量受限制，且不同型号芯片的内部存储器容量不同（甚至地址空间也不同），这使得软件设计需要更多地考虑可移植性问题，因此设计中不使用片内存储器。终端外扩 256KB SRAM 芯片 IS61LV25616AL，作为程序的运行空间。采用高性能静态存储器，一来可减少 CPU 总线延迟，提高性能；二来静态存储器相对于动态存储器 DRAM，其功耗低很多。终端外扩 1MB NOR FLASH SST39VF800A，作为程序存储器；外扩 32MB NAND FLASH K9F5608，用于存储应用中需要保存的大量用户数据。

2. 接口部分

终端的接口电路包括 RS-232 接口、RS-485 接口、GPRS 模块接口、红外接口、状态量监测电路、单总线温度传感器接口等。

（1）GPRS 模块接口电路

这里选用中兴公司的 ME3000 GPRS 通信模块，该模块通过 TTL 电平的 UART 与 CPU 接口，电路如图 5-9 所示。UIM_RST、UIM_DAT、UIM_CLK、UIM_VDD 是模块与 SIM 卡的接口线；$\overline{RESET}$ 是模块复位引脚，由 CPU 的 MTMS 引脚通过晶体管放大驱动，实现对 GPRS 模块的复位；RTS、

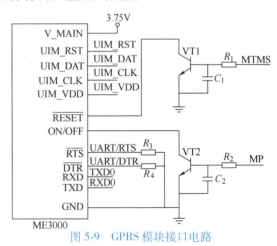

图 5-9　GPRS 模块接口电路

DTR 分别是 GPRS 模块的 UART 控制信号，因为设计中使用两线模式（TXD、RXD）与 CPU 通信，故将它们均直接拉低；ON/OFF 是 GPRS 模块上/下电控制引脚，由 CPU 的 MP 引脚通过晶体管放大驱动，需要在该引脚上施加一定宽度的高/低电平信号控制 GPRS 模块的上/下电。

GPRS 模块与 CPU 的通信采用了双线模式，即 TXD、RXD 两根线，其通信波特率可达到 115200bit/s，在电路板设计上需充分考虑抗干扰的问题。GPRS 模块的外围电路包括模块供电电路与 SIM 卡电路。

（2）RS-485 接口电路

终端与电能表通过 RS-485 接口通信，并由 RS-485 接口芯片 MAX485EESA 实现 TTL 电平的 UART 到 RS-485 的转换，如图 5-10 所示。

CPU 扩展 RS-485 接口一般需要接收、发送、流向控制 3 根线与 RS-485 接口芯片相连，但图 5-10 所示电路巧妙利用了 RS-485 主从通信及 UART 通信字节结构的特点，省掉了一根流向控制线。CPU 的 UART 发送引脚 TXA_485 通过光电耦合器 VLC2 与 RS-485 接口芯片 MAX485EESA 的 $\overline{RE}$、DE、DI 3 个引脚连接。在无数据传送即空闲时引脚 TXA_485 为高电平，$\overline{RE}$、DE 被 R_4 下拉到低电平，芯片处于接收状态，接收过程中 $\overline{RE}$、DE 的状态不会改变。CPU 的 UART 发送一字节数据，当发送引脚 TXA_485 为低电平，VLC2 导通，$\overline{RE}$、DE 被拉高，芯片处于发送状态，但此时 DI 仍为低电平，低电平起始位被发送，起始位发送后，RS-485 网络上各从机开始接收该字节的其他位数据；当发送引脚 TXA_485 为高电平，RS-485 接口芯片 MAX485EESA 虽然处于接收状态，但上拉、下拉电阻 R_5、R_7 保证了 A 线的电平高于 B 线的电平，接收方仍然认为收到了一个高电平的位。

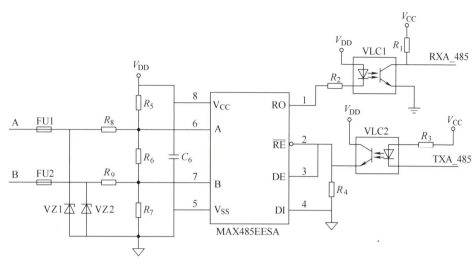

图 5-10　RS-485 接口电路

5.4.3　终端软件设计

1. μC/OS-Ⅱ及其在 LPC2220 系统上的移植

终端的通信基于负控规约，且其数据采集、存储、传输等流程复杂，传统的单任务系统无法满足终端功能的要求，需要引入操作系统，并设计多任务并行执行的软件。

μC/OS-Ⅱ是一种基于优先级的抢占式多任务调度操作系统，最多可管理 64 个任务（V2.52 版本），并提供信号量、邮箱、消息、内存管理等丰富的系统功能，是一个功能齐全的实时操作系统。实现 μC/OS-Ⅱ在 LPC2220 系统上的移植，就是将 μC/OS-Ⅱ的源代码（大部分为 C 语言、小部分为汇编语言）编译成 LPC2220 系统上的可执行文件，并使目标代码的意图符合 μC/OS-Ⅱ的原本意图。移植工作涉及 3 方面的内容：处理器、编译环境和被移植代码。移植框架如图 5-11 所示。

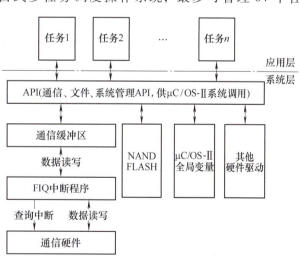

图 5-11　移植框架

该移植框架将软件分成应用层和系统层两部分，应用层由多个 μC/OS-Ⅱ任务组成，任务通过调用系统层提供的应用程序编程接口（Application Program Interface，API）函数实现需要的功能，任务之间通过信号量、邮箱等各种 μC/OS-Ⅱ系统服务进行通信。系统层包括 μC/OS-Ⅱ内核和硬件驱动程序，系统层将自身全部功能统一为 API 向应用层提供服务。

系统层提供的 API 主要有串口通信类、文件系统类、其他硬件驱动相关类以及 μC/OS-Ⅱ系统调用类。通信类驱动程序采用查询方式处理，即使用一个独立于 μC/OS-Ⅱ的定时快速中断请求（Fast Interrupt Request，FIQ）查询所有外设中断标志，当中断标志置位时直接在 FIQ 中断程序中执行必要的响应过程，这些过程仅做基本的数据转移，非常简短。串口通信类 API 只对通信缓冲区操作。文件系统类 API 是一套操作 NAND FLASH 存储器的函数，以阻塞方式执行，实现文件按名访问、查询等功能。μC/OS-II 任务调度由定时器中断触发，任务不再通过信号量等方式实现中断服务，其执行时间分配完全由优先级决定，不存在外部事件触发任务切换的情况。

该移植框架从任务中抽离了中断处理，使任务设计可以集中在应用功能的实现上，其底层操作封装在 FIQ 和与之配合的 API 函数中，无需任务干涉，独立于 μC/OS-II。该移植框架便于设计出一套接口统一的 API，但也由于在 FIQ 中查询中断标志，中断响应速度受 FIQ 中断频率的限制。

2. 应用程序结构

在基于 μC/OS-II 的应用设计中，确定任务是首要的工作，任务划分以功能为依据，任务间相对独立并可使用全局变量、信号量、消息等机制通信。经分析，应用程序结构如图 5-12 所示。

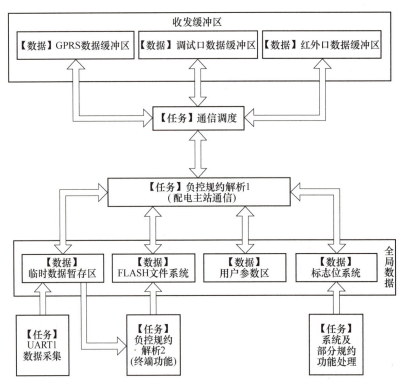

图 5-12 应用程序结构

应用程序采用多任务、多缓冲区结构。任务操作对象为缓冲区，操作过程为非阻塞查询式，缓冲区被多个任务操作时，通过信号量进行同步，或通过缓冲区自身的结构设计避免同步问题。

（1）数据

1）收发缓冲区。GPRS、调试口、红外口数据缓冲区统称为收发缓冲区，一般为先进先出（First In First Out，FIFO）结构，采用环形队列实现，开辟在系统 RAM 中，通信调度任务负责操作这些缓冲区。每个缓冲区均由收、发两个子缓冲区组成。

2）临时数据暂存区。它也被开辟在系统 RAM 中，用于存储一些临时数据或中间变量，如电能表抄读数据、温度采集数据、当前累计值等，这些数据会根据用户设置进行冻结，冻结过程由负控规约解析 2 任务执行。临时数据暂存区在程序开始运行时被创建，可将其实现为多个结构体，采集任务完成一次采集后对其更新。

3）用户参数区。它用于保存负控规约全部的设置参数，这些参数控制着终端的运行。运行时，用户参数区存在于 RAM 中，并以结构体的形式被访问。用户参数区数据更新时，其最新状态被保存到 FLASH 中，并在终端启动时再次载入到 RAM。

4）标志位系统。它是一个全局标志位的集合，用于实现某些任务间的通信功能。

（2）任务

1）UART1 数据采集任务。它的作用是通过 UART1 口采集数据，采集对象包括电能表、温度传感器，并以电子开关切换的方式实现 UART1 硬件复用。软件流程采用混合采集方式，即电能表按数据块方式采集，在采集电能表数据块的间隔内采集温度传感器。这样做的好处是温度采集时间分辨率较高，缺点是需要频繁进行 UART 复用切换，而每次切换后要进行短时延时，造成整个采集过程拖长。

2）负控规约解析 2 任务。它实现按负控规约冻结数据的功能。负控规约中规定了对数据按时、日、月、抄表日等时间段冻结，冻结规则由用户参数控制，被冻结的数据来自临时数据暂存区，冻结结果保存在 FLASH 文件系统中。

3）系统及部分规约功能处理任务。它的流程分为两部分：一是系统功能部分，如喂狗、指示灯状态控制，这些操作与其他任务相对独立，只涉及对少量全局标志位系统的访问；二是实现负控规约的部分功能，如状态量变位处理、终端停/上电处理、心跳包处理等，这些操作需要定时执行。

4）负控规约解析 1 任务。它实现终端通信数据准备及分析的功能，与通信调度任务配合实现终端数据通信。负控规约解析 1 任务接收来自通信调度任务的规约数据，根据来帧要求构建回帧，构建过程涉及对临时数据暂存区、FLASH 文件系统、用户参数区、标志位系统等的访问，最后将回帧交给通信调度任务。该任务封装了绝大部分负控规约的实现，设计时将其核心功能封装成一个通用模块，以实现多种接口方式，并提供接口扩展能力，可在其他应用中复用。

5）通信调度任务。由于终端有 GPRS、调试口、红外口多种通信方式，需要一个调度器协调这些数据通道工作。通信调度任务基于会话的处理方式，即监测到某通道一帧有效数据后就立刻将其发送到负控规约解析 1 任务进行处理，并等待将处理结果返回给通道，如果通信过程涉及多帧（会话式通信），则处理该通道会话请求直到会话结束，调度器必须保证同一时刻只有一个请求发给负控规约解析 1 任务。

3. 通信软件

与终端串口通信的对象包括 GPRS 模块、电能表、单总线温度传感器、调试口、红外口 5 个。它们按照通信规约可划分为两类：GPRS 模块、调试口、红外口遵循负控规约；电能表、单总线温度传感器分别有专门的规约。遵循负控规约的多个对象可共用规约处理模块，并将处理的结果保存在不同的缓冲区；与自有规约对象的通信需单独实现通信规约。串口通信部分软件结构如图 5-13 所示。

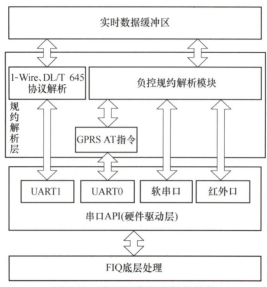

图 5-13　串口通信部分软件结构

（1）FIQ 底层处理与串口 API

根据图 5-11 所示的移植框架，FIQ 底层处理与串口 API 相互配合，封装了串口收发的硬件控制，而呈现给上层的是一组与硬件无关的 API 函数，规约解析层使用硬件驱动层提供的 API 实现对 UART 的控制。

（2）GPRS 通信

GPRS AT 指令是 CPU 通过 UART 口与 GPRS 模块通信的命令集，该命令集封装了 GPRS 模块提供的全部功能，包括普通指令、网络服务指令、控制与报告指令、消息服务指令、GPRS 指令、TCP/IP 指令、短消息指令等。

终端对 GPRS 模块的主要操作是建立 TCP 连接、数据收发、上/下电控制、复位等。所涉及的 GPRS AT 指令并不多，但为了保证 GPRS 网络的可靠性，还要使用一些报告指令实现对模块状态的监测，如信号强度查询、SIM 卡状态查询、网络注册查询等，这些参数是终端操作 GPRS 的依据，也是保证终端 GPRS 网络可靠性的关键。另外，合适的操作节奏也是保证 GPRS 网络可靠性的重要因素，如某次网络连接失败时，GPRS 模块应该断电复位，并延时较长时间后再尝试第二次连接，较长的延时时间是为了保证 GPRS 模块上电后有足够的时间注册网络并准备好接收指令。全部 GPRS 模块操作过程封装成一个任务，用于完成 GPRS 数据链路维护、数据传输，其流程如图 5-14 所示。

（3）多功能电能表通信

645 规约是用于多功能电能表的数据采集规约，终端与多功能电能表之间采用问答式通信，即终端提出数据请求，多功能电能表响应数据。程序处理流程可归纳为发送询问帧、等待应答、解析数据并将其置入缓冲区。

为了提高抄表速度，抄表时可使用组数据抄读方式；为了避免抄读过程中 RS-485 总线上信号衰减慢带来的干扰，应合理配置网络线参数，同时在抄表命令间加入合适的间隔，使上次通信的信号衰减后再开始新一次的通信。为保证数据可靠性，处理过程中需考虑应答超时和校验，应答超时用于避免任务发出询问帧后因设备无反应而造成的无限等待，校验能有效避免干扰造成的数据异常，645 规约采用累加和校验。

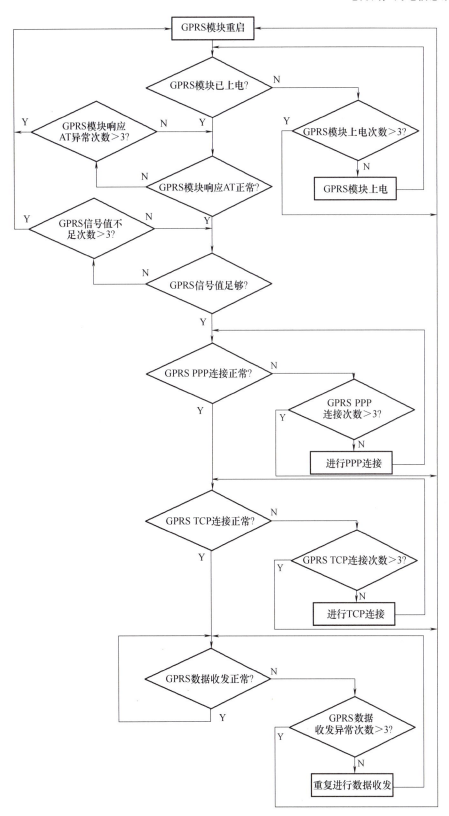

图 5-14　GPRS 模块任务流程

（4）单总线温度传感器 DS18B20 通信

终端通过单总线驱动器 DS2480B 连接单总线温度传感器 DS18B20，以此实现温度监测功能。DS2480B 将单总线网络通过 UART1 连接到 CPU，这样一来对单总线网络中温度传感器的访问就转化成了一组 UART 操作，并且 DS2480B 在硬件上对单总线时序做了优化，可确保自身与被驱动网络通信的可靠性。

CPU 对单总线温度传感器 DS18B20 的操作流程是单字节问答式的，即 CPU 发送一个字节命令，DS18B20 返回一个字节数据。单总线网络对数据传输有很强的顺序要求，其传输字节的顺序代表特定的含义，收发两端根据传输内容的变化来确定当前的传输状态和传输内容。一旦某次通信失败，就必须从该项操作的第一步起重新开始传输过程，CPU 可通过发送强行复位命令来复位传输过程。

4. 负控规约解析

负控规约解析模块是终端软件中最复杂的部分，对于绝大部分的规约功能，该模块按照图 5-12 所示的应用程序结构，将其封装在一个 μC/OS-II 任务中，即负控规约解析 1 任务。下面介绍其接口和执行方式。

（1）接口

负控规约解析 1 任务需要与各个全局数据区接口，以获取构建规约帧所需的数据，如图 5-15 所示。

1）负控规约中一类数据（实时数据）查询要求负控规约解析 1 任务与临时数据暂存区接口。接口对象是多个结构体，可直接访问，但访问过程要考虑数据同步问题，即需要一个信号量来保证负控规约解析 1 任务与 UART1 数据采集任务中只有一个能访问临时数据暂存区。

2）历史数据查询要求负控规约解析 1 任务与 FLASH 文件系统接口。大部分用于构建规约帧的数据保存在 FLASH 文件系统中，因此该接口数据流量很大。但由于文件系统 API 提供了访问控制功能，不需要信号量来保证数据同步。

3）负控规约中的参数查询/设置命令要求负控规约解析 1 任务与用户参数区接口。负控规约解析 1 任务需要从用户参数区获得当前终端参数来回应配电主站的参数查询命令；当收到参数设置命令时，还要更新终端的用户参数区，包括 RAM 中的参数区和 FLASH 中的参数区。

4）负控规约解析 1 任务与全局标志位系统接口是为了完成系统及部分规约功能处理任务的遗留工作，如心跳包的处理。系统任务产生的心跳包并不会被直接发送，而是会被保存在系统缓冲区中等待负控规约解析 1 任务将其传递给通信调度器。终端停/上电事件、状态量变位事件也是如此，系统任务只负责发现该事件，并设置相关标志位，通信工作由负控规约解析 1 任务完成。

（2）执行方式

负控规约解析 1 任务有两组输入/输出，一组是与通信调度器的通信，另一组是对全局数据区的访问。与通信调度器的通信通过一对收发缓冲器来实现，该缓冲器只有一级，这意味着只能同时处理来自一个通道的数据。负控规约解析 1 任务所有的输入/输出都采用缓冲区形式，其执行方式为查询触发式，即任务轮询检查接口缓冲区，包括全局标志位系统和单级收发缓冲区，一旦发现需要处理的数据则立刻处理，然后继续轮询检查过程，如图 5-15 所示。

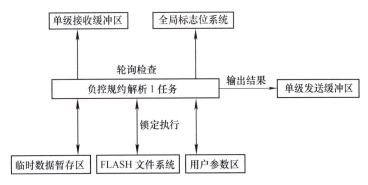

图 5-15　负控规约解析 1 任务

负控规约解析 1 任务无限循环执行，一次循环流程为：轮询检查→发现待处理数据→锁定执行（读写临时数据暂存区、FLASH 文件系统和用户参数区，构造数据帧）→输出结果（将构造的数据帧填入单级收发缓冲区、将事件存入 FLASH 文件系统）。任务对单级接收缓冲区的检查实际上就是接收用户数据帧，这些数据帧可能来自 GPRS 模块、调试口或红外口，对应负控规约中的参数查询/设置、数据召测指令；对全局标志位系统的检查实际上对应终端事件的处理，系统任务产生的事件标志位在全局标志位系统中，负控规约解析 1 任务将其发现并构造成负控规约帧进行保存和上报。

课后习题

1. 单相智能电能表具体由哪几部分构成？各部分之间的关系如何？
2. 智能电能表具有哪些功能？数据冻结有哪几类？
3. 目前国内主要采用的费控模式是什么？为什么采用该模式？
4. 专变及公变采集终端具有哪些主要的功能？
5. 高性能集中器与普通集中器相比主要有哪些方面的改进？

第6章

配电网馈线自动化

6.1 馈线自动化模式

馈线自动化（Feeder Automation，FA）是指在正常情况下，远方实时监视馈线分段开关与联络开关的状态和馈线电流、电压情况，并实现线路开关的远方合闸和分闸操作，以优化配电网的运行方式，从而达到充分发挥现有设备容量的目的；在故障情况下获取故障信息，并自动判别和隔离馈线故障区段以及恢复对非故障区段的供电，从而达到减小停电面积和缩短停电时间的目的；在单相接地等异常情况下，对单相接地区段的查找提供辅助手段。配电网馈线自动化的作用是提高供电的可靠性与质量，减少配电网运行与检修费用。在馈线自动化的所有功能中，故障区段定位、隔离及恢复非故障区段供电是一个主要的功能，该功能对于缩小故障停电范围、减少对用户的停电时间、提高供电可靠性有重要作用。20 世纪 90 年代末开始，国内很多电力单位在局部范围内进行了配电网馈线自动化建设试点，但推广应用并取得经济效益的单位较少，其主要原因有：①在功能上一味追求大而全，造成资金投入量大，影响其潜在效益的发挥，如过分要求通信及故障隔离速度；②系统开发商对电力单位的生产需求了解不够，造成系统实用性不好；③后期的运行维护和使用跟不上。

根据故障隔离、网络重构策略的着重点不同，馈线自动化的发展主要经历了以下两种不同的模式。

1. 就地控制模式

（1）利用重合器（断路器）和分段器

这是在通信技术尚不发达、配电网自动化发展的初始阶段所采用的做法，以架空环网为例，变电站出线开关为重合器，其他的柱上开关为分段器。故障时，通过检测电压和时限，利用上一级重合器的多次重合，实现故障隔离，然后按时限顺序自动恢复送电。该做法不需要通信手段，实现简单，但存在以下问题：

1）经过多次重合才能隔离故障，对配电系统和一次设备有一定冲击。

2）对于开环运行的环状网，为了实现故障隔离，总有一侧与故障区段相连的分段器需要在联络开关合上后，依靠非故障线路的重合器多次重合检出故障再断开，因此，非故障线路的重合器也要短时停电。

3）当馈线分段越多时，逐级延时的时限越长，对系统影响越大。

（2）利用重合器和重合器

这种做法要求线路上的开关均为重合器，即采用重合器作为馈线分段开关。重合器具有切断短路电流的能力，并且自身具有保护与自动化功能。在线路发生故障时，利用故障所在区段重合器的多次重合以及保护动作时限的相互配合，实现故障自动隔离、自动恢复供电功能。该做法也不需要通信手段，在性能上比采用分段器的做法有所改进，它利用重合器本身切断故障电流的能力，实现故障就地隔离，避免了因某个区段故障导致全线路停电的情况，同时也减少了出线开关动作次数。其主要缺点是：

1）重合器也需多次重合才能隔离故障，对配电系统和一次设备的冲击影响较大。

2）线路上重合器之间保护级差的配合靠延时实现，分段越多，保护级差越难配合。

3）为与重合器保护级差配合，变电站出线断路器是最后一级限时速断保护，分段重合器越多，出线断路器限时速断保护延时就越长，对配电系统影响也越大。

4）由于重合器的开关具有切断故障电流的能力，因此投资比较大。

（3）利用点对点通信

这种做法采用具有电动操作机构的负荷开关或环网柜作为馈线分段开关，同时配置具有通信功能的馈线监控终端。在线路故障、变电站出线断路器跳闸后，线路各分段负荷开关的馈线监控终端间通过点对点通信交换故障信息，再经馈线监控终端分析判断，识别故障区段并自动隔离故障，自动恢复非故障区段的供电。该种做法与前两种相比，克服了部分缺点，性能上有了较大改进，但要增加相应的馈线监控终端和通信投资，且对通信信道的可靠性有很强的依赖。

综上所述，就地控制模式存在的一个共同的问题是由于没有配电主站，系统较孤立，无法对配电网的运行状态进行实时监控，因而在网络重构中不可能从全局出发提供最优的执行方案。

2. 远方集中监控模式

远方集中监控模式由变电站出线断路器、各柱上负荷开关、馈线监控终端、通信网络和配电主站组成。每个开关或环网柜的馈线监控终端要与配电主站通信，故障隔离操作由配电主站以遥控方式集中控制。

当线路发生永久性故障时，故障线路的变电站出线断路器保护动作，若重合一次不成功，配电主站计算机则通过查询故障线路上各个馈线监控终端的状况及信息，并结合配电主站故障检测软件对各处的故障信息的分析，识别故障区段，发出遥控命令，进行最合理的网络拓扑调整，完成故障隔离，把故障对配电网络的影响限制在最低的范围，最终实现对非故障负荷的供电恢复。

该控制模式由于采用先进的计算机技术和通信技术，可避免出线断路器多次重合，能准确快速地定位和隔离故障，且隔离故障的时间不受线路距离、线路分段数的影响。由于实施集中控制，有可能按照最优经济方案恢复供电。此外，正常情况下也可以实现SCADA功能，实时监视馈线运行工况，具备三遥（遥信、遥测、遥控）功能，满足正常操作的需要。

6.2 基于重合器的馈线自动化

采用配电网自动化开关设备的馈线自动化系统，不需要建设通信通道，而是利用开关设备的相互配合，实现隔离故障区段和恢复健全区段供电。有3种典型的开关设备相互配合实现馈线自动化的模式，即重合器和重合器配合模式、重合器和电压-时间型分段器配合模式及重合器和过电流脉冲计数型分段器配合模式。

6.2.1 重合器的功能

重合器是一种具有控制及保护功能的开关设备，它能按照预定的开断和重合顺序自动进行开断和重合操作，并在其后自动复位或闭锁。

当故障发生后，若重合器监测到超过设定值的故障电流，则重合器跳闸，并按预先整定的动作顺序做若干次合、分的循环操作。若重合成功则自动终止后续动作，并经一段延时后恢复到预先整定状态，为下一次故障做好准备。若经若干次合、分的循环操作后仍重合失败则闭锁在分闸状态，只有通过手动复位才能解除闭锁。

6.2.2 分段器的分类和功能

分段器是一种与电源侧前级开关（如重合器等）配合，在失电压或无电流的情况下自动分闸的开关设备，一般不能断开短路故障电流。

分段器的关键部件是分段器故障检测装置（Fault Detecting Device，FDD）。根据故障判断方式的不同，分段器可分为电压-时间型分段器和过电流脉冲计数型分段器两类。

1. 电压-时间型分段器

电压-时间型分段器是凭借失电压、加电压的时间长短来控制其动作的，电压-时间型分段器在失电压后分闸或闭锁，加电压后合闸，一般由带微处理器的分段器故障检测装置根据馈线运行状态控制其分闸、合闸及闭锁。电压-时间型分段器既可用于辐射状网，也可用于环状网。电压-时间型分段器的接线原理如图6-1所示。

电压-时间型分段器有两个重要参数：X时限和Y时限（需整定）。X时限是指从分段器电源侧加电压至该分段器合闸的时延；Y时限又称为故障检测时间，若分段器合闸后在未超过Y时限的时间内又失电压，则该分段器分闸并闭锁在分闸状态，待下一次再得电时也不再自动重合。

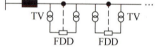

图6-1 电压-时间型分段器的接线原理

分段器故障检测装置一般有两套功能：第一套应用于常闭状态的分段开关；第二套应用于常开状态的联络开关。可通过参数配置实现两套功能的切换。

对于辐射状网，将分段器故障检测装置设置为第一套功能。当分段器故障检测装置监测到分段器电源侧得电后启动X计时器，在经过X时限规定的时间后，令分段器合闸，同时启动Y计时器，若在Y时限规定的时间以内，该分段器又失电压，则该分段器分闸并闭锁在分闸状态，待下一次再得电也不再自动重合。

将电压-时间型分段器应用于开环运行的环状网时，安装于常闭状态的分段开关处的分段器故障检测装置设置在第一套功能，安装于常开状态的联络开关处的分段器故障检测装置要设置在第二套功能。安装于联络开关处的分段器故障检测装置要对联络开关两侧的电压进行监测，当监测到任一侧失电压时启动 X_L 计时器，在经过 X_L 时限（相当于X时限）规定的时间后，使分段器合闸，同时启动Y计时器，若在Y时限规定的时间以内，该分段器同一侧又失电压，则该分段器分闸并闭锁在分闸状态，待下一次再得电也不再自动重合。

对于多供电途径的网格状配电网，还要求分段器具有两侧带电合闸闭锁功能。

2. 过电流脉冲计数型分段器

过电流脉冲计数型分段器通常与前级的重合器或断路器配合使用，它不能开断短路故障电流，但在一段时间内，能记忆前级开关设备开断故障电流的动作次数。在预定的记忆次数后，在前级开关设备将线路从电网中短时切除的无电流间隙内，过电流脉冲计数型分段器分闸，隔离故障。若前级开关设备开断故障电流的动作次数未达到过电流脉冲计数型分段器预设的记忆次数，过电流脉冲计数型分段器在一定的复位时间后会清零动作次数并恢复到预先整定的初始状态，为下一次故障做好准备。

6.2.3　重合器与电压-时间型分段器配合

1. 辐射状网故障区段隔离

一个辐射状网采用重合器与电压-时间型分段器配合隔离故障区段的过程如图 6-2 所示。A 为重合器，整定为一慢二快，即第一次重合时间为 15s，第二次重合时间为 5s；B 和 D 为电压-时间型分段器，X 时限均整定为 7s；C 和 E 为电压-时间型分段器，X 时限均整定为 14s。所有分段器的 Y 时限均整定为 5s，分段器故障检测装置均设置在第一套功能。

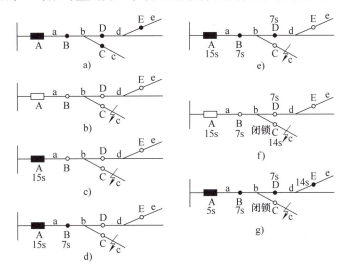

图 6-2　辐射状网故障区段隔离过程
a）正常运行　b）~f）故障区段隔离过程　g）故障区段隔离完毕

假设 c 区段发生永久性故障，重合器与各电压-时间型分段器配合隔离故障区段的过程如下：

1）故障发生前，辐射状网正常工作。

2）在 c 区段发生永久性故障后，重合器 A 跳闸，导致线路失电压，造成分段器 B、C、D 和 E 均分闸。

3）事故跳闸 15s 后，重合器 A 第一次重合。

4）经过 7s 的 X 时限后，分段器 B 自动合闸，将电供至 b 区段。

5）又经过 7s 的 X 时限后，分段器 D 自动合闸，将电供至 d 区段。

6）分段器 B 自动合闸后，经过 14s 的 X 时限，分段器 C 自动合闸。由于 c 区段存在永久性故障，再次导致重合器 A 跳闸，从而使线路失电压，造成分段器 B、C、D 和 E 均分闸。由于分段器 C 合闸后未达到 5s 的 Y 时限就又失电压，因此该分段器闭锁在分闸状态。

7）重合器 A 再次跳闸后，又经过 5s 进行第二次重合，分段器 B、D 和 E 也依次自动合闸，而分段器 C 因闭锁保持分闸状态，从而隔离了故障区段，恢复了健全区段供电。

2. 环状网开环运行时的故障区段隔离

一个环状网开环运行时采用重合器与电压-时间型分段器配合隔离故障区段的过程如图 6-3 所示。A 为重合器，整定为一慢二快，即第一次重合时间为 15s，第二次重合时间为 5s；B、C 和 D 为电压-时间型分段器并且设置在第一套功能，X 时限均整定为 7s，Y 时限均整定为 5s；E 为电压-时间型分段器，但设置在第二套功能，其 X_L 时限整定为 45s，Y 时限整定为 5s。

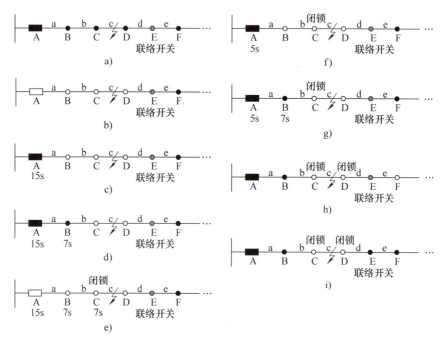

图 6-3　环状网开环运行时故障区段隔离过程
a）正常运行　b）~h）故障区段隔离过程　i）故障区段隔离完毕

假设 c 区段发生永久性故障，重合器与各电压-时间型分段器配合隔离故障区段的过程如下：

1）故障发生前，该开环运行的环状网正常工作。

2）在 c 区段发生永久性故障后，重合器 A 跳闸，导致联络开关左侧线路失电压，造成分段器 B、C 和 D 均分闸，联络开关 E 启动 X_L 计时器。

3）事故跳闸 15s 后，重合器 A 第一次重合。

4）经过 7s 的 X 时限后，分段器 B 自动合闸，将电供至 b 区段。

5）又经过 7s 的 X 时限后，分段器 C 自动合闸，此时由于 c 区段存在永久性故障，再次导致重合器 A 跳闸，从而使线路失电压，造成分段器 B 和 C 均分闸。由于分段器 C 合闸后未达到 5s 的 Y 时限就又失电压，该分段器闭锁在分闸状态。

6）重合器 A 再次跳闸后，又经过 5s 进行第二次重合，7s 后分段器 B 自动合闸，而分段器 C 因闭锁保持分闸状态。

7）重合器 A 第一次跳闸后，经过 45s 的 X_L 时限，联络开关 E 自动合闸，将电供至 d 区段。

8）又经过 7s 的 X 时限后，分段器 D 自动合闸，此时由于 c 区段存在永久性故障，导致联络开关右侧线路的重合器跳闸，从而使右侧线路失电压，造成其上面的所有分段器均分闸。由于分段器 D 合闸后未达到 5s 的 Y 时限就又失电压，该分段器闭锁在分闸状态。

9）联络开关以及右侧的分段器和重合器又按顺序合闸，而分段器 D 因闭锁保持分闸状态，从而隔离了故障区段，恢复了健全区段供电。

3. 重合器与电压-时间型分段器配合的整定方法

从重合器与电压-时间型分段器配合实现故障区段隔离的过程可看出，为了避免误判故障区段，重合器与电压-时间型分段器的时限整定要确保同一时刻不能有两台及两台以上的分段器同时合闸，必须特别注意线路分叉处以及其后面的分段器的整定。

（1）电压-时间型分段器的时限整定

电压-时间型分段器的 Y 时限一般可以统一取为 5s。下面讨论电压-时间型分段器的 X 时限的整定方法。

1）确定分段器的合闸时间间隔，并以联络开关为界将配电网分割成若干个以变电站出口重合器为根的树状（辐射状）配电子网络。

2）在各配电子网络中，以变电站出口重合器合闸为时间起点，分别对各个分段器标注其相对于变电站出口重合器合闸时刻的绝对合闸延时时间，并注意不能在任何时刻有两台及两台以上的分段器同时合闸。

3）某台分段器的 X 时限等于该分段器的绝对合闸延时时间减去其父节点分段器的绝对合闸延时时间。

（2）联络开关的时限整定

若"手拉手"的环状配电网只有一台联络开关参与故障处理，应分别计算出与该联络开关紧邻的两侧区段故障时，从故障发生到与故障区段相连的分段器闭锁在分闸状态所需的延时时间 T_L（左）和 T_R（右），取其中较大的一个记作 T_{max}，则 X_L 时限的设置应大于 T_{max}。这样整定是为了允许在故障后的重合过程中可从任一侧进行按顺序的合闸。

对于有多个营救策略的网格状配电网，即有 m 台联络开关 L1、L2、…、Lm 参与故障处理的情形，应分别计算出与这些联络开关紧邻的两侧区段故障时，从故障发生到与故障区段相连的分段器闭锁在分闸状态所需的延时时间，取其中较大的一个记作 T_{max}，各个联络开关的 X_L 时限的设置应大于 T_{max}，据此先确定其中一台联络开关 L1 的 X_L 时限为 $L(1)$，则其余各联络开关的 X_L 时限应同时满足

$$\begin{cases} L(2) - L(1) > t(1, 2), \quad L(3) - L(1) > t(1, 3), \quad \cdots, \quad L(m) - L(1) > t(1, m) \\ L(3) - L(2) > t(2, 3), \quad L(4) - L(2) > t(2, 4), \quad \cdots, \quad L(m) - L(2) > t(2, m) \\ \quad\vdots \\ L(m) - L(m-1) > t(m-1, m) \end{cases}$$

$$(6-1)$$

式中，$t(i, j)$ 为从联络开关 i 合闸到将电送到联络开关 j 的延时时间。

这样整定有以下优点：

1）确保开环运行方式，即不会出现两台联络开关同时合闸的现象。

2）可以事先确定营救方案的优先级，比如，L1 为第一方案，L2 为第二方案，……，Lm 为第 m 方案。

3）第一方案失灵后可启动第二方案，第二方案失灵后可启动第三方案，以此类推。

4）在采用第二方案、第三方案等备用方案时，同样可确保开环运行方式，即不会出现两台联络开关同时合闸的现象。

实际工程中，考虑导线送电容量及供电安全等因素，一般仅允许一个电源最多带两条线路的负荷。

为了确保安全可靠，不发生闭环，还可以假设变电站的某段 10kV 母线全部失电压或者某座变电站全部失电压，甚至某些变电站同时全部失电压的情形，以此对 X_L 整定值加以校验。

例 6-1　对于图 6-4 所示的配电网，S1、S2 和 S3 代表具有两次重合功能的变电站出口重合器，第一次重合时间为 15s，第二次重合时间为 5s。B、C、D、F、G 和 M 代表线路上的电压-时间型分段器，它们均设置在第一套功能，且 Y 时限均整定为 5s。E 和 H 为

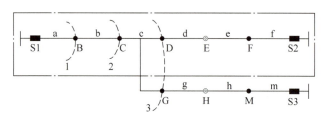

图 6-4　配电网实例

联络开关，实心符号代表该开关处于合闸状态，空心符号代表该开关处于分闸状态。假设相邻两台分段器合闸时间间隔为 7s，要求整定：

（1）点画线框内的网络中，各台电压-时间型分段器的 X 时限及联络开关 E 的 X_L 时限。

（2）整个网络中，在联络开关 E、H 均参与故障处理的情况下，分别整定联络开关 E、H 的 X_L 时限。

解：（1）整定各台电压-时间型分段器的 X 时限及联络开关 E 的 X_L 时限。

1）整定各台电压-时间型分段器的 X 时限：

第一步，先确定分段器合闸时间间隔为 7s，并从联络开关处将配电网分割成 3 个辐射状配电子网络，即 S1-B-C-D-G-S2-F 和 S3-M。

第二步，对于配电子网络 S1-B-C-D-G，其各台分段器的绝对合闸延时时间分别为 $X_a(B)=7s$，$X_a(C)=14s$，$X_a(D)=21s$，$X_a(G)=28s$，可采用分层法整定时间，如图 6-4 所示，从电源往外依次编层，将到电源处所途经的开关数目相同的所有分段器设为同一层，按层数增加各台分段器的绝对合闸延时时间，同一层中不同分段器在该层第一个开关确定的绝对合闸延时时间基础上依次递增；对于配电子网络 S2-F，其分段器 F 的绝对合闸延时时间为 $X_a(F)=7s$；对于配电子网络 S3-M，其分段器 M 的绝对合闸延时时间为 $X_a(M)=7s$。

第三步，某台分段器的 X 时限等于该分段器的绝对合闸延时时间减去其父节点分段器的绝对合闸延时时间，于是有

$$X(B)=X_a(B)-0=7s,\ X(C)=X_a(C)-X_a(B)=(14-7)s=7s$$

$$X(D)=X_a(D)-X_a(C)=(21-14)s=7s,\ X(G)=X_a(G)-X_a(C)=(28-14)s=14s$$

$$X(F)=X_a(F)-0=7s,\ X(M)=X_s(M)-0=7s$$

2）整定联络开关 E 的 X_L 时限：

$T_L = (15+7+7+7)s = 36s$，$T_R = (15+7)s = 22s$，则 $T_{max} = 36s$，联络开关 E 的 X_L 时限可整定为 45s。

（2）分别整定联络开关 E、H 的 X_L 时限。

各台联络开关的整定过程如下：假设 d 区段故障，从故障发生到分段器 D 闭锁在分闸状态所需的延时时间为 $(15+7+7+7)s = 36s$；假设 g 区段故障，从故障发生到分段器 G 闭锁在分闸状态所需的延时时间为 $(15+7+7+14)s = 43s$；假设 e 区段故障，从故障发生到分段器 F 闭锁在分闸状态所需的延时时间为 $(15+7)s = 22s$；假设 h 区段故障，从故障发生到分段器 M 闭锁在分闸状态所需的延时时间为 $(15+7)s = 22s$。因此 $T_{max} = 43s$，设置联络开关 E 合闸为第一营救方案，设置联络开关 H 合闸为第二营救方案，则 $X_L(E) = L(E) = 50s > T_{max}$。从联络开关 E 合闸到将电送到联络开关 H 的延时时间 $t(E, H) = (7+14)s = 21s$，因此 $X_L(H) = L(H) = 80s > L(E) + t(E, H) = 71s$。

6.2.4　重合器与过电流脉冲计数型分段器配合

1. 隔离永久性故障区段

一个辐射状网采用重合器与过电流脉冲计数型分段器配合隔离永久性故障区段的过程如图 6-5 所示。A 为重合器；B 和 C 为过电流脉冲计数型分段器，记忆次数均整定为 2 次。

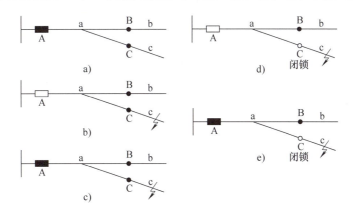

图 6-5　重合器与过电流脉冲计数型分段器配合隔离永久性故障区段的过程
a）正常运行　b）~d）故障区段隔离过程　e）故障区段隔离完毕

假设 c 区段发生永久性故障，重合器与过电流脉冲计数型分段器配合隔离故障区段的过程如下：

1）故障发生前，该辐射状网正常工作。

2）在 c 区段发生永久性故障后，重合器 A 跳闸，分段器 C 计过电流一次，由于未达到整定值 2 次，因此分段器 C 不分闸而保持在合闸状态。

3）经一段延时后，重合器 A 第一次重合。

4）由于再次合到故障点处，重合器 A 再次跳闸，并且分段器 C 的过电流计数值达到整定值 2 次，因此分段器 C 在重合器 A 再次跳闸后的无电流时期内分闸并闭锁。

5）又经过一段延时后，重合器 A 第二次重合，而分段器 C 保持在分闸状态，从而隔离了故障区段，恢复了健全区段的供电。

2. 隔离瞬时性故障区段

一个辐射状网采用重合器与过电流脉冲计数型分段器配合隔离瞬时性故障区段的过程如图 6-6 所示。A 为重合器；B 和 C 为过电流脉冲计数型分段器，记忆次数均整定为 2 次。

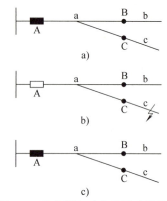

图 6-6　重合器与过电流脉冲计数型分段器配合隔离瞬间性故障区段的过程
a）正常运行　b）故障区段隔离过程
c）故障消失

假设 c 区段发生瞬间性故障，重合器与过电流脉冲计数型分段器配合隔离故障的过程如下：

1）故障发生前，该辐射状网正常工作。

2）在 c 区段发生瞬时性故障后，重合器 A 跳闸，分段器 C 计过电流一次，由于未达到整定值 2 次，因此分段器 C 不分闸而保持在合闸状态。

3）经一段延时后，瞬时性故障消失，重合器 A 重合成功，恢复馈线供电，再经过一段整定的时间以后，分段器 C 的过电流计数值清除，又恢复到其初始状态。

6.2.5　基于重合器的馈线自动化系统的不足

1）采用重合器或断路器与电压-时间型分段器配合时，若线路发生故障，分段器不立即分断，而要依靠重合器或位于变电站的出线断路器的保护跳闸，导致馈线失电压后，各分段器才能分断。采用重合器或断路器与过电流脉冲计数型分段器配合时，也要依靠重合器或位于变电站的出线断路器的保护跳闸，导致馈线失电压后，各分段器才能分断。

为了隔离故障，重合器和分段器要进行多次分合操作，切断故障的时间较长，且对设备及负荷造成一定的冲击。当采用重合器与电压-时间型分段器配合隔离开环运行的环状网的故障区段时，要使联络开关另一侧的健全区段的所有开关都分闸一次，造成供电短时中断，扩大了事故的影响范围。

2）基于重合器的馈线自动化系统仅在线路发生故障时发挥作用，而不能在远方通过遥控完成正常的倒闸操作。

3）基于重合器的馈线自动化系统不能实时监视线路的负荷，无法掌握用户用电规律，也难以改进运行方式。当故障区段隔离后，在恢复健全区段供电，进行配电网络重构时，无法确定最优方案。

基于馈线监控终端和通信网络的馈线自动化系统较好地解决了上述问题。

6.3　基于馈线监控终端的馈线自动化

6.3.1　系统概述

基于馈线监控终端的馈线自动化系统，由馈线监控终端、通信网络及配电主站系统构成。一种基于无线 GPRS 通信网络的馈线自动化系统如图 6-7 所示，系统配电主站按功能分为 3 层：数据采集层、数据管理层和综合应用层。数据采集层以 GPRS 通信方式接入馈线监控终端，按照 IEC 60870-5-104 规约解析数据并进行初步处理，监视通信质量，管理通信资源。它主要由防火墙、通信接入设备、前置通信服务器、支持软件、通信协议解析软件等软硬件构成。数据管理层对采集数据进行加工处理、分类存储，并建立和管理配电网馈线故障区段定位系统一体化数据平台，与其他系统接口并交换数据。它主要由数据库服务器、数据存储和备份设备、接口设备以及数据库管理软件等软硬件构成。根据应用需求，在综合应用层开发应用软件，支持数据的应用功能，如终端管理、报警信息管理、图形建模、可视化拓扑分析、馈线故障区段定位、系统管理等。

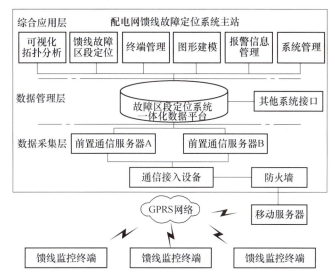

图 6-7　一种基于无线 GPRS 通信网络的馈线自动化系统

配电网中的故障一般可分为两类：瞬时性故障和永久性故障。架空线路的故障处理需要区分瞬时性故障和永久性故障。对于瞬时性故障，可通过变电站出口断路器的一次重合闸予以消除；对于永久性故障，重合闸失败，必须进行配电网故障处理。电缆线路发生瞬时性故障的可能性较小，一旦发生故障往往就是需要进行处理的永久性故障。

在配电网中，当某区段发生故障时，首先要对故障区段进行准确定位，及时分断该区段的开关以便隔离故障，然后对非故障停电区段迅速恢复供电，从而避免因故障导致线路整体失电。当配电网发生故障后，各相关馈线监控终端将相应的分段开关及联络开关处的实时信息通过数据通信传到配电主站系统，配电主站系统根据一定的故障区段定位算法自动定位出故障所在区段，并下发命令给相关的馈线监控终端，令其操作开关设备将故障区段隔离，并恢复非故障区段供电。基于馈线监控终端的配电网馈线自动化系统可以充分利用计算机技术、通信技术、信息技术等，避免变电站出线开关的多次重合，减小故障影响范围，迅速完成故障区段定位、隔离、负荷转移、配电网重构直至恢复供电的全过程。

对于辐射状网、树状网和处于开环运行的环状网，故障区段定位只需要判断沿线的各个开关是否流过故障电流。假如线路出现单一故障，则从电源到负荷的方向上最后一个经历了故障电流和第一个没有经历故障电流的开关之间即为故障区段。为了确定开关上是否流过故障电流，需要对安装于其上的各台馈线监控终端进行整定，由于不是通过对各个开关整定值的区别来定位故障区段的，所以这种整定较方便。

对于闭环运行的环状网来说，必须根据流经各开关的故障功率方向才能判断出故障区段，此时必须同时采集电流和电压信号。为了确定各开关是否经历了故障功率，也必须对安装于其上的各台馈线监控终端进行整定。在这种情况下，当分段开关流过大于整定值的故障电流时，表明有故障发生。故障区段的判据为：两个故障功率方向不同的相邻开关之间的区段是故障区段。

配电网故障区段定位的最基本问题就是如何用合理的数学模型来描述故障区段定位问题，并快速求解。对故障区段定位算法的要求有以下两点：

1）实时性。故障区段定位必须在很短的时间内完成。配电网故障的快速、准确定位，可以节省大量的人工现场巡查及操作，便于及时修复系统，保证可靠供电，这对保证整个系统的安全稳定和经济运行都有重要的作用。

2）容错性。配电网的故障区段定位算法应考虑故障信息的不确定性。近年来，随着配电网规模的不断扩大，配电网中的电源点和节点的数量也在不断增多；配电网中馈线监控终端所处的环境比较恶劣，受强电磁、雷电、温度、湿度等因素的影响；在数据传输时，还可能因信道受到干扰而产生数据丢失及错误等问题。因此，配电主站系统所得到的数据可能会不完整或包含错误信息。

6.3.2 馈线故障区段定位算法简介

基于馈线监控终端故障信息的馈线故障区段定位算法主要有两类：一类是以遗传算法、神经网络和模式识别算法为代表的人工智能型算法；另一类是以图论知识为基础，结合故障电流信息，根据配电网的拓扑结构进行故障区段定位的矩阵运算型算法。

1. 人工智能型算法

系统的信息主要来自户外馈线监控终端，因其所处的环境较差，配电网故障信息受干扰、畸变或丢失的可能性较大，从而影响故障区段定位的正确性。近年来出现了一些具有抗干扰性能的人工智能型算法，如遗传算法、神经网络和模式识别算法、Petri 网理论、利用专家系统的方法等。遗传算法应用于故障诊断的基本思路是首先建立诊断的数学模型，然后用遗传操作求解。如何建立合理的故障诊断函数模型（评价函数）是使用遗传算法的主要瓶颈。从模式识别的观点出发，采用神经网络来进行故障定位，具有一定的容错性。Petri 网是一种图形化的数学建模工具，它以描述系统中各元件之间的静态和动态关系为基础，用网络表示系统中并发、异步或循环发生的事件。专家系统利用配电网地理信息系统的地理信息、设备管理、网络拓扑结构，结合专家的规则库进行动态搜索、回溯推理，最终确定故障区段。但是专家系统的建立需要专家知识，而这些知识是基于特定的配电网的结构建立的，因此该方法适应能力较差，与此同时，专家系统的维护也非常烦琐。总之，这些方法涉及的数据处理以及判据都比较烦琐，而且故障识别与故障隔离所需的计算时间较长，实际应用较少，要在实际中应用还需要进一步研究。

2. 矩阵运算型算法

矩阵运算型算法因其简明直观、计算量小等特点，应用更为广泛。这类算法首先针对配电网的拓扑结构获得一个网络描述矩阵，在发生故障时，根据馈线分段开关处和主变电站处的馈线监控终端上报的过电流信息生成一个故障信息矩阵,通过网络描述矩阵及故障信息矩阵的运算得到故障判定矩阵,由故障判定矩阵就可判断和隔离故障区段了。

矩阵运算型算法可整体上划分为基于网基结构矩阵和基于网形结构矩阵两大类。不同算法的区别主要表现在网络描述矩阵、故障信息矩阵和故障判定矩阵的具体形成及构造上,以及相应的故障判据上。其中,将配电网馈线看作无向边,仅考虑节点间的连接关系,反映配电网拓扑结构的网络描述矩阵为网基结构矩阵;将配电网馈线看作有向边,考虑在假设功率流向下的开关上下游的连接关系,反映配电网当前实际运行方式的网络描述矩阵则为网形结构矩阵。在具体的算法中,针对不同的情况,会对节点编号方法、矩阵元素定义等做些变化,但这些算法基本上还是可以归为两类之一的。

3. 其他算法

应用粗糙集理论的方法把保护和馈线监控终端的信息作为故障分类的条件属性集,考虑了各种可能发生的故障情况,以此建立决策表,然后实现决策表的自动化简和约简的搜索,并利用决策表的约简形式,区分关键信号和非关键信号,直接从故障样本中导出诊断规则,从而达到在不完备信息模式下的快速故障诊断。

采用过热弧搜寻算法可建立一种将配电网看作弧、将开关看作顶点的耗散网络模型,它将馈线供出的负荷看作是弧的负荷,将开关流过的电流看作是顶点的负荷,并定义了负荷与额定负荷之比为归一化负荷,显然故障区段就是在网络的归一化负荷矩阵中那些弧负荷远大于 1 的弧,统称这些弧为过热弧,因此故障区段判断和隔离的问题就变成了过热弧搜寻问题。利用这种方法进行配电网故障区段的判断与隔离,实际上是根据各条弧的负荷和额定负荷矩阵,计算出归一化负荷矩阵,并从中搜寻出过热弧(即故障区段),将所有过热弧的起点和终点均断开,就可以达到隔离故障区段的目的。这类方法计算明确,具有一定的工程实用性,但是计算比较复杂。

针对配电网故障区段定位的实时性要求高及配电网中存在 T 接点的问题,可采用基于分层拓扑模型的配电网故障定位优化算法。该算法充分考虑了配电网故障区段定位的特点,采用分层拓扑模型,利用对分法,通过计算某一区段中间层顶点故障信息状态组合情况,确定故障所属的更小区段,逐步压缩并逼近故障所属区段,以实现故障的快速、准确定位。

6.3.3 基于网基结构矩阵的定位算法

这种算法依据配电网的结构构造一个网基结构矩阵 D,并根据馈线的最大负荷,对各台馈线监控终端进行整定。当馈线发生故障时,有故障电流流过的馈线监控终端将检测到高于其整定值的过电流,此时该馈线监控终端即将这个故障电流的最大值及其出现的时刻记录下来,并将过电流信号上报给配电主站系统,配电主站系统据此生成一个故障信息矩阵 G,通过网基结构矩阵 D 和故障信息矩阵 G 的运算,得到一个故障判定矩阵 P,根据故障判定矩阵 P 即可判断和隔离故障区段。

1. 网基结构矩阵 D

将配电网的馈线当作无向边,并将馈线上的断路器、分段开关和联络开关当作节点进行编号,如图 6-8 所示。假设

图 6-8 一个简单的配电网

配电网共有 N 个节点，可根据其网络拓扑结构构造一个 N 阶矩阵 $\boldsymbol{D}$ 作为网络描述矩阵。若节点 i 和节点 j 之间存在一条馈线，则 $d_{ij}=d_{ji}=1$，其余元素为 0。矩阵 $\boldsymbol{D}$ 称为网基结构矩阵。

网基结构矩阵 $\boldsymbol{D}$ 描述了配电网的潜在连接方式，它取决于配电线路的架设，这种具有潜在连接关系的配电网拓扑结构图称为"网基"。

图 6-8 所示的配电网的网基结构矩阵 $\boldsymbol{D}$ 为

$$\boldsymbol{D} = \begin{pmatrix} 0 & 1 & 0 & 0 & 0 & 0 & 0 \\ 1 & 0 & 1 & 0 & 0 & 0 & 0 \\ 0 & 1 & 0 & 1 & 0 & 0 & 0 \\ 0 & 0 & 1 & 0 & 1 & 0 & 0 \\ 0 & 0 & 0 & 1 & 0 & 1 & 0 \\ 0 & 0 & 0 & 0 & 1 & 0 & 1 \\ 0 & 0 & 0 & 0 & 0 & 1 & 0 \end{pmatrix} \tag{6-2}$$

2. 故障信息矩阵 G

故障信息矩阵 $\boldsymbol{G}$ 是个 N 阶方阵，它是根据故障时馈线监控终端上报的相应开关是否经历了超过整定值的故障过电流的情况而构造的。如果节点 i 的开关经历了超过整定值的故障过电流，则故障信息矩阵 $\boldsymbol{G}$ 的第 i 行第 i 列的元素置 0；反之，则第 i 行第 i 列的元素置 1。故障信息矩阵 $\boldsymbol{G}$ 的其他元素均置 0，也即故障信息反映在矩阵 $\boldsymbol{G}$ 的对角线上。

当配电网正常运行时，故障信息矩阵是一个 N 阶单位矩阵。当配电网发生故障时，故障信息矩阵中检测到故障过电流的节点所对应的对角线元素置 0。

如图 6-8 所示，若节点 3 和节点 4 之间发生故障，则相应的故障信息矩阵 $\boldsymbol{G}$ 为

$$\boldsymbol{G} = \begin{pmatrix} 0 & 0 & 0 & 0 & 0 & 0 & 0 \\ 0 & 0 & 0 & 0 & 0 & 0 & 0 \\ 0 & 0 & 0 & 0 & 0 & 0 & 0 \\ 0 & 0 & 0 & 1 & 0 & 0 & 0 \\ 0 & 0 & 0 & 0 & 1 & 0 & 0 \\ 0 & 0 & 0 & 0 & 0 & 1 & 0 \\ 0 & 0 & 0 & 0 & 0 & 0 & 1 \end{pmatrix} \tag{6-3}$$

3. 故障判定矩阵 P

假设馈线上发生单一故障，则故障区段显然位于从电源到末梢方向上最后一个经历了故障过电流的节点和第一个未经历故障过电流的节点之间。因此故障区段两侧的开关必定一个经历了故障过电流，另一个未经历故障过电流。而且，故障区段的一个没有故障信息节点的所有相邻节点中，不存在两个以上有故障信息的节点。也即如果一个未经历故障过电流节点的所有相邻节点中存在两个节点经历了故障过电流，则该节点不构成故障区段的一个节点。

网基结构矩阵 $\boldsymbol{D}$ 和故障信息矩阵 $\boldsymbol{G}$ 相乘后得到矩阵 $\boldsymbol{Q}$，再对矩阵 $\boldsymbol{Q}$ 进行规格化后就得到了故障判定矩阵 $\boldsymbol{P}$，即

$$\boldsymbol{P}=g(\boldsymbol{DG})=g(\boldsymbol{Q}) \tag{6-4}$$

式中，$g(\cdot)$ 代表规格化处理，其具体操作如下：

如果矩阵 $\boldsymbol{D}$ 中的元素 d_{mj}、d_{nj}、d_{kj} 为 1（表示节点 m、n、k 与节点 j 相邻），矩阵 $\boldsymbol{G}$ 中的元素 g_{jj} 为 1（表示节点 j 没有故障信息），并且对应的矩阵 $\boldsymbol{G}$ 中的元素 g_{mm}、g_{nn}、g_{kk} 至少有两个为 0（表示有两个以上与节点 j 相邻的节点有故障信息），则节点 j 一定不是构成故障区段的节点，应从故障区段节点判断中排除节点 j，即必须对矩阵 $\boldsymbol{Q}$ 进行规格化处理，也就是将矩阵 $\boldsymbol{Q}$ 中第 j 行和第 j 列的元素全置为 0；若不满足上述条件，则矩阵 $\boldsymbol{Q}$ 中的所有元素值均不变。规格化处理主要用于解决 T 形区域某一分支的后继馈线区段故障引起的该 T 形区域也有故障的误判问题。

根据网基结构矩阵和故障信息矩阵的定义以及故障判定矩阵的得出方式，如果一条馈线段的一个节点经历了故障过电流而另一个节点未经历故障过电流，则在故障判定矩阵中这两个节点对应的两个元素必然不相同；而若该馈线段的两个节点均经历了故障过电流或均未经历故障过电流，则在故障判定矩阵中这两个节点对应的两个元素必然相同。因此在根据故障判定矩阵进行故障区段判定时，必须采用异或算法。如果故障判定矩阵 $\boldsymbol{P}$ 中的元素 $p_{ij} \oplus p_{ji} = 1$（$\oplus$ 表示异或），则故障发生在馈线上的 i 节点和 j 节点之间的区段，故障隔离时应断开 i 节点和 j 节点处的开关。

对于如图 6-8 所示的配电网，因为矩阵 $\boldsymbol{D}$ 和矩阵 $\boldsymbol{G}$ 不满足规格化处理条件，所以矩阵 $\boldsymbol{Q}$ 中的所有元素值都不变，相应的故障判定矩阵 $\boldsymbol{P}$ 为

$$\boldsymbol{P} = g(\boldsymbol{DG}) = \boldsymbol{Q} = \begin{pmatrix} 0 & 0 & 0 & 0 & 0 & 0 & 0 \\ 0 & 0 & 0 & 0 & 0 & 0 & 0 \\ 0 & 0 & 0 & 1 & 0 & 0 & 0 \\ 0 & 0 & 0 & 0 & 1 & 0 & 0 \\ 0 & 0 & 0 & 1 & 0 & 1 & 0 \\ 0 & 0 & 0 & 0 & 1 & 0 & 1 \\ 0 & 0 & 0 & 0 & 0 & 1 & 0 \end{pmatrix} \tag{6-5}$$

由式（6-5）可见，只有 $p_{34} \oplus p_{43} = 1$，因此故障发生在节点 3 和节点 4 之间，判定结果与假设吻合。

例 6-2 分析图 6-9 所示的一个较复杂的配电网的故障区段判定方法。

解：为了不失一般性，图 6-9 中有意打乱了节点编号顺序。图 6-9 所示的配电网的网基结构矩阵 $\boldsymbol{D}$ 为

$$\boldsymbol{D} = \begin{pmatrix} 0 & 1 & 0 & 0 & 0 & 0 & 0 & 0 \\ 1 & 0 & 0 & 0 & 1 & 1 & 0 & 0 \\ 0 & 0 & 0 & 1 & 0 & 1 & 0 & 0 \\ 0 & 0 & 1 & 0 & 0 & 1 & 1 & 1 \\ 0 & 1 & 0 & 0 & 0 & 1 & 0 & 0 \\ 0 & 1 & 1 & 1 & 1 & 0 & 0 & 0 \\ 0 & 0 & 0 & 1 & 0 & 0 & 0 & 1 \\ 0 & 0 & 0 & 1 & 0 & 0 & 1 & 0 \end{pmatrix} \tag{6-6}$$

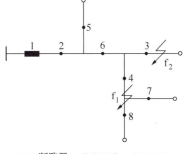

图 6-9 一个较复杂的配电网

■断路器 •分段开关 ◦馈线末梢

假设图 6-9 所示配电网的故障发生位置为 f_1，则相应的故障信息矩阵 $\boldsymbol{G}$ 为

$$G = \begin{pmatrix} 0 & 0 & 0 & 0 & 0 & 0 & 0 & 0 \\ 0 & 0 & 0 & 0 & 0 & 0 & 0 & 0 \\ 0 & 0 & 1 & 0 & 0 & 0 & 0 & 0 \\ 0 & 0 & 0 & 0 & 0 & 0 & 0 & 0 \\ 0 & 0 & 0 & 0 & 1 & 0 & 0 & 0 \\ 0 & 0 & 0 & 0 & 0 & 0 & 0 & 0 \\ 0 & 0 & 0 & 0 & 0 & 0 & 1 & 0 \\ 0 & 0 & 0 & 0 & 0 & 0 & 0 & 1 \end{pmatrix} \tag{6-7}$$

相应的乘积矩阵 $\boldsymbol{Q}$ 为

$$\boldsymbol{Q} = \boldsymbol{DG} = \begin{pmatrix} 0 & 0 & 0 & 0 & 0 & 0 & 0 & 0 \\ 0 & 0 & 0 & 0 & 1 & 0 & 0 & 0 \\ 0 & 0 & 0 & 0 & 0 & 0 & 0 & 0 \\ 0 & 0 & 1 & 0 & 0 & 0 & 1 & 1 \\ 0 & 0 & 0 & 0 & 0 & 0 & 0 & 0 \\ 0 & 0 & 1 & 0 & 1 & 0 & 0 & 0 \\ 0 & 0 & 0 & 0 & 0 & 0 & 0 & 1 \\ 0 & 0 & 0 & 0 & 0 & 0 & 1 & 0 \end{pmatrix} \tag{6-8}$$

因为 $d_{43} = d_{63} = 1$，$g_{33} = 1$，且 $g_{44} = g_{66} = 0$，所以矩阵 $\boldsymbol{D}$ 和矩阵 $\boldsymbol{G}$ 满足规格化处理条件，将矩阵 $\boldsymbol{Q}$ 中第 3 行和第 3 列的元素全置为 0；又因为 $d_{25} = d_{65} = 1$，$g_{55} = 1$，且 $g_{22} = g_{66} = 0$，所以矩阵 $\boldsymbol{D}$ 和矩阵 $\boldsymbol{G}$ 满足另一个规格化处理条件，将矩阵 $\boldsymbol{Q}$ 中第 5 行和第 5 列的元素全置为 0。经过规格化处理后得到的故障判定矩阵 $\boldsymbol{P}$ 为

$$\boldsymbol{P} = g(\boldsymbol{Q}) = \begin{pmatrix} 0 & 0 & 0 & 0 & 0 & 0 & 0 & 0 \\ 0 & 0 & 0 & 0 & 0 & 0 & 0 & 0 \\ 0 & 0 & 0 & 0 & 0 & 0 & 0 & 0 \\ 0 & 0 & 0 & 0 & 0 & 0 & 1 & 1 \\ 0 & 0 & 0 & 0 & 0 & 0 & 0 & 0 \\ 0 & 0 & 0 & 0 & 0 & 0 & 0 & 0 \\ 0 & 0 & 0 & 0 & 0 & 0 & 0 & 1 \\ 0 & 0 & 0 & 0 & 0 & 0 & 1 & 0 \end{pmatrix} \tag{6-9}$$

由式（6-9）可见，$p_{47} \oplus p_{74} = p_{48} \oplus p_{84} = 1$，因此故障可能发生在节点 4 和节点 7 之间或节点 4 和节点 8 之间。

如果不对矩阵 $\boldsymbol{Q}$ 进行规格化处理，直接用矩阵 $\boldsymbol{Q}$ 作为故障判定矩阵，因为在式（6-8）中 $q_{25} \oplus q_{52} = q_{56} \oplus q_{65} = q_{34} \oplus q_{43} = q_{36} \oplus q_{63} = 1$，所以会错误地认为故障也可能发生在由节点 2、5、6 组成的区域和由节点 3、4、6 组成的区域。

现在研究配电网的馈线末梢发生故障的情况。对于如图 6-9 所示的配电网，假设在节点 3 的馈线末梢位置 f_2 发生故障，则网基结构矩阵 $\boldsymbol{D}$ 不变，仍然为式（6-6），但相应的故障信息矩阵 $\boldsymbol{G}$ 变为

$$G = \begin{pmatrix} 0 & 0 & 0 & 0 & 0 & 0 & 0 & 0 \\ 0 & 0 & 0 & 0 & 0 & 0 & 0 & 0 \\ 0 & 0 & 0 & 0 & 0 & 0 & 0 & 0 \\ 0 & 0 & 0 & 1 & 0 & 0 & 0 & 0 \\ 0 & 0 & 0 & 0 & 1 & 0 & 0 & 0 \\ 0 & 0 & 0 & 0 & 0 & 0 & 0 & 0 \\ 0 & 0 & 0 & 0 & 0 & 0 & 1 & 0 \\ 0 & 0 & 0 & 0 & 0 & 0 & 0 & 1 \end{pmatrix} \qquad (6\text{-}10)$$

相应的乘积矩阵 Q 为

$$Q = DG = \begin{pmatrix} 0 & 0 & 0 & 0 & 0 & 0 & 0 & 0 \\ 0 & 0 & 0 & 0 & 1 & 0 & 0 & 0 \\ 0 & 0 & 0 & 1 & 0 & 0 & 0 & 0 \\ 0 & 0 & 0 & 0 & 0 & 0 & 1 & 1 \\ 0 & 0 & 0 & 0 & 0 & 0 & 0 & 0 \\ 0 & 0 & 0 & 1 & 1 & 0 & 0 & 0 \\ 0 & 0 & 0 & 1 & 0 & 0 & 0 & 1 \\ 0 & 0 & 0 & 1 & 0 & 0 & 1 & 0 \end{pmatrix} \qquad (6\text{-}11)$$

经过规格化处理，得到的故障判定矩阵 P 为

$$P = \begin{pmatrix} 0 & 0 & 0 & 0 & 0 & 0 & 0 & 0 \\ 0 & 0 & 0 & 0 & 0 & 0 & 0 & 0 \\ 0 & 0 & 0 & 0 & 0 & 0 & 0 & 0 \\ 0 & 0 & 0 & 0 & 0 & 0 & 0 & 0 \\ 0 & 0 & 0 & 0 & 0 & 0 & 0 & 0 \\ 0 & 0 & 0 & 0 & 0 & 0 & 0 & 0 \\ 0 & 0 & 0 & 0 & 0 & 0 & 0 & 1 \\ 0 & 0 & 0 & 0 & 0 & 0 & 1 & 0 \end{pmatrix} \qquad (6\text{-}12)$$

根据基于网基结构矩阵的定位算法的判据，由式（6-12）可知无法确定故障位置。

基于网基结构矩阵的定位算法对配电网拓扑结构采用无向图的描述方式，通过网基结构矩阵和故障信息矩阵的相乘和异或运算来进行故障区段判定。由于故障信息矩阵的生成只需知道有无过电流，而无需知道过电流的方向，对馈线监控终端的要求不是很高。该算法所基于的原理仅是故障存在的必要非充分条件，往往会造成故障区段的误判，故尚需进行规格化处理，且故障区段是通过逐对的异或来进行搜索确定的，计算量较大。此外，上述算法的定位结果都是通过对比各馈线区段两侧开关流经的过电流信息得出的，定位结果至少需要有两个节点的信息，故不能直接正确定位配电网馈线末梢的故障，且该算法只适用于单电源单一故障的问题。

6.3.4　基于网形结构矩阵的定位算法

这种算法将馈线上的开关设备（断路器、分段开关、联络开关等）作为节点进行编号，编号无需固定规则，顺序可任取。T 接点不作为节点编号。

1. 网形结构矩阵 _C_

_N_ 节点网络的网形结构矩阵 _C_ 为 _N_×_N_ 矩阵，其元素定义如下：如果节点 _i_ 有子节点 _j_，则 $c_{ij}=1$，否则 $c_{ij}=0$。也就是说，若节点 _i_ 和节点 _j_ 之间存在一条馈线段且该馈线段的正方向是由节点 _i_ 指向节点 _j_ 的，则对应的网形结构矩阵 _C_ 中的元素 $c_{ij}=1$，而 $c_{ji}=0$。该网络描述矩阵 _C_ 是一个非对称矩阵，反映了网络的实时拓扑结构。

为使该算法能够适用于任意多个电源，算法对网络拓扑的描述需要考虑其方向性。对于多电源网络，假定该网络只由其中某一个电源供电，馈线的正方向就是由该假定电源向全网供电的功率流出方向。这样一来，多电源配电网可等价视为一个单电源辐射状网，在拓扑结构上仍可看作一棵"树"，此时，网络描述矩阵可由该馈线正方向下的网形结构矩阵获得。

2. 故障信息矩阵 _G_

在单电源树形辐射状网中，全网的功率方向是一定的，因此发生故障时，不必考虑故障电流方向，只需根据各节点是否有故障电流通过来得到故障信息，从而形成网络的故障信息矩阵 _G_。_N_ 节点网络对应 _N_×_N_ 矩阵，其元素形成规则如下：若第 _i_ 节点存在故障电流，则该节点对应的对角线元素 $g_{ii}=1$，反之 $g_{ii}=0$。

同样，为使该算法能适用于多电源网络，对故障信息的描述也应当考虑其方向性，即故障发生后，配电主站系统根据上传的过电流信息及网络拓扑的正方向对故障信息矩阵 _G_ 加以设置。若节点 _i_ 存在故障过电流且故障过电流方向和网络正方向相同，则配电主站系统接收到节点 _i_ 发来的信号后置故障信息矩阵 _G_ 中的元素 $g_{ii}=1$；若节点 _i_ 存在故障过电流但故障过电流方向和网络正方向相反，则置相应元素 $g_{ii}=0$；若节点 _i_ 不存在故障过电流，则馈线监控终端不向配电主站系统发送信号，对没有发送信号的节点 _i_，置 _G_ 中的对应元素 $g_{ii}=0$。

3. 故障判定矩阵 _P_

单电源树形辐射状网中有一馈线区段发生单一故障时，其父节点存在故障过电流，而所有子节点均无故障过电流。换句话说，如某馈线区段上的父节点和子节点均无故障过电流或者父节点有故障过电流且某一子节点也有故障过电流，则该馈线区段一定为非故障区段。基于以上思路，引入故障判定矩阵 _P_，定义 _P_ 为

$$P=C+G \tag{6-13}$$

4. 故障区段定位判据

判断故障区段的原则是若 _P_ 中有元素同时满足下面两个判定条件，则故障发生在由节点 _i_ 和节点 _j_ 确定的区段上。

1）$p_{ii}=1$。

2）对所有 $p_{ij}=1$ 的节点 _j_（$j\neq i$），都有 $p_{jj}=0$。

这两个条件是故障判定的充要条件，不满足的区段一定不是故障区段，使用这两个判定条件时无需规格化运算，减少了计算量。该判据的物理意义如下：根据前述故障判断的思路，故障判定矩阵的对角线元素表示的是节点是否过电流，当节点 _i_ 有故障过电流，且由网形结构矩阵得到的与它有正向联系的某一节点 _j_ 也有故障过电流，则该馈线区段一定为非故障区段；当节点 _i_ 有故障过电流，且由网形结构矩阵得到的与它有正向联系的所有节点 _j_ 均无故障过电流流过，则该馈线区段为故障区段。

为了减少运算量，可以以常开型联络开关为分界点对配电网进行分区，仅选择含有故障

信息的馈线区段进行运算。先将该馈线区段上的断路器、分段开关和常开型联络开关作为节点进行编号，再给各馈线区段确定一个正方向，最后依据各节点的有向连接关系构造网形结构矩阵 $\boldsymbol{C}$。

针对末端故障，可以在原判据的基础上增加一个判定条件来判断，即在故障判定矩阵 $\boldsymbol{P}$ 中，若有 $p_{ii}=1$ 且对所有 p_{ij}（$j \neq i$）都有 $p_{ij}=0$，则故障发生在节点 i 的馈线末端。该判定条件所表达的物理意义如下：故障判定矩阵 $\boldsymbol{P}$ 中对角线元素为 1 且同一行其他元素都为 0，表明某节点 i 流过故障过电流，且以这个节点为起点的连接到该节点上的其他节点并不存在，那么该节点 i 的末端必然发生故障（末梢点不编号）。

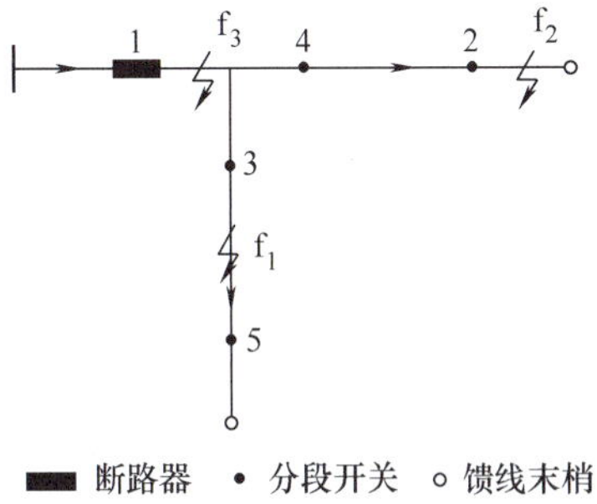

图 6-10　典型单电源配电网

例 6-3　分析图 6-10 所示典型单电源配电网的故障区段定位判断方法。

解： 建立相应的网形结构矩阵 $\boldsymbol{C}$ 为

$$\boldsymbol{C}=\begin{pmatrix} 0 & 0 & 1 & 1 & 0 \\ 0 & 0 & 0 & 0 & 0 \\ 0 & 0 & 0 & 0 & 1 \\ 0 & 1 & 0 & 0 & 0 \\ 0 & 0 & 0 & 0 & 0 \end{pmatrix} \tag{6-14}$$

一般在馈线上发生的故障以单一故障较多，所以重点考虑发生单一故障的判断方法。下面分 4 种情况分析。

第一种情况：馈线区段发生单一故障。假设图 6-10 中以分段开关 3 为父节点的馈线区段发生故障，即故障点 f_1，此时节点 1、3 有故障过电流流过，则对应的故障信息矩阵 $\boldsymbol{G}$ 为

$$\boldsymbol{G}=\begin{pmatrix} 1 & 0 & 0 & 0 & 0 \\ 0 & 0 & 0 & 0 & 0 \\ 0 & 0 & 1 & 0 & 0 \\ 0 & 0 & 0 & 0 & 0 \\ 0 & 0 & 0 & 0 & 0 \end{pmatrix} \tag{6-15}$$

由式（6-13）得故障判定矩阵 $\boldsymbol{P}$ 为

$$\boldsymbol{P}=\begin{pmatrix} 1 & 0 & 1 & 1 & 0 \\ 0 & 0 & 0 & 0 & 0 \\ 0 & 0 & 1 & 0 & 1 \\ 0 & 1 & 0 & 0 & 0 \\ 0 & 0 & 0 & 0 & 0 \end{pmatrix} \tag{6-16}$$

由判定条件可知：

1）$p_{11}=1$；$p_{13}=1$，$p_{33}=1$；$p_{14}=1$，$p_{44}=0$。不满足判定条件。区段 1-3 和 1-4 为非故障区段。

2）$p_{33}=1$；$p_{35}=1$，$p_{55}=0$。节点 3 和节点 5 满足判定条件。所以故障发生在节点 3 和节

点 5 之间的馈线区段上。

第二种情况：馈线末端发生故障。假设图 6-10 中以开关 2 为父节点的馈线区段发生故障，即故障点 f_2，则对应的故障信息矩阵 $\boldsymbol{G}$ 为

$$\boldsymbol{G} = \begin{pmatrix} 1 & 0 & 0 & 0 & 0 \\ 0 & 1 & 0 & 0 & 0 \\ 0 & 0 & 0 & 0 & 0 \\ 0 & 0 & 0 & 1 & 0 \\ 0 & 0 & 0 & 0 & 0 \end{pmatrix} \tag{6-17}$$

由式（6-13）得故障判定矩阵 $\boldsymbol{P}$ 为

$$\boldsymbol{P} = \begin{pmatrix} 1 & 0 & 1 & 1 & 0 \\ 0 & 1 & 0 & 0 & 0 \\ 0 & 0 & 0 & 0 & 1 \\ 0 & 1 & 0 & 1 & 0 \\ 0 & 0 & 0 & 0 & 0 \end{pmatrix} \tag{6-18}$$

由判定条件可知：

1）$p_{11} = 1$；$p_{13} = 1$，$p_{33} = 0$；$p_{14} = 1$，$p_{44} = 1$。不满足判定条件。区段 1-3 和 1-4 为非故障区段。

2）第 2 行只有 $p_{22} = 1$，其余均为 0，满足判定条件。所以故障发生在节点 2 之后的末端馈线上。

第三种情况：T 接点区域发生故障。假设图 6-10 中由节点 1、3、4 构成的 T 接点区域发生故障，即故障点 f_3，则对应的故障信息矩阵 $\boldsymbol{G}$ 为

$$\boldsymbol{G} = \begin{pmatrix} 1 & 0 & 0 & 0 & 0 \\ 0 & 0 & 0 & 0 & 0 \\ 0 & 0 & 0 & 0 & 0 \\ 0 & 0 & 0 & 0 & 0 \\ 0 & 0 & 0 & 0 & 0 \end{pmatrix} \tag{6-19}$$

由式（6-13）得故障判定矩阵 $\boldsymbol{P}$ 为

$$\boldsymbol{P} = \begin{pmatrix} 1 & 0 & 1 & 1 & 0 \\ 0 & 0 & 0 & 0 & 0 \\ 0 & 0 & 0 & 0 & 1 \\ 0 & 1 & 0 & 0 & 0 \\ 0 & 0 & 0 & 0 & 0 \end{pmatrix} \tag{6-20}$$

由判定条件可知：

$p_{11} = 1$；$p_{13} = 1$，$p_{33} = 0$；$p_{14} = 1$，$p_{44} = 0$。满足判定条件。区段 1-3 和 1-4 为故障区段，即由节点 1、3、4 构成的 T 接点区域发生故障。

第四种情况：不同线路上的多重故障。假设图 6-10 中以开关 2 为父节点的末端馈线区段和以开关 3 为父节点的馈线区段发生故障，即 f_1、f_2 处都发生了故障，则对应的故障信息矩阵 $\boldsymbol{G}$ 为

$$G = \begin{pmatrix} 1 & 0 & 0 & 0 & 0 \\ 0 & 1 & 0 & 0 & 0 \\ 0 & 0 & 1 & 0 & 0 \\ 0 & 0 & 0 & 1 & 0 \\ 0 & 0 & 0 & 0 & 0 \end{pmatrix} \tag{6-21}$$

由式（6-13）得故障判定矩阵 P 为

$$P = \begin{pmatrix} 1 & 0 & 1 & 1 & 0 \\ 0 & 1 & 0 & 0 & 0 \\ 0 & 0 & 1 & 0 & 1 \\ 0 & 1 & 0 & 1 & 0 \\ 0 & 0 & 0 & 0 & 0 \end{pmatrix} \tag{6-22}$$

由判定条件可知：

1）$p_{11} = 1$；$p_{13} = 1$，$p_{33} = 1$；$p_{14} = 1$，$p_{44} = 1$。不满足判定条件。区段 1-3 和 1-4 为非故障区段。

2）第 2 行只有 $p_{22} = 1$，其余均为 0，满足判定条件。所以故障发生在节点 2 之后的末端馈线上。

3）$p_{33} = 1$；$p_{35} = 1$，$p_{55} = 0$。满足判定条件。所以区段 3-5 为故障区段。

6.3.5 馈线自动化实例

1. 故障区段定位过程

配电网发生故障后，馈线监控终端（FTU）将失电压、过电流等故障信息通过数据通信传到配电主站系统，由系统根据配电网的实时拓扑结构、故障信息及变电站出口断路器的信息，按照一定的算法确定故障区段，并给出最优的供电恢复操作方案，以自动或人工参与的方式操作相关开关设备，隔离故障区段，恢复非故障区段的供电。

一个典型的配电网馈线自动化系统如图 6-11 所示，它由配电主站、通信网络及 FTU 等部分构成，编号为 1 的变电站出口断路器处安装具有测控与通信功能的保护装置 Relay 1，配电网正常运行时，编号为 7 的联络开关处于常开状态。这里为了便于理解，设图 6-11 中的保护装置直接与配电主站通信，在实际工程中，保护装置的信息则一般由变电站自动化系统或调度自动化系统转发。

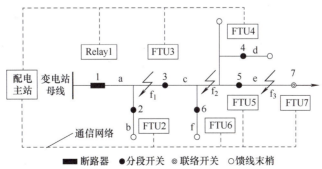

图 6-11　一个典型的配电网馈线自动化系统

线路发生故障后，变电站出口断路器先跳闸，然后重合，若为瞬时性故障，则重合成功，恢复线路正常供电；若为永久性故障，断路器重合到故障后立即跳闸，两次检测到故障电流持续一段时间后消失的FTU，将向配电主站发送故障检测结果，配电主站则启动故障定位、隔离与恢复供电程序。

在图6-11所示系统中，若区段c发生永久性故障，FTU3两次检测到故障电流持续一段时间后消失，则向配电主站上报检测到的故障信息，配电主站根据Relay1、FTU3检测到故障电流，其他FTU均未检测到故障电流的结果，利用基于网形结构矩阵的定位算法，判断出故障发生在分段开关3、4、5、6之间，于是遥控操作分段开关3和5分闸，隔离故障区段，然后控制编号为1的出口断路器及编号为7的联络开关合闸，恢复对非故障区段a和e的供电。

2. 故障区段定位的容错方法

实际应用中，存在因FTU或通信系统故障而漏报故障信息的情况，可采取以下措施提高故障区段定位的可靠性：

1）如果一个区段中靠近变电站一侧的FTU没有上报有故障电流流过，但远离变电站一侧的FTU却上报有故障电流流过，则该区段被确定为非故障区段。

2）如果有两个及以上的区段靠近变电站一侧的FTU上报有故障电流流过，但远离变电站一侧的FTU没有上报有故障电流流过，则离变电站最远的区段为故障区段。

以图6-11所示系统为例，若区段e发生故障，假设FTU3漏报故障信息，则区段a、e均被判定为可能的故障区段，但区段e离变电站更远，因此区段e被确定为故障区段。

3. 供电恢复方法

在故障区段被隔离后，其上游的非故障区段直接通过控制变电站出口断路器合闸恢复供电。若故障区段下游的非故障区段有联络电源，则通过控制联络开关合闸恢复供电，且联络开关合闸前需考虑联络电源容量是否充足，若有多个联络电源，还需考虑负荷均衡问题。对于故障区段下游的非故障区段的供电恢复操作，有以下基本要求：

1）安全性，即保证联络线路的总负荷不超过额定容量，不出现过负荷。

2）恢复容量最大。在保证安全的前提下，要把最大程度恢复对非故障区段用户供电作为首要目标。

3）重要用户优先，即优先恢复重要用户的供电。如果联络线路的备用容量不足，应切除部分普通用户，保证重要用户的供电。

4）负荷均衡。当有多个联络电源时，应使联络线路上的负荷率尽可能均衡。

5）开关操作次数少。

在制定供电恢复操作方案时，需要知道联络电源（线路）的容量裕度、待恢复供电的非故障区段的负荷容量，以校核联络线路转带非故障区段负荷后的运行容量，并对供电恢复方案的安全性做出预判，防止出现过负荷。

实际的配电网自动化系统中，往往只测量线路分段开关流过的电流，因配电网参数及量测量不全等因素，难以进行在线的配电网潮流计算，因此，也难以对联络线路的运行容量进行准确计算。人们一般采用运行电流来近似运行容量，通过校核联络线路的运行电流，对供电恢复方案的安全性做出预判，即要求联络电源的电流裕度大于待恢复供电的非故障区段的总负荷电流。若联络电源的裕度不满足要求，则只能恢复一部分非故障区段负荷的供电。

以图 6-11 所示系统为例，设线路的区段 a 发生故障，非故障区段 c、d、f 的总负荷电流为 90A，非故障区段 e 的负荷电流为 60A，则待供电的非故障区段的总负荷电流为 150A，若只有一个联络电源且联络电源的电流裕度为 140A，则联络电源的电流裕度小于待供电的非故障区段的总负荷电流，因此，只能恢复部分非故障区段的供电。此时可断开分段开关 5，甩掉区段 c 的负荷，然后合上编号为 7 的联络开关，恢复非故障区段 e 上的负荷的供电。假设区段 f 故障前的负荷电流为 20A 且为非重要负荷，则也可断开分段开关 6，使待恢复供电的非故障区段的总负荷电流降为 130A，然后合上编号为 7 的联络开关，恢复非故障区段上其他负荷的供电。

6.4 馈线自动化系统设计

10kV 城市及农村配电网架空线路和电缆故障较多，且故障有时难以查找。目前主要利用基于配电监控终端/配电子站及通信网络的配电网馈线自动化系统实现故障区段的自动定位、故障隔离及恢复对非故障区段供电等功能，但所定位的故障区段位于分段开关之间，距离较远，寻找故障点仍较困难。各供电公司在配电线路上安装故障指示器来缩小故障查找的范围，提高了故障查找的效率及供电可靠性。利用传统的故障指示器实现线路故障区段定位存在以下缺陷：故障指示器无法实现故障信息自动远传功能，一旦线路出现故障，无法进行故障区段的自动定位，仍需要人工沿线查找故障点。

若能利用简单、成本低廉的通信手段将故障指示器所采集到的故障信息通过其附近的 FTU 上传到配电网自动化系统的配电主站，将可实现故障区段的更精确定位，从而进一步提高配电网馈线自动化水平。下面介绍一种结合故障指示器及 FTU 所采集的信息进行配电网架空线路在线监控的方法，重点分析该方法的分层无线通信方案及其实现。

6.4.1 系统结构

系统采用 3 层无线通信网络，由故障指示器、故障采集器、FTU（兼做故障采集器及集中器）、现场手持设备、通信网络及配电主站等构成，如图 6-12 所示。综合考虑通信距离，多种无线通信共处，故障采集器间信息传输网络需具有自动路由、自动组网及失效自恢复等功能，在设计无线通信网络时采用了 3 种无线通信频段：故障指示器及现场手持设备与故障采集器间采用无路由协议的 470MHz 短距离无线通信；故障采集器间及故障采集器与 FTU 间采用基于 ZigBee Pro 协议栈的无线传感器网络通信，为 2.4GHz Mesh 网络；FTU 与配电主站间采用 GPRS 网络通信。1 个故障采集器最多可挂接 6 个故障指示器，6 个故障指示器分成两组分别安装在线路的主干和分支的 A、B、C 三相。安装于电杆上的故障采集器与故障指示器间的距离不大于 50m，采用 5dBi 全向天线，架设在 5m 高度处，故障采集器间或故障采集器与 FTU 间的户外直线通信距离可达到 1km。一般混凝土电杆的高度为 10m 左右，考虑安全距离等，天线的架设高度适合实际情况；10kV 配电线路长度一般不超过 10km，电杆间距一般小于 100m，故障采集器采用 ZigBee Pro 网络协议进行通信，每个故障采集器均可作为通信的路由器，最多可有 30 级路由，一条线路各分段开关处的 FTU 均作为 ZigBee Pro 无线传感器网络的协调器节点，与其两侧附近的故障采集器路由节点构成独立的 Mesh 网络，这样一条线路上就有多个 Mesh 网络，通信距离完全满足要求。除了 ZigBee Pro 无线传感器网络外，还可采用 LoRa 低功耗无线局域网。

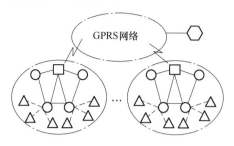

△ 故障指示器　○ 故障采集器　□ FTU　⬡ 配电主站

图 6-12　系统结构图

6.4.2　硬件设计

1. 故障指示器无线通信接口模块设计

故障指示器可检测配电线路的上电、下电、短路、接地 4 种状态信息。传统的故障指示器一般采用翻牌或指示灯闪烁方式提供线路状态信息，也有的利用光纤将配电线路状态信息传输到一个集中的显示处理装置处。因此，需在传统的故障指示器上加装一个无线通信接口模块，使其满足本系统设计要求。故障指示器长期安装在 10kV 线路上，且对无线通信接口模块的体积大小有严格限制，其无线通信接口模块的工作电源采用 6V 高温锂离子电池，电池平时不对无线通信接口模块供电，无线通信接口模块的 CPU 及无线通信接口芯片等均不工作，线路状态发生变化后故障指示器状态输出引脚电平将发生变化，用引脚的电平变化控制电源芯片 MIC29302 给无线通信接口模块供电，模块的 CPU 得电开始工作，接着 CPU 就可通过输出信号来控制电源芯片 MIC29302 输出，CPU 一旦将采集到的线路状态变化信息发送给对应的故障采集器后，就会清除故障指示器的状态输出，然后控制 MIC29302 停止输出，CPU 及无线通信接口芯片等停止工作，实现省电。故障指示器无线通信接口模块采用 Microchip 公司的 8 位单片机 PIC16F690 作为 CPU，采用 Nordic 公司的 nRF905 作为 470MHz 无线通信接口芯片，考虑故障指示器整体安装问题，无线通信接口模块采用环状 PCB 天线。无线通信接口模块的硬件结构如图 6-13 所示，点画线框内的无线通信接口模块与故障指示器间的连接信号采用光电隔离。

2. 故障采集器硬件设计

故障采集器设计两个无线通信接口，一个 470MHz 接口与故障指示器或现场手持设备通信，另外一个 2.4GHz 接口用于构建 ZigBee Pro 无线传感器网络，将故障指示器的数据路由到 FTU。现场手持设备用于对故障采集器及 FTU 进行参数设置及查询，现成的现场手持设备一般仅具有 UART 接口，需要设计一个无线

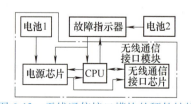

图 6-13　无线通信接口模块的硬件结构

通信接口模块，用 CPU 实现 470MHz 无线通信接口芯片的 SPI 接口与 UART 接口间的转换。故障采集器的 470MHz 无线通信接口设计方案同故障指示器，但由于故障采集器要安装在金属箱体内，天线采用可外引的鞭状天线。2.4GHz 无线通信接口设计方案有内置 2.4GHz 通

信接口的 CPU、CPU+外置 2.4GHz 通信接口芯片、CPU+外置 2.4GHz 通信接口模块 3 种，3 种方案均可采用 ZigBee Pro 协议栈构建 Mesh 网络。前两种方案的无线通信硬件设计及通信协议栈移植等研发工作量大，需要具有高频设计方面的经验，研发周期长。采用方案 3 时，CPU 通过 UART 接口与 ZigBee 模块交换数据，无线传感器网络的组建、数据路由、网络自愈等功能由带有 CPU 的 ZigBee 模块实现。这样故障采集器的软件和硬件设计就较为简单了，采用 Microchip 公司的 16 位单片机 PIC24FJ64GA002 作为 CPU，扩展 4MB 串行 Flash 数据存储器；采用 Digi 公司的 XBee PR0 ZB 模块作为 2.4GHz 无线通信接口，该模块具有基于 Mesh 网络的固件 XB24-ZB，支持 ZigBee Pro 协议栈，

体积小，功能强大，性能稳定，价格适中。XBee PR0
ZB 模块的功耗为 60mW（+18dBm），传输距离可达
0.5km，通过 UART 接口与故障采集器 CPU 交换数据，
设计用到模块的数据输出、数据输入、状态指示以及电
源引脚。故障采集器的 XBee PR0 ZB 模块是作为 ZigBee
Pro 无线传感器网络的路由节点的，不能休眠，且现场
不便安装电压互感器，因此，故障采集器由 12V 太阳能
发电系统供电，其硬件结构如图 6-14 所示。

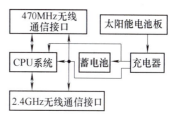

图 6-14　故障采集器的硬件结构

3. FTU 硬件设计

　　FTU 实现对分段开关的监控及转发故障采集器的数据等功能，同时具有故障采集器的功能。FTU 由 CPU 系统板及外围接口电路等构成，具有 3 个无线通信接口，其硬件结构如图 6-15所示。目前配电网架空线分段开关常采用户外固封式真空断路器，装设有三相电流互感器，但无电压互感器。考虑到安装的方便及停电后断路器直流 24V 操作电源和 FTU 工作电源的获取等问题，FTU 采用 24V 太阳能发电系统供电，该系统由太阳能电池板组件、24V 充电器、免维护铅酸蓄电池组及隔离 DC/DC 变换器组成。CPU 系统板是一个 ARM7 嵌入式模块，由 PHILIPS 公司 LPC2220 CPU 扩展程序运行存储器、程序存储器、数据存储器、时钟芯片及复位电源管理芯片等构成。CPU 系统板扩展了带串行同步通信接口的 6 路 16 位 A/D 转换芯片 AD73360，用于三相电流及蓄电池电压的检测。LPC2220 CPU 具有两个串行

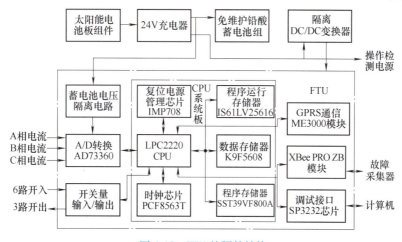

图 6-15　FTU 的硬件结构

异步通信接口，一个通过 XBee PR0 ZB 模块实现与故障采集器组网，同时通过 SP3232 芯片实现 RS-232 电平转换与软件调试复用，另一个通过中兴公司的 ME3000 模块实现与配电主站的 GPRS 通信。CPU 系统板同时扩展了 3 路继电器型开关量输出及 6 路隔离的开关量输入。开关量输出用于分段开关的分闸、合闸及储能控制；开关量输入用于检测开关状态、现地远方控制切换、开关储能完成情况等。

6.4.3 软件设计

配电网正常运行时，系统可监视配电线路的运行方式和负荷。当故障发生后，FTU 将自身检测到的故障信息及相关区段故障采集器发送的故障信息通过 GPRS 网络主动发送到配电主站，配电主站软件采用基于动态拓扑分析的故障定位改进矩阵算法可及时准确地确定故障区段，并可通过远方控制开关实现故障区段的隔离及恢复对非故障区段的供电。配电主站软件设计包含数据采集、数据管理和综合应用等；FTU 软件设计包含采集开关状态、采集线路三相电流及计算零序电流数据、线路故障判断算法实现、运行参数设置及查询、上传故障指示器的数据信息、上传故障采集器的运行状态信息、接收并执行配电主站的控制命令、接收并转发配电主站对故障采集器的设置及查询命令；故障采集器软件设计包含采集故障指示器状态变化信息、运行参数设置及查询、ZigBee Pro 无线传感器网络通信实现、网络故障诊断、将线路及故障采集器状态信息路由至 FTU；故障指示器无线通信接口模块软件设计包含采集状态变化信息并按通信规约传送给故障采集器。下面主要介绍各设备间分层无线数据交换的具体实现方法。

1. 设备的地址编码

故障指示器地址采用 4 个字节的 BCD 码表示，出厂时按顺序编码，不重复，不可更改，若某故障指示器报废则其用过的编码不再使用。其中"0x00000000"为现场手持设备的地址。故障采集器地址采用 8 个字节的 BCD 码表示，直接采用 XBee PR0 ZB 模块出厂的唯一 ID 号，不可更改。FTU 的地址编码按照 IEC 60870-5-104 通信规约的公共地址的要求确定。

FTU 存储其包含的故障采集器的地址；故障采集器存储其包含的故障指示器的地址；配电主站计算机系统存储 FTU、故障采集器及故障指示器的地址，且与图形元件建立对应关系。

2. 通信协议

故障指示器与故障采集器、故障采集器与 FTU、现场手持设备与故障采集器或 FTU 间的通信帧格式设计为：帧起始字符（68H）+功能码（FUN）+数据域长度（L）+数据域（DATA）+结束符（16H）。470MHz 无线通信接口芯片本身具有 CRC 校验功能，故帧格式没有加入校验域。XBee PR0 ZB 模块提供 AT 指令及 API 两种通信方式。API 方式可指定任意通信目标节点，具有校验域，且本身具有数据重发机制，可保证数据准确到达目标节点，故这里采用 API 方式。FTU 与配电主站软件通信遵循 IEC 60870-5-104 通信规约。

3. 通信软件设计

（1）故障指示器与故障采集器间的通信软件设计

故障指示器无线通信接口模块的 CPU 检测到线路状态发生变化后，有两种将数据传送给故障采集器的方式：第一种是主动发送给故障采集器；第二种是等待故障采集器发查询命令来取。1 个故障采集器最多可包含 6 个故障指示器，采用第一种方式时，若同一时刻有多个故障指示器有状态变化数据需要传送给同一个故障采集器，就可能存在数据冲突问题，虽然 nRF905 芯片具有空间无线通信信号载波检测功能，但仍然要编制软件实现冲突解决算法，故这里采用第二种方式。故障采集器每隔 10s 发送一轮查询命令，该命令包含了故障采集器地址、故障采集器 PAN ID 号、故障指示器或现场手持设备的地址，对不同故障指示器或现场手持设备的查询命令间隔 100ms。出厂时故障采集器所存储的故障指示器或现场手持设备的地址都默认为 "0x00000000"，投入使用前，需通过现场手持设备进行修改。故障采集器仅对地址非 "0x00000000" 的故障指示器进行状态查询。故障采集器发送查询命令后转入接收状态并等待 1s，若没有收到故障指示器或现场手持设备回送的数据，则转入休眠。故障指示器在线路出现上电、停电、接地、短路 4 种情况后 CPU 开始工作，无线通信接口模块处于接收状态，收到故障采集器的状态查询命令后，延时 10ms 将本故障指示器地址及线路状态数据发送出去。故障采集器收到故障指示器的线路状态数据后，延时 10ms 对该故障指示器发应答信息。故障指示器收到故障采集器的应答信息后，延时 1s 关闭电源停止工作。若故障指示器 CPU 开始工作 40s 后一直没有接收到故障采集器的状态查询命令，则 CPU 不再等待也不再发送数据，而是立即关闭电源停止工作。

（2）故障采集器与 FTU 间的通信软件设计

故障采集器与 FTU 间的距离较远，数据传输需路由，通信采用 ZigBee Pro 无线传感器网络。ZigBee 协议在 IEEE 802.15.4 基础上定义了网络层以支持网络路由功能，该协议具有抗干扰能力强、网络容量大、网络的自组织自愈能力强等特点。网络由协调器、路由器和终端设备 3 种通信节点组成。协调器选择一个 PAN ID 和信道启动一个网络后也可充当路由器。协调器和路由器允许其他通信节点加入这个网络，并能够路由数据。终端设备不能路由数据，在不收发数据时可以休眠。当通信节点加入网络时，加入的通信节点为子节点，允许子节点加入的通信节点为父节点，1 个父节点最多有 8 个子节点。ZigBee 联盟推出了 ZigBee 1.0、ZigBee 2006 及 ZigBee Pro 3 个版本的协议栈，与前两个协议栈相比，ZigBee Pro 在随机地址分配、网络路由、组播、网络安全等方面做了改进。

这里通过 Digi 公司提供的 XBee PRO ZB 模块配置软件 XCUT 将故障采集器的 XBee PRO ZB 模块设置为路由器，将 FTU 的 XBee PRO ZB 模块设置为协调器，系统中没有终端设备。同时利用 XCUT 软件对 XBee PRO ZB 模块的通信模式及其他相关参数进行合理设置，故障采集器的 CPU 将数据通过 UART 发给参数已正确配置的 XBee PRO ZB 模块，XBee PRO ZB 模块自动按照 ZigBee Pro 协议栈建立路由连接，寻找路径，将数据发送到目的地址。参数设置内容包括网络、地址、RF 接口、网络安全、串行接口、休眠方式、I/O 设置、诊断命令等。下面介绍系统用到的主要参数设置及 API 方式下的数据传输过程。

1）扫描信道（Scan Channel）和个域网识别标志（PAN ID）。网络由协调器负责组建，在组建网络时，协调器要进行通道能量扫描，找出不同通道的 RF 活动水平，以避免协调器在高能量通道区组网。一共有 16 个通道可以设置，XBee PRO ZB 模块支持其中的 14 个。同样，路由器和终端设备在加入网络时，也要进行同样的通道扫描。扫描时间越久，功耗越大。

通道扫描时间 $ST = SC \times 2^{SD} \times 15.36\text{ms}$。式中，$SC$ 是扫描通道数；SD 是扫描时间系数，范围为 0~7，默认值为 3。故障采集器由太阳能发电系统供电，为降低功耗，可通过测试来确定 SD，如通信距离在 5m 范围内，通信间隔为 5s，则 SD 设置为 1（最小值）即可保证不发生数据帧丢失现象。此外，禁掉一些不用的通道以减少扫描通道数也可缩短通道扫描时长，加快网络的建立并节省通信节点加入网络的时间，从而降低功耗。

路由器或终端节点在加入 ZigBee 网络前要进行 PAN 扫描，早期的 ZigBee 协议只采用 16 位 PAN ID 来标识一个网络。由于 16 位 PAN ID 可用的地址空间有限，为防止 ID 冲突，协议增设了 64 位 PAN ID。若 PAN ID 已被预先设置，则设备将加入指定的 PAN ID 网络；否则，将加入任何检测到的网络，并继承该网络的 PAN ID。一般需设置节点的 64 位 PAN ID，16 位 PAN ID 在其加入网络时自动获得。

2）目标地址。当故障采集器加入网络时，使用 64 位地址进行通信。成功加入网络后，网络会为故障采集器分配一个 16 位的网络地址。这样故障采集器便可使用该地址与网络中的其他故障采集器或 FTU 进行通信。通信时需要设置目标地址，如果是广播方式，目标地址应设成"0x0000FFFF"；如果对方是协调器，目标地址应设成"0x00000000"。

3）串口通信参数。它包括比特率、校验方式、流控制等。这里设置比特率为 19 200bit/s，帧格式为 8 位数据位、无奇偶校验位、1 位停止位。

4）数据路由。ZigBee Pro 协议栈包含 3 种不同的数据路由方法。3 种数据路由方法的比较见表 6-1，其中多对一路由和源节点路由是 ZigBee Pro 协议栈新增加的数据路由方法。

表 6-1　3 种数据路由方法的比较

路由方法	描述	使用场合
基于距离矢量的按需网状路由（AODV）	在源节点和目的节点之间建立路径路由，可能穿越多个节点。每个节点都知道数据下一个要发送给哪个节点，以最终到达目的地	在数据不需要被路由到许多不同目的节点的网络中使用。路由表大小有限，每个目的地址都需要一个路由路径
多对一路由	一个单一的广播传输形成所有设备到发送广播的设备的反向路由	适用于许多远程设备需要发送数据到一个单一网关或集中设备的场合
源节点路由	数据包包含从源节点到目的节点需要穿越的完整路径，路由效率高	超过 40 个远程设备的大型网络

配电线路发生状态变化时，会有多个故障采集器发送数据到 FTU。若采用 AODV 网状路由，则需要大的网络通信开销，网络中的每个故障采集器在发送数据到 FTU 前都要进行路由路径的探寻，网络将会因路由路径的探寻广播而性能降低或瘫痪。因此，故障采集器间及故障采集器与 FTU 间的通信采用 ZigBee Pro 协议栈所提供的多对一路由。多对一路由是对 AODV 网状路由的一种优化，它从 FTU 发出单一的多对一广播传输，在所有故障采集器上建立反向路径，而不要求各个故障采集器进行路由发现，数据路由方法的比较如图 6-16 所示。

FTU 将其地址作为目标探寻地址发送请求路径信息，收到这个请求的故障采集器通过建立一个反向的多对一路由表条目来建立一条返回 FTU 的路径。故障采集器 XBee PR0 ZB 模块的 ZigBee Pro 协议栈利用各个相邻故障采集器的历史连接质量信息选择一个可靠的相邻故障采集器作为反向路径。当一个故障采集器发送数据到 FTU 时，它会先找到一个多对一路由表条目，然后发送数据，故障采集器不需要路由发现。FTU 周期性发送多对一路由请求来刷新和升级网络中的反向路径。

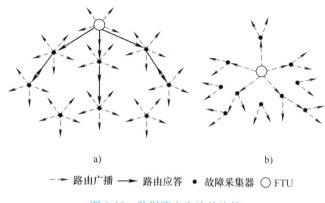

a)   b)

- - → 路由广播   ——→ 路由应答   • 故障采集器   ○ FTU

图 6-16　数据路由方法的比较
a）AODV 网状路由　b）多对一路由

在 ZB 固件中，AR 命令用来使能协调器的多对一广播功能。AR 命令可设置发送多对一广播的时间间隔。

5）API 方式数据传输。故障采集器与 FTU 之间进行双向数据传输时，数据传输方式采用 API 方式。与 AT 指令方式相比，API 方式具有易于管理一个到多个目标节点的数据传输、接收到的数据帧可以指示发送设备地址、支持高级 ZigBee 地址、支持高级网络故障诊断和支持远程参数配置等特点。API 数据包格式见表 6-2。

表 6-2　API 数据包格式

说明	字节数	说明	字节数
起始字符（7EH）	1	16 位目标网络地址	2
数据长度	2	广播半径	1
帧类型	1	选项	1
帧 ID	1	数据域	N
64 位目标地址	8	校验和	1

数据长度：起始字符到校验和之间所有字节的长度。

帧类型：API 信息的类别。

帧 ID：定义该帧是否需要响应，如果帧 ID=0，表示不需要响应。

64 位目标地址、16 位目标网络地址：接收数据的节点的地址。

广播半径：取值范围为 0~32。如果设为 0，则由系统指定广播半径，该参数只对广播传输使用。

选项：协议规定必须设成 00H，暂无其他意思。

校验和：采用累加和校验方式。

数据域存放的是用户要发送的数据，用户可以根据实际需要制定数据域数据的格式。发送方按照 API 数据包格式发送完整数据包，接收方收到 API 数据包格式的数据包后，会自动滤除附加信息，只将数据域中的数据转发给故障采集器或 FTU 的 CPU。数据发送流程如图 6-17 所示，软件可检测数据是否成功发送到目的节点。

6）网络安全。ZigBee Pro 的网络安全性能优于 ZigBee 1.0 及 ZigBee 2006。ZigBee Pro 网络采用两个安全钥匙、一个信任中心及 128 位 AES 加密等保证数据通信的安全。若设置协调器为信任中心，使能安全功能，预设网络安全钥匙和应用链接钥匙，则协调器负责路由器或终端设备加入网络的验证。路由器或终端设备加入网络前，其应用钥匙要设置得与协调器一致。新节点加入网络时将收到协调器发送的由应用链接钥匙加密的网络安全钥匙，解密后可获得网络安全钥匙，具有相同安全钥匙的两个节点才能进行数据交换。信任中心可以改变网络安全钥匙，此时网络中所有节点的网络安全钥匙将随着一起改变，且帧计数器清零。网络中的节点在通信时会跟踪其附近节点的帧计数器值，若收到的帧计数器值与其跟踪的值不一致，则放弃该数据，这样一来可有效防止网络重播攻击。另外，一旦网络组建完成，配电主站可发送命令禁止新节点加入。系统通过对网络安全钥匙、帧计数器、是否允许新节点加入等的管理来提高网络通信的安全性。

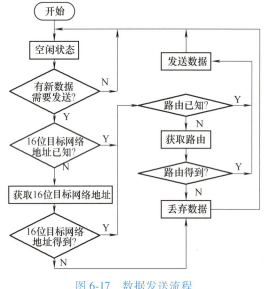

图 6-17　数据发送流程

（3）FTU 与配电主站间的通信软件设计

FTU 与配电主站距离远，采用基于 TCP/IP 的 GPRS 通信网络。ME3000 模块内部已集成了 TCP/IP，CPU 可用 GPRS AT 指令与 ME3000 交换信息，进而实现与配电主站的数据通信。GPRS AT 指令是 CPU 通过 UART 口与 GPRS 模块通信的命令集，该命令集封装了 GPRS 模块提供的全部功能，包括普通指令、网络服务指令、控制与报告指令、消息服务指令、GPRS 指令、TCP/IP 指令、短消息指令等。

FTU 对 GPRS 模块的主要操作是建立 TCP 连接、数据收发、上/下电控制、复位等，用到的 GPRS AT 指令不多，但为了保证 GPRS 网络通信的可靠性，还要使用一些报告指令实现对模块状态的监测，如信号强度查询、SIM 卡状态查询、网络注册查询等，这些参数是 FTU 操作 GPRS 的依据，也是保证 FTU 的 GPRS 网络可靠通信的关键。例如，ME3000 模块的信号强度检测指令，其格式为 AT+CSQ<CR>，返回值是一个类似"CSQ：27，4"的字符串，其中 27 代表信号强度，其取值范围为 0～30，0 为最弱信号。GPRS 模块连接网络前需判断该数值是否大于某个临界值（如 15），若不满足信号强度要求，则不予以连接网络，并给出信号灯提示。另外，合适的操作节奏也是保证 GPRS 网络通信可靠性的重要因素，如某次网络连接失败时，GPRS 模块应该断电复位，并延时较长时间后再尝试第二次连接，较长的延时时间是为了保证 GPRS 模块上电后有足够的时间注册网络、准备好接收指令。

课后习题

1. 简述配电网馈线自动化的作用和模式。

2. 重合器和分段器的主要功能有什么区别?

3. 某辐射状网如图 6-18 所示,其中的重合器 A 整定为一慢一快,即第一次重合时间为 15s,第二次重合时间为 5s。B 和 D 为电压-时间型分段器,X 时限均整定为 7s。C 和 E 为电压-时间型分段器,X 时限均整定为 14s,B、C、D、E 的 Y 时限均整定为 5s。分段器均设置在第一套功能。试分析在区段 d 发生永久性故障后,重合器和分段器配合隔离故障区段的过程。

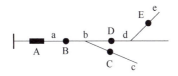

图 6-18　辐射状网 (1)

4. 基于重合器的馈线自动化系统有什么不足?

5. 简述远方集中监控模式配电网自动化系统的组成及优点。

6. 配电网故障区段定位算法为何需考虑容错性?

7. 某辐射状网如图 6-19 所示,假设故障位置在分段开关 2 和 3 之间。若采用基于网形结构矩阵的定位算法来确定故障区段,写出具体过程。

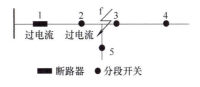

图 6-19　辐射状网 (2)

◤ 第7章

电力用户用电信息采集系统

电力用户用电信息采集系统是用于用电信息采集、处理和实时监控的自动化系统，也是智能配电网的一个重要组成部分。该系统按照设定的日期和时间，以实时、定时、主动上报等方式，采集不同类型用户的电能数据、电能质量数据、负荷数据、工况数据、事件记录数据等信息，实现自动抄表管理、电费电价分析、预付费管理、有序用电管理、用电情况统计分析、计量设备实时监测、异常用电分析、电能质量数据统计、线损统计分析、信息发布等功能。该系统可以按照统一的接口规范和接口要求，实现与"SG186"等系统的连接，并实现数据共享。

用电信息采集系统在逻辑上分为主站层、通信信道层、采集设备层3个层次。系统通过接口的方式，统一与营销应用系统和其他应用系统连接，并采用防火墙等技术进行安全防护，保证系统的信息安全。

技术经济比较表明，在我国推广应用电力用户用电信息采集系统是可行的。从技术的角度看，电力用户用电信息采集系统可以为营销业务提供及时、完整、准确的基础数据支撑，是电力系统信息化建设和营销计量、抄表、收费标准化建设的关键技术；从经济的角度看，电力用户用电信息采集系统的应用，将在树立企业品牌、提升管理和服务水平、提高利润等方面产生巨大的效益。因此，电力用户用电信息采集系统的规模化推广具有重要意义。

7.1 系统方案

电力用户用电信息采集系统要实现对所有用户用电信息的采集，而用户面广量大，用电环境各异，需要采用不同的通信技术，并选择合适的终端类型。虽然对象和信道各异，但还是应当根据集约、统一、规范的原则以及实现营销业务应用功能的需求，建设统一的用电信息采集平台，在一个平台上实现电力用户的全面覆盖。

7.1.1 对象分类及采集要求

电力用户用电信息采集系统的采集对象包括所有电力用户，如各类大中小型专变用户、各类380V/220V供电的工商业用户和居民用户、公用配变考核计量点、关口电能计量点等。

电力用户用电信息采集系统的统一采集平台的功能设计，应能支持多种通信信道和终端类型，并可用来采集其他的计量点，如小水电和小火电上网关口、统调关口以及变电站的各类计量点。

根据用电性质和规模、数据需求等，可将采集对象分为6大类：大型专变用户、中小型专变用户、三相一般工商业用户、单相一般工商业用户、居民用户和关口计量点，详细分类见表7-1。

　　根据表 7-1 对 6 类采集对象的分析，可将采集要求分为两大类：第一类是高压供电的专变用户，包括 A 类、B 类，对它们除了用电信息采集外还需要同时进行用电管理和负荷控制，利用负荷控制可以实现预购电管理；第二类是低压供电的一般工商业用户和居民用户，包括 C 类、D 类、E 类，此类用户通常会集中在公用配变下，用电情况简单，数量较大，可用低压集中抄表终端实现集中抄表，并通过电能表执行预付费管理。其中，C1 类用户用电量较大，可采用大用户的管理方式安装专变采集终端进行管理；A1 类、A2 类变电站侧和 F1 类、F2 类、F3 类、F4 类等用户数据可从变电站电能量采集系统中共享，而不直接采集；F5 类作为低压关口表计，可以通过 RS-485 接口直接接入集中器完成抄表功能，其采集数据类型较多，其他无特殊要求。

表 7-1　采集对象分类

对象	分类标准	标识	供电	用电情况	采集业务要求
大型专变用户（A 类）	容量在100kV·A及以上的专变用户	A1	高压供电	用户有多路专线接入，设有专用变电站	在变电站安装电能量采集终端，直接采集或者通过主站接口从调度电能量采集系统获取转发数据
		A2		专线供电，在变电站计量的高供高计用户	在变电站安装电能量采集终端，直接采集或者通过主站接口从调度电能量采集系统获取转发数据；在用户端安装专变采集终端进行负荷控制
		A3		单回路或双回路高压供电的专变用户，高供高计或高供低计	在用户端安装专变采集终端实现抄表和负荷控制
中小型专变用户（B 类）	容量在100kV·A以下的专变用户	B1		50kV·A 以上高压供电的专变用户	在用户端安装专变采集终端实现预购电管理和自动抄表
		B2		50kV·A 以下高压供电的专变用户，单回路计量	在用户端安装专变采集终端实现预付费控制和自动抄表；或者安装配备远程通信模块的电能表直接远程通信并输出跳闸信号，需要配置跳闸装置来执行预购电管理
三相一般工商业用户（C 类）	执行非居民电价的三相用户	C1	低压供电	配置计量 TA 的用户，容量≥50kV·A	安装专变采集终端实现抄表和负荷控制；或者安装配备远程通信模块的电能表直接远程通信并输出跳闸信号；或者低压集中抄表，独立布置表箱，由电能表输出跳闸信号，需要配置跳闸装置来执行预付费管理
		C2		配置计量 TA 的用户，容量<50kV·A	低压集中抄表，独立布置表箱，由电能表输出跳闸信号，需要配置跳闸装置来执行预付费管理
		C3		直接接入计量的三相非居民用户	
单相一般工商业用户（D 类）	执行非居民电价的单相用户	D1		直接接入计量的单相非居民用户	低压集中抄表，由电能表输出跳闸信号，配置带跳闸继电器的电能表执行预付费管理

（续）

对象	分类标准	标识	供电	用电情况	采集业务要求
居民用户（E类）	执行居民电价的用户	E1	低压供电	配置计量TA的三相居民用户，容量通常大于25kV·A	低压集中抄表，独立布置表箱，需要配置跳闸装置来执行预付费管理
		E2		直接接入计量的三相居民用户	低压集中抄表，配置带跳闸继电器的电能表执行预付费管理，电能表单独带有本地通信信道
		E3		独立表箱，直接接入计量的城镇单相居民用户	
		E4		独立表箱，直接接入计量的农村单相居民用户	
		E5		集中表箱，直接接入计量的单相居民用户	低压集中抄表，配置带跳闸功能的电能表执行预付费管理，电能表可经由采集器和集中器通信
关口计量点（F类）	统调发电厂内的上网关口	F1	高压供电	关口计量点在发电厂侧	在发电厂安装电能量采集终端，直接采集；或者通过主站接口从调度电能量采集系统获取转发数据
	非统调发电厂内的上网关口	F2		关口计量点在发电厂侧	
	变电站内的发电上网或网间关口	F3		关口计量点在变电站	在变电站安装电能量采集终端，直接采集；或者通过主站接口从调度电能量采集系统获取转发数据
	省对市、市对县下网关口，考核和管理计量点	F4		考核计量点在变电站	
	公用配变考核关口	F5		配置计量TA的配变考核计量点	通过RS-485接口直接接入集中器实现自动抄表或直接由集中器集成交流采样功能实现计量和配变监测

1. 电能表配置要求

电能表配置要求见表7-2。

表7-2　电能表配置要求

对象标识	主要功能					通信方式			说明
	计量	预付费	复费率	冻结	最大需量	本地信道	远程信道	RS-485通信口/个	
A1 A2 F1 F2 F3 F4	√		√	√	√			2	RS-485接口调度采集系统、用电信息采集系统各一。1组有功、无功脉冲输出，用电信息采集用变电站电能量采集终端实现

（续）

对象标识	主要功能					通信方式			说明
	计量	预付费	复费率	冻结	最大需量	本地信道	远程信道	RS-485通信口/个	
A3 B1 B2	√		√	√	√			1	RS-485 接口用电信息采集系统，1 组有功、无功脉冲输出 负荷管理终端采集
C1	√		√	√				1	
B2 C1	√	√	√	√			√	1	配置带远程通信模块的预付费电能表或由负荷管理终端采集
C1 C2	√	√	√	√		√		1	1 组有功脉冲输出，计量专用，电能表输出跳闸信号，内置本地信道接口实现集中采集
C3 D1	√	√	√	√		√		1	1 组有功脉冲输出，计量专用，电能表内部带跳闸继电器，内置本地信道接口实现集中采集
E1	√	√	√	√		√		1	1 组有功脉冲输出，计量专用，电能表输出跳闸信号，内置本地信道接口实现集中采集
E2 E3 E4 E5	√	√	√	√		√		1	1 组有功脉冲输出，计量专用，电能表内部带跳闸继电器，内置本地信道接口实现集中采集
E5	√	√	√	√				1	1 组有功脉冲输出，计量专用，电能表内部带跳闸继电器 利用 RS-485 接口通过外接采集器从本地信道实现集中采集
F5	√		√	√	√			2	RS-485 接口计量设置、用电信息采集系统各一。1 组有功、无功脉冲输出，计量专用 从 RS-485 接口接入集中器

2. 采集数据类别要求

根据系统的需求分析，6 类采集对象的采集数据类别要求见表 7-3。

表 7-3　采集数据类别要求

采集对象	数据类别
大型专变用户	电能数据：总电能示值、各费率电能示值、总电能量、各费率电能量、最大需量等 交流电气量：电压、电流、有功功率、无功功率、功率因数等 工况数据：开关状态、终端及计量设备工况信息 电能质量：电压、功率因数、谐波等越限统计数据 事件记录：终端和电能表记录的事件数据 其他数据：预付费信息、负荷控制信息等

（续）

采集对象	数据类别
中小型专变用户	电能数据：总电能示值、各费率电能示值、总电能量、各费率电能量、最大需量等 交流电气量：电压、电流、有功功率、无功功率、功率因数等 工况数据：开关状态、终端及计量设备工况信息 事件记录：终端和电能表记录的事件数据 其他数据：预付费信息等
三相一般工商业用户	电能数据：总电能示值、各费率电能示值、最大需量等 事件记录：电能表记录的事件数据 其他数据：预付费信息等
单相一般工商业用户	
居民用户	电能数据：总电能示值、各费率电能示值 事件记录：电能表记录的事件数据 其他数据：预付费信息等
关口计量点	电能数据：总电能示值、总电能量、最大需量等 交流电气量：电压、电流、有功功率、无功功率、功率因数等 工况数据：开关状态、终端及计量设备工况信息 电能质量：电压、功率因数、谐波等越限统计数据 事件记录：电能表记录的事件数据

7.1.2　预付费业务

根据电力用户用电信息采集系统的建设要求，要全面实现预付费业务，系统中预付费管理的功能需要主站、终端、电能表3个环节的配合才能完成。

1. 主站

主站具备两种形式的预付费管理功能。第一种是主站实时采集用户当前用电量或每日采集用户日冻结电量，交给营销计费业务计算用户剩余电费，将当前剩余电费下发给终端或者电能表，在剩余电费不足时下发跳闸指令停止电力供应，在用户续交电费后通过网络通信恢复供电。该方式对通信信道的可靠性和带宽要求较高，不太适合230MHz等可靠性较低和带宽较窄的通信方式下的预付费管理。第二种是将用户交费信息发送到现场，通过网络通信传到终端或电能表，或者使用电卡传给电能表，由现场设备直接执行预付费管理。

2. 终端

终端具有预付费管理功能，相应也有两种形式。第一种是执行主站下发的指令，显示用户当前剩余电费信息、执行停电跳闸命令。该方式对通信信道的可靠性要求较高，但对带宽要求不高，比较适用于专变用户的预付费管理。第二种是接收主站下发的用户交费信息，连续采集用户用电信息，计算当前剩余电费，在电费不足时跳闸停电，接到主站的续交电费信息后复电。

3. 电能表

低压用户较为分散，且数量庞大，预付费管理主要由电能表实现。

电能表实现预付费管理有以下3种形式：

1）电能表带读卡和储值功能。用户必须通过售电窗口购电，电能表将电卡信息读入并存储，电能表连续计算用电并扣除电费，同时显示剩余电量/费，余额不足跳闸，续购电后复电。

2）电能表通过网络获取储值。主站通过通信网络将用户交费信息下发到电能表，电能表储值，连续计算用电并扣除电费，同时显示剩余电量/费，余额不足跳闸，续购电后复电。该形式可免除用户到窗口购电的麻烦，但有电费下发不及时的问题。

3）电能表执行网络指令。主站连续计算当前剩余电费并下发到电能表，电能表显示当前剩余电费并执行主站的停电跳闸指令，用户交费后网络复电，有电费下发不及时的问题。

预付费业务可分为远程预付费和本地预付费两种，具体见表7-4。

表7-4　预付费业务

名称	主站	终端	电能表	适用对象
远程预付费	主站实时采集用户当前用电量或每日采集用户日冻结电量，交给营销计费业务计算用户剩余电费，将当前剩余电费下发给用户（终端或者电能表），在剩余电费不足时下发跳闸指令停止电力供应，在用户续交电费后恢复供电	带有控制功能的专变采集终端，执行主站下发的指令，显示用户当前剩余电量/费信息、执行停电跳闸指令或合闸许可指令	带有RS-485通信接口	A、B类专变用户
		集中抄表终端，无控制功能	远程费控智能电能表，连续显示主站计算的当前剩余电量/费信息，执行主站的停电跳闸指令，用户交费后复电	C、D、E类一般工商业用户和居民用户
本地预付费	主站将用户交费信息发送到现场（网络通信到终端或电能表），由现场设备直接执行预付费管理	预付费管理专变采集终端，接收主站下发的用户交费信息，连续采集用户用电信息，计算当前剩余电量/费，不足时跳闸停电，接到主站的续交电费信息后复电	带有RS-485通信接口	A、B类专变用户
		集中抄表终端，无控制功能	本地费控智能电能表，通过通信网络接收主站的用户交费信息，电能表储值，连续计算用电并扣除，显示剩余电量/费，余额不足跳闸，续购电后复电	C、D、E类一般工商业用户和居民用户
	电卡售电系统		预付费电卡表	

7.1.3　系统总体架构

1. 系统逻辑架构

系统逻辑架构主要从逻辑的角度将用电信息采集系统分为主站、通信、采集3层，并为各层的设计提供理论依据。系统逻辑架构如图7-1所示。

主站层又分为营销业务应用、前置数据采集平台、数据库3大部分。营销业务应用实现系统的各种应用业务逻辑；前置数据采集平台实现通信调度、数据通信、规约解析等功能，它采集用户的用电信息并负责规约解析，同时对带控制功能的终端执行有关的控制操作，对终端的各种远程通信方式进行管理和调度等；数据库实现对各种参数及用户用电信息等的存储及分析。

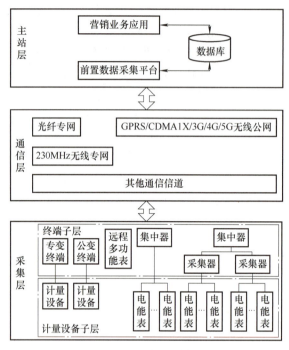

图 7-1 系统逻辑架构

通信层是主站层和采集层的纽带，它采用各种成熟的有线和无线通信信道，为主站和终端的信息交互提供链路，通信层主要采用的通信信道有光纤专网、GPRS/CDMA1X/3G/4G/5G 无线公网、230MHz 无线专网等。

采集层是用电信息采集系统的信息底层，负责收集和提供整个系统的原始用电信息，该层可分为终端子层和计量设备子层，对于居民用电信息采集，可能有多种形式，包括集中器+电能表和集中器+采集器+电能表等。终端子层收集用户计量设备的信息，处理和冻结有关数据，并通过通信信道实现与主站的交互；计量设备子层实现电能计量和数据输出等功能。

2. 系统物理架构

系统物理架构是指用电信息采集系统实际的网络拓扑构成，即根据物理设备的部署层次和部署位置展示系统构成。系统物理架构如图 7-2 所示。

用电信息采集系统从物理上可根据部署位置分为系统主站、通信信道、采集设备 3 部分，其中系统主站部分单独组网，与其他应用系统以及公网通信信道采用防火墙进行安全隔离，保证系统的信息安全。

系统主站主要由数据库服务器、磁盘阵列、应用服务器、前置采集服务器、工作站、GPS 时钟、防火墙以及相关的网络设备等组成。

通信信道是指系统主站与终端之间的远程通信信道，主要包括光纤专网、GPRS/CDMA1X/3G/4G/5G 无线公网、230MHz 无线专网等。

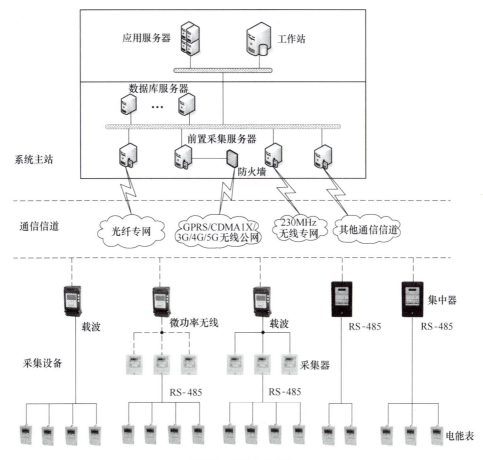

图 7-2　系统物理架构

采集设备是指安装在现场的终端及计量设备，主要包括公变终端、专变终端、数据可远传的多功能电能表、集中器、采集器以及电能表等。

7.1.4　主站设备配置

主站规模的评价标准主要从数据影响量和工作站并发数两方面进行评估，同时适当考虑系统的扩展性、用户数增加频度、系统资源消耗等。

1. 数据影响量评估

接入主站系统的终端数量及其数据量是影响主站设计规模的一个重要因素，数据影响量的评估结果可作为主站规模选择与设计的一个主要依据。用电信息采集系统的终端类型有多种，各种类型的终端采集不同的电力用户用电信息，所采集的数据项、频度不一致，导致综合数据量不同，对主站的数据处理性能要求也不同，特别是居民用电信息采集，涉及的用户数很大，结构更为复杂。为了能够比较客观、合理地评估数据影响量，假定以一个低压居民用户作为数据影响量评估的基准，用户数据采集的标准为采集实时数据、日数据、月数据和曲线数据。每个低压台区集中器采集的数据量以一个低压台变带 200 个居民用户为准。

2. 主站规模的选择

根据数据影响量和工作站并发数对主站规模进行评估，可将主站规模划分为 6 大类，见表 7-5。

表 7-5　主站规模

序号	系统类别	低压居民用户数/万户	工作站并发数/个
1	小型系统	<20	20 以下
2	中小型系统	20~40	50 以下
3	中型系统	40~100	100 以下
4	大中型系统	100~200	200 以下
5	大型系统	200~1000	400 以下
6	超大型系统	1000 以上	2000 以下

7.1.5　主站部署模式

1. 主站部署模式的分类

主站部署模式分为集中部署和分布部署两种模式。

集中部署是全省部署一套主站系统，一个统一的通信接入平台，直接采集全省范围内的所有现场终端和表计，集中处理信息采集、数据存储和业务应用。下属的各地市电业局不设立单独的主站，用户统一登录到省电力公司主站，根据各自的权限访问数据和执行本地区范围内的运行管理职能。集中部署主要适用于服务器资源丰富，承载能力强，企业内部信息网络可靠的各个省电力公司。

分布部署是在全省各地市电业局分别部署一套主站系统，独立采集本地区范围内的现场终端和表计，实现本地区信息采集、数据存储和业务应用。省电力公司主站系统从各地市电业局主站系统抽取相关的数据，完成省电力公司数据的汇总统计和全省业务应用。分布部署主要适用于各地差异较大，服务器处理容量有限，企业内部信息网络比较薄弱的各个省电力公司。

选择主站部署模式的主要依据是营销业务应用系统的部署模式，用电信息采集是营销业务应用系统的组成部分，将用电信息采集系统的主站部署和营销业务应用统一起来，对采集数据的传输和运行维护均非常有利。

近年来，随着多种先进技术，如服务器集群、云服务、负载均衡等的应用，当系统性能不足时，可以通过线性增加服务器数量来满足业务需求，有效地解决了以往需要高端服务器例如小型机才能支持高性能的问题，集中部署模式对业务的管理和运用带来了更多的便利，因此目前各省网的用电信息采集系统多采用集中部署模式。

2. 集中部署模式

集中部署模式按照全省大集中的思路进行设计，按"一个平台、两级应用"的原则，在省电力公司建设全省统一的用电信息采集系统数据平台，各地市电业局以工作站的方式接入系统。

（1）系统逻辑架构

由于和营销业务应用系统的一体化应用，集中部署模式下营销业务应用系统全省集中，前置数据采集系统也全省集中部署。集中部署模式系统逻辑架构如图 7-3 所示。

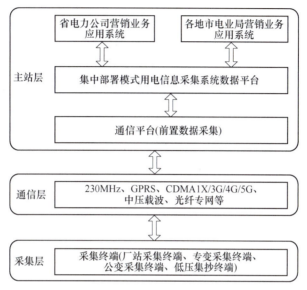

图 7-3　集中部署模式系统逻辑架构

集中部署模式用电信息采集系统在逻辑上分为采集层、通信层以及主站层 3 个层次，其中主站层包含通信平台、集中部署模式用电信息采集系统数据平台、省电力公司营销业务应用系统以及各地市电业局营销业务应用系统等。在该模式下全省范围内建设一套主站系统，同时为省电力公司和各地市电业局提供应用服务，并统一与外部系统进行接口。

系统统一实现购电侧、供电侧、售电侧电能信息数据的采集与处理，构建电能数据采集与管理平台。系统的所有现场终端通过通信信道统一接入系统的主站，由主站集中管理系统的所有终端。

（2）系统物理架构

集中部署模式系统物理架构如图 7-4 所示，其由采集设备、通信信道、系统主站 3 部分组成，系统主站部分单独组网，与其他应用系统以及公网信道采用防火墙进行安全隔离。

集中部署模式用电信息采集系统在省电力公司建设一套主站，在各地市电业局不单独建设主站，各地市电业局工作站通过其内部专用的远程通信网络接入省电力公司主站。主站网络主要由数据服务器、磁盘阵列、应用服务器、前置采集服务器、Web 服务器、备份服务器、磁带库、省电力公司和地市电业局工作站以及相关的网络设备组成。

3. 分布部署模式

分布部署模式按照分级管理的要求，从省到市分为上级主站和下级主站两个层次。上级主站建设整个系统的数据应用平台，侧重于整体汇总管理分析；下级主站建设各自区域内的用电信息采集平台，实现数据采集和控制运行。

　　分布部署模式的用电信息采集系统对应于管理上的分层管理模式，如各省电力公司的省市两级管理模式，在省电力公司部署上级主站，在地市电业局部署下级主站，构成"以省电力公司为核心，以地市电业局为实体"的全省用电信息采集系统。

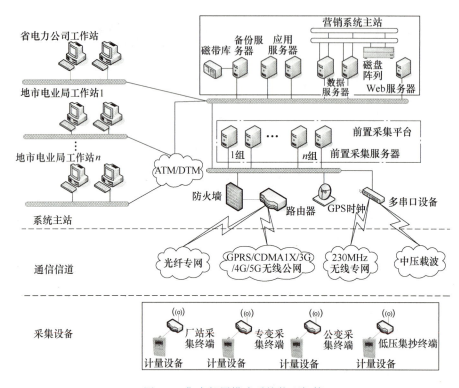

图 7-4　集中部署模式系统物理架构

　　由于用电信息采集系统和营销业务应用系统的一体化应用，分布部署模式分为营销业务应用系统地市分布部署和营销业务应用系统全省集中部署两种形式。

　　(1) 营销业务应用系统地市分布部署

　　1) 系统逻辑架构。营销业务应用系统地市分布部署形式下，前置数据采集和营销业务应用系统一一对应部署。其逻辑架构如图 7-5 所示。

　　上级主站按逻辑分为上级主站用电信息采集系统数据平台、省电力公司营销业务应用系统两大部分，为省电力公司提供系统应用服务。上级主站利用公司内部信息网络，从下级主站用电信息采集系统数据平台抽取所需要的电能信息数据或统计分析结果，构建完整的省级用电信息采集系统数据平台。

　　下级主站直接承担电能信息的采集任务，包含前置数据采集、下级主站用电信息采集系统数据平台、地市电业局营销业务应用系统 3 大部分。

　　下级主站实现购电侧、供电侧、售电侧电能信息数据的采集与处理，构建完整的地市用电信息采集系统数据平台。

　　下级主站集中管理管辖范围内的终端，信道资源可以以省为单位统一接入，也可以以各个地市为单位分布接入。如果上级主站需要直接采集现场终端电能信息，可以通过调用下级主站的采集功能实现。

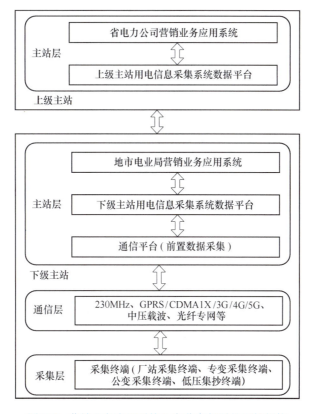

图 7-5　营销业务应用系统地市分布部署的逻辑架构

2）系统物理架构。营销业务应用系统地市分布部署的物理架构如图 7-6 所示。用电信息采集系统实行两级分布，由省到地市分为上级系统和下级系统两个层面。

上级系统部署在省电力公司，主要为上级主站，由数据服务器、应用服务器、Web 服务器以及相关的网络设备等组成。上级系统建设全省的数据中心与营销业务应用，其利用公司内部信息网络，从 N 个下级系统的用电信息采集系统数据平台抽取所需要的电能信息数据或统计分析结果，监测下级系统用电信息采集系统数据平台的采集情况和下级主站的运行情况，统计分析全省购电、供电、售电全过程的电能信息数据，或根据需要定制信息采集任务，形成"N+1"模式的省级和地市两级用电信息采集系统数据平台。上级系统提供省电力公司营销业务需要的各项应用功能。

下级系统部署在各地市电业局，建设可独立运行的用电信息采集系统，完成各地市电业局的电能信息采集与营销业务应用。下级系统由采集设备、通信信道及下级主站构成。

① 采集设备是指安装在现场的终端及计量设备，主要包括厂站采集终端、专变采集终端、公变采集终端、低压集抄终端以及电能表等。

② 通信信道是指主站与现场终端的通信链路，主要包括光纤专网、GPRS/CDMA1X/3G/4G/5G 无线公网、230MHz 无线专网以及中压载波等。

③ 下级主站主要由数据服务器、应用服务器、Web 服务器、前置采集服务器、工作站

以及相关的网络设备组成，通过各类通信信道，实现电能信息的自动采集、存储、处理，同时提供地市电业局营销业务需要的各项应用功能。

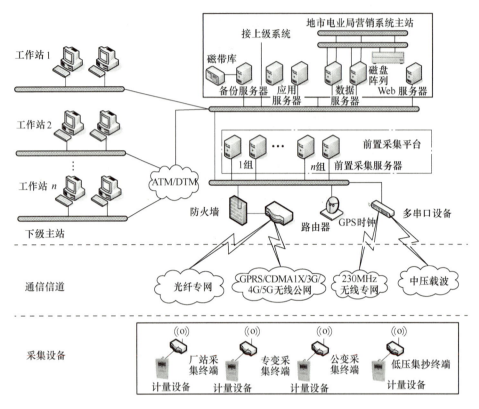

图 7-6　营销业务应用系统地市分布部署的物理架构

下级系统利用公司内部信息网络，向上级系统发送所需要的电能信息数据或统计分析结果，发送下级主站用电信息采集系统数据平台的数据采集情况和下级主站运行情况，或接收上级系统制定的信息采集任务。

（2）营销业务应用系统全省集中部署

1）系统逻辑架构。当营销业务应用系统全省集中部署时，如果采集规模过大或地域面积过大，则用电信息采集系统可考虑采用前置数据采集平台各地市分布部署的模式。其逻辑架构如图 7-7 所示。

上级主站按逻辑分为上级主站用电信息采集系统数据平台、省电力公司营销业务应用系统、地市电业局营销业务应用系统 3 大部分，为省电力公司和地市电业局提供系统应用服务。

上级主站利用公司内部信息网络，从下级主站用电信息采集系统数据平台抽取所需要的电能信息数据采集结果，构建完整的省级电能数据采集与管理平台，提供省和地市两级采集业务应用。

下级主站只承担用电信息采集任务，其包含前置数据采集、下级主站用电信息采集系统数据平台两大部分，不提供营销业务应用服务，地市级营销业务应用服务由上级主站提供。

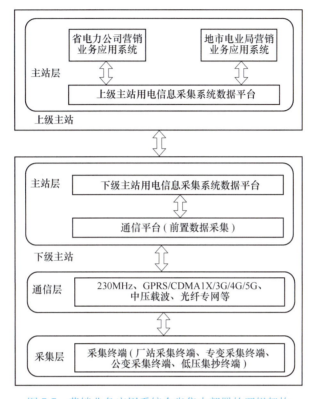

图 7-7　营销业务应用系统全省集中部署的逻辑架构

下级主站实现购电侧、供电侧、售电侧 3 个环节电能信息数据的采集，构建地市用电信息采集系统数据平台。下级主站不能独立运行，需与上级主站协同运行。

下级主站集中管理管辖范围内的终端，信道资源可以以省为单位统一接入，也可以以各个地市为单位分布接入。如果上级主站需要直接采集现场终端电能信息，可以通过调用下级主站的采集功能实现。

2）系统物理架构。营销业务应用系统全省集中部署的物理架构如图 7-8 所示。用电信息采集系统实行两级分布，由省到地市分为上级系统和下级系统两个层面。

上级系统部署在省电力公司，主要为上级主站，由数据服务器、应用服务器、Web 服务器以及相关的网络设备等组成。上级系统建设全省的数据中心与营销业务应用，其利用公司内部信息网络，汇集 N 个下级系统采集的数据，统计分析全省购电、供电、售电全过程的电能信息数据，形成 "N+1" 模式的省级和地市两级用电信息采集系统数据平台。上级系统提供省级和地市两级营销业务应用功能。

下级系统部署在地市电业局，建设地市级的用电信息采集系统前置数据采集平台，完成地市电业局的电能信息采集。下级系统由采集设备、通信信道及下级主站构成。

① 采集设备是指安装在现场的终端及计量设备，主要包括厂站采集终端、专变采集终端、公变采集终端、低压集抄终端以及电能表等。

② 通信信道是指下级主站与现场终端的通信链路，主要包括 GPRS/CDMA1X/3G/4G/

5G 无线公网、230MHz 无线专网、光纤专网以及中压载波等。

③ 下级主站主要由数据服务器、前置采集服务器、工作站以及相关的网络设备组成，可通过各类通信信道，实现电能信息的自动采集、存储。

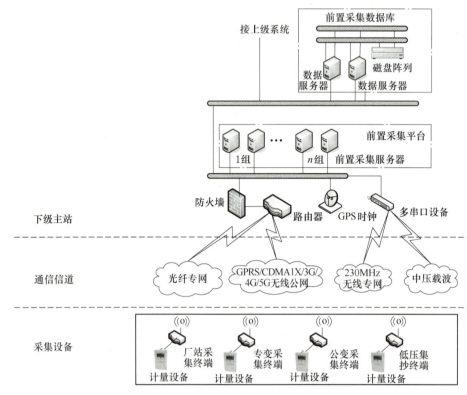

图 7-8 营销业务应用系统全省集中部署的物理架构

下级系统利用公司内部信息网络，向上级系统发送所需要的电能信息数据，发送下级主站用电信息采集系统数据平台的数据采集情况和下级主站运行情况，或接收上级系统制定的信息采集任务。

7.2 通信信道

远程通信网络完成主站和现场终端之间的数据通信功能，现场终端到主站的距离通常较远，在·到数百千米的范围内。适用于用电信息采集系统的远程通信网络主要有光纤专网、GPRS/CDMA1X/3G/4G/5G 无线公网、230MHz 无线专网、中压载波、北斗 5 种，主站可以同时支持各种通信信道。

某一种通信信道很难适应各种现场实际情况，为实现用电信息采集对象的全面覆盖，系统的建设通常需要因地制宜，根据用户的环境特性选择合适的信道，因此整个系统往往会同时使用多种信道来完成系统的数据采集通信。

本地信道用于现场终端到电能表的通信连接。高压用户在配电房电能表处就近安装专变采集终端，采用 RS-485 方式与电能表连接。低压用户中，在一个公用配变下有大量电力用户，其用电容量小，计量点分散，为了将信息采集系统的成本控制在一个可接受的范围内，需要通过一个低成本的本地信道方式将信息集中，再远程传输到系统主站。在低成本解决方案中，低压电力线载波、微功率无线网络、RS-485 方式都是可选择方案。

7.3   公变监测系统

公变监测系统实现公用配电变压器运行数据采集和设备状态监测等功能，是用电信息采集系统的组成部分，建设该系统的意义如下：

1）对公用配电变压器的运行数据和设备状态进行在线监测，在过电压、过电流、油温超限、三相不平衡越限情况下及时报警，满足设备安全监测的要求。

2）为公用配电变压器的负荷预测、电能质量管理（电压合格率及谐波监测）等业务提供必要的基础数据和分析依据。

3）配合其他相关系统，如电网关口电能采集系统、负荷管理系统、中小用户电能采集系统、集中抄表系统等，为分电压、分区域、分线路、分台区线路损耗实时统计和分析提供准确可靠的数据支持。

4）按照无功就地平衡的原则，计算投入或切除电容器组的数量，实现无功就地补偿。

5）为供电企业进行中低压配电网规划设计，如业扩报装、系统增容、变压器布点选择等提供依据。

7.3.1   系统结构

公变监测系统由系统主站、通信信道及采集设备组成，如图 7-9 所示。

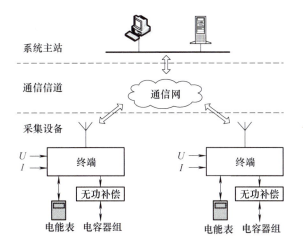

图 7-9   公变监测系统结构

1. 系统主站

系统主站的主要作用是采集终端监测的公用配电变压器的各种运行数据，进行数据综合处理，分析其运行状态，生成各种曲线、报表，实现综合监视和控制。硬件设备主要包括数据服务器、Web 服务器、通信前置机、工作站、磁盘阵列、交换机及防火墙等。各个电力企业由于系统规模、应用需求不同，其系统硬件配置略有不同，但应用的基本架构是一致的。服务器是主站的设备之一，不仅管理系统的运行，而且保存了系统所有的用户信息和运行数据。通信前置机用于规约转换，进行通信管理及终端管理，执行各种自动采集任务。工作站提供人机交互操作界面，用于数据的综合分析、处理与查询。系统通过交换机、防火墙等网络设备实现与供电企业其他相关系统（如配电生产管理系统）的互连或数据共享。

2. 通信信道

通信信道是连接主站和终端的通信介质，用于实现主站与终端的数据传输。主站与终端的通信可以采用光纤专网、GPRS/CDMA1X/3G/4G/5G 无线公网、230MHz 无线专网、中压载波等。

3. 采集设备

采集设备包含终端及电能表等。其中终端是系统的主要采集设备之一，终端负责采集和监测公用配电变压器的运行数据和状态；具有数据存储及处理功能，可完成各种异常事件的记录、报警及上送功能；通过通信接口配置实现集中抄表系统数据的转发；根据公用配电变压器无功就地平衡的需求监测功率因数，监视智能无功补偿器运行情况或直接控制无功补偿装置的投切，提高功率因数及电压质量。

7.3.2 系统功能

公变监测系统的主要功能有实现对公用配电变压器运行的数据采集、状态监测及报警、无功补偿、综合查询、统计分析等。

1. 数据采集

数据采集包括采集公用配电变压器三相电压、电流、有功功率、无功功率、功率因数、有功电量、无功电量、谐波、变压器油或进线接头温度及考核电能表的数据等。

2. 状态监测及报警

系统具备电压越限、电流越限、功率因数越限、谐波超标、变压器油温越限、变压器过负荷、三相不平衡等异常状态监测功能。当终端监测到以上事件发生时，系统会及时记录并启动报警，以便及时发现隐患。

3. 无功补偿

系统配合无功投切装置实现公用配电变压器的无功就地补偿功能或监视智能无功补偿器运行情况。终端以无功、电压和功率因数的综合变化作为电容器组投切的主要判据，经算法运算向无功投切装置发出投切命令，控制电容器组的投切，实现无功功率就地平衡，改善用户功率因数和电能质量，降低配电网线路的损耗。智能无功补偿器采集电压、电流及过零信号等，实现补偿开关的精准智能投切，能有效减小涌流，延长补偿器使用寿命。

4. 综合查询

系统具有综合查询功能，可查询每天三相电压、电流、功率等的最大值、最小值及出现时间，还可查询负荷率、电压偏差率、三相不平衡率、停电时间、供电可靠性、电容器的投切次数等。系统可按时间段等进行查询，查询结果可生成报表或曲线。

5. 统计分析

系统通过对历史数据的统计和分析，为生产管理工作提供辅助决策和指导，为配电网经济运行、优化网络结构、降低损耗、提高各项技术经济指标提供可靠的数据支持。

1）线路损耗统计分析。利用系统采集的电能数据，结合其他相关系统采集的关口、专用变压器用户、中小用户、低压用户的电能数据，可以实现分电压、分区域、分线路、分台区线路损耗统计，并对配电网结构及其运行方式的经济性进行分析，进而采取有针对性的措施降低线路损耗。

2）供电可靠性分析。发生停电或断相时，系统能自动记录停电或断相的起止时间，能统计累计时间及次数并报警，实现停电管理与可靠性分析。在此基础上，还可与配电网 GIS 等系统结合，实现配电网运行方式的管理与调度。

3）负荷、电量分析与预测。系统采集公用配电变压器的负荷、电量数据，结合其他相关系统采集的关口、专用变压器用户、中小用户、低压用户的电能数据，可以进行负荷分析、电量分析、负荷率分析、负荷预测等。

4）电能质量统计分析。系统可按照设定的允许电压上、下限值，统计电压合格时间、电压超上限时间、电压超下限时间，并根据终端采集的数据实现电能质量统计分析。

5）其他参数统计分析。系统可按设置的功率因数分段限值对监测点的功率因数进行统计分析，记录统计周期内功率因数越限值发生在各区段的累计时间，实现功率因数合格率统计分析。系统还可按设置的电压、电流谐波限值对监测点的电压谐波、电流谐波进行分析，记录电压、电流的分相 2~19 次谐波含有率及三相总畸变率的日最大值和发生时间，实现电压、电流的谐波数据统计分析。

7.3.3 通信组网

公变监测系统终端的通信接口按照上行和下行的区别分成两类，即远程通信接口和本地通信接口。通信接口配置如图 7-10 所示。

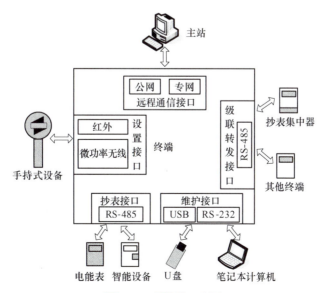

图 7-10 通信接口配置

1. 远程通信接口

远程通信是终端与主站之间进行的数据传输。在公变监测系统中，终端量大面广，分布的环境复杂，很难只用一种通信方式实现系统的数据传输，因此人们通常采用混合的通信方式完成系统的通信组网。远程信道可以采用光纤专网、GPRS/CDMA1X/3G/4G/5G 无线公网、230MHz 无线专网、中压载波等。

1）光纤专网。按照未来智能配电网的发展方向，所有终端及智能设备都要求配置以太网接口，以满足终端就地接入网络、数据随时交互的需求。光纤具有传输频带宽、通信容量大、抗电磁干扰能力强等优点。通过建设光纤环网接入更多的终端，是实现灵活组网、提高通信可靠性的重要措施。

2）无线公网。利用 GPRS/CDMA1X/3G/4G/5G 构建数据通信网络，使用技术成熟、价格便宜的通信模块嵌入到公变监测系统终端，可以实现数据传输，且无需自己建网和维护，是一种较理想的通信方式。目前，用电信息采集系统常采用虚拟专网进行数据传输。

3）230MHz 无线专网。它是负荷管理系统中采用的一种专网通信方式，优点是实时性和安全性较好，维护费用低；缺点是通信带宽有限，通信传输受地形影响较大，在丘陵或山区组网较复杂，在城市中易受建筑物阻挡，一次投资较高。

2. 本地通信接口

本地通信是终端与电能表、交采模块、手持式设备或其他本地智能设备之间的数据传输。本地通信接口有 RS-485、红外、微功率无线、RS-232、USB 等，其中微功率无线是指使用 433MHz/470MHz 或 2.4GHz 频率且发射功率较小的无线射频通信，也称为小无线。

7.4 集中抄表系统

国家电网公司对集中抄表系统提出了具体要求，即"一户一表，集中抄表，服务到户，收费与银行联网"，通过技术手段完成居民用户电能表数据的自动抄收，在有条件的地区，可与银行系统联网，实现储蓄卡收费自动划拨，或者通过互联网实现网上交费和购电。

7.4.1 技术展望

1. 国内抄表系统的应用现状

最初的抄表方法是抄表员走家串户，现场读取表计的数据，并记录在抄表记录本上，由此生成用户缴费所需的账单。在采用集中抄表技术后，抄表的自动化程度大大提高。集中抄表技术的应用不仅能节约电力公司的人力资源，更重要的是可提高抄表的准确性和同时性。

国内低压集中抄表技术起步于 20 世纪 90 年代初，经过近 20 年的发展，已基本达到实用化水平，并形成了多种自动抄表方式并存的格局。主站系统结构已从单机、双机系统发展到网络式的主站系统，在系统功能上也从只有单纯的抄表功能发展到具有计量管理、电费结算、用电服务、用电检查等多种功能。远程通信信道已从单一的电话拨号方式发展到光纤专网、GPRS/CDMA1X/3G/4G/5G 无线公网、230MHz 无线专网、中压载波等多种通信方式混合应用的局面。本地通信信道从单一的 RS-485 总线方式发展到低压电力线载波、微功率无线等多种方式。

2. 抄表系统的发展方向

1）通信的冗余化。未来抄表系统的远程及本地通信应具备独立的双信道，如 EPON 与移动公网互为备用、本地无线微功率和低压电力线载波互为备用，当某一条信道出现故障状况时，不会对通信系统造成影响。

2）GIS 技术的应用。通过配电网 GIS 的应用，可在配电网地图上快速定位用户，并查询低压用户的用电及缴费信息，便于及时掌握用户的用电状况，提高电力公司的用户服务水平。

3）网上缴费。电力公司抄表系统采集的用户电能数据送到营销缴费系统处可生成用户缴费信息，该信息经专用加密网络传送给银行的用户电费支付系统，可实现用户电费自动缴付功能。

4）网上查询及购电。用户既可以利用互联网查询自己的电费明细及缴费情况，也可以利用网上支付工具完成网上购电。

7.4.2 系统结构

集中抄表系统是对低压用户的电能表数据进行抄收、处理、分析及管理的自动化系统。集中抄表系统由系统主站、集中器、采集器、手持抄表器、电能表及远程通信信道等构成，如图 7-11 所示。

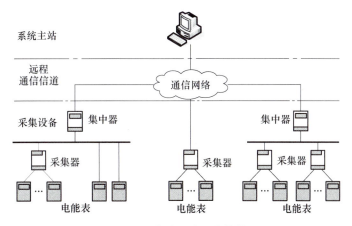

图 7-11 集中抄表系统结构

1. 系统主站

系统主站的主要作用是接收集中器传送的电能表电能信息，并对各个用户的电能表数据进行存储、分类、统计及计费。通过主站操作，工作人员可以获取所需要的各种数据和信息。

2. 集中器

集中器负责收集采集器或电能表的数据，并进行存储和处理，同时可将收集和处理的数据传送给系统主站。

3. 采集器

采集器用于采集多个用户电能表的电能量信息，并将数据传送给集中器或系统主站。采集器配上远程无线通信模块或以太网接口，可直接与系统主站通信。

4. 手持抄表器

手持抄表器用于对现场的采集器或集中器进行参数设置及现场数据的抄收。由于通信距离较近，手持抄表器的通信可采用微功率无线或红外方式。返回系统主站后可通过数据线将现场设置的参数和抄读的电能表数据导入系统主站的数据库。

5. 电能表

电能表可分别记录本月和上月的总电量，以及峰、平、谷、尖电量等数据，具有标准的 RS-485 通信接口，遵循多功能电能表通信协议 DL/T 645—2007、DL/T 698.45—2017 及其备案文件，在嵌入载波通信模块后，可通过电力线载波方式与集中器进行通信。

6. 远程通信信道

远程通信信道是集中器与系统主站之间进行数据传输的通道，其通信方式采用光纤专网、GPRS/CDMA1X/3G/4G/5G 无线公网、230MHz 无线专网、中压载波等。

7. 本地信道

采集设备中各设备间的通信信道称为本地信道。本地信道是集中器与采集器或电能表之间的数据传输信道，通常采用低压电力线载波、RS-485 总线及微功率无线等通信方式。本地信道通信方式也包含手持抄表器与各采集设备间的微功率无线或红外通信。

7.4.3 采集设备通信组网

1. RS-485 总线通信

RS-485 总线通信的主要优点是技术简单、成熟且易于实现；总线传输速率高，可靠性高，最大传输距离可达 1200m；采用多块表挂在同一个 RS-485 总线上的工作方式，由采集器集中抄收数据，降低了每户成本，同时也降低了整个系统造价。

RS-485 总线通信的缺点是施工布线工作量大，安装费用大；通信线易受破坏且线路损坏后故障点不易查找；易受雷击和过电压的影响。

RS-485 总线通信组网如图 7-12 所示。该通信方式适用于电能表集中安装、用电负荷特性变

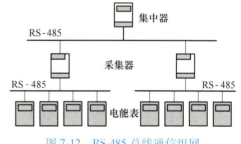

图 7-12 RS-485 总线通信组网

化较大的台区，如城市居民小区、较密集的商住楼、农村公用配电变压器台区、别墅区等。

2. 低压电力线载波通信

低压电力线载波通信的主要优点是信息传输介质为已建成的低压配电网，不用架设专用信道，系统投资低；安装维护方便，特别是通信模块安装在电能表内，无额外的工程安装和信道维护；既可完成集中抄表，又可对低压用户进行负荷管理。目前在运行的抄表系统产品主要采用电力线载波通信方式。

低压电力线载波通信的缺点是载波信号衰减大，数据通信受负荷特性、噪声及其他干扰影响大等。

低压电力线载波通信组网如图 7-13 所示。该通信方式适用于电能表位置较分散、布线困难、用电负荷特性变化较小的台区。

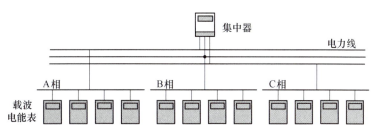

图 7-13　低压电力线载波通信组网

低压电力线载波根据通信性能可分为窄带电力线载波和宽带电力线载波。窄带电力线载波一般采用 BFSK、BPSK 或者 DBPSK 等调制方式，其带宽较窄，通信速率一般不超过 10kbit/s。宽带电力线载波一般采用频谱利用率较高的正交频分复用（OFDM）技术，有效地减少了信号传输中的串扰，并能高效克服由多径效应造成的干扰和选频衰减，具有更高的通信速率，一般通信速率为 100kbit/s 以上。近年来，在用电信息采集系统中，各省的电力公司已经开始逐步采用宽带电力线载波替代原来的窄带电力线载波，使得通信速率有数倍甚至数十倍的提升，并可支持数据、事件主动上报，波形数据采集等新业务的应用。

3. 微功率无线通信

微功率无线通信的优点是功耗低、组网灵活、便于移动、适合嵌入式安装，可方便地嵌入到抄表设备及电能表中；缺点是传输距离较短，信号易受障碍物阻挡。微功率无线通信组网如图 7-14 所示。该通信方式适用于电能表位置集中、用电负荷特性变化较大的台区，如城市居民小区、电能表集中的农村等。

4. 红外通信

红外通信的特点是技术成熟、易于实现，适合近距离（6~8m）传输，易受物体阻挡。该通信方式适用于手持抄表器在本地对集中器和采集器进行参数设置及数据抄收。

5. 网络通信

网络通信是指利用以太网或 EPON 等，进行小区居民或商业客户抄表数据的传输。在住户单元的采集器中加装网络通信模块，就可以实现数据的网络传输。该通信方式的特点是利用网络抄表，系统主站可以直接抄收采集器中的电能表电能信息，无需经过集中器的汇总。网络通信组网如图 7-15 所示。

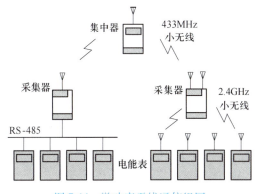

图 7-14　微功率无线通信组网

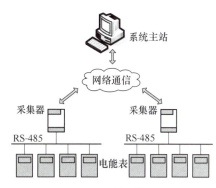

图 7-15　网络通信组网

课后习题

1. 在用电信息采集系统里，用户一般分为哪几大类？采集的数据类别分别有哪些？

2. 集中部署模式的用电信息采集系统从逻辑上可以分为哪几层？分别包括哪些设备或技术？

3. 集中抄表系统采集设备通信组网有哪几种常见的通信方式？各有哪些优缺点？

4. 公变监测系统主要有哪些功能？可实现哪些数据分析？

5. 用电信息采集系统用到的远程通信是指什么？主要有哪些技术方案？各有什么优缺点？

第8章

配电网自动化主站系统

8.1 主站系统简介

8.1.1 主站系统定义

配电网自动化主站系统是布置在配电网自动化控制中心的计算机系统，主要实现配电网数据采集、运行监控、馈线自动化、故障处理、调度管理等功能，同时具有与其他应用系统进行信息交互的功能，能支持配电网调控运行、生产运维管理、状态检修、缺陷及隐患分析等业务，并为配电网及其自动化规划建设提供数据支持。

8.1.2 设计要求

配电网自动化主站系统应采用"地县一体化"架构，根据各地区（城市）的配电网规模、可靠性要求、配电网自动化应用基础等情况，合理选择和配置软硬件，遵循"标准性、可靠性、可用性、安全性、扩展性、先进性"原则，力求功能实用、技术先进、运行可靠。

1）标准性。应符合 Q/GDW 680.1 规定的智能电网调度控制系统技术体系要求；采用开放式体系结构，提供开放式环境，应能在国产安全加固操作系统环境下稳定运行；图形、模型及对外接口规范等应遵循 IEC 61970 和 IEC 61968 等相关标准。

2）可靠性。配电网自动化主站系统选用的商用软硬件产品应通过国家级或行业级检定机构的技术检测；配电网自动化主站系统应经第三方权威机构入网检测合格；关键设备和关键服务应冗余配置，单点故障不应引起系统功能丧失和数据丢失；关键软件应具备容错机制，关键服务模块异常不应引起系统功能丧失和数据丢失；配电网自动化主站系统应能隔离其中的故障节点，故障节点切除不应影响其他节点的正常运行。

3）可用性。配电网自动化主站系统应具备完整的运维工具和诊断软件，实现硬件、软件和数据的在线维护；各功能模块可灵活配置，模块的增加和修改不应影响其他模块正常运行；人机界面友好，操作与维护模块应工具化、图形化。

4）安全性。应满足国家发展和改革委员会公布的《电力监控系统安全防护规定》以及国家能源局公布的《电力监控系统安全防护总体方案》等的要求，遵循合规性、体系化和风险管理原则，符合"安全分区、网络专用、横向隔离、纵向认证"的安全策略；具有完善的权限管理机制；具备数据备份、恢复及防泄露等机制；具备可信机制发送权限修改、遥控等操作性指令。

5）扩展性。配电网自动化主站系统容量应可扩充，可在线增加测控终端、交互信息等的容量；配电网自动化主站系统节点应可伸缩，可在线增减服务器、工作站等；配电网自动化主站系统功能应可升级，即可在线进行版本升级、功能扩充；实现微服务化，使服务相对独立，可通过解耦研发、测试与部署等提高整体迭代效率；实现容器化，可将应用及其运行环境打包成一个功能全面、便于移植的轻量化容器。

6）先进性。应选用符合行业应用发展方向的主流硬件、软件产品；系统构架和设计思路应具有前瞻性，可利用云平台和大数据分析技术提升主站性能；遵循"先进适用"原则，优先选用可靠、成熟的技术，对于新技术和新设备，应充分考虑效率和效益。

8.1.3 系统架构

配电网自动化主站系统主要由硬件层、操作系统层、支撑平台层和应用软件层等组成。其中，支撑平台层包括信息交换服务和系统基础服务，应用软件层包括配电网运行监控与配电网运行状态管控两大类。配电网自动化主站系统功能组成结构如图8-1所示。

配电网自动化主站系统的配电网应用软件的功能分为基本功能与扩展功能两类。基本功能为系统建设时应配置的功能，扩展功能为系统建设时根据配电网实际情况和运行管理需要进行选配的功能。按照《电力监控系统安全防护规定》要求，电网企业内部基于计算机和网络技术的业务系统，应当划分为生产控制大区和管理信息大区。配电网自动化主站系统属于电力计算机监控系统之一，也应遵守此规定，其基本功能和扩展功能配置，以及各功能在主站中的部署位置见表8-1。

表 8-1 配电网自动化主站系统功能配置及其部署

软件/功能及部署	基本功能	扩展功能	生产控制大区	管理信息大区
数据管理	√		√	√
模型/图形管理	√		√	√
设备异动管理	√		√	√
协同管控	√		√	√
多态多应用管理	√		√	√
权限管理	√		√	√
报警服务	√		√	√
设备运行状态管理	√		√	√
流程服务	√		√	√
人机界面	√		√	√
云计算技术应用	√		√	√
报表管理与打印	√		√	√
信息交换服务	√		√	√
数据采集与处理	√		√	√

（续）

软件/功能及部署	基本功能	扩展功能	生产控制大区	管理信息大区
操作与控制	√		√	
综合报警分析	√		√	
馈线自动化	√		√	
拓扑分析	√		√	
负荷转供	√		√	
事故反演	√		√	
多协议终端接入	√		√	√
配电网数据处理	√			√
台区监测	√			√
网络监测	√			√
设备/环境状态监测	√			√
智能报警	√		√	√
配电终端管理	√		√	√
缺陷分析	√			√
数据质量校验	√		√	√
馈线自动化分析	√			√
接地故障处理与分析	√			√
故障综合研判	√			√
分布式电源管理	√		√	√
充电桩有序充电	√			√
配用电储能管理	√			√
新能源发电预测	√			√
无功调节仿真		√		√
新能源接入模拟仿真		√		√
低压台区模拟仿真		√		√
分布式电源接入与控制		√	√	
专题图生成		√	√	
状态估计		√	√	
潮流计算		√	√	

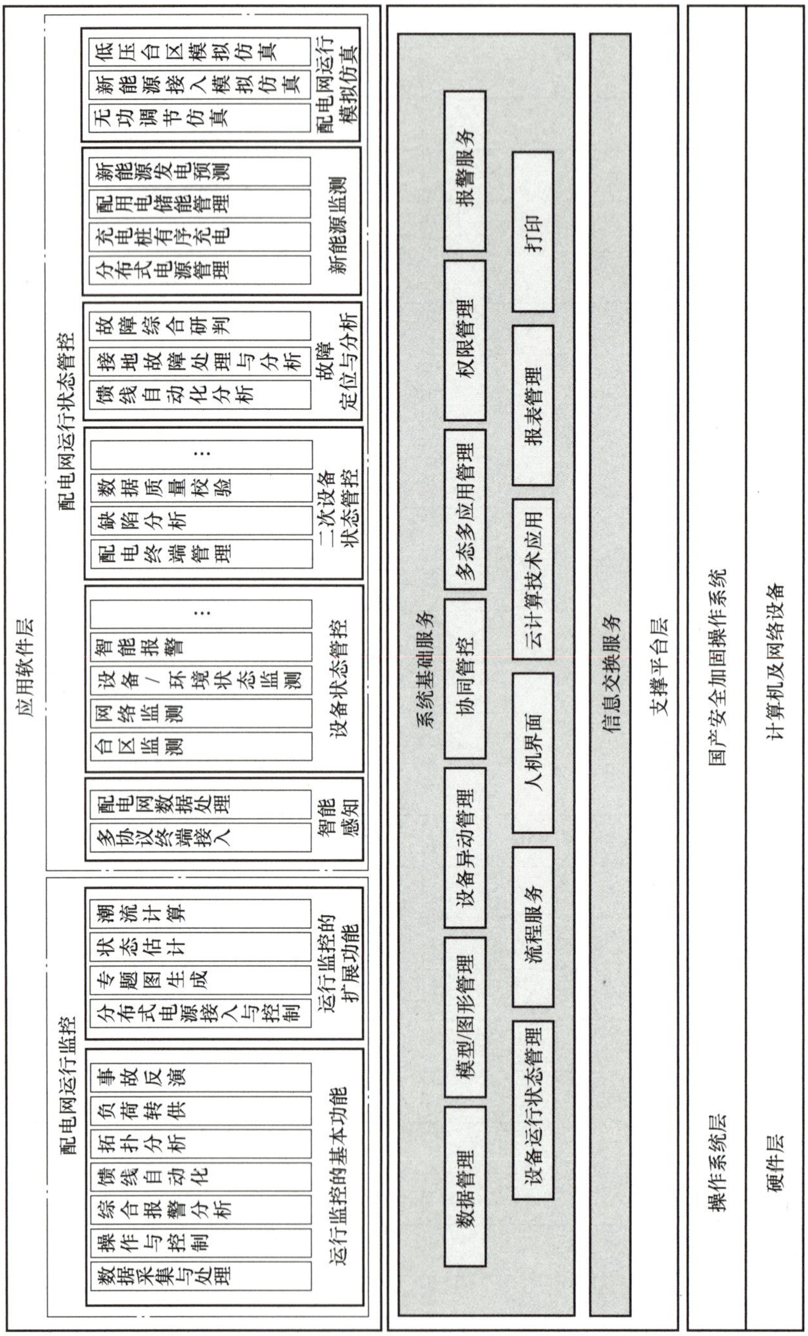

图 8-1 配电网自动化主站系统功能组成结构

应用软件层

配电网运行监控

运行监控的基本功能
- 数据采集与处理
- 操作与控制
- 综合报警分析
- 馈线自动化
- 拓扑分析
- 负荷转供
- 事故反演

运行监控的扩展功能
- 分布式电源接入控制
- 专题图生成
- 状态估计
- 潮流计算

配电网运行状态管控

智能感知
- 多协议终端接入
- 配电网数据处理

设备状态管控
- 台区网络监测
- 设备/环境状态监测
- 智能报警
- ……

二次设备状态管控
- 配电终端管理
- 缺陷分析
- 数据质量校验
- ……

故障定位与分析
- 馈线自动化
- 接地故障处理与分析
- 故障综合研判

新能源监测
- 分布式电源管理
- 充电桩有序充电
- 配用电储能管理
- 新能源发电预测

配电网运行模拟仿真
- 无功调节仿真
- 新能源接入模拟仿真
- 低压台区模拟仿真

系统基础服务
- 数据管理
- 模型/图形管理
- 设备异动管理
- 设备运行状态管理
- 流程服务
- 人机界面
- 协同管控
- 云计算技术应用
- 多态多应用管理
- 报表管理
- 权限管理
- 打印
- 报警服务

信息交换服务

支撑平台层

国产安全加固操作系统

操作系统层

计算机及网络设备

硬件层

8.2 主站系统硬件

8.2.1 配置原则

配电网自动化主站系统应采用标准化、网络化和系统化的分布开放式硬件结构，采用国产主流服务器、工作站、网络设备、安全设备等。主网络应采用冗余的双交换式局域网结构；设立专用的数据采集安全接入区，采用独立专用的数据采集与通信子网，子网配置独立的交换机，组成双局域网，并通过正/反向安全隔离装置与生产控制大区相连；关键设备应采用双机冗余配置，具备安全、可靠的供电电源，系统整体规模及数据存储、处理能力需满足配电网自动化系统的功能、性能及容量要求，并留有足够的扩展余地；能在配电网自动化主站系统中的单节点故障时，做到系统信息不丢失，不影响系统主要功能。按照"地县一体化"架构，县级供电公司仅部署工作站和网络延伸设备，其余硬件均部署在市级供电公司。配电网自动化主站系统硬件典型配置如图 8-2 所示。

8.2.2 功能部署

配电网自动化主站系统分为安全接入区、生产控制大区和管理信息大区 3 个部分。配电网运行监控应用部署在生产控制大区，无线三遥终端通过安全接入区，经由正/反向安全隔离装置接入生产控制大区，生产控制大区经由正/反向安全隔离装置与主网能量管理系统（Energy Management System，EMS）交换信息，并从管理信息大区调取所需信息。配电网运行状态管控应用部署在管理信息大区，无线二遥终端以及其他配电采集装置，可经防火墙接入管理信息大区，也可根据各地具体情况从生产控制大区接入，管理信息大区接收从生产控制大区推送的实时数据及分析结果。下面按分区介绍各区包含的主要设备及其功能。

1. 安全接入区

1）配电网安全接入网关，实现终端加密证书存储，提供身份认证等功能。

2）专网/无线采集服务器，完成与各类配电网自动化终端的通信。

2. 生产控制大区

1）前置服务器，与安全接入区的采集服务器配对使用，完成对终端的数据采集、控制指令下发、对时等功能。

2）数据库服务器，存储配电网静态模型和运行采样数据。

3）SCADA 应用服务器，完成配电网数据采集与监控、操作与控制、事故反演、多态多应用、图形/模型管理、权限管理、报警服务、报表管理、系统运行管理、终端运行工况监视等功能。

4）应用服务器，完成馈线故障处理、配电网分析应用、配电网实时调度管理、智能化应用等功能。

5）图模调试服务器，完成终端调试和接入，提供未来态到实时态的转换功能。

6）信息交换总线 I 区服务器，完成生产控制大区与管理信息大区以及 EMS 间的数据交换功能。

7）内网安全服务器，完成内网系统安全状态的实时监视等功能。

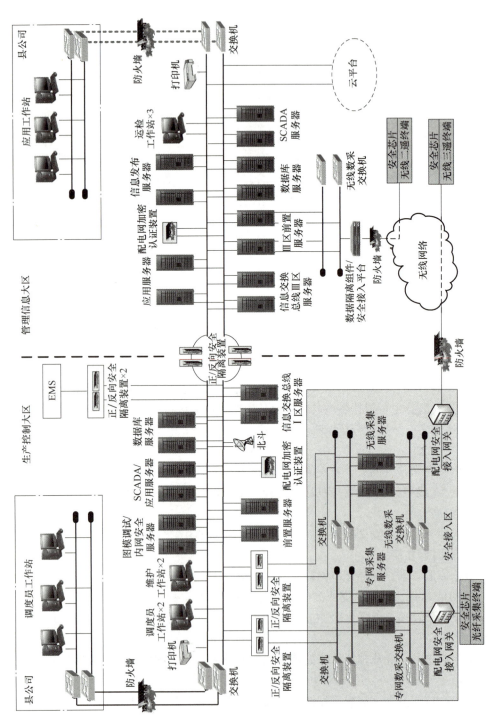

图8-2 配电网自动化主站系统硬件典型配置

8）工作站，包括自动化维护工作站、市公司本部调度员工作站、县公司延伸调度员工作站等，用于运行各类人机交互程序。

9）正/反向安全隔离装置，在生产控制大区与安全接入区、管理信息大区以及 EMS 的连接处，必须设置经国家指定部门检测认证的电力专用正/反向安全隔离装置。

10）配电网加密认证装置，用于存储终端的密钥，提供数据加解密功能。

3. 管理信息大区

1）信息交换总线Ⅲ区服务器，完成管理信息大区与生产控制大区以及其他应用系统间的数据交换功能。

2）数据库服务器，完成历史数据库缓存功能，为历史数据发布至云存储平台和本地应用提供支持。

3）应用服务器，完成单相接地故障分析、配电网指标分析、配电网主动抢修支持、配电网经济运行分析、停电分析、配电终端网络通信管理、配电网自动化设备缺陷管理、模型/图形管理、信息共享与发布等配电网运行管理功能。

4）信息发布服务器，实现 Web 功能。

8.3 主站系统软件

8.3.1 配置原则

配电网自动化主站系统软件应具备良好的开放性，能方便地植入第三方开发的应用软件，实现第三方功能即插即用，并按照"源端唯一、全局共享"的原则，基于信息交换总线实现与外部系统的信息资源共享，具备对外交换图模数据、实时数据和历史数据等功能，满足应用业务需求。配电网自动化主站系统软件主要包括操作系统、数据库、支持平台和应用软件 4 个部分，其配置应遵循的基本原则如下。

1）操作系统应采用先进的、成熟稳定的正版国产软件，其软件包括操作系统安装包、编译系统、诊断系统和各种维护软件、开发工具等。操作系统应能防止数据文件丢失或损坏，支持系统生成及用户程序装入，支持虚拟存储，能有效管理多种外部设备。

2）数据库也应采用先进的、成熟稳定的正版国产软件，其规模应能满足配电网自动化主站系统基本功能所需的全部数据的需求，并适合所需的各种数据类型，数据库的各项性能指标应能满足系统功能和性能指标的要求。

3）支持平台由配电网自动化主站系统开发厂商统一提供，生产控制大区与管理信息大区基于统一的支持平台，但支持平台应能差异化满足生产控制大区和管理信息大区的不同应用要求。

4）应用软件通常也由配电网自动化主站系统开发厂商提供，其采用模块化结构，应用程序和数据在结构上应互相独立，并具有良好的实时响应速度和可扩充性。应用软件需为用户提供面向对象、方便灵活且易于掌握的交互式多样化组态工具。

8.3.2 功能部署

支持平台和应用软件采用分层、模块化结构，通过应用中间件屏蔽底层操作，可在异构平台上实现分布式应用。软件模块应满足 IEC 61968/IEC 61970 CIM，接口应满足国家、行业或国际的相关标准。软件采用面向服务的体系架构，为各类应用的开发、运行和管理提供通用的技术支持；为整个系统的集成和高效可靠运行提供保障，为生产控制大区和管理信息大区的横向集成、纵向贯通提供基础支持。软件功能主要分为平台服务功能、配电网运行监控功能、配电网运行状态管控功能。

1. 平台服务功能

1）支持软件，支持软件用于提供一个统一、标准、容错、高可用率的用户开发环境，主要包括关系型数据库软件、实时数据库软件。

2）数据库管理，数据库管理主要包括数据库维护工具、数据库同步、多数据集、离线文件保存、带时标的实时数据处理和数据库恢复等。

3）数据备份与恢复，系统对其中的数据提供安全的备份和恢复机制，保证数据的完整性和可恢复性，主要包括对全库数据、模型数据、历史数据的定时或不定时备份，以及对全库数据、模型数据、历史数据的恢复。

4）图形/模型管理，系统具备图模库一体化的网络建模工具，可根据站所图、单线图等构成的配电网图形和相应的模型数据，自动生成全网静态网络拓扑模型。系统还具备从外部系统导入配电网和主网的网络模型的工具，包括从配电网地理信息系统或生产管理系统导入中压配电网模型，以及从调度自动化系统导入上级电网模型，并可实现主网和配电网模型的拼接。

5）信息交换服务，信息交换服务遵循 IEC 61968，实现配电网自动化主站系统与各业务应用系统间的信息交换。包括基本信息交换、跨区传输、管理与控制、信息安全防护等。

6）协同管控，在生产控制大区统一管控下，实现分区权限管理、数据管理、报警定义、系统运行管理等，包括支持平台协同管控和应用协同管控。

7）多态多应用管理，多态多应用管理机制应支持配电网模型和应用功能对多场景的应用需求；系统应具备实时态、研究态、未来态等应用场景，各态独立配置模型，互不影响；可灵活配置各态的相关应用，同一种应用可在不同态下独立运行；多态之间可相互切换。

8）多态模型管理，能满足对配电网动态变化管理的需要，反映配电网模型的动态变化过程，提供配电网各态模型的转换、比较、同步和维护等功能。

9）系统运行状态管理，能够对配电网自动化主站系统的各服务器、工作站、应用软件及网络的运行状态进行管理和控制，主要包括节点状态监视、软硬件功能管理、状态异常报警、在线/离线诊断测试、信息交互接口的通信状态监视及其他管理功能。

10）人机界面，应做到丰富、友好，以便配电网运行维护人员对配电线路进行监视、控制和管理，主要包括界面操作、图形显示、交互操作画面、数据处理，并应支持多样化显示、图模库一体化建模及设备快速查询和定位。

11）云技术应用，配电网自动化主站系统可支持云存储、虚拟化、云计算等技术的应用；可应用云资源优化配电网自动化主站系统；可采用云技术构建配电网自动化主站系统的运行环境。

平台服务功能还包括权限管理、报警服务、报表管理、打印、Web 发布等。

2. 配电网运行监控功能

1）配电网数据采集，实现对配电网各类广域分布的一、二次设备运行数据的采集和交换，满足配电网实时监控的需要，支持多种通信方式、多种通信规约、多种应用及多类型数据，具备差错检测、通信通道及终端的监控等功能。

2）数据处理，主要包括模拟量处理、状态量处理、非实测数据处理、多数据源处理、数据质量码与平衡率的计算及统计等功能。

3）数据记录，提供事件顺序记录、周期采样、运行状态变化存储等功能。

4）系统时钟和对时，应支持北斗、GPS 等多种时钟源，对接收的时钟信号应具有安全保护措施，可人工设置系统时间，可对终端设备进行时钟召唤和对时。

5）操作与控制，实现人工置数、标识牌操作、闭锁与解锁操作、远方控制与调节、防误闭锁等功能，并有相应的权限管控。

6）拓扑分析着色，可根据配电开关的实时状态，确定配电网中各电气设备的带电状态，分析各电源点的状态及其供电路径，并将结果在人机界面上用不同的颜色表示出来，主要包括配电网运行状态、馈线供电范围及路径、动态电源、负荷转供、故障指示等方面的着色。

7）事故反演，系统检测到预定义的事故时，能自动记录事故时刻前后一段时间的所有实时稳态信息，以便事后进行查看、分析和反演。

8）综合报警分析，实现报警信息在线综合处理、显示与推理，支持汇集和处理各类报警信息。

9）馈线自动化，当配电线路发生故障时，系统根据从 EMS 和配电终端等处获取的故障相关信息，进行故障判断与定位、故障隔离和非故障区段恢复供电。可灵活配置故障处理安全约束，实现主站集中式与就地分布式故障处理的配合，可查询故障处理信息。

10）拓扑分析，根据配电网连接关系和设备运行状态进行拓扑分析，其分析结果可以应用于配电网监控、安全约束等，也可针对复杂配电网形成供状态估计、潮流计算使用的网络计算模型。

11）状态估计，利用实时测量数据的冗余性，并应用估计算法来检测与剔除坏数据，提高数据精度，保持数据的一致性，实现配电网不良测量数据的辨识，并通过负荷估计及其他相容性分析方法进行一定的数据修复和补充。

12）潮流计算，根据配电网指定运行状态下的拓扑结构、变电站母线电压、负荷类设备的运行功率等数据，计算节点电压、支路电流和功率分布。

13）负荷转供，分析目标设备所影响的负荷，并将受影响的负荷安全转至新电源点，提出包括转供路径、转供容量在内的负荷转供操作方案。

14）解合环分析，能够对指定运行方式下的解合环操作进行计算分析，结合计算分析的结果对该解合环操作进行风险评估。

15）负荷预测，针对 6~20kV 母线、区域和台区配电网进行负荷预测，在分析配电网历史负荷数据、气象因素、节假日以及特殊事件等信息的基础上，挖掘配电网负荷变化规律，建立预测模型，选择合适的策略预测未来配电网负荷变化。

16）网络重构，在满足安全约束的前提下，通过开关操作等方法改变配电线路的运行方式，消除支路过负荷和电压越限，平衡馈线负荷，降低线损。

17）配电网运行与操作仿真，能够在不影响配电网正常运行的情况下，建立模拟环境，实现配电网调度的操作仿真、运行方式切换预演、事故反演以及故障恢复预演等功能。

18）配电网调度运行支持应用，结合实时监测数据和相关调度作业信息，对调度运行与操作进行必要的安全约束，并辅助调度员决策，主要包括调度操作票、保电管理、多电源用户管理、停电分析等。

19）分布式电源/储能装置/微网接入与控制，满足分布式电源/储能装置/微网接入带来的多电源、双向潮流分布的配电网的监视、控制要求，实现分布式电源/储能装置/微网接入情况下的配电网安全保护、独立运行、多电源运行机制分析等功能。

20）自愈控制，综合应用配电网故障处理、安全运行分析、配电网状态估计和潮流计算等的结果，循环诊断配电网当前所处的运行状态，并进行控制策略的决策，实现对配电网一、二次设备的自动控制，消除配电网运行隐患，隔离配电网故障，促使配电网转向更好的运行状态。

21）配电网经济运行分析，通过从经济、安全等方面对配电网网架结构、运行方式的分析，实现对配电设备利用率的综合分析与评价，并分析和优化配电网季节性运行方式，支持分布式电压无功协调控制。

22）信息分流及分区，具有完善的责任区及信息分流功能，以满足配电网运行监控的需求，并适应各监控席位的责任分工。主要包括责任区和数据类型的设置和管理，并根据责任区以及应用数据的类型进行相应的信息分层分类采集、处理和分流。

23）专题图生成，以全网模型为基础，应用拓扑分析技术进行局部抽取并做适当简化，生成相关电气图，生成的电气图包括区域系统图、供电范围图、单线图、开关站图等。

3. 配电网运行状态管控功能

1）低压配电网数据处理，支持低压配电网数据统计、分析与展现，低压配电网异常报警，低压台区故障处理，低压台区户变模型自动识别和管理。

2）数据质量校验，支持设备实时电气量的合理性校验，支持历史数据的完整性校验，具备配电终端历史数据补召及补全等功能。

3）单相接地故障分析，支持接入和处理暂态录波型、接地保护型和外施信号型等配电终端的单相接地故障信号，研判配电线路单相接地故障区段，并联动地理信息系统进行单相接地故障区段地理定位。

4）配电终端管理，实现远程调阅及设定配电终端参数，管理配电终端软件版本，监视及统计分析配电终端运行状态等功能。

5）配电网自动化系统缺陷分析，具备针对配电网自动化系统缺陷的自动分析、分类报警和缺陷校核功能。

6）移动应用，支持移动端发布配电主站信息，支持移动端与配电主站交互信息，支持移动端订阅、发布与查询短信。

8.4　信息交互

8.4.1　基本要求

信息交互基于消息传输机制，可实现实时信息、准实时信息和非实时信息的交换，并支持多系统间的业务流转和功能集成，完成配电网自动化主站系统与其他相关应用系统之间的信息共享。信息交互必须满足电力监控系统安全防护规定，采取安全隔离措施，确保各系统及其信息的安全性。配电网自动化主站系统和相关应用系统在信息交互时应采用统一编码，确保各应用系统对同一个对象描述的一致性。电气图、拓扑模型的来源（如电网调度控制系统、配电网自动化主站系统、电网 GIS 平台、生产管理系统等）和维护应保证唯一性。

8.4.2　交互内容及方式

1. 交互内容

（1）从相关应用系统获取的信息

从上一级调度自动化系统获取高压配电网（包括 35kV、110kV）的网络拓扑、相关设备参数、实时数据和历史数据等；从生产管理系统获取中压配电网（包括 10kV、20kV）的相关设备参数、配电网设备计划检修信息和计划停电信息等；从生产管理系统或电网 GIS 平台获取中压配电网的馈线电气单线图、网络拓扑等；从营销管理信息系统或生产管理系统获取低压配电网（380V/220V）的网络拓扑、相关设备参数和运行数据；从 95598 系统或营销管理信息系统获取用户故障信息；从营销管理信息系统获取低压公变和专变用户相关信息，如图 8-3 所示。

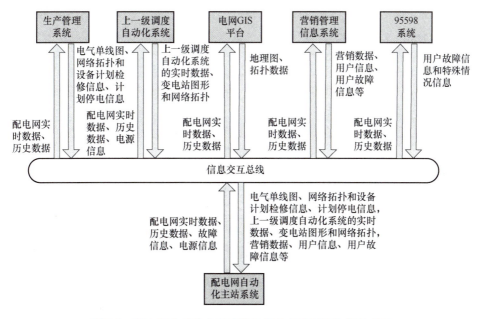

图 8-3　配电网自动化主站系统与相关应用系统的信息交互

（2）向相关应用系统提供的信息

配电网自动化主站系统向相关应用系统提供配电网图形（系统图、站内图等）、网络拓扑、实时数据、准实时数据、历史数据、分析结果等信息。

2. 交互方式

信息交互宜采用面向服务架构，在实现各系统之间信息交换的基础上，对跨系统业务流程的综合应用提供服务和支持。接口标准宜遵循 IEC 61968-1 中信息交换模型的要求。

8.5 主站系统构建的工程实例

8.5.1 工程实施背景

某省会城市供电公司原有的配电网自动化主站系统接入超过 2 万台各类配电终端，采集的实时信息量大于 50 万点，具备常规 SCADA、馈线自动化、Web 发布以及与其他相关系统信息交换等功能，该系统运行时间已超过 10 年，存在新的配电终端接入能力不足、实时数据处理速度慢、人机界面业务可扩展性弱等问题。

为提高系统业务应用内外部数据的交互水平和服务管控能力，实现对配电网运行数据的高速并发访问、集中管控和高效协同共享，实现人机界面业务即插即用，提高应用功能的复用性、可维护性和扩展性的水平，提升配电网调度人员工作效率、应急指挥水平和故障处置能力，该供电公司对原有配电网自动化主站系统进行了基础平台分布式部署及高级应用微服务化的改造升级。改造升级工程采用配电网自动化主站系统 DMS2000，该系统充分利用通用平台对底层硬件和操作系统的封装，获得了更好的可靠性、灵活性和可移植性，并且可直接使用原系统里的模型、拓扑、图形及历史数据，大大减少了新系统建设的周期和投资。

8.5.2 DMS2000 主站系统架构

DMS2000 主站系统架构分为资源服务层、平台服务层、公共服务层以及业务应用层，如图 8-4 所示，可满足配电网运行监控、故障处置、运行分析和计划检修等业务的要求。

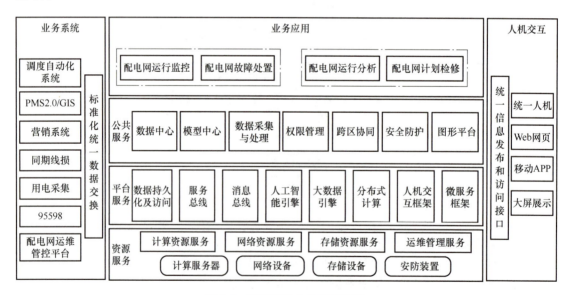

图 8-4 DMS2000 主站系统架构

1）DMS2000 主站系统采用分布式架构设计，数据采集与处理等服务模块采用分布式部署，实现了计算资源的统一管理、实时数据的多节点分布和数据处理任务的多节点分摊，有效提升了配电网自动化主站系统的吞吐能力、实时性、可扩展性和可靠性。

2）DMS2000 主站系统建立了统一的数据中心和模型中心，以服务总线和消息总线为信息交互基础，以标准接口对外提供模型和数据，构建一个开放且规范的大数据中心。

3）DMS2000 主站系统基于服务总线和消息总线实现信息交互，其安全接入区和管理信息大区采用统一的基础平台架构设计，通过跨区协同实现配电网业务跨区部署。

4）新版人机界面采用多进程架构的人机交互机制，利用组件化插件实现功能按需加载，通过人机客户端实现后台服务计算资源的合理分配和高效协同，提高了人机交互的稳定性，并为业务应用提供了全新的人机交互体验。

5）业务应用采用微服务化架构，可按需扩展独立业务应用服务，提升了系统容错性，实现了业务应用的快速演化和迭代。

8.5.3 DMS2000 主站系统部署

工程中除更换超过运行年限的服务器外，其余设备沿用原系统的设备，DMS2000 主站系统的部署如图 8-5 所示。

DMS2000 主站系统采用了以下 4 项新技术，性能较原系统有了很大的提升。

1）虚拟化技术，DMS2000 主站系统将安全接入区中的全部物理服务器组建成虚拟化集群。虚拟化技术提升了软件对 CPU、内存、存储、网络等硬件资源的利用效能。基于虚拟化技术提供的封装性和隔离性，业务应用只需构建一个版本的软件，并将其发布到虚拟化后的不同类型平台上即可运行，提高了业务应用跨平台、跨硬件的兼容性。用户可根据虚拟机的资源需求，在线灵活调配硬件资源给某个虚拟机，提高了系统的可用率。

2）多态多应用分布式模型中心技术，模型中心是基于共享内存文件的映射机制，将配电网模型以二维表形式存储，通过主模型中心与分模型中心协同的架构，满足多进程、多线程对配电网模型的高速并发访问；多态多应用的设计能够满足模型的多版本并行处置，以及监控应用和运行分析等不同应用对模型台账的一体化访问，支持实时运行态、培训仿真态等多种业务场景的模型构建；模型中心的运行完全脱离商用数据库，保障了模型中心运行的可靠性和稳定性。

3）分布式实时数据中心技术，实现高性能、分布式、均衡负荷的实时数据存取访问。通过独立的数据中心框架，支持各业务应用服务作为数据源写入数据，数据中心支持分布式均衡负荷、资源动态扩充、最终一致性的分区写入等模式；按照自定义业务标识分区存储，如以配电网的馈线簇为划分单位实现数据切片；可以多态多应用的形式组织发布数据；以订单、消息发布订阅等形式对外发布数据；提供按数据类型大规模快速访问数据的 API 接口。

4）轻型插件化的多进程人机框架技术，采用人机轻量化，功能插件化，业务多进程、易扩展的人机框架设计，将人机相关的功能模块按业务进行切割，实现部分业务后台服务化处理；人机框架采用轻型多进程机制，有效提高了稳定性；具有丰富的图形组件，如雷达图、热力图、等高图等，可适应不同应用场景的多窗口、多主题展示；支持各类配电网设备图元，并可自定义图元。

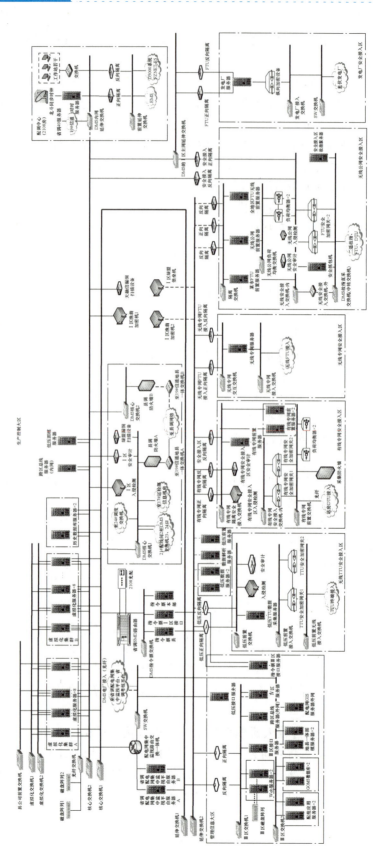

图 8-5 DMS2000 主站系统的部署

8.5.4 DMS2000 主站系统功能

DMS2000 主站系统功能划分为基本功能、高级功能和扩展功能 3 个模块，各模块配置的部分主要功能如下。

1. 基本功能

1）模型/图形管理，按照"源端维护、全局共享"机制，根据生产管理系统的在线异动流程，从电网 GIS 平台导入中压配电网的图形模型，自动生成配电网全网静态网络拓扑模型；从 EMS 导入上级电网图形模型，实现主电网与配电网的模型拼接。

2）权限管理，采用层次管理的方式，设立角色、用户和组 3 种基本权限主体；按配电网区域、工作站节点、用户岗位等赋予系统各类用户不同的权限。

3）数据采集，可与各类配电终端通信，采集配电网运行的实时测量量，如母线、馈线段、开关等一次设备处的有功、无功、电流、电压等模拟量和开关位置、隔离开关位置、接地开关位置等开关量，以及对应二次设备的故障录波、日志文件、配置参数等。

4）数据处理，能处理母线、馈线段、开关等一次设备的有功、无功、电流、电压等模拟量，能处理开关位置、隔离开关位置、接地开关位置、保护状态以及远方控制的投退信号等开关量，能对所有模拟量和开关量配置数据质量码，以反映数据的质量状况。

5）数据记录，包括事件顺序记录和对系统内所有实时测量数据与非实时测量数据的周期采样、存储，采样周期可设置。

6）拓扑分析应用，根据配电网连接关系和设备的实时状态，分析配电网设备的带电状态、供电路径及供电范围，分析结果可以应用于配电网监控及安全约束等，并通过拓扑着色功能将分析结果在人机界面上用不同的颜色表示。

7）置数和挂牌，通过人机界面对模拟量、开关量、计算量等类型的数据进行人工置数，并提供自定义标识牌功能，能对一个对象设置单个/多个标识牌或清除标识牌，标识牌的操作有存档记录。

8）远方控制与调节，包括开关的分合、投/切远方控制装置的就地或远方控制模式、成组控制等，对开关设备实施控制操作按"选点-返校-执行"三个步骤进行，只有当"返校"正确时，才能进行"执行"操作；对操作有权限认证，对操作过程提供详细的存档记录。

9）综合报警分析，汇集和处理各类报警信息，能按配电网运行异常报警、二次设备异常报警、网络分析预警 3 类对信息进行分类管理，并以形象直观的方式，提供分层分级报警提示。

10）故障快速定位与分析，依据开关分闸信号和保护信号判定短路故障发生的区段并在人机界面展示，能识别瞬时性故障与永久性故障；综合 10kV 母线电压、厂站单相接地选线信息、配电终端故障录波数据等多源信息，对单相接地故障进行选线和区段定位。

2. 高级功能

DMS2000 主站系统在采集基本数据并对其分析处理的基础上，形成配电网运行状态感知信息全集，结合配电网网络模型、设备台账参数等信息，实现配电网馈线自动化、负荷转供、调度指令票生成、事故反演、配电网运行分析、保护定值整定计算、配电网终端运行评价等功能。下面介绍部分主要功能。

1）馈线自动化，当单条馈线或馈线联络组发生故障时，系统自动进行故障研判、定位并隔离故障区段、恢复对非故障区段供电，操作结果在人机界面上以特殊的颜色或闪烁方式显示，故障处理结束后，能给出恢复到该馈线故障发生前的运行方式的操作策略。在具有多个备用电源的情况下，能根据各个备用电源的带负荷能力，对等待恢复供电的区段进行拆分后恢复供电；支持含分布式电源的馈线故障处理；支持并发处理多个故障。

2）负荷转供，分析目标配电网设备所影响的负荷，结合拓扑分析和潮流计算的结果，生成包括转供路径、转供容量在内的负荷转供操作方案，将受影响的负荷安全转至新电源处，并提供转供方案模拟预演和转供过程展示等，支持采用系统自动或人工介入的方式执行转供策略。

3）调度指令票生成，DMS2000 主站系统可根据调度员操作任务，按照当前运行方式，通过网络拓扑分析，依据相关专家规则，自动搜索可行的供电路径，并综合各供电路径的负荷情况自动生成操作票；也可由调度员在图形界面上点选设备并选择操作任务后，由系统辅助生成操作票；支持操作票的自动执行，并校验执行结果。

4）事故反演，系统检测到预定义的事故时，以数据断面及报文的形式，自动记录事故时刻前后一段时间内的所有实时稳态信息，包括一次设备的模拟量、开关量，以及二次终端设备、通信系统的报警信息；提供检索事故的界面，支持通过任意一台工作站进行事故反演，并可允许多台工作站同时观察事故反演。

3. 扩展功能

DMS2000 主站系统的基本功能、高级功能支持了配电网调度业务日常应用的相关需求，未来随着配电网向有源化演进、配电网调度业务范围向低压配电网延展等，为支持相关业务应用的需求，系统需扩展诸如分布式电源接入与控制、专题图生成、低压配电网在线监测、网络重构、自愈控制、配电网经济运行分析等功能。下面介绍部分主要功能。

1）分布式电源接入与控制，具备对分布式电源公共连接点、并网点的模拟量、开关量等数据的采集功能；具备对有受控条件的分布式电源公共连接点、并网点处开关实现分合控制的功能；能对分布式电源渗透率较高的台区或区域开展各类运行分析，包括电压无功优化、分布式电源发电计划调度以及功率平衡分析等。

2）专题图生成，即以全配电网模型为基础，应用拓扑分析技术进行局部抽取并做适当简化，生成相关电气图，包括区域系统图、供电范围图、单线图、开关站图等。该功能支持模型增减变化后的自动布局，若模型发生增减，新生成的电气图中原模型的布局效果保持不变；支持对自动生成的衍生电气图进行编辑和修改，可人工干预生成的专题图的展示效果。

3）低压配电网在线监测，能结合地理信息系统进行低压配电网设备和线路的图形化展现；能通过获取故障时低压配电终端、智能电能表的实时信息，研判低压配电网停电范围，自动分析停电影响的用户，实现对低压用户故障的智能报警与分析。

8.6　主站系统功能的应用实例

8.6.1　配电终端接入主站系统

首先，按照新配电终端接入主站系统的申请单信息，利用主站系统数据库的编辑器完成配电终端接入的配置，配置信息主要包括终端 IP、通信规约及其参数等，并将配置信息映射到安全接入区的前置服务器和采集服务器。

接着，主站系统发起并建立与配电终端的通信链路，通信链路的建立过程如图 8-6 所示，主要步骤如下：

1）主站系统安全接入区的采集服务器向安全网关发起连接请求，要求与配电终端进行连接。

2）安全网关发起与配电终端的 TCP 连接，并进行安全网关与配电终端间的双向身份认证。

3）双向身份认证成功后，安全网关将连接成功的结果返回给安全接入区的采集服务器。

4）安全接入区的采集服务器向配电终端发起双向身份认证请求，完成双向身份认证。

5）安全接入区的采集服务器通过网络读取配电终端的安全芯片序列号和对称密钥版本号等信息。

6）安全接入区的采集服务器与配电终端之间开始业务交互，通过 IEC 60870-5-104、IEC 60870-5-101 或 IEC 61850 等通信规约与配电终端建立通信链路，实现报文的接收和发送。

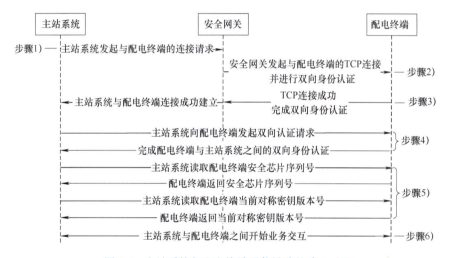

图 8-6　主站系统与配电终端通信链路的建立过程

主站系统与配电终端间的通信链路一旦建立，则表示配电终端已成功接入主站系统，二者即可进行报文的接收和发送，主站系统安全接入区的采集服务器将收到的规约报文通过反向隔离转发至安全接入区的前置服务器，由其解密后再解析出遥测、遥信、SOE、故障录波、保护定值、电能量等信息。对需要向配电终端下发的对时、遥控、录波召唤、保护定值下装等指令，先在安全接入区的前置服务器完成规约报文组帧和加密，然后通过正向隔离转发至安全接入区的采集服务器，再由其下发给配电终端。

8.6.2　故障研判和处置

针对配电网故障传统处置模式存在的故障研判数据源少而分散、线下非流程化处置、事后分析评价困难等问题，DMS2000 主站系统以优化配电网故障处置模式为目标，采用基于多源信息融合的配电网多类型故障综合研判方法，实现了短路、接地、断线、母线失电压等故障的统一研判，并提供图形化展示窗口，建立了配电网故障处置全过程监控、督促及评价方法，实现了故障感知、定位、隔离、转供、抢修、评价等一体化处置。

现以某地级市湖东变电站 10kV 母线的中山 II 线发生短路故障为例，介绍 DMS2000 主站系统的故障处置流程。故障前，中山 II 线与鼓屏 II 线形成联络，作为联络开关的鼓屏 II 线 964 开关处于常开状态，接线图如图 8-7 所示。

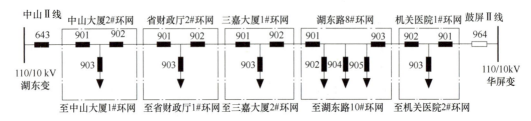

图 8-7   中山 II 线故障前接线图

1）故障时，DMS2000 主站系统收到 EMS 转发的中山 II 线 643 开关过电流 I 段动作跳闸信号、营销用采主站转发的中山 II 线 19 台配变停电事件，线路上其他开关处配电终端没有上报过电流信号。由这些信号触发 DMS2000 主站系统的故障研判算法，生成故障弹窗，并在故障处置流程第一步"故障感知"中展示此次故障的相关信号，如图 8-8 所示。

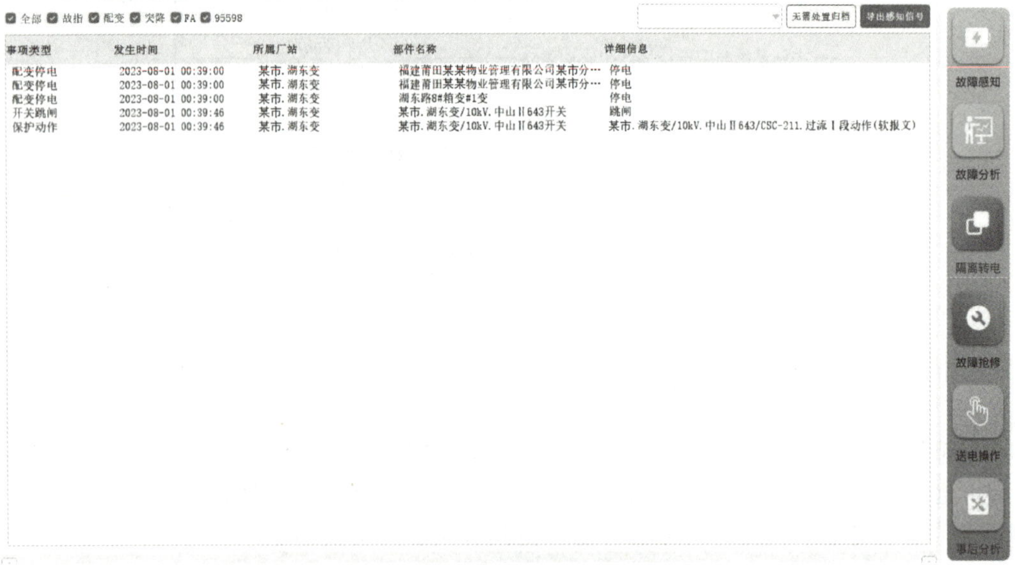

图 8-8   故障处置流程第一步"故障感知"

2）根据故障前中山 II 线 643 开关的供电范围，DMS2000 主站系统研判本次跳闸造成该线的 19 台配变全部停电，联络开关鼓屏 II 线 964 开关与跳闸点中山 II 线 643 开关之间共有 10 个干线开关，其配电终端均没有上报过电流信号，DMS2000 主站系统研判故障区段位于中山 II 线 643 开关与中山大厦 2#环网的 901 开关之间，形成故障处置流程第二步"故障分析"，如图 8-9 所示。"故障分析"的结果包括跳闸点信息、故障区段信息、停电范围等，其中停电范围包括停电影响的配变和重要用户、自备电源用户、双电源用户等的台账信息。

图 8-9　故障处置流程第二步"故障分析"

3）故障处置流程第三步"隔离转电"如图 8-10 所示，调度员在 DMS2000 主站系统上确认故障区段后，系统就会按照"先复电、后抢修"原则，自动生成隔离转电方案，即断开中山大厦 2#环网的 901 开关后，合上鼓屏Ⅱ线 964 开关实现转电。调度员依照生成的隔离转电方案执行遥控操作，即可完成对故障区段的隔离和对非故障区段的复电或转供电。在本次故障处置过程中，因调度员在遥控断开中山大厦 2#环网的 901 和 902 开关时均失败，故退而选择遥控断开省财政厅 2#环网的 901 开关。后续待现场人员到位后，先指挥其就地操作断开中山大厦 2#环网的 901 开关，再遥控合上省财政厅 2#环网的 901 开关，实现停电范围最小化。

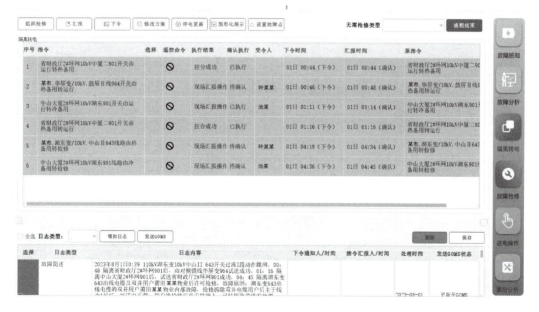

图 8-10　故障处置流程第三步"隔离转电"

4）调度员在故障处置流程第四步"故障抢修"中接收抢修人员提交的故障抢修单，如图 8-11 所示，并根据现场需求增加安全措施，待安全措施执行完毕后才许可抢修工作开始。

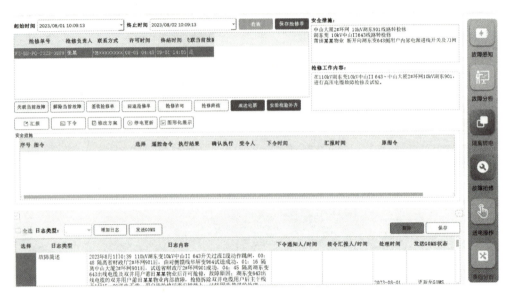

图 8-11　故障处置流程第四步"故障抢修"

5）故障抢修结束且验收合格后，现场向调度申请办理工作终结，收到申请办理工作终结信息后，系统会自动生成送电指令票，调度员按票执行完成故障处置流程第五步"送电操作"，如图 8-12 所示。在本次故障处置过程中，因实际抢修中发现是出线电缆的直连用户内部发生故障，为尽快恢复干线，先拆除了该用户的供电连接线，之后合上跳闸点中山Ⅱ线 643 开关，再合上中山大厦 2#环网 901 开关，最后断开鼓屏Ⅱ线的 964 开关，该配电网恢复至原供电方式。

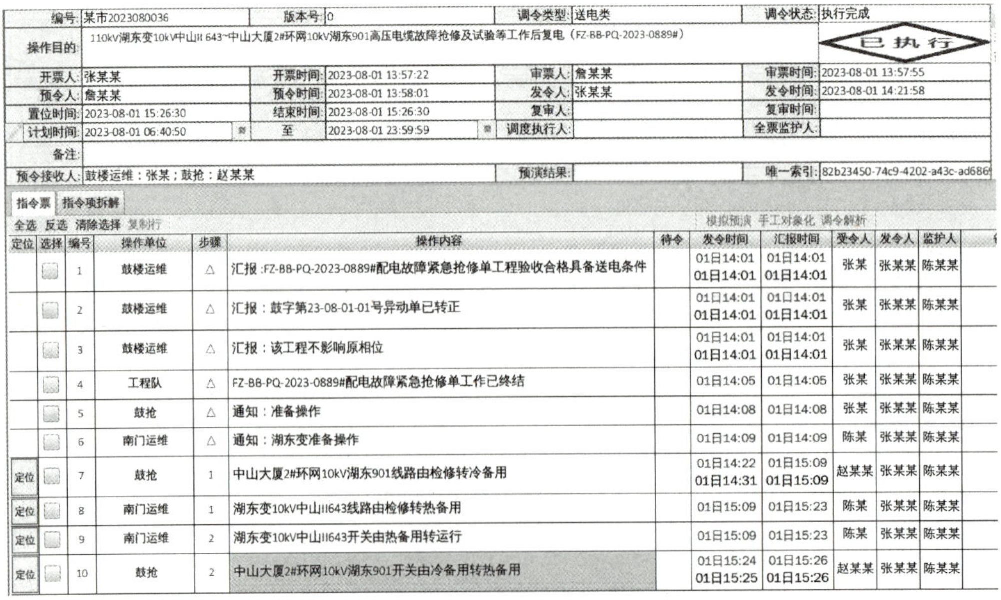

图 8-12　故障处置流程第五步"送电操作"

6）故障处置流程第六步"事后分析"如图 8-13 所示，系统能基于调度员的停电发布和故障点确认两个操作，自动核对系统的研判是否正确，记录故障处置流程的每一步操作，统计故障处置流程的每一步耗时，在故障处置流程结束后，能触发配电终端与用采终端正确动作、误报、漏报、拒动的分析，并发起终端缺陷线上闭环处置流程。

图 8-13　故障处置流程第六步"事后分析"

8.6.3　主配网协同精准负荷控制

当电网异常需要批量切除负荷时，通常由 EMS 根据限电序位表，直接跳开变电站馈线开关，实现压荷处理。通过实施主配联动精准压荷，可以只对专线用户和专变用户进行拉荷，尽可能确保居民用户和公变用户正常供电。

为确保精准拉荷的准确性，DMS2000 主站系统根据专线和专变的实时运行状态，周期计算并动态修正配电网侧的限电序位表，并将变电站、母线和馈线的当前最大可压荷量等信息，同步到 EMS 中的精准切负荷模块中，EMS 根据 DMS2000 主站系统上送的实时动态信息，调整主电网侧的限电序位表。当电网发生频率异常或者变压器重过负荷需要进行压荷处理时，EMS 首先进行专线拉荷处理，然后发送专变压荷量到 DMS2000 主站系统进行压荷处理。当 DMS2000 主站系统收到 EMS 发送的专变压荷量后，根据专变负荷量和优先级、分布式电源预测发电情况等进行压荷排序，通过批量遥控进行压荷，并将最后的实际压荷量发送到 EMS，EMS 根据实际压荷量启动下一轮压荷处理，如此往复，直至到达最终压荷要求。此外，在主电网侧可以根据计划限电序位表和实时可压荷情况，对限电序位表进行校验，同时动态修正计划采用的限电序位表，并与 EMS 交互同步。主配网协同精准负荷控制软件架构如图 8-14 所示。

DMS2000 主站系统的主配网协同精准负荷控制软件的主要功能包括：可压荷量周期扫描、实时压荷策略生成、压荷策略执行及分析、主配网压荷信息交互等。

1）可压荷量周期扫描，周期统计馈线、变电站、分区的实时可压荷量。馈线可压荷量为该馈线实时拓扑的供电范围内，具备可遥控分界设备的专变的总容量，但需剔除特殊专变，如重要用户、生命线用户、临时性保电用户等；变电站和分区的可压荷量按馈线隶属关系逐级累加。通过统计形成可切专变资源池分级清单，一个统计周期的某地区全量可切专变资源池清单如图 8-15 所示。

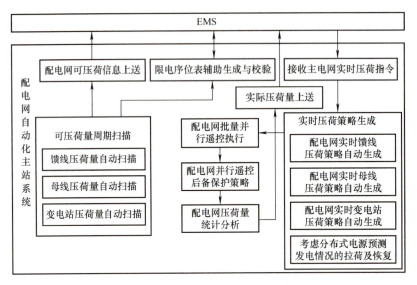

图 8-14　主配网协同精准负荷控制软件架构

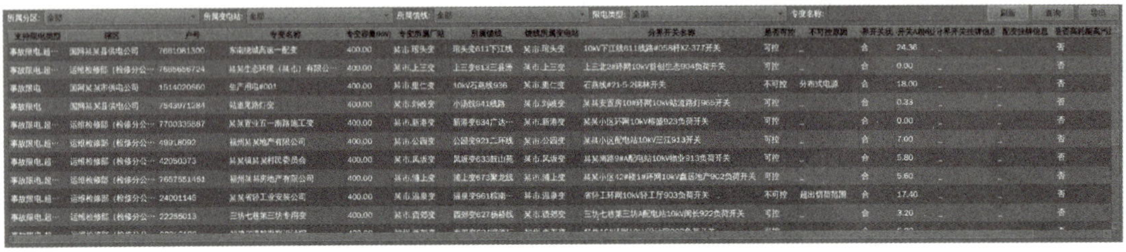

图 8-15　某地区全量可切专变资源池清单

2）实时压荷策略生成，根据 EMS 下发的全局或限定范围内的压荷目标，结合当前配电网可切专变资源池清单，以及配电网实时运行信息，自动生成实时压荷策略。实时压荷策略的生成逻辑为：①将 EMS 发送的区域压荷目标分解到区域内对应馈线；②在最新可切专变资源池清单中，将这些馈线的可切专变筛选出来，并过滤掉分界开关处于分断状态的专变，以及分界开关的配电终端处于离线状态的专变；③对选出的专变按实时有功功率值进行排序，然后对所选专变的有功功率从大到小逐个累加，直到累加结果超过 EMS 下发的目标压荷量；④对在累加过程中被选中的分界开关进行分闸遥控。

3）压荷策略执行及分析，对压荷策略中的专变分界开关自动批量遥控，根据分界开关遥控成功的结果，累加计算实际压荷量，并与 EMS 的目标压荷量比较，不足部分继续按照实时压荷策略生成逻辑，从还未参与本次压荷的专变清单中再次筛选可切专变，形成新的压荷策略并执行，直到满足压荷目标值或者可切专变资源用尽。配电网侧实时压荷策略生成和压荷策略执行及分析流程，如图 8-16 所示。

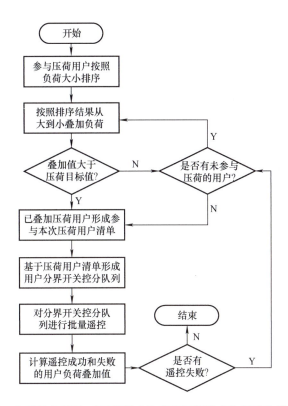

图 8-16　配电网侧实时压荷策略生成和压荷策略执行及分析流程

4）主配网压荷信息交互，包括配电网可压荷信息上送、接收主电网实时压荷指令、配电网实际压荷量上送 3 个模块。

课后习题

1. 简述配电网自动化主站系统的定义与功能。
2. 配电网自动化主站系统和相关应用系统信息交互的基本要求是什么？
3. 什么是事故反演？
4. 分布式电源接入与控制主要实现哪些功能？
5. DMS2000 主站系统中故障研判和处置有什么特点？

第9章

配电网高级应用软件

9.1 配电网高级应用软件简介

配电网高级应用软件具有与电网调度自动化系统高级应用软件（Power Application System，PAS）功能相对应的运行于配电网模型上的高级网络分析功能，也称为 DPAS（Distribution PAS）。DPAS 在 DMS 中的地位和 PAS 在 EMS 中的地位是一样的。PAS 着重于保障网络的安全经济运行，因此各类软件基本上是针对正常运行网络模型的优化，或保证网络安全经济运行的。在配电网自动化系统中，调度员直接面对电力系统的最终用户，同时配电网更加庞大和复杂，网络设备操作更为频繁。因此，配电网高级应用软件功能着重在实时网络模型下完成和用户供电相关的各类应用。

与高压输电系统相比，中低压配电系统具有设备数目众多、分布范围广泛和三相负荷不平衡等特征。因此，不能照搬 PAS 的网络模型，要着重解决网络的三相模型，相应的网络模型拓扑处理也要着眼于大规模网络的快速搜索。

PAS 基本上以状态估计为核心，所有的实时态应用以及离线态应用都基于实时状态估计的结果。在配电网系统中，由于网络规模复杂，而测量点相对较少，因此要精确地实现实时状态估计难度很大，更多依赖的是各种历史统计数据和相对近似的处理方法。此外，在配电网分析中，存在一些与状态估计无关，而仅与网络结构相关的分析应用，如配电网的可靠性分析、线损计算、短路电流计算、故障定位、故障隔离和供电恢复等。

配电网高级应用软件是建立在一定的数据源基础之上的，这些数据源包括以下 3 种：

1）由 SCADA 采集来的测量数据，即系统运行的实时数据和历史数据。

2）由人工输入的系统静态数据，如系统的线路参数、变压器参数等。

3）计划参数，主要是未来时刻的计划运行参数，如预测的负荷及检修停电安排等。

有了以上的数据源，配电网高级应用软件就可以辅助配电网运行人员对系统进行各种分析。配电网高级应用软件包含的内容有网络建模、状态估计、配电网重构、配电网线损计算与分析、短路电流计算、负荷预测等。

1. 网络建模

网络建模用于建立和维护配电网数据库，通过在数据库中定义配电网设备铭牌参数及各设备之间的连接关系，建立整个配电网的设备连接关系及各设备的数学模型，为其他应用软件如配电网潮流计算、短路电流计算、网络重构等定义配电网的网络结构。

配电网的网络建模不宜照搬输电网的网络建模方法。原因是：①配电网模型包括的对象模型和输电网模型不完全一样，完整的配电网模型应包括的对象模型有母线、馈线段、开关设备（断路器、负荷开关、重合器、分段器、熔断器）、配电变压器、电容器、厂站（开闭所、环网柜、配电站）等；②配电网建模应考虑配电网的网络结构特征，如提供对辐射状网的专门描述，以适应 DMS 研究与开发的需要，并为用户提供方便直观的网络建模方法；③配电网建模还应考虑与设备管理系统集成。

配电网的拓扑模型可以分为静态拓扑模型和动态拓扑模型。静态拓扑模型用于描述配电网设备之间的物理拓扑连接关系，静态拓扑模型相对稳定，新增设备、更换设备会引起静态拓扑模型的改变。考虑所有开关设备的实时运行状态，通过拓扑处理可以获取配电网的动态拓扑模型，动态拓扑模型描述了哪些设备在电气上连接在一起，以及连接的方式如何。

网络建模的主要功能有：

1）定义配电网中的各种元器件，如母线、馈线段、分支线、变压器、电容器、负荷等。

2）定义各元器件间的连接关系，以提供网络分析功能所需的基本拓扑信息。

3）根据定义的元器件自动生成相应的元器件参数表，以便参数录入。

4）提供静态分析和动态分析的全套元器件参数。

5）从实时库中获取数据。

6）维护数据库间的关系和自动校核输入的数据。

7）根据数据库和开关的实时状态建立母线模型。

8）支持各种电压等级的模型。

2. 状态估计

状态估计是高级应用软件的一个模块，许多安全和经济方面的功能都要用可靠数据集作为输入数据集，而可靠数据集就是状态估计的输出结果，所以，状态估计是一切高级应用软件的基础。

在实时情况下，不可能对网络的所有运行状态量进行监测，此外，获取的测量数据也不可避免地存在测量误差。状态估计基于网络的拓扑模型，利用 SCADA 采集的实时信息，确定配电网的接线方式和运行状态，估计出各母线的电压幅值和相位及元器件的功率，检测、辨识不良数据，补充不足测点。采用状态估计可以提高测量数据的可靠性和完整性，为配电网自动化系统下一步进行安全分析、经济调度和调度员模拟培训提供一个相容的数据集。

配电网与输电网不同，有其自身的特点，其状态估计也应该采用适合于配电网的计算方法。配电网的特点之一是，配电系统的拓扑描述应以馈线为单位；配电网的特点之二是，配电网与输电网相比，网络结构为辐射状，有较大的 R/X 比值，三相不平衡，测量数据不足。

3. 配电网重构

配电网重构的目标是在满足网络约束和辐射状网络结构的前提下，通过开关操作改变负荷的供电路径，以便使网损最小或解除支路过负荷和电压越限，又或平衡馈线负荷。配电网重构能够计算出为了减小配电网网损而必须在馈线之间重新分配的负荷，并且能报告所识别的可以减小网损的开关操作状态，其计算结果提供给操作命令票系统，供调度员决策执行或自动执行。

配电网重构的用途有以下 3 个方面：

1）用于配电网规划和配电网改造。

2）正常运行状态下的配电网重构可以降低网损、平衡负荷、提高系统运行的经济性与供电可靠性。

3）故障情况下的配电网重构可用于配电网事故后的供电恢复。

4. 配电网线损计算与分析

线损计算与分析是配电网最重要的计算分析之一，用计算机进行线损计算与分析是减少线损、提高经济效益和管理水平的重要措施。线损计算与分析包含以下功能。

1）输入功能：包括图形输入、数据输入、网络拓扑分析和自动生成数据库、自动检错、与 GIS 接口等。

2）计算功能：包括采用前推回代法计算配电网潮流、用不同方式采集运行数据以提高计算正确性、自动适应运行方式的变化等。

3）输出功能：计算结果以表格、分层图形、棒图、曲线等方式输出。

4）分析功能：通过多种分析确认计算结果的真实性和可靠性。

5. 短路电流计算

配电网运行过程中，应采取有效的技术和管理措施防止发生相间短路故障，还应设置灵敏、可靠的继电保护装置和具有足够分断能力的断路器，以确保发生短路故障时，断路器能快速切断短路电流，使配电网的电压在较短时间内恢复到正常值，限制短路故障的危害，缩小故障影响范围。为此，应利用短路电流计算结果，选择电气元件和开关设备，并选择和整定保护装置，确定限制短路电流的措施等。

短路电流计算的常用方法是阻抗矩阵法，即利用对称分量法和叠加原理，求得短路故障时流过各支路的电流。受配电线路三相不对称以及三相负荷不平衡的影响，传统的基于对称分量的短路电流计算方法无法直接用于配电网。

配电网的短路电流计算通常采用近似计算法。

6. 负荷预测

配电网未来一个时段负荷变化的趋势和特点是配电部门所必须掌握的基本信息。负荷预测功能利用历史负荷数据预测未来时段的负荷。

负荷预测功能一般针对全网或某个区域内的总负荷进行，应考虑带气象修正功能的负荷预测模型，负荷预测功能可以预测未来 1 天~1 周的每小时、每 15min 的系统负荷值，然后利用可自动校正的负荷分配系数把该预测值分配到各变电站、馈线及负荷点。负荷预测功能应用线性外推、线性回归和人工神经网络等算法实现。

配电网负荷预测可能要考虑分类预测。负荷分类指负荷中可分离出来的最小可统计用电负荷类别。典型的负荷分类如电冰箱、荧光灯、电热器、电弧炉、泵等。负荷分类的日负荷曲线可以根据统计部门提供的数据获取，负荷分类也可以有负荷电压静特性、功率因数等属性。

9.2 配电网拓扑分析

9.2.1 概述

配电网拓扑分析（又称配电网接线分析或配电网拓扑辨识）是指运用图论等方面的知识对配电网的几何结构和性质进行分析和研究，以反映配电网各元器件（包括节点、线路、负荷等）的连接情况，最终根据各个元器件之间的连接关系以及各个开关的实时开合状态，动态生成能够正确描述网络结构并可为计算机分析所利用的数学模型。它只反映系统中各元器件之间的物理连接关系，而与系统各元器件的特性和具体电气参数无关。配电网拓扑分析是配电网潮流计算和状态估计等其他配电网高级分析功能的基础。

配电网相对于输电网而言，拓扑结构变化频繁。一是由于配电网几乎每天都在不断地改造、增容和升级，在配电网中新建配电站、新建线路、新增用户负荷等都是常事；二是配电网为了运行的灵活性和供电的可靠性而设置了大量开关，其开合状态经常会因各种需要而改变，从而相应改变了网络中各设备的连接关系。

9.2.2 配电网拓扑结构

配电网根据电源位置、电压等级、负荷分布、地理条件等的不同，多采用辐射状、手拉手环状或网状等结构方式。其中，辐射状（又称放射状或树状）结构简单，但该结构属单电源供电方式，可靠性较低；环状或网状等属于有备用电源的供电方式，正常运行时以开环方式运行，联络开关一般处于断开状态，联络开关的两侧都相当于一条馈线的末端，当某侧停电时，联络开关将闭合，由另一侧反送电。环状接线开环运行的结构易于用重合器及分段器实现事故情况下非故障区段的自动恢复送电，具有较高的供电可靠性。

配电网拓扑分析以从同一变电站引出的所有馈线作为一个完整的分析对象，而以馈线作为基本的分析单元。其中的每条馈线都可看成一棵树，这些馈线在变电站处拥有共同的根节点，并在树根处与高压配电网（或输电网）相联系，形成一棵更大的树。馈线的根节点为110kV/10kV 或 35kV/10kV 降压变电站，由于变电站内通常安装有载调压变压器和无功功率补偿设备，可以忽略馈线上的负荷波动对变电站电压的影响，近似认为馈线的根节点的电压恒定，其电压值的大小通常由输电网潮流决定。

在给定馈线节点电压及沿线各负荷点负荷的条件下，各条馈线的潮流分布将完全确定，而与其他馈线没有关系。即使在配电网重构过程中，分段开关或联络开关的开合也只会影响到本馈线或联络开关两侧馈线的拓扑描述，不需对整个系统的拓扑描述进行修改。根据这一特点，配电网的拓扑描述就以馈线为单位，潮流计算也就不再以全网为单位，而是以馈线为单位。馈线间的相互独立性，使得并行分析计算成为可能，这加快了全网的分析计算速度，而网络的结构优化将主要在馈线间和馈线内实现。

配电网拓扑分析以从同一变电站引出的所有馈线作为一个完整的分析对象，也即意味着分析处理的将是辐射状结构或环网设计而开环运行的配电网。对于辐射状结构，可以用一个树结构来表示；对于环网设计而开环运行的结构方式，在正常运行时也可视为一个树结构，只是在开关倒换操作的短时间内会变成一个弱环网。因此，用树结构和弱环网就可以表示配电网的结构。

9.2.3 配电网拓扑描述

在配电网拓扑分析时，通常将配电网的各种设备抽象为节点或支路，即整个配电网由节点和支路组成。这样一来，以节点作为顶点，以支路作为边，就构成了一个称为图的数据结构。因而，在计算机分析中，可以用基于图的数据结构来描述配电网的拓扑结构。

在电力系统元器件的通用信息模型中，所有电力设备均被定义为具有若干端子的电路，其中的端子就是为了方便网络拓扑描述而存在的逻辑结构。配电网中的任何设备也都可以抽象成一个具有若干端子的电路,端子之间的连接描述了设备之间的拓扑关系。于是以设备端子作为顶点,以端子之间的连接作为边,也构成了一个图。因此,在遵循 CIM 标准的情况下,同样可以用基于图的数据结构来描述配电网的拓扑关系。

1. 配电弱环网的拓扑描述

（1）配电弱环网邻接矩阵

配电弱环网可视为一个无向简单图,如图 9-1a 所示。其邻接矩阵 $\boldsymbol{D}$ 如图 9-1b 所示,若节点 i 和节点 j 之间存在一条馈线,则 $d_{ij}=d_{ji}=1$,其余元素为 0。邻接矩阵 $\boldsymbol{D}$ 为稀疏对称矩阵,含有多个零元素,对角线元素为 0。邻接矩阵的上三角部分的非零元素个数（网络支路数）减去网络节点数再加 1,即得到配电弱环网中环路的数目。

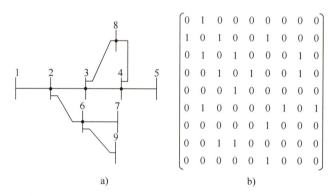

图 9-1 配电弱环网网络图及其邻接矩阵

a) 网络图 b) 邻接矩阵

邻接矩阵用一个二维数组表示,在二维数组中存放图的顶点间的关系数据,比较简单,但一般的图并非任意两个顶点都相邻接,因此邻接矩阵中会有许多零元素,特别是当节点较多而邻接边数相对全图的边数又少得多时,邻接矩阵将非常稀疏。为了避免浪费存储空间,可采用稀疏存储技术或邻接表来存取顶点间的关系数据。

（2）配电弱环网邻接表

邻接表是图的一种链式存储结构,它对图的每个顶点建立一个单链表,即对 n 个顶点建立 n 个单链表,并把它们的表头指针用数组存储。第 i 个单链表中的节点包含第 i 个顶点及其所有邻接顶点,它相比于邻接矩阵而言只考虑了非零元素,因而节省了存储空间。对图 9-1a 所示的配电弱环网,其邻接表如图 9-2 所示。

（3）配电弱环网节点-支路关联矩阵

设图 G 中的顶点数为 n,边数为 m,不考虑边的方向,则关联矩阵 $\boldsymbol{M}(G)=\left[a_{ij}\right]^{n \times m}$ 中 a_{ij} 表示第 i 个顶点与第 j 条边的关联关系,其中 0 为不关联,1 为关联。配电网中各节点和支路的连接关系可以用关联矩阵表示。

对任一具有 n 个节点、m 条支路的网络,节点与支路之间的连接关系可用一个 $n \times m$ 阶的节点-支路关联矩阵 $\boldsymbol{A}$ 来描述。$\boldsymbol{A}$ 中的所有元素 a_{ij} 都只赋 3 种值,即 1、-1、0。在考虑支路方向的情况下,以 i 表示节点编号,j 表示支路编号,则:

1）节点 i 与支路 j 相连,且该支路方向离开该节点时,$a_{ij}=1$。

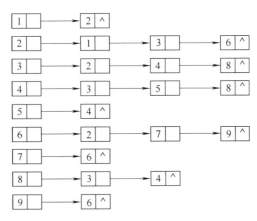

图 9-2　配电弱环网的邻接表

2）节点 i 与支路 j 相连，且该支路方向指向该节点时，$a_{ij}=-1$。

3）节点 i 与支路 j 不直接相连时，$a_{ij}=0$。

配电弱环网节点-支路关联矩阵的行数等于节点数，列数等于支路数，行数和列数相等。对图 9-1a 所示的配电弱环网进行支路编号后得到图 9-3a。该配电弱环网的节点-支路关联矩阵，如图 9-3b 所示。

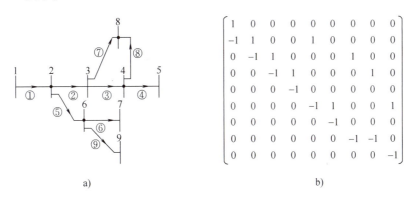

图 9-3　配电弱环网网络图及其节点-支路关联矩阵

a）网络图　b）节点-支路关联矩阵

节点-支路关联矩阵为稀疏矩阵，矩阵中含有大量的零元素。矩阵的列数（支路数）减去节点数再加上 1，即得到配电弱环网中环路的数目。

2. 配电辐射网的拓扑描述

（1）配电辐射网节点-支路关联矩阵

不计接地支路时，配电辐射网（又称树状网）的节点数等于其支路数加 1，其节点-支路关联矩阵为一个长方阵，使用不便。为此，可在根节点前增加一个零阻抗的虚拟支路，且此支路不设始端节点，这样，网络中的节点数即等于支路数，就可以按一定规律形成易于处理的节点-支路关联矩阵了。

如图 9-4a 所示，在根节点处增加一个虚拟的零阻抗支路，将此支路编为 1 号支路，其末端节点即根节点，将根节点编为 1 号节点。随后，可以采用支路追加法，从已编号的节点开始逐步追加支路,这时可不考虑分层或区分干线和分支线,仅要求新追加的支路是由已编号的节点发出即可,支路编号和它末端的节点编号相同。按此规律连续追加支路并编号,直到所有支路和节点编完号为止。在最终完成对支路和节点的编号之后,便可形成所需要的节点-支路关联矩阵,如图9-4b所示。

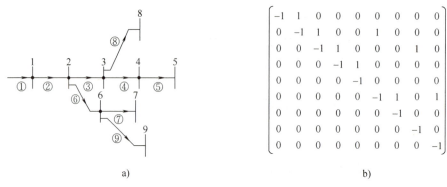

图9-4 配电辐射网网络图及其节点-支路关联矩阵

a) 网络图 b) 节点-支路关联矩阵

形成的节点-支路关联矩阵是一个对角线元素均为-1的上三角形矩阵,其非对角线非零元素均为1,而且很容易以稀疏方式存储。各行非对角线非零元素的个数等于由该节点发出的支路数。当某一节点为该网络的末端节点,即没有支路由它发出时,此节点所对应的行将没有非对角线非零元素。

在配电辐射网新增支路时,可直接将该支路编为最后一个支路,将其末端节点编为最后一个节点。若要删除一个支路,则将它所在行和列的元素消去即可。

(2)配电辐射网的树存储结构

配电辐射网的结构可以用 k 叉树来表示。树存储结构的选择不仅要考虑数据元素如何存储,更重要的是要考虑数据元素之间的关系如何体现。根据数据元素之间关系的不同表示方式,常用的树存储结构主要有3种:父亲表示法、孩子表示法和孩子兄弟表示法,如图9-5所示。

1)父亲表示法。在树中,除根节点没有父亲节点(父节点)外,其他每个节点的父节点是唯一确定的。因此,根据树的这种性质,存储树的节点时,应该包含两个信息:节点的编号值和体现该节点与其他节点关系的属性,即该节点的父节点。借助于每个节点的这两个信息便可唯一表示任意一棵树,这种表示方法称为父亲表示法。为了查找方便,可以将树中的所有节点存放在一个一维数组中。正如通过单链表的表头指针就可掌握整个链表一样,对于树而言,只要知道树根在哪里,便可以访问到树中所有的节点,因此在树存储结构中要特别考虑根节点的存储。图9-5b是图9-5a所示配电辐射网用父亲表示法实现的树存储结构。

2)孩子表示法。采用孩子表示法表示一棵树时,树中每个节点除了存储其自身的编号值之外,还必须存储其所有的孩子节点(子节点)。每个节点通常包含两个域:一个是节点编号值域;另一个是指针数组域,数组中的元素为指向某节点的子节点的指针。图9-5c是图9-5a所示配电辐射网用孩子表示法实现的树存储结构。

3)孩子兄弟表示法。孩子兄弟表示法又称二叉树表示法,或称二叉链表表示法,即

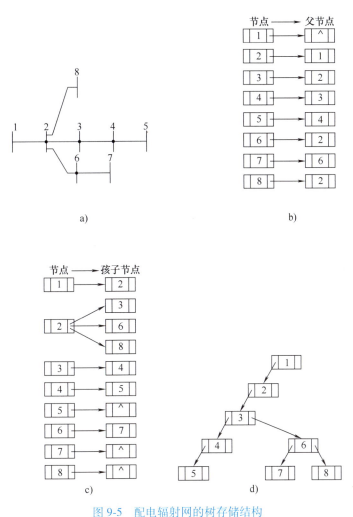

图 9-5　配电辐射网的树存储结构

a）配电辐射网　b）父亲表示法　c）孩子表示法　d）孩子兄弟表示法

以二叉链表作为树存储结构。链表中节点的两个链表域分别指向其子节点和兄弟节点，采用链表的存储结构可节省内存。图 9-5d 是图 9-5a 所示配电辐射网用孩子兄弟表示法实现的树存储结构。以节点 3 为例，它的两个链表域分别指向节点 4 和节点 6，其中节点 4 是节点 3 的子节点，节点 6 是节点 3 的兄弟节点。

9.2.4　配电网拓扑分析算法

1. 配电网的遍历

为了获得配电网各节点和支路的连接信息，需要对配电网进行遍历，即要求能够从源节点开始到末端节点或从末端节点开始到源节点搜索所有的节点、支路或分支线。遍历的目的是检测孤立子网络的存在，同时对节点和支路进行编号，最终建立反映配电网元件连接关系的数据结构，以存储网络的连接和编号信息。如图 9-6 所示，图中的虚线表示线路上有开关打开，通过遍历，检测到 3 个独立的网络：与变电站 A 相连的配电网、与变电站 B 相连的配电网和从变电站 A 隔离开来的不带电的孤立子网络。

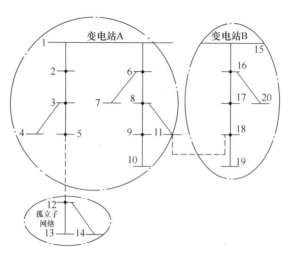

图 9-6　配电网的遍历

配电网的遍历搜索算法可以分为深度优先搜索算法和广度优先搜索算法。

（1）深度优先搜索算法

深度优先搜索算法分为前序遍历算法、中序遍历算法和后序遍历算法。下面以前序遍历算法为例说明搜索过程：设 x 是当前被访问的顶点，在对 x 做访问标记后，选择一条从 x 出发的边 $(x，y)$，若发现顶点 y 已访问过，则重新选择另一条从 x 出发的未检测过的边 $(x，z)$，沿边 $(x，z)$ 到达未访问过的顶点 z，对 z 进行访问并将其标记为已访问过，然后从 z 开始搜索，直到访问完从 z 出发的某条通路所有可达的顶点之后，才回溯到顶点 x，并且再选择一条从 x 出发的未检测过的边。上述过程直至从 x 出发的所有边都已检测过为止。接着依次选择 x 之后被访问过的所有相邻顶点，作为当前被访问顶点，重复上述过程。系统中所有和源节点有路径相通的顶点（从源节点出发可达的所有顶点）都已被访问过后，若系统图连通，则遍历过程结束；否则继续选择一个尚未被访问的顶点作为新的源节点，进行新的搜索过程。

对如图 9-7a 所示的配电网进行深度优先搜索，遍历节点的顺序如图 9-7b 所示。

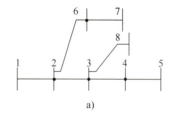

遍历算法	遍历节点的顺序
前序遍历	1—2—3—4—5—6—7—8
中序遍历	5—4—3—8—2—6—7—1
后序遍历	7—6—5—4—8—3—2—1

a)　　　　　　　　　　　　　　b)

图 9-7　深度优先搜索
a）配电网　b）遍历节点的顺序

（2）广度优先搜索算法

广度优先搜索算法又称分层搜索算法，它将配电网中的节点、支路及分支线划分为不同的层次，按照层次遍历配电网。即先访问配电网根节点，即第 1 层节点，接着访问配电网根节点的子节点，即第 2 层节点，以此类推，顺序访问各层节点，对同一层节点则按照从最左到最右的顺序进行访问，直到所有节点都被访问过。对配电网的层次划分存在下面两种不同的方法。

1）节点（支路）分层法：该方法按照节点（支路）距离根节点的远近，对节点（支路）进行分层。即按照从节点（支路）到根节点的路径上所经历的节点（支路）数目对节点（支路）进行分层。一般在定义了节点的层次为从该节点到根节点的路径上所经过的节点数目后，可以将支路的层次直接定义为该支路的出端节点的层次。

以配电网的根节点作为入端的支路称为第 1 层支路，这些支路的出端节点称为第 1 层节点。从第 1 层节点引出的所有支路称为第 2 层支路，第 2 层支路的出端节点称为第 2 层节点，依此类推，从第（$k-1$）层节点引出的所有支路称为第 k 层支路，第 k 层支路的出端节点称为第 k 层节点。节点（支路）分层法的示例如图 9-8 所示。

2）分支线分层法：该方法按照分支线距离根节点的远近，对分支线进行分层。即按照从分支线的末端到源节点所经历的分支数目对分支线进行分层。

配电网的馈线通常带有多条分支线，在分支线之下又分出子分支线，子分支线可能再分出子分支线。将分支线所在的层次定义为从分支线的末端到源节点所经历的分支数目。主馈线的层次为 1，从主馈线上引出的分支线的层次为 2，从层次为 2 的分支线上引出的分支线的层次为 3，依此类推，从层次为（$k-1$）的分支线上引出的所有分支线的层次为 k。分支线分层法的示例如图 9-9 所示。

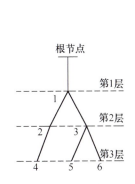

图 9-8　节点（支路）分层法的示例

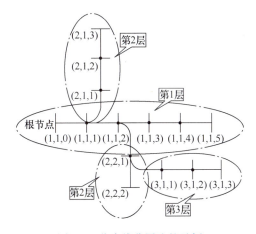

图 9-9　分支线分层法的示例

2. 配电网的节点和支路编号

配电网一般为辐射状结构，常采用遍历搜索算法进行节点和支路编号，即按照遍历搜索算法访问节点和支路的先后次序对节点和支路进行顺序（由小到大）或逆序（由大到小）编号。

配电网的遍历搜索算法主要有两种：广度优先搜索算法和深度优先搜索算法，因而对应的配电网节点和支路编号方法也分为两大类：广度优先搜索编号法和深度优先搜索编号法。

对配电网层次划分的两种不同方法对应着两种广度优先搜索编号法。

（1）基于节点（支路）分层法

这种方法从配电网的第 1 层节点（根节点）开始，按节点的层次从小到大逐层遍历，将遍历到的各节点由小到大编号，只有当上层的所有节点都编号完毕后，才对下一层的节点进行编号，在同一层中，则按从左到右的顺序对节点逐个编号，如图9-8所示。

（2）基于分支线分层法

首先，分支线按所在的层次大小编号，主馈线的层次为1，它的子分支线的层次为2，子分支线之下再分出子分支线的层次为3。然后，同一层次上的各分支线按广度优先搜索到的顺序编号，每条分支线由一个有序对 (l, m) 唯一标识，其中 l 为分支线所在的层次，m 为该分支线在 l 层中的排序。最后，同一分支线上的各节点从该分支线上的第1个节点开始顺序编号，这样每个节点由一个三元组 (l, m, n) 来唯一标识，其中 n 为节点在分支线上的次序，(l, m, n) 指层次为 l 的第 m 条分支线上的第 n 个节点，根节点的编号为 $(1, 1, 0)$。

9.3 配电网线损计算

9.3.1 线损的基本概念

1. 线损构成

在输配电过程中，电能的传送和电磁能量的转换都是通过电流来实现的，电流通过导线时要产生损耗。此外，输配电网络中有大量的输配电变压器、电容器、开关、仪表等设备，这些设备本身也要消耗一定的能量。因此，工程上把给定时间段内，电网中所有电气元件产生的电能损耗称为线损电量，简称线损。线损按其特点可分为3大类：

（1）可变损耗

可变损耗是指与电网中的负荷电流有关且随其大小变化的一类损耗，其中包括导线损耗、变压器绕组的铜损耗、电流表和电能表中电流线圈的损耗等。

（2）固定损耗

固定损耗是指与电网中的负荷电流无关且不随其变化的一类损耗，其中包括变压器的铁损耗、电容器的介质损耗、电压表和电能表中电压线圈的损耗、电晕损耗等。

（3）不明损耗

不明损耗是指造成实际线损与理论线损之差的一类损耗。该类损耗变化不定，数量不明，难以用仪表和计算方法确定，只能由月末的电量统计确定，其中包括用户违章用电和窃电的损耗、漏电损耗、抄表以及电费核收中差错所造成的损耗、计量表计误差所形成的损耗等。

在线损管理工作中，线损又可分为技术线损、管理线损和统计线损。

技术线损又称理论线损。因为这种电量损耗可以通过技术措施予以降低（所以称为技术线损），也可通过计算得出（所以也称理论线损）。它包括变压器的铁损耗、铜损耗，输、配电线路中的损耗，电容器的介质损耗，电晕损耗等。这部分损耗与网络的构成、网络运行的技术状态、运行方式、电气设备的质量等有关。

管理线损是与网络维护管理水平有直接关系的一种电量损耗，可以通过用电管理予以降低，其中包括各种计量电能表的综合误差，抄表不同期、漏抄、错抄、错算所产生的误差，电气设备绝缘不良所引起的漏电损耗，无表用电和窃电所引起的损失电量。

统计线损（也称实际线损）是指用电能表计量的总供电量和总售电量相减而得出的损失电量。线损率是指电网中的线损占电网供电量的百分比。线损率也有实际线损率和理论线

损率之分，即

$$实际线损率=实际线损/供电量×100\%=(供电量-售电量)/供电量×100\%$$

$$理论线损率=理论线损/供电量×100\%=(可变损耗+固定损耗)/供电量×100\%$$

2. 理论线损计算的范围

理论线损是以下各项损耗的电量之和，包括变压器的损耗，架空及电缆线路的导线损耗，电容器中的有功损耗，TA、TV、电能表、测量仪表、保护及远动装置的损耗，电晕损耗，绝缘子的泄漏损耗（数量较小可忽略），变电站的站用电，电导损耗等。配电网理论线损计算的范围主要包括 3 项内容：①配电变压器；②电力电容器；③配电线路和电缆。

3. 理论线损计算的条件

1）计量表计齐全。线路出口应装设多功能电能表等，每台配电变压器应装设电能总表，并要做好这些表计的运行记录。

2）绘制网络接线图。网络接线图上应有导线型号配置、连接情况以及各台配电变压器的挂接地点或用电负荷点。

3）线路结构参数和运行参数齐全。线路结构参数有导线型号及长度，配电变压器型号、容量及台数；运行参数有有功供电量、无功供电量、运行时间、各台配电变压器电能总表抄见电量等。应把参数标在网络接线图上。

9.3.2 配电网理论线损计算方法

配电网理论线损计算方法主要有 3 类：一类是传统方法，以方均根电流法为基础，无需潮流计算，包括方均根电流法、平均电流法（形状系数或者等效系数法）、最大电流法（损失因数法）、等效电阻法、最大负荷损失法、分散系数法等，这类方法是典型的传统等效模型计算方法中比较粗略的简化近似法，计算精度不高，不便于降损分析，但由于需要的数据资料少，计算方法简单，便于计算机编程，计算精度能够满足工程要求，所以在实际工程中有一定的应用；另一类是潮流计算方法，包括牛顿-拉弗森法、PQ 分解法、Zbus 法、回路法、前推回代法、节点等效功率法等，这类方法计算精度高，能够精确计算配电网理论线损，随着用电信息采集系统建设的推进，变压器处安装了电参数自动采集终端，在网络元器件的参数及各元器件间的连接关系完整明晰的条件下，主站计算机可实现配电网线损在线计算；最后一类是线性回归分析法和基于遗传算法和神经网络的结合算法等，其中回归分析法是一种可以用于配电网线损快速计算、分析和预测的数理统计方法，应用在配电网线损计算中，但是确定回归方程的函数形式需要丰富的经验，且不可能很好地表示出线损与特征参数间复杂的非线性关系，也不可能对任何配电网都适用，算法需要长时间的原始资料积累、模型确立和模型修正，在实际应用中不成熟。

9.3.3 基于三相潮流的配电网线损计算

1. 三相潮流计算的意义

（1）三相负荷不平衡对损耗的影响

实际运行的配电线路的三相负荷一般是不平衡的，如果输送同样的功率，其线路损耗将大于三相负荷平衡情况下的线路损耗，并且可能带来一定的危害。

变压器的损耗包括空载损耗和负荷损耗。正常情况下变压器运行电压基本不变，即空载损耗可认为是一个恒量；负荷损耗则随变压器运行负荷的变化而变化，且与负荷电流的二次方成正比。当三相负荷不平衡时，变压器的负荷损耗可看成 3 个单相变压器的负荷损耗之和。

设变压器的三相损耗分别为 $Q_a = I_a^2 R$、$Q_b = I_b^2 R$、$Q_c = I_c^2 R$，式中，I_a、I_b、I_c 分别为变压器二次负荷相电流，R 为变压器相电阻，则变压器的损耗满足

$$Q_a + Q_b + Q_c \geqslant 3\sqrt[3]{(I_a^2 R)(I_b^2 R)(I_c^2 R)} \tag{9-1}$$

当变压器运行在三相负荷平衡状态时，即当 $I_a = I_b = I_c = I$ 时，$Q_a + Q_b + Q_c = 3I^2 R$，此时变压器的负荷损耗最小。当变压器运行在三相负荷最大不平衡状态时，即当 $I_a = 3I$，$I_b = I_c = 0$ 时，$Q_a = (3I)^2 R = 3(3I^2 R)$，即最大不平衡状态时的变压器负荷损耗是平衡状态时的 3 倍。配电变压器负荷较重，且处于三相不平衡状态时，个别相的绕组可能会过负荷，使绕组过热，加速绝缘老化，降低配电变压器使用寿命。另外，电网低压侧三相负荷不平衡可能引起高压侧某相电流过大，从而引起高压线路过电流跳闸，造成停电事故。

（2）三相潮流计算的必要性

配电网作为电力系统的最后一环，与用户直接相连，有自身的一些特点：结构多为辐射状，规模庞大，分支多，节点数目大；线路的 R/X 参数比值较大；负荷在不同时段变化较大；配电网发展速度较快，配电网结构也经常变化；三相参数不平衡，三相负荷不平衡等。正由于配电网有许多不同于高压输电网的特征，因而对配电网的三相潮流计算就提出了一些特殊要求，特别是配电系统中存在大量不对称负荷以及单相、两相和三相线路混合供电模式的采用，使得配电网的三相电压、电流不再对称，所以无法使用对称模型，同时对称模型也不易考虑三相变压器移相问题。若没有考虑配电网不平衡运行的情况，会使配电网的理论计算结果与网络实际情况不符，无法满足工程实际需要。因此，对配电系统不能将不对称三相等同于单相进行计算，那样就会忽略很多由三相不对称所引起的问题，而必须对配电网进行三相整体的建模计算。

（3）线损三相潮流计算的可行性

研究配电网不平衡运行状态需要具备三相负荷数据，这些数据难以获得是以前配电网三相理论线损计算没有开展的主要原因。随着配电网自动化系统的逐步推广，大量 FTU、DTU 和 TTU 的装设使得配电网中一些开关以及配电变压器低压侧的电流、电压、功率、电能等可以直接自动获得。充分利用这些 FTU、DTU 及 TTU 上传的三相运行数据以及从变电站自动化系统中获取的馈线出口三相电参数数据，对配电网馈线进行合理的数学建模，为进行离线或者在线三相潮流实时计算提供了条件，并为实现准确快速计算配电网各线路以及配电变压器的三相线损分布状况提供了可能。

2. 配电网节点和支路编号

为了准确描述配电网中各节点和支路的连接关系，需要对配电网的节点和支路进行编号。由于配电网的辐射状结构可以用一棵树来表示，因而人们广泛采用树的遍历算法对配电网进行节点和支路编号，即按照树的遍历算法访问到的节点和支路的先后次序对节点和支路进行顺序（由小到大）或逆序（由大到小）编号。

树的遍历算法主要有两种：深度优先搜索法和广度优先搜索法。所以，对应的配电网节点和支路编号方法也有两类：深度优先搜索编号法和广度优先搜索编号法。深度优先搜索编号法的优点在于程序简单、清晰，但由于需要回溯，某些节点会被多次搜索到，使得在搜索过程中

所搜索的节点数目比网络中实际的节点数目要多，影响搜索的速度。广度优先搜索编号法采用一个队列来进行搜索计算，将某节点的未被访问的相邻节点依次放入队列中，然后从队列中依次取出每个节点进行访问，不需要回溯，对每个节点仅搜索一次，搜索速度相对更快些。

划分树的层次的两种方法对应着两种广度优先搜索编号（分层编号）法：基于节点（支路）分层法和基于分支线分层法。

这里主要针对辐射状网采用前推回代法计算线损，所以选取基于节点（支路）分层法，从树的第 1 层根节点开始，按节点层次从小到大的顺序逐层遍历，将遍历的各个节点由小到大编号，只有当上层的所有节点都编号完毕，才对下层的节点进行编号，在同一层中，按随机顺序对节点逐个编号，支路的序号则为该支路尾节点的序号。

图 9-10 所示为某实际馈线的原始随机节点编号接线图，方括号内的数字为初始随机编排的节点序号。

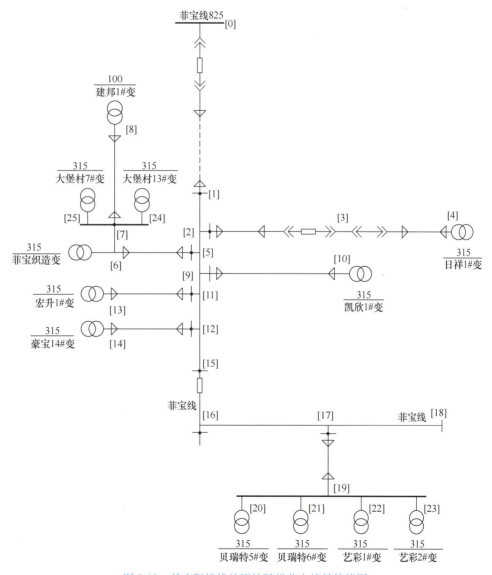

图 9-10　某实际馈线的原始随机节点编号接线图

图 9-11 所示为采用基于节点（支路）分层法的新节点编号接线图，大括号内的数字为新节点序号。图 9-10 和图 9-11 中的支路序号均为该支路尾节点的序号，故图中省略标注。

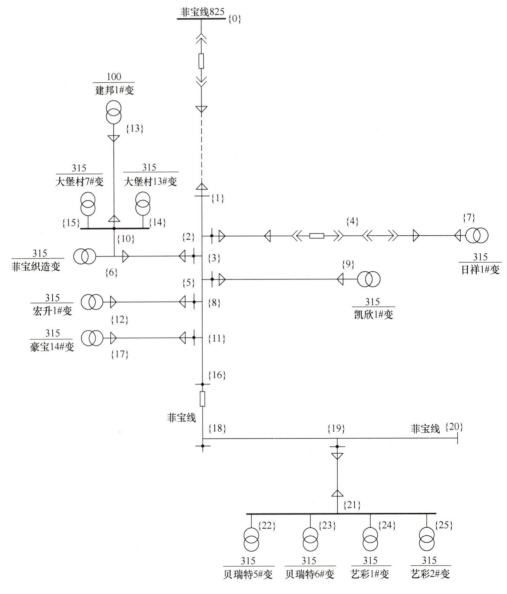

图 9-11　新节点编号接线图

3. 配电网三相网络模型

（1）网络模型

我国中压 10kV 配电网采用三相三线制。配电网的基本单元是馈线，拓扑分析和潮流计算以馈线为单位。10kV 配电线路的首端为参考节点，即配电辐射网的根节点。在实际配电网自动化系统中，配电线路的首端为变电站 10kV 母线，其在三相潮流计算中作为三相对称的电压源节点。配电变压器低压侧的测量点位于低压并联补偿电容器和低压负荷并联节点沿潮流方向的上方，因而潮流计算不再考虑并联电容器的影响，即可把配电变压器低压侧的负荷作为三相不对称的 PQ 节点。线路简化后如图 9-12 所示。

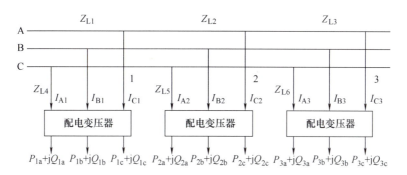

图 9-12　网络模型

（2）线路模型

配电线路按照结构可分为架空线路和电缆线路两大类，但它们都可视为同一等效电路，如图 9-13 所示。

图 9-13 中，r 为线路单位等效电阻（单位为 Ω/km），x 为线路单位等效电抗（单位为 Ω/km），g 为线路单位等效电导（单位为 $\mathrm{S/km}$），b 为线路单位等效电纳（单位为 $\mathrm{S/km}$）。

假设线路是三相对称架设的，则可用单相等效电路代表三相电路。严格来说，电力线路的参数是均匀分布的，即使是极短的一段线路，也有相应大小的电阻、电抗、电纳、电导。由于配电网电力线路一般不长，通常可不考虑线路的这种分布参数特性。考虑到 10kV 线路节点之间的长度较短，计算中可采用最简单的等效电路，即只有一串联的总阻抗，忽略对地导纳，只计及导线的阻抗，其对应的三相馈线等效阻抗如图 9-14 所示。

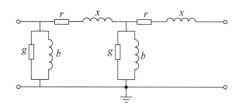

图 9-13　配电线路的等效电路

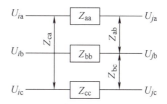

图 9-14　三相馈线等效阻抗

因此，三相线路任一支路的阻抗可以用 3×3 阶矩阵 $\mathbf{Z}_\mathrm{L}$ 表示为

$$\mathbf{Z}_\mathrm{L} = \begin{pmatrix} Z_\mathrm{aa} & Z_\mathrm{ab} & Z_\mathrm{ac} \\ Z_\mathrm{ba} & Z_\mathrm{bb} & Z_\mathrm{bc} \\ Z_\mathrm{ca} & Z_\mathrm{cb} & Z_\mathrm{cc} \end{pmatrix} \tag{9-2}$$

式中，Z_aa、Z_bb、Z_cc 为自阻抗；Z_ab、Z_ba、Z_bc、Z_cb、Z_ca、Z_ac 为互阻抗。

自阻抗可以表示为

$$Z_\mathrm{ss} = rl + \mathrm{j}xl \tag{9-3}$$

式中，r 为线路的单位电阻（Ω/km）；x 为线路的单位电抗（Ω/km）；l 为支路长度（km）。

互阻抗可以表示为

$$Z_{sm} = R_g + jX_{sm} \tag{9-4}$$

$$R_g = \pi^2 \times 10^{-4} f \tag{9-5}$$

$$X_{sm} = 0.1445 \lg \frac{D_g}{D_{sm}} \tag{9-6}$$

式中，R_g 为大地电阻（Ω/km）；X_{sm} 为两相互电抗（Ω/km）；f 取 50Hz；D_g 为等效深度，一般取 1000m；D_{sm} 为两相之间的距离。

在 10kV 配电网中，由于电压等级比较低，计算线损时可不考虑互阻抗。

（3）配电变压器模型

配电变压器大多为三相双绕组变压器，变压器在结构上是对称的，采用 T 形等效电路，可以用单相模型表示，如图 9-15 所示。

图 9-15 所示配电变压器的各相参数如下：

1）电阻 R_T 为

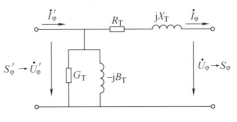

图 9-15　配电变压器模型

$$R_T = \frac{\Delta P_k U_N^2 \times 10^3}{S_N^2} \tag{9-7}$$

式中，R_T 为配电变压器高、低压绕组的总电阻（Ω）；ΔP_k 为配电变压器的额定负荷损耗（kW）；U_N 为配电变压器的额定电压（kV）；S_N 为配电变压器的额定容量（kV·A）。

2）电抗 X_T 为

$$X_T = \frac{U_k\% U_N^2 \times 10}{S_N} \tag{9-8}$$

式中，X_T 为配电变压器高、低压绕组的总电抗（Ω）；$U_k\%$ 为配电变压器阻抗电压的百分数。

3）励磁电导 G_T 为

$$G_T = \frac{\Delta P_0 \times 10^{-3}}{U_N^2} \tag{9-9}$$

式中，G_T 为配电变压器的电导（S）；ΔP_0 为配电变压器的额定空载损耗（kW）。

4）励磁电纳 B_T 为

$$B_T = \frac{I_0\% S_N}{U_N^2} \times 10^{-5} \tag{9-10}$$

式中，B_T 为配电变压器的电纳（S）；$I_0\%$ 为配电变压器额定空载电流的百分数。

4. 采用三相潮流计算线损的方法与步骤

采用前推回代法对配电网进行三相不对称潮流计算。前推回代法是求配电辐射网潮流的有效算法。配电辐射网的显著特征是从任意给定节点到源节点有唯一路径，前推回代法充分利用了这一特征，沿这些唯一的供电路径修正电压和电流，并且前推回代法的收敛性能不受配电网电阻与电抗比值高的影响。另一方面，前推回代法只形成一个一维矩阵，因此方便在计算机上编程，迭代次数少，也可节约运算时间。前推回代法以简单、灵活、方便等优点，在配电网潮流计算中获得了广泛的应用。

前推回代法分为前推和回代两个过程。在前推过程中，首先根据配变监测终端测量的节点各相负荷的有功、无功功率计算支路电流，实际工程中还要考虑到配变监测终端是安装在配电变压器的高压侧还是低压侧，如果是安装在配电变压器的高压侧，则直接利用采集上来的三相有功、无功功率计算负荷支路电流，如果是安装在配电变压器的低压侧，则还要考虑配电变压器的接线方式、损耗及移相等对计算负荷支路电流的影响；然后从各负荷支路开始向潮流的前方直到源节点根据基尔霍夫电流定律计算各支路的电流分布；最后求出源节点流出的三相电流。在回代过程中，由已知电源电压和所求得的三相电流，从源节点开始向各负荷节点根据基尔霍夫电压定律计算系统所有节点的三相电压。每次迭代应对负荷电流做修正，即按求得的各负荷节点电压修正配电变压器的损耗，由修正后的配电变压器损耗和测量的负荷功率修正负荷支路电流。经过反复迭代和修正，直到两次迭代的各节点三相电压差均小于设定误差。最后，利用前推回代法计算收敛后的电流、电压值和等效线路的阻抗、配电变压器的阻抗和导纳值算出相应的各支路损耗和各配电变压器损耗值。

计算步骤及相关公式如下：

（1）节点和支路编号

根据基于节点（支路）分层法对网络进行节点和支路编号。

（2）设置电压初值

以源节点电压 $\dot{U}_{AB}$ 作为参考相量，对馈线上的其他节点电压赋初值，初值为源节点的节点电压。令 $\dot{U}_{AB} = U\,\underline{/\,0°}$，$\dot{U}_{BC} = U\,\underline{/\,240°}$，$\dot{U}_{CA} = U\,\underline{/\,120°}$，则源节点电压的相电压分别为 $\dot{U}_A = \dfrac{U}{\sqrt{3}}\,\underline{/-30°}$，$\dot{U}_B = \dfrac{U}{\sqrt{3}}\,\underline{/\,210°}$，$\dot{U}_C = \dfrac{U}{\sqrt{3}}\,\underline{/\,90°}$，其中 U 为源节点线电压的测量有效值。

（3）计算网络三相等效参数

根据配电网线路及配电变压器模型计算线路中各支路的三相阻抗和配电变压器归算到高压侧的等效阻抗和导纳。当配变监测终端装设在配电变压器的高压侧时，即不用考虑该配电变压器的损耗，其等效阻抗和导纳可视为零。当配变监测终端装设在配电变压器的低压侧时，则要考虑该配电变压器的损耗。

（4）计算负荷电流

1）配电变压器电阻损耗（单位为 kW）为

$$\Delta P_{zT\varphi} = \frac{P_\varphi^2 + Q_\varphi^2}{U_\varphi^2} R_T \times 10^{-3} \tag{9-11}$$

式中，下角标 φ 表示三相的各相；U_φ 为配电变压器 T 形等效电路负荷端的电压值，其初值与源节点电压相同。

2）配电变压器电抗损耗（单位为 kvar）为

$$\Delta Q_{zT\varphi} = \frac{P_\varphi^2 + Q_\varphi^2}{U_\varphi^2} X_T \times 10^{-3} \tag{9-12}$$

3）配电变压器电压降落（单位为 kV）：

电压降落纵分量为

$$\Delta U_{\mathrm{T}\varphi}=\frac{P_\varphi R_{\mathrm{T}}+Q_\varphi X_{\mathrm{T}}}{U_\varphi}\times10^{-3} \tag{9-13}$$

电压降落横分量为

$$\delta\Delta U_{\mathrm{T}\varphi}=\frac{P_\varphi X_{\mathrm{T}}-Q_\varphi R_{\mathrm{T}}}{U_\varphi}\times10^{-3} \tag{9-14}$$

配电变压器 T 形等效电路电源端的电压幅值为

$$U_\varphi'=\sqrt{\left(U_\varphi+\Delta U_{\mathrm{T}\varphi}\right)^2+\left(\delta\Delta U_{\mathrm{T}\varphi}\right)^2} \tag{9-15}$$

配电变压器 T 形等效电路电源端和负荷端电压间的相位差为

$$\delta_{\mathrm{T}\varphi}=\arctan\frac{\delta U_{\mathrm{T}\varphi}}{U_\varphi+\Delta U_{\mathrm{T}\varphi}} \tag{9-16}$$

4）配电变压器电导损耗（单位为 kW）为

$$\Delta P_{\mathrm{yT}\varphi}=G_{\mathrm{T}}(U_\varphi')^2\times10^{-3} \tag{9-17}$$

5）配电变压器电纳损耗（单位为 kvar）为

$$\Delta Q_{\mathrm{yT}\varphi}=B_{\mathrm{T}}(U_\varphi')^2\times10^{-3} \tag{9-18}$$

6）配电变压器总注入功率（单位为 kV·A）为

$$S_\varphi'=S_\varphi+\Delta S_{\mathrm{T}\varphi}=(P_\varphi+\Delta P_{\mathrm{zT}\varphi}+\Delta P_{\mathrm{yT}\varphi})+\mathrm{j}(Q_\varphi+\Delta Q_{\mathrm{zT}\varphi}+\Delta Q_{\mathrm{yT}\varphi}) \tag{9-19}$$

7）计算配电变压器 T 形等效电路电源端的电流：

这里推导 Dyn 和 Yyn0 两种联结形式，其他联结形式原理相同。

① 配电变压器 Dyn 联结如图 9-16 所示。

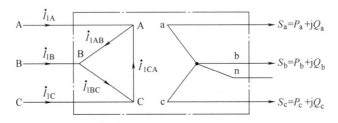

图 9-16　配电变压器 Dyn 联结

由图 9-15 所示配电变压器模型和图 9-16 所示配电变压器 Dyn 联结可得

$$\begin{pmatrix}\dot U_{1\mathrm{AB}}\\[4pt]\dot U_{1\mathrm{BC}}\\[4pt]\dot U_{1\mathrm{CA}}\end{pmatrix}=\begin{pmatrix}\dot U_{\mathrm{A}}'-\dot U_{\mathrm{B}}'\\[4pt]\dot U_{\mathrm{B}}'-\dot U_{\mathrm{C}}'\\[4pt]\dot U_{\mathrm{C}}'-\dot U_{\mathrm{A}}'\end{pmatrix} \tag{9-20}$$

式（9-20）中的 $\dot U_{\mathrm{A}}'$、$\dot U_{\mathrm{B}}'$ 及 $\dot U_{\mathrm{C}}'$ 由式（9-15）及式（9-16）求得，$\dot U_{1\mathrm{AB}}$、$\dot U_{1\mathrm{BC}}$ 及 $\dot U_{1\mathrm{CA}}$ 为图 9-16 所示配电变压器高压侧的线电压（单位为 kV）。

根据能量守恒，可得

$$\begin{pmatrix} S_{1AB} \\ S_{1BC} \\ S_{1CA} \end{pmatrix} = \begin{pmatrix} S_A' \\ S_B' \\ S_C' \end{pmatrix} \tag{9-21}$$

式（9-21）中的 S_A'、S_B' 及 S_C' 由式（9-19）求得，S_{1AB}、S_{1BC} 及 S_{1CA} 为图 9-16 所示配电变压器高压侧 3 绕组流过的视在功率（单位为 kV·A）。

配电变压器高压绕组电流为

$$\begin{pmatrix} \dot{I}_{1AB} \\ \dot{I}_{1BC} \\ \dot{I}_{1CA} \end{pmatrix} = \begin{pmatrix} \left(\dfrac{S_{1AB}}{\dot{U}_{1AB}}\right)^* \\ \left(\dfrac{S_{1BC}}{\dot{U}_{1BC}}\right)^* \\ \left(\dfrac{S_{1CA}}{\dot{U}_{1CA}}\right)^* \end{pmatrix} \tag{9-22}$$

式中，上角标"∗"表示复数的共轭。

配电变压器高压侧负荷相电流为

$$\begin{pmatrix} \dot{I}_{1A} \\ \dot{I}_{1B} \\ \dot{I}_{1C} \end{pmatrix} = \begin{pmatrix} \dot{I}_{1AB} - \dot{I}_{1CA} \\ \dot{I}_{1BC} - \dot{I}_{1AB} \\ \dot{I}_{1CA} - \dot{I}_{1BC} \end{pmatrix} \tag{9-23}$$

② 配电变压器 Yyn0 联结如图 9-17 所示。

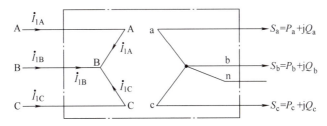

图 9-17　配电变压器 Yyn0 联结

同理可得

$$\begin{pmatrix} \dot{U}_{1A} \\ \dot{U}_{1B} \\ \dot{U}_{1C} \end{pmatrix} = \begin{pmatrix} \dot{U}_A' \\ \dot{U}_B' \\ \dot{U}_C' \end{pmatrix} \tag{9-24}$$

$$\begin{pmatrix} S_{1A} \\ S_{1B} \\ S_{1C} \end{pmatrix} = \begin{pmatrix} S_A' \\ S_B' \\ S_C' \end{pmatrix} \tag{9-25}$$

配电变压器高压侧负荷相电流为

$$\begin{pmatrix} \dot{I}_{1A} \\ \dot{I}_{1B} \\ \dot{I}_{1C} \end{pmatrix} = \begin{pmatrix} \left(\dfrac{S_{1A}}{\dot{U}_{1A}} \right)^* \\ \left(\dfrac{S_{1B}}{\dot{U}_{1B}} \right)^* \\ \left(\dfrac{S_{1C}}{\dot{U}_{1C}} \right)^* \end{pmatrix} \qquad (9\text{-}26)$$

（5）前推计算支路电流

单相馈线段如图 9-18 所示，由于配电网的线路一般三相对称架设，在此仅画出单相馈线段。

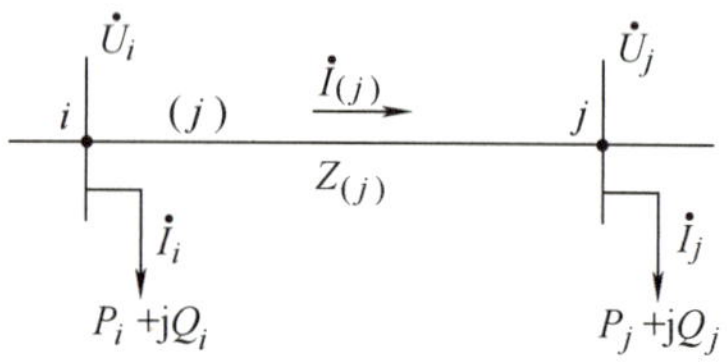

如果支路（j）的尾节点 j 为线路末梢点，则该支路的电流 $\dot{I}_{(j)\varphi}$ 等于流过末梢点的电流，也即等于该末梢点的负荷电流 $\dot{I}_{j\varphi}$，即

图 9-18　单相馈线段

$$\begin{pmatrix} \dot{I}_{(j)A} \\ \dot{I}_{(j)B} \\ \dot{I}_{(j)C} \end{pmatrix} = \begin{pmatrix} \dot{I}_{jA} \\ \dot{I}_{jB} \\ \dot{I}_{jC} \end{pmatrix} \qquad (9\text{-}27)$$

如果支路（j）的尾节点 j 不是线路末梢点，则根据基尔霍夫电流定律，支路的电流 $\dot{I}_{(j)\varphi}$ 应为该支路负荷电流 $\dot{I}_{j\varphi}$ 和沿潮流方向的所有后接子支路的电流之和，即

$$\begin{pmatrix} \dot{I}_{(j)A} \\ \dot{I}_{(j)B} \\ \dot{I}_{(j)C} \end{pmatrix} = \begin{pmatrix} \dot{I}_{jA} \\ \dot{I}_{jB} \\ \dot{I}_{jC} \end{pmatrix} + \sum_{h \in j} \begin{pmatrix} \dot{I}_{(h)A} \\ \dot{I}_{(h)B} \\ \dot{I}_{(h)C} \end{pmatrix} \qquad (9\text{-}28)$$

式中，h 为节点 j 的所有后接子支路的集合。

（6）回代计算节点电压

根据基尔霍夫电压定律，支路（j）的首尾节点电压的关系为

$$\begin{pmatrix} \dot{U}_{jA} \\ \dot{U}_{jB} \\ \dot{U}_{jC} \end{pmatrix} = \begin{pmatrix} \dot{U}_{iA} \\ \dot{U}_{iB} \\ \dot{U}_{iC} \end{pmatrix} - \begin{pmatrix} Z_{(j)AA} & Z_{(j)AB} & Z_{(j)AC} \\ Z_{(j)BA} & Z_{(j)BB} & Z_{(j)BC} \\ Z_{(j)CA} & Z_{(j)CB} & Z_{(j)CC} \end{pmatrix} \begin{pmatrix} \dot{I}_{(j)A} \\ \dot{I}_{(j)B} \\ \dot{I}_{(j)C} \end{pmatrix} \times 10^{-3} \qquad (9\text{-}29)$$

（7）收敛判定

当线路上每个节点前后相邻两次迭代计算出的电压相减得到的差值小于规定的误差 ε 时收敛，即

$$\left| \begin{pmatrix} \dot{U}_{jA} \\ \dot{U}_{jB} \\ \dot{U}_{jC} \end{pmatrix}^{(k)} - \begin{pmatrix} \dot{U}_{jA} \\ \dot{U}_{jB} \\ \dot{U}_{jC} \end{pmatrix}^{(k-1)} \right| \leqslant \begin{pmatrix} \varepsilon \\ \varepsilon \\ \varepsilon \end{pmatrix} \tag{9-30}$$

式中，k 为迭代次数。

当式（9-30）成立时迭代收敛，否则应把计算出的 $\dot{U}_{j\varphi}$ 值代入步骤（4）重新计算负荷电流，再前推回代直到迭代收敛，得到用于计算损耗的各支路电流和节点电压。

（8）计算支路损耗

根据各支路电流计算各支路损耗（单位为 kV·A）为

$$\begin{pmatrix} \Delta S_{(j)A} \\ \Delta S_{(j)B} \\ \Delta S_{(j)C} \end{pmatrix} = \begin{pmatrix} I^2_{(j)A} \\ I^2_{(j)B} \\ I^2_{(j)C} \end{pmatrix}^{\mathrm{T}} \begin{pmatrix} Z_{(j)AA} & Z_{(j)AB} & Z_{(j)AC} \\ Z_{(j)BA} & Z_{(j)BB} & Z_{(j)BC} \\ Z_{(j)CA} & Z_{(j)CB} & Z_{(j)CC} \end{pmatrix} \times 10^{-3} \tag{9-31}$$

所有支路总损耗（单位为 kV·A）为

$$\Delta S_{\mathrm{line}} = \sum_{j=1}^{M} (\Delta S_{(j)A} + \Delta S_{(j)B} + \Delta S_{(j)C}) \tag{9-32}$$

式中，M 为支路数。

（9）计算配电变压器损耗

由各节点电压可计算各台配电变压器的损耗（单位为 kV·A）为

$$\Delta S_{\mathrm{T}m\varphi} = (\Delta P_{\mathrm{zT}m\varphi} + \Delta P_{\mathrm{yT}m\varphi}) + \mathrm{j}(\Delta Q_{\mathrm{zT}m\varphi} + \Delta Q_{\mathrm{yT}m\varphi}) \tag{9-33}$$

式中，m 为第 m 台配电变压器。

所有配电变压器总损耗为

$$\Delta S_{\mathrm{tran}} = \sum_{m=1}^{M} (\Delta S_{\mathrm{T}mA} + \Delta S_{\mathrm{T}mB} + \Delta S_{\mathrm{T}mC}) \tag{9-34}$$

式中，M 为需计算损耗的配电变压器的台数。

（10）计算馈线总损耗

$$\Delta S = \Delta S_{\mathrm{line}} + \Delta S_{\mathrm{tran}} \tag{9-35}$$

线损计算流程如图 9-19 所示。

5. 工程实例

福建省某市某变电站菲宝线单线图如图 9-10 所示，图中节点及支路编号为初始随机编号。架空线路参数见表 9-1，电缆线路参数见表 9-2，配电变压器参数见表 9-3，进线端线电压设为 10kV。

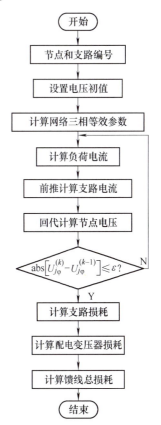

图 9-19　线损计算流程

表 9-1　架空线路参数

首节点	尾节点	导线型号	长度/km	单位电阻/(Ω/km)	单位电抗/(Ω/km)
1	2	JKLGJ/Q-10kV-240	0.084	0.125	0.400
2	5	JKLGJ/Q-10kV-240	0.018	0.125	0.400

（续）

首节点	尾节点	导线型号	长度/km	单位电阻/(Ω/km)	单位电抗/(Ω/km)
6	7	JKLGJ/Q-10kV-240	0.009	0.125	0.400
5	9	JKLGJ/Q-10kV-240	0.101	0.125	0.400
9	11	JKLGJ/Q-10kV-240	0.031	0.125	0.400
11	12	JKLGJ/Q-10kV-240	0.019	0.125	0.400
12	15	JKLGJ/Q-10kV-240	0.048	0.125	0.400
15	16	JKLGJ/Q-10kV-240	0.048	0.125	0.400
16	17	LJ240	0.054	0.132	0.305
17	18	LJ240	0.038	0.132	0.305

表 9-2　电缆线路参数

首节点	尾节点	电缆型号	长度/km	单位电阻/(Ω/km)	单位电抗/(Ω/km)
0	1	YJV22-8.7/15kV-3×300mm^2	2.047	0.0601	0.0898
2	3	YJV22-10kV-3×50mm^2	0.113	0.3870	0.1190
3	4	YJV22-10kV-3×50mm^2	0.113	0.3870	0.1190
5	6	YJV22-10kV-3×50mm^2	0.032	0.3870	0.1190
7	8	YJV22-10kV-3×50mm^2	0.085	0.3870	0.1190
9	10	YJV22-10kV-3×50mm^2	0.037	0.3870	0.1190
11	13	YJV22-10kV-3×50mm^2	0.052	0.3870	0.1190
12	14	YJV22-10kV-3×120mm^2	0.103	0.1530	0.1020
17	19	YJV22-10kV-3×120mm^2	0.045	0.2680	0.1130

表 9-3　配电变压器参数

节点	配电变压器名称	型号	联结组标号	负荷损耗/kW	阻抗电压百分比（%）	空载损耗/kW	空载电流百分比（%）	终端安装处
4	日祥 1#变	S9-315/10	Yyn0	3.65	4	0.67	1.1	0
6	菲宝织造变	S9-200/10	Yyn0	2.60	4	0.48	1.3	1
25	大堡村 7#变	S9-315/10	Yyn0	3.65	4	0.67	1.1	1
24	大堡村 13#变	S11-M-315/10	Yyn0	3.65	4	0.48	1.1	1
8	建邦 1#变	S9-100/10	Yyn0	1.50	4	0.29	1.6	1
10	凯欣 1#变	S9-315/15	Yyn0	3.65	4	0.67	1.1	1
13	宏升 1#变	S11-M-315/10	Yyn0	3.65	4	0.48	1.1	1
14	豪宝 14#变	S9-M-315/10	Yyn0	3.65	4	0.67	1.1	1
20	贝瑞特 5#变	S9-315/10	Yyn0	3.65	4	0.67	1.1	1
21	贝瑞特 6#变	S9-315/10	Yyn0	3.65	4	0.67	1.1	1
22	艺彩 1#变	S9-315/10	Yyn0	3.65	4	0.67	1.1	1
23	艺彩 2#变	S9-315/10	Yyn0	3.65	4	0.67	1.1	1

注：终端安装处为"0"表示配变抄表终端安装在配电变压器的高压侧，为"1"表示安装在配电变压器的低压侧。

采用前推回代法，算得菲宝线某一时段的理论线损见表 9-4，负荷为每小时内间隔 15min 采集的三相功率平均值。

表 9-4　菲宝线理论线损

线路名称	起始时间	结束时间	变压器损耗/kW·h	线路损耗/kW·h	总损耗/kW·h	供电量/kW·h	线损率（%）
菲宝线 2009 年 8 月 1 日至 2009 年 8 月 5 日理论线损报表							
菲宝线	2009 年 8 月 1 日 0：00	2009 年 8 月 2 日 0：00	232.69	12.535	245.22	23640	1.0373
菲宝线	2009 年 8 月 2 日 0：00	2009 年 8 月 3 日 0：00	238.09	12.133	250.22	24120	1.0374
菲宝线	2009 年 8 月 3 日 0：00	2009 年 8 月 4 日 0：00	239.41	11.955	251.36	24720	1.0168
菲宝线	2009 年 8 月 4 日 0：00	2009 年 8 月 5 日 0：00	238.97	11.436	250.41	24120	1.0451
菲宝线	2009 年 8 月 5 日 0：00	2009 年 8 月 6 日 0：00	233.08	11.988	245.07	24240	1.0308
菲宝线	2009 年 8 月 1 日 0：00	2009 年 8 月 6 日 0：00	1182.30	60.047	1242.30	120840	1.0280

由调度自动化系统获取菲宝线总供电量，再由各配电变压器监测终端上报的电量数据获得各配电变压器的用电量，可算出菲宝线的统计线损，见表 9-5。

表 9-5　菲宝线统计线损

线路名称	起始时间	结束时间	供电量/kW·h	统计售电量/kW·h	统计损失电量/kW·h	统计线损率（%）
菲宝线 2009 年 8 月 1 日至 2009 年 8 月 5 日统计线损报表						
菲宝线	2009 年 8 月 1 日 0：00	2009 年 8 月 2 日 0：00	23640	23339.2	300.8	1.27
菲宝线	2009 年 8 月 2 日 0：00	2009 年 8 月 3 日 0：00	24120	23732.0	388.0	1.61
菲宝线	2009 年 8 月 3 日 0：00	2009 年 8 月 4 日 0：00	24720	24350.9	369.1	1.49
菲宝线	2009 年 8 月 4 日 0：00	2009 年 8 月 5 日 0：00	24240	23961.5	278.5	1.15
菲宝线	2009 年 8 月 5 日 0：00	2009 年 8 月 6 日 0：00	24120	23773.8	346.2	1.44
菲宝线	2009 年 8 月 1 日 0：00	2009 年 8 月 6 日 0：00	120840	119157.4	1682.6	1.39

表 9-5 是由配电变压器监测终端所测得的电能量值统计计算出来的线损结果。将各配电变压器监测终端每小时内间隔 15min 采集的负荷三相有功、无功功率取平均值，当作每天每小时内的平均三相负荷并代入前述算法计算的结果见表 9-4。其中 2009 年 8 月 1 日菲宝线部分三相平均有功、无功功率见附录 B，由于数据太多，其他时间段的数据略去。由表 9-4 及表 9-5 可知，8 月 1 日至 8 月 5 日 5 天内平均统计线损率为 1.39%，平均理论线损率为 1.028%。线路及配电变压器参数值误差、平均功率求取方法、表计误差等均会使得二者存在偏差，但计算结果已满足工程需要。

9.4　配电线路短路电流近似计算

若假定配电辐射网三相参数对称，并且忽略负荷、线路分布电容以及并联补偿电容器等的影响，则其短路电流可采用近似计算。实际配电线路特别是农村配电线路的长度可能超过 20km，线路末端的短路电流有可能小于最大负荷电流，此时忽略负荷影响而近似算得的短路电流可能存在较大的误差。不过，由于近似计算的公式较简单，且在线路不长于10km的情况下，短路电流近似计算结果的误差是可以接受的，因此，近似计算对于研究分析配电网保护与故障检测是较实用的。

9.4.1 三相短路电流近似计算

用有名值表示的配电线路三相短路电流有效值（单位为kA）的近似计算公式为

$$I_k^{(3)} = \frac{U_P}{|Z_1|} = \frac{U_0}{|Z_1|} \approx \frac{cU_N/\sqrt{3}}{|Z_{S1}+Z_{L1}+R_k|} \qquad (9\text{-}36)$$

式中：U_P 为等效电压源电压（kV），$U_P = U_0$；U_0 为故障点的开路电压（kV），它等于故障点短路前的相电压，$U_0 \approx cU_N/\sqrt{3}$；$U_N$ 为故障点的额定线电压（kV）；c 为电压系数，根据GB/T 15544.1—2023《三相交流系统短路电流计算 第1部分：电流计算》，计算中压配电线路最大短路电流与最小短路电流时，对应的电压系数 c_{max} 与 c_{min} 分别为1.10和1.00；$Z_1 = Z_{S1}+Z_{L1}+R_k$ 为故障点的正序阻抗（Ω）；Z_{S1} 为变电站中压母线后的系统正序阻抗（Ω）；Z_{L1} 为故障回路（变电站中压母线到故障点之间的线路与参考地构成的回路）的正序阻抗（Ω）；R_k 为故障点过渡电阻（Ω）。

若已知母线处额定短路容量 S_k（单位为 MV·A）与额定线电压 U_N（单位为 kV），则系统正序阻抗 Z_{S1} 为

$$|Z_{S1}| = \frac{U_N^2}{S_k} \qquad (9\text{-}37)$$

我国10kV配电网额定短路容量约为100~500MV·A，三相短路电流有效值的最大值为6~30kA，系统正序阻抗值为0.2~1.0Ω。

故障回路的正序阻抗 Z_{L1} 等于短路电流流经的各线路段的正序阻抗之和。如图9-20所示，辐射型配电网在 f_1 处发生故障时，故障回路的正序阻抗是SA、AB和BC线路段与节点C到故障点 f_1 的线路段的正序阻抗之和。

不同规格的10kV架空线路与电缆线路的阻抗不同。以典型的截面积为185mm^2、几何间距为1250mm的铝导体架空线路为例，其单位复阻抗 $Z = (0.17+j0.33)$ Ω/km，阻抗幅值为0.36Ω/km，阻抗角为62.7°。以典型的截面积为185mm^2的10kV铝芯交联聚乙烯电缆线路为例，其单位复阻抗 $Z = (0.21+j0.075)$ Ω/km，阻抗幅值为0.22Ω/km，阻抗角为19.7°。可见，中压架空线路阻抗角远大于电缆线路。

假设110/10kV主变压器的容量为40MV·A，短路电压百分比为15.5%，10kV架空线路的单位复阻抗 $Z = (0.17+j0.33)$ Ω/km，电压系数 c 选1.10。忽略主变压器绕组电阻及其背后系统阻抗的影响，利用式（9-36）分别算出单台主变压器供电（归算到10kV侧的系统感抗为 j0.43Ω）与两台主变压器并列供

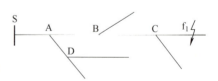

图9-20　辐射型配电网在 f_1 处发生故障

电（归算到10kV侧的系统感抗为j0.22Ω）时，线路不同位置的三相最大短路电流，进而画出故障点离母线的距离与三相最大短路电流的关系曲线，如图9-21所示。同时列出单台主变压器供电时，故障点离母线的距离与对应的三相最大短路电流，见表9-6。

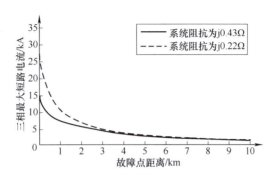

图 9-21　故障点离母线的距离与三相最大短路电流的关系曲线

表 9-6　单台主变压器供电时故障点离母线的距离与对应的三相最大短路电流

故障点离母线的距离/km	0	0.5	1	1.5	2	3	4	5	6	7	8	9	10
三相最大短路电流/kA	14.8	10.6	8.2	6.6	5.6	4.2	3.4	2.8	2.4	2.1	1.8	1.7	1.6

根据实际配电网的参数，参考图 9-21 与表 9-6，可以得到以下的配电线路短路电流变化规律：

1）因为系统阻抗值较小，大致等于 1km 线路的阻抗值，短路电流幅值与故障点离母线的距离基本成反比。

2）故障点离母线的距离近时，短路电流受系统感抗影响大，出口短路电流的大小与系统感抗成反比。

3）故障点离母线的距离近时，短路电流随着故障点离母线的距离的增加急剧下降，一般来说故障点离母线的距离在 1km 时，短路电流下降 50% 左右。以上述单台主变压器供电的情况为例，线路出口短路电流为 14.8kA，故障点离母线的距离为 1km 时，短路电流下降为 8.2kA，下降了 45%。

4）故障点离母线的距离远时，短路电流随故障点离母线的距离的变化比较平缓。以上述单台主变压器供电的情况为例，故障点离母线的距离为 6km 时，短路电流为 2.4kA，故障点离母线的距离为 8km 时，短路电流下降到 1.8kA，故障点离母线的距离为 10km 时，短路电流下降到 1.6kA。故障点离母线的距离从 6km 增加到 8km 时，短路电流下降了 25%；从 8km 增加到 10km 时，短路电流仅下降了 11%。

5）在故障点离母线的距离比较远时，故障点离母线的距离相同而系统感抗不同的情况下的短路电流相差不大。故障点离母线的距离为 5km，系统感抗为 j0.43Ω 时，短路电流为 2.8kA，系统感抗为 j0.22Ω 时，短路电流为 3.1kA，仅相差 0.3kA。

上面近似计算的是三相短路电流周期分量的有效值。实际上，暂态短路电流中存在非周期分量（衰减的直流分量，时间常数在 20ms 左右），使暂态三相短路电流有效值大于周期分量的有效值。

根据电路分析知识，暂态三相短路电流的表达式为

$$i_k = I_{pm}\sin(\omega t + \alpha - \varphi_k) + [I_m\sin(\alpha - \varphi) - I_{pm}\sin(\alpha - \varphi_k)]e^{-\frac{t}{\tau_a}} \tag{9-38}$$

式中，I_m为系统正常运行时的电流幅值；I_{pm}为短路周期分量电流（即稳态短路电流）的幅值；α为电源电压的相位角；φ为系统正常运行时电流与回路电压之间的相位角；φ_k为短路电流周期分量与回路电压之间的相位角；T_a为非周期分量电流的衰减时间常数。

短路电流周期分量表达式为

$$i_{kp} = I_{pm}\sin(\omega t + \alpha - \varphi_k) \tag{9-39}$$

短路电流非周期分量表达式为

$$i_{ka} = \left[I_m\sin(\alpha - \varphi) - I_{pm}\sin(\alpha - \varphi_k) \right] \mathrm{e}^{-\frac{t}{T_a}} \tag{9-40}$$

暂态三相短路电流的最大瞬时值出现在短路发生后约半个周期左右，它不仅与周期分量的幅值有关，也与非周期分量的起始值有关。最严重的短路情况下，暂态三相短路电流的最大瞬时值称为冲击电流。

冲击电流与短路初相位及电网时间常数有关，短路初相位越小，时间常数越大，冲击电流幅值越高，最大可达到短路电流周期分量（即稳态短路电流）有效值的2.8倍。

9.4.2 两相短路电流近似计算

由对称分量分析法可知，两相短路时的复合序网如图9-22所示，其中，$\dot{U}_P$为系统等效电压源电压（单位为kV），$U_P = cU_N/\sqrt{3}$；Z_{S1}、Z_{S2}分别为变电站中压母线后的系统的正序阻抗与负序阻抗，（单位为Ω）；Z_{L1}、Z_{L2}分别为故障回路的正序阻抗与负序阻抗，（单位为Ω）；R_k为故障点过渡电阻，（单位为Ω）。

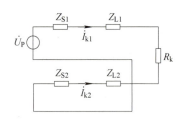

图9-22 两相短路时的复合序网

三相对称线路的正序阻抗与负序阻抗相等，中压配电网远离系统电源，可忽略系统正序阻抗与负序阻抗的差别，得到用有名值表示的两相短路电流有效值（单位为kA）的近似计算公式为

$$I_k^{(2)} = \frac{cU_N}{\left| 2(Z_{S1} + Z_{L1}) + R_k \right|} \tag{9-41}$$

如果故障过渡电阻为零，则有

$$I_k^{(2)} = \frac{\sqrt{3}}{2} I_k^{(3)} \approx 0.87 I_k^{(3)} \tag{9-42}$$

即两相金属性短路电流有效值是三相金属性短路电流有效值的87%。计算最大与最小短路电流时，电压系数c分别取1.10与1.00，因此，在中压配电网的同一运行方式下，最小短路电流应是最大短路电流的79%。

9.4.3 单相接地短路电流近似计算

大电流接地配电网发生单相接地短路时的复合序网如图9-23所示，其中，Z_{S0}为变电站中压母线后的系统的零序阻抗；Z_{L0}为故障线路的零序阻抗；其余参数同图9-22。

用有名值表示的大电流接地配电网的单相接地短路电流有效值（单位为kA）的近似计算公式为

$$I_{k}^{(1)} = \frac{\sqrt{3}\,cU_{N}}{|\,2(Z_{S1}+Z_{L1})+(Z_{S0}+Z_{L0})+3R_{k}\,|} \tag{9-43}$$

在中性点直接接地配电网中，Z_{S0} 等于主变压器零序阻抗 Z_{T0}；在中性点经小电阻接地配电网中，$Z_{S0}=3R_{n}+Z_{T0}$，其中 R_{n} 为主变压器中性点的接地电阻，如图 9-24 所示。

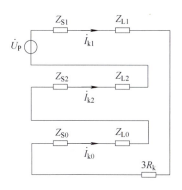

图 9-23　大电流接地配电网发生
单相接地短路时的复合序网

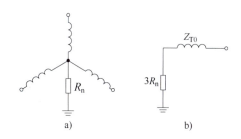

图 9-24　中性点经小电阻接地配电网
母线后的系统的零序电路图
a）电路原理图　b）等效电路图

实际系统中 R_{n} 的值较大，一般在 10Ω 以上，远大于 Z_{T0}、Z_{S1}、Z_{L1}、Z_{L0}，因此式（9-43）可简化为

$$I_{k}^{(1)} \approx \frac{\sqrt{3}\,cU_{N}}{|\,3R_{n}+3R_{k}\,|} \tag{9-44}$$

式（9-44）说明中性点经小电阻接地配电网单相接地短路电流的大小，主要取决于主变压器中性点的接地电阻与故障点过渡电阻。

9.4.4　两相接地短路电流近似计算

两相接地短路时的复合序网如图 9-25 所示，其参数同图 9-23。

两相接地短路时，两个故障相的短路电流相等，用有名值表示的故障相短路电流有效值（单位为 kA）的近似计算公式为

$$I_{k}^{(1,1)} = \left| \frac{(Z_{0}+3R_{k}-aZ_{1})cU_{N}}{Z_{1}(Z_{1}+2Z_{0}+6R_{k})} \right| \tag{9-45}$$

式中，$Z_{1}=Z_{S1}+Z_{L1}$；$Z_{0}=Z_{S0}+Z_{L0}$；$a=e^{j120°}$。

两相接地短路时，用有名值表示的故障点接地电流有效值（单位为 kA）的近似计算公式为

$$I_{kg}^{(1,1)} = \frac{\sqrt{3}\,cU_{N}}{|\,Z_{1}+2Z_{0}+6R_{k}\,|} \tag{9-46}$$

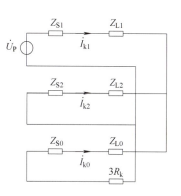

图 9-25　两相接地短路
时的复合序网

中性点经小电阻接地配电网中，$Z_{0}>>Z_{1}$，式（9-45）、式（9-46）可分别进一步简化为

$$I_{\mathrm{k}}^{(1,1)} \approx \left| \frac{cU_{\mathrm{N}}}{2Z_1+R_{\mathrm{k}}} \right| \approx I_{\mathrm{k}}^{(2)} \tag{9-47}$$

$$I_{\mathrm{kg}}^{(1,1)} = \frac{\sqrt{3}\,cU_{\mathrm{N}}}{|Z_1+2Z_0+6R_{\mathrm{k}}|} \approx 0.5I_{\mathrm{k}}^{(1)} \tag{9-48}$$

这说明中性点经小电阻接地配电网发生两相接地短路时，故障相短路电流有效值与两相短路时的基本相等，故障点接地电流有效值大约是单相接地短路电流的 50%。

9.4.5　小电流接地配电网中不同地点两相接地短路电流近似计算

小电流接地配电网中的配电线路发生单相接地短路故障后，要求尽快就近隔离故障，在故障隔离前，因为非故障相电压升高，容易引起配电网中其他绝缘薄弱点击穿，形成不同地点两相接地短路。图 9-26a 所示为同一条线路不同地点两相接地短路，图 9-26b 所示为不同线路不同地点两相接地短路。

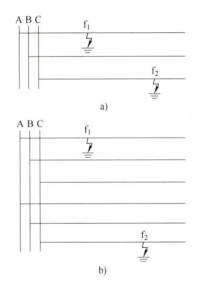

图 9-26　小电流接地配电网中不同地点两相接地故障
a）同一条线路不同地点两相接地短路　b）不同线路不同地点两相接地短路

在同一条线路不同地点发生两相接地短路时，从靠近母线的接地点 f_1 到另一个接地点 f_2 之间的一段线路只有单相电流流过，不存在与其他相导体的耦合，因此可以把两个接地点之间的线路作为接地过渡电阻的附加阻抗来处理，其值等于这段线路的自阻抗 Z_{kj}（正序、负序与零序阻抗的平均值），用有名值表示的短路电流（单位为 kA）的近似计算公式为

$$I_{\mathrm{k}}^{(1,1)} = \frac{cU_{\mathrm{N}}}{|2(Z_{\mathrm{S1}}+Z_{\mathrm{L1}})+Z_{\mathrm{kj}}+R_{\mathrm{k}}|} \tag{9-49}$$

式中，Z_{L1} 为母线到第一个接地点之间的正序阻抗（Ω）；R_{k} 为两个接地点的接地过渡电阻之和（Ω）。

在不同线路不同地点发生两相接地短路时，假设两条线路不是同杆架设的，互相之间不存在耦合，则两个故障相的线路都可以用一个阻抗来等效，其值等于母线与故障点间的线路

的自阻抗，用有名值表示的短路电流（单位为 kA）的近似计算公式为

$$I_k^{(1,1)} = \frac{cU_N}{|2Z_{S1}+Z_{Sk1}+Z_{Sk2}+R_k|} \tag{9-50}$$

式中，Z_{Sk1} 为母线到第一个接地点之间的自阻抗（Ω）；Z_{Sk2} 为母线到第二个接地点之间的自阻抗（Ω）。

如果接地点所在的两条线路是同杆架设的，则需要考虑两个故障相之间的耦合，此时式（9-50）改写为

$$I_k^{(1,1)} = \frac{cU_N}{|2Z_{S1}+Z_{Sk1}+Z_{Sk2}+2Z_m+R_k|} \tag{9-51}$$

式中，Z_m 为两个故障相之间的互阻抗（Ω）。

课后习题

1. 配电网高级应用软件包含的主要内容有哪些？
2. 简述配电网拓扑结构变化频繁的主要原因。
3. 配电辐射网的拓扑描述主要有哪些方法？
4. 配电网的接线图如图 9-27 所示，写出其节点-支路关联矩阵，并说明为什么要在根节点前增加一个零阻抗的虚拟支路。

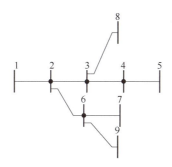

图 9-27　习题 4 配电网的接线图

5. 开展配电网拓扑分析时，为什么要对配电网进行遍历？
6. 简述配电网理论线损计算的范围。
7. 为什么配电网要采用三相潮流计算？

第 10 章

配电网自动化规划

10.1 规划思路和要求

配电网自动化规划应立足于地区配电网建设现状和供电可靠性水平，从满足配电网运行、客户服务、企业运营、新兴业务的需求出发，遵循一、二次统筹规划的原则，确定规划的总体思路和配电网自动化系统架构，制定合理的、科学的分阶段实施方案和投资计划，给出完整、全面的配电网自动化规划。

1) 针对地区经济、电网建设现状和发展趋势，明确开展配电网自动化规划和建设的区域。

2) 梳理规划区域内的配电网建设情况和配电网自动化应用现状，包括配电网的网架情况、设备情况、运行情况、供电可靠性水平、分布式电源及多元化负荷接入情况，以及故障处理模式、配电主站建设、配电终端覆盖、配电网通信网络、信息交互应用、信息安全防护等配电网自动化建设和应用现状。

3) 结合配电网及其自动化建设现状与需求，提出规划期内各类供电区域（分类原则见Q/GDW 10370—2016《配电网技术导则》）应实现的总体目标，包括供电可靠性、配电网自动化覆盖率及功能应用等目标。

4) 明确配电网自动化主站（下文简称配电主站）、配电终端、通信、信息安全防护等的规划技术原则。

5) 制定配电网自动化规划方案，包括故障处理模式、配电主站、配电终端、配电网通信网络、信息交互、信息安全防护等方面。

6) 安排规划实施年度，评估投资效益。

配电网自动化规划设计应遵循经济实用、标准设计、差异区分、资源共享、规划建设同步的原则，并满足安全防护要求。

1) 经济实用。配电网自动化规划设计应适应新型电力系统发展战略，以实际需求为导向，采取差异化技术策略部署配电终端，避免因配电网自动化建设造成配电网频繁改造和重复建设，注重系统功能实用性，结合配电网的发展有序投资，充分体现配电网自动化建设应用的投资效益。

2) 标准设计。配电网自动化规划设计应遵循配电网自动化技术标准体系，配电网一、二次设备应依据接口标准设计，采用标准化信息模型，落实信息化统一架构设计。

3) 差异区分。根据城市规模、可靠性需求、配电网目标网架、多元主体接入等情况，合理选择不同类型供电区域的故障处理模式、配电主站建设规模、配电终端配置、通信网络建设模式，明确数据采集节点及配电终端数量。

4）资源共享。配电网自动化规划设计应遵循数据源端唯一、信息全局共享的原则，利用现有的调度自动化系统、设备（资产）运维精益管理系统、电网 GIS 平台、营销业务系统等，依托统一的信息化云平台，实现配电网自动化系统电气接线图、拓扑模型与配电网运行的静、动态数据融合、共享。

5）规划建设同步。配电网规划设计与建设改造应同步考虑配电网自动化建设需求，配电终端、通信网络应与配电网实现同步规划、同步设计。对于新建配电网，在配电网自动化规划区域内的一次设备选型应一步到位，优先考虑配套一、二次成套设备，避免因配电网自动化实施带来的后续改造和更换。对于已建成配电网，若规划区域内的一次设备不适应配电网自动化建设改造要求的，应在一次规划中统筹考虑。

6）信息安全防护。配电网自动化系统建设应满足"安全分区、网络专用、横向隔离、纵向认证"总体要求，以及 GB/T 22239—2019《信息安全技术-网络安全等级保护基本要求》、GB/T 36572—2018《电力监控系统网络安全防护导则》相关要求。

10.2　馈线自动化配置

10.2.1　馈线自动化应用原则

按照故障处理方式的不同，馈线自动化模式包括就地型、集中型和故障监测型，其中就地型主要包括重合器式和智能分布式，重合器式又分为自适应综合型、"电压-时间"型、"电压-电流-时间"型、链式纵联型，智能分布式包括速动型和缓动型。集中型主要包括半自动式和全自动式。

1）对于配电主站与配电终端之间具备可靠通信条件，且开关具备遥控功能的区域，可采用集中型半自动式或全自动式。

2）对于电缆环网等一次网架结构成熟稳定，且配电终端之间具备对等通信条件的供电区域，可采用就地型智能分布式。

3）对于不具备通信条件的供电区域，可采用就地型重合器式。

4）对供电可靠性要求不高的供电区域，可采用基于远传型故障指示器的故障监测型。

10.2.2　故障处理模式选择

故障处理模式选择应综合考虑配电网自动化实施区域的供电可靠性需求、一次网架、配电设备等情况，并合理配置配电主站功能与配电终端数量。

1）A+类部分核心供电区域可以采用智能分布式，实现就地快速故障隔离和健全区域的恢复供电，故障区域用户的备自投快速切换，避免越级跳闸，同时信息上报配电主站。

2）A+、A、B 类及部分 C 类供电区域电缆线路，采用集中型馈线自动化。

3）A+、A、B 类及部分 C 类供电区域架空线路（含架空电缆混合线路），采用就地型重合器式馈线自动化。

4）D、E 类及部分 C 类供电区域，主要采用故障监测型，通过远传型故障指示器，实现对线路状态的可观、可测，并能快速定位故障区段，指导运行人员快速抢修。该类型的馈线自动化的实施方便简单，投资低，见效快，但不具备控制功能，无法缩短故障隔离和非故障区段恢复供电时间，一般适用于县城郊区以及农村等。

10.2.3 故障处理模式规划案例

以某省某供电公司为例，"十四五"期间，规划新增配电网自动化覆盖线路2161条。分供电区域来看，A+类供电区域4条线路采用智能分布式缓动型，42条线路采用集中型，5条线路采用就地型重合器式；A类供电区域256条线路采用集中型，16条线路采用就地型重合器式，42条线路采用故障监测型；B类供电区域177条线路采用集中型，16条线路采用就地型重合器式，592条线路采用故障监测型；C类供电区域28条线路采用集中型，90条线路采用就地型重合器式，414条线路采用故障监测型；D类供电区域479条线路采用故障监测型。

10.3 配电主站规划

10.3.1 配电主站规划原则

配电主站规划、建设在突出信息化、自动化、互动化等特点的同时，应充分考虑配电网自动化的建设规模、实施范围和方式，以及建设周期等诸多因素，构建标准、通用的软硬件基础平台，且具备可靠性、实用性、安全性、可扩展性和开放性。

1）配电主站根据地区配电网规模和应用需求，按照"地县一体化"架构进行设计部署，规模按照所在地区3~5年后的配电网实时信息总量进行设定，硬件配置和软件功能按照大、中、小型进行差异化配置。

① 配电主站应充分考虑配电网自动化实施范围、建设规模、构建方式、故障处理模式和建设周期等因素，遵循统一规划、标准设计的原则进行有序建设，并保证应用接口标准化和功能的可扩展性。

② 配电主站的硬件应选用符合行业应用发展方向的产品，关键设备应冗余配置，增强计算机系统及服务器的可靠性，确保配电网描述数据、配电网运行历史数据的安全。

③ 采用开放式体系架构，提供开放式环境，支持多种硬件平台，能在国产的安全加固操作系统下稳定运行。

④ 配电主站的设计和架构应具有前瞻性，可利用云平台和大数据分析技术提升配电主站性能，满足配电网调度控制、故障研判、抢修指挥等要求，在业务上支持规划、运检、营销、调度等全过程管理。

⑤ 采用成熟可靠的支持和应用软件，同时满足实用性原则，除具备数据采集与监视控制（Supervisory Control And Data Acquisition，SCADA）、FA、网络拓扑分析等基本功能外，可根据建设和应用需求，逐步开展状态估计、安全运行分析、自动成图等高级应用功能的配置。

2）配电主站应具备横跨生产控制大区与管理信息大区的一体化支持能力，为运行控制与运维管理提供一体化的应用，满足配电网的运行监控与运行状态管控需求。

3）配电主站基于信息交换服务，依据"源端数据唯一、全局信息共享"原则，通过多系统之间的信息交换和服务共享，实现与能量管理系统（Energy Management System，EMS）、生产管理系统（Production Management System，PMS）等的数据共享，具备对外交换图模数据、实时数据和历史数据的功能，支持各层级数据纵、横向贯通以及分层应用。

① 信息交换模型应遵循标准化原则，以 IEC 61970 和 IEC 61968 标准为核心，遵循和采用调度自动化系统、PMS、电网 GIS 平台、营销业务系统等相关集成规范。

② 支持基于主题的消息传输功能，包括请求/应答和发布/订阅两类信息交换模式。

③ 具备图形化的流程编排。

10.3.2 配电主站规划方案

配电主站主要由计算机硬件、操作系统、支持平台软件和配电网应用软件组成。

1. 软件架构

软件架构主要由操作系统、支持平台软件和配电网应用软件组成。其中，支持平台包括系统信息交换服务和基础服务，配电网应用软件包括配电网运行监控与配电网运行状态管控两大类应用。配电主站功能组成结构如图 10-1 所示。

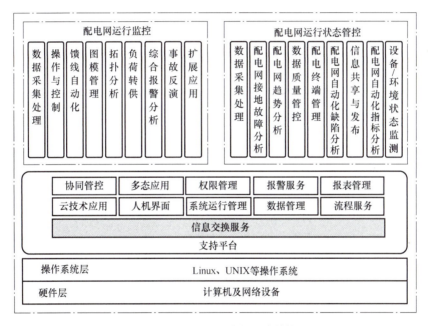

图 10-1　配电主站功能组成结构

系统由"一个支持平台、两大应用"构成，信息交换服务贯通生产控制大区与管理信息大区，与各业务系统交换所需数据，为"两大应用"提供数据与业务流程技术支持，"两大应用"分别服务于调度与运检。

2. 硬件架构

硬件架构从应用分布上主要分为生产控制大区和管理信息大区，典型硬件架构如图 10-2 所示。

3. 规模测算

配电主站的软硬件应根据配电网规模和应用需求进行差异化配置，并应通过测算实时信息量确定配电主站规模。配电网自动化系统实时数据接入点测算由系统实时采集数据和通过信息交换获取的变电站、低压配电网实时数据两部分共同构成。

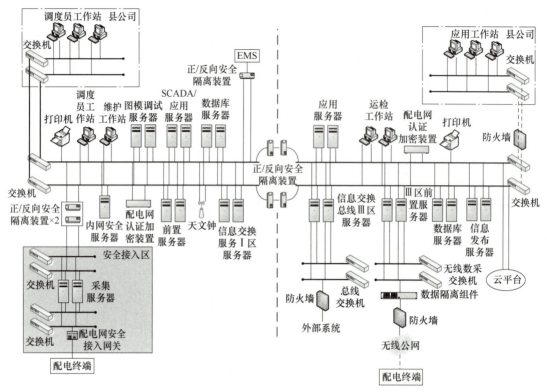

图 10-2 典型硬件架构

以二进四出的环网柜为例，其典型监测量见表 10-1。

表 10-1 二进四出的环网柜典型监测量

序号	监测对象	设备名	信号名称		监测路数	监测量
1	遥信量	进线开关	断路器位置信号		2	2
2		出线开关	断路器位置信号		4	4
3		其他信号	远方/就地信号		6	6
4			故障信号		6	6
5	遥测量	交流电流量	进线开关	三相电流	2	6
6				零序电流	2	2
7			出线开关	三相电流	4	12
8				零序电流	4	4
9		交流电压量	相电压		2	4
10			线电压		2	4
11		直流量	直流电压		2	2
12			直流电流		2	2
13	遥控量	进线开关	断路器位置		2	2
14		出线开关	断路器位置		4	4
15		其他信号	遥控软压板		6	6

根据区域内所有实时数据接入点测算的结果总和，确定配电主站规模：

1）配电网实时信息量在 10 万点以下，宜建设小型配电主站。

2）配电网实时信息量在 10 万~50 万点，宜建设中型配电主站。

3）配电网实时信息量在 50 万点以上，宜建设大型配电主站。

配电主站宜按照地配、县配一体化模式建设，县公司原则上不建设独立配电主站。对于配电网实时信息量大于 10 万点的县公司，可在当地增加采集处理服务器；对于配电网实时信息量大于 30 万点的县公司，可单独建设配电主站。

4. 配电主站功能配置

配电主站功能应结合配电网自动化建设需求合理配置，在必备的基本功能基础上，根据配电网运行管理需要与建设条件选配相关扩展功能。

配电主站必备的基本功能包括配电 SCADA、模型/图形管理、馈线自动化、拓扑分析（拓扑着色、负荷转供、停电分析等），与调度自动化系统、GIS、PMS 等交互应用。

配电主站可选配的扩展功能包括自动成图、操作票、状态估计、潮流计算、解合环分析、负荷预测、网络重构、安全运行分析、自愈控制、分布式电源接入控制、经济优化运行等配电网分析应用以及仿真培训。

5. 信息交换方案

配电网自动化系统通过由标准接口服务器、数据传输总线、信息交换总线等构成的三层体系架构，与电网 GIS 平台、生产管理系统（PMS2.0）、营销业务系统、调度自动化系统进行信息交换，如图 10-3 所示。

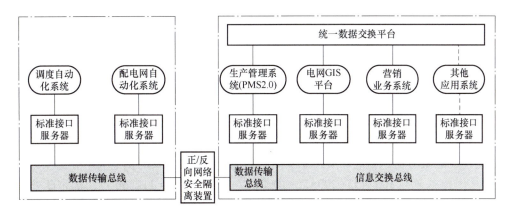

图 10-3　信息交换方案

配电网自动化系统、调度自动化系统、生产管理系统、电网 GIS 平台、营销业务系统及其他应用系统通过 IEC 61968 标准接口服务器接入总线，并满足信息安全分区要求。

总线包括信息交换总线（管理信息大区）与数据传输总线（生产控制大区）。数据传输总线具备基于正/反向网络安全隔离装置的跨安全区信息交换能力，并且能够根据实际需求实现多套正/反向网络安全隔离装置的整合与负荷均衡。信息交换总线可以通过统一数据交换平台与生产管理系统、电网 GIS 平台、营销业务系统进行信息交互。

配电主站与调度自动化系统、生产管理系统（PMS2.0）、营销业务系统的信息交换内容包括以下方面。

（1）与调度自动化系统的信息交换

1）配电主站需从调度自动化系统获取高压配电网（包括 35kV、110kV、220kV 等）的网络拓扑、变电站图形、相关一次设备参数，以及一次设备所关联的保护信息。

2）配电主站可通过直接采集或由调度自动化系统转发的方式获取变电站 10kV/20kV 电压等级相关设备的测量值及状态等信息，支持调度自动化系统标识牌信息同步。

3）配电主站从调度自动化系统获取端口阻抗、潮流计算、状态估计等计算结果，为配电网解合环计算等分析应用提供支持。

4）配电主站支持相关调度技术支持系统的远程调阅。

（2）与生产管理系统（PMS2.0）的信息交换

1）获取中压配电网（包括 6～20kV）的单线图、区域联络图、地理图以及网络拓扑等；获取中压配电网（包括 6～20kV）的相关设备参数、配电网设备计划检修信息、低压配电网（380V/220V）的相关设备参数，以及公变/专变用户的运行数据、营销数据、用户信息、用户故障信息等。

2）配电主站向生产管理系统（PMS2.0）等相关系统推送配电网实时测量值、馈线自动化分析计算结果等信息。

3）配电主站宜具备与配电网通信网管系统的信息交换功能。

（3）与营销业务系统的信息交换

配电主站获取营销业务系统的用户档案信息和户变关系数据，实现配变运行状态信息、配变准实时信息的共享。

10.3.3　配电主站规划案例

以某供电公司的主站系统的规划为例，该公司拟在某城市核心区建设配电网自动化系统，建设区域规划期内含 100 座开关站、200 台环网柜、1000 座箱变。根据统计测算，每座开关站平均实时信息量为 153 点，每台环网柜平均实时信息量为 52 点，每座箱变平均实时信息量为 37 点。系统通过信息交换获取的其他实时信息量为 50000 点。

首先计算总实时信息量＝开关站总实时信息量+环网柜总实时信息量+箱变总实时信息量+其他实时信息量＝（100×153+200×52+1000×37+50000）点＝112700 点，确定此处宜建设中型配电主站。

配电主站分两个阶段进行建设：初期将按照标准型主站系统配置进行建设，期间逐步过渡成集成型主站系统。第一阶段，配置 SCADA 功能和集中型馈线自动化功能，通过配电主站和配电终端的配合，实现配电网故障区段的快速切除与自动恢复供电，并可通过与上级调度自动化系统、生产管理系统、配电网 GIS 平台等其他应用系统的互连，建立完整的配电网模型，实现基于配电网拓扑的各类应用功能，为配电网生产和调度提供较全面的服务。第二阶段，通过信息交换总线实现配电网自动化系统与相关应用系统的互连，整合配电网信息，外延业务流程，扩展和丰富配电网自动化系统的应用功能，支持配电生产、调度、运行及用电等业务的闭环管理，为配电网安全和经济指标的综合分析以及辅助决策提供服务。

10.4　配电终端规划

10.4.1　配电终端规划原则

配电终端首先应根据不同的应用对象选择相应的类型：

1）配电室、环网柜、箱式变电站、以负荷开关为主的开关站应选用站所终端（DTU）。

2）柱上开关应选用馈线终端（FTU）。

3）配电变压器应选用配变终端（TTU）。

4）架空线路或不能安装电流互感器的电缆线路，可选用具备通信功能的故障指示器。

其次，应根据不同供电区域、不同应用需求选择配电终端功能：

1）A+类供电区域可采用双电源供电和备自投，减少因故障修复或检修造成的用户停电，宜采用"三遥"配电终端快速隔离故障和恢复健全区段供电。

2）A类供电区域宜适当配置"三遥""二遥"配电终端。

3）B类供电区域宜以"二遥"配电终端为主，联络开关和特别重要的分段开关处也可配置"三遥"配电终端。

4）C类供电区域宜采用"二遥"配电终端，D类供电区域宜采用基本型"二遥"配电终端（即"二遥"故障指示器），C类、D类供电区域若确有必要，经论证后也可采用少量"三遥"配电终端。

5）E类供电区域可采用"二遥"故障指示器。

6）对供电可靠性要求高于本供电区域的重要用户，宜对该用户所在线路采取相适应的配电终端配置原则，并对线路的其他用户加装用户分界开关。

7）在具备保护延时级差配合条件的高故障率架空支线上可配置断路器，并配备具有本地保护和重合闸功能的"二遥"配电终端，以实现故障支线的快速切除，同时不影响主干线的其余负荷。

各类供电区域配电终端的配置方式见表10-2。

表 10-2　配电终端的配置方式

供电区域	供电可靠性目标	配电终端配置方式
A+	用户年平均停电时间不高于5min	"三遥"
A	用户年平均停电时间不高于52min	"三遥"或"二遥"
B	用户年平均停电时间不高于3h	以"二遥"为主，联络开关和特别重要的分段开关也可配置"三遥"
C	用户年平均停电时间不高于9h	"二遥"
D	用户年平均停电时间不高于15h	基本型（即"二遥"故障指示器）
E	不低于向社会承诺的指标	

10.4.2　架空线路配电终端配置

1. 配置原则

1）架空线路主干保护分段点、大支线T接点、常用联络点、重要分界点，可配置

一、二次融合成套设备或保测一体化设备。

① 架空线路主干是指从变电站出线开关至联络开关之间的线路，主干保护分段点是指主干线路上具有分级保护功能的分段开关设备。主干保护分段设置可按"长度小于2km的架空主干线路不配置带保护的分段断路器，2~8km的宜配置一个带保护的分段断路器，8~15km的宜配置两个带保护的分段断路器"的原则执行。

② 大支线T接点应安装一、二次融合成套设备，用于快速隔离支线故障，减少主干线路停电。在满足配电网保护级数不多于三级的前提下，可根据大支线T接点在主干线路中的位置和主干线路保护级差的整定情况，适当增配大支线的一、二次融合成套设备，合理整定保护级差，进一步缩小支线故障的影响范围。

③ 常用联络点是指用于运行方式调整、合环转电、负荷转移的10kV线路的联络点。

④ 对于重要分界点，总容量大于1000kV·A的10kV专变用户，其与配电网的分界处配置一、二次融合成套设备；总容量大于500kV·A，小于或等于1000kV·A的10kV专变用户，根据用户设备影响公网运行的情况，其与配电网的分界处可配置熔断器或一、二次融合成套设备；总容量小于或等于500kV·A的10kV专变用户，其与配电网的分界处配置熔断器。

2）对长距离线路和高故障率线路，可根据实际情况和使用需要，综合考虑投资计划，适当增配一、二次融合成套设备。

3）为弥补馈线第一个分段接地故障识别功能的缺失，以及一、二次融合成套设备覆盖密度不足的情况，可在线路第一个分段靠近变电站侧、超过4km的长分段中间位置、超过5km的长分支首端和中间位置、配置熔断器的用户与配电网的分界处，安装"二遥"故障指示器。靠近变电站侧用于接地故障辅助研判的故障指示器，宜采用暂态录波型故障指示器。

4）设备选点时，应充分考虑现场通信信号强度，若通信条件不满足要求时，可适当调整安装位置。

2. 柱上一、二次融合断路器

柱上一、二次融合断路器主要用于10kV配电网主干线路的分段与联络，可对配电线路运行状态实时监测和自动控制。其采用全密封、全绝缘设计，极柱内固封电子式电流、电压传感器，采用大功率、独立式电容取电，一次设备高度集成，耐压、绝缘、局放性能优越。其控制终端内含高性能边缘计算单元，可就地完成数据的采集和计算，实现配电网运行故障分析和自动控制。柱上一、二次融合断路器主要有共箱式ZW20-12型、支柱式ZW32-12型两种，分别如图10-4a和图10-4b所示。

（1）共箱式ZW20-12型

ZW20-12型断路器广泛应用于城区配电网。该型断路器采用三相共箱式结构，三相真空灭弧室共置于断路器主箱体中。断路器主箱体内部加装高精度电流及电压传感器，满足柱上一、二次融合断路器的计量

图10-4　柱上一、二次融合断路器
a）共箱式ZW20-12型　b）支柱式ZW32-12型

及保护功能需求。断路器主箱体及机构箱体内部充装 SF$_6$ 气体，保证内部绝缘的可靠性及箱体的密封性。

该型断路器的主要优势在于其具有高防护等级，整机可达到 IP67 防护等级。断路器内部器件运行环境优良，故障率低，免维护。

（2）支柱式 ZW32-12 型

ZW32-12 型断路器是目前国内应用范围最广的柱上一、二次融合断路器。该断路器采用三相支柱式结构，三相灭弧室分别密封于三相树脂绝缘套筒内部，导电部分的密封性良好，以真空作为灭弧和绝缘介质，可以保证灭弧室处于稳定的运行环境中。

该断路器绝缘性能优良，应用灵活，可以外置保护/测量电流互感器，具有一体式隔离闸刀。由于采用支柱式结构，相间绝缘及对地绝缘均可以跳闸，以满足高海拔地区或更高电压等级系统的要求。

10.4.3 配电站房配电终端配置

1. 配置原则

对于新建及改造 10kV 配电站房二次设备，均应具备软压板远方投退、保护定值远方修改、配电网自动化"三遥"等功能。

1）新建 10kV 开关站、环网室和配电室，采用分散式 DTU 配置方案，即按间隔独立配置保护测控一体化装置，通过公共单元实现各间隔信息的汇总并上送 DAS 主站。

2）新建 10kV 环网箱，采用集中式 DTU 配置方案，即各间隔的保护及测控功能一体化集中于 DTU 中，同时实现各间隔信息的汇总并上送 DAS 主站。

3）现有 10kV 配电站房二次设备单独改造时，应评估二次设备运行年限和运行工况，并执行以下改造原则：

① 保护装置及 DTU 运行年限未超过 8 年且运行工况良好，同时保护装置已具备远方修改定值功能的，可通过增加通信管理机，实现各间隔保护信息的汇总并上送 DAS 主站。

② 保护装置及 DTU 运行年限超过 8 年且运行工况不良的，可对整站二次设备进行改造，其中 10kV 开关站、环网室和配电室，采用分散式 DTU 配置方案：10kV 环网箱，采用集中式 DTU 配置方案。

2. 分散式 DTU 配置方案

分散式 DTU 配置方案按各间隔独立配置微机型保护测控一体化装置，如图 10-5 所示，并根据需要配置独立的备自投装置，其通过公共单元实现各装置保护信息及自动化"三遥"信息的汇总并上送 DAS 主站，其网络拓扑结构如图 10-6 所示。

3. 集中式 DTU 配置方案

集中式 DTU 配置方案将全站各间隔的保护及测控功能一体化集中于 DTU 中，如图 10-7 所示，支持多个间隔的信号的同时接入，且具有完全独立的保护功能，并可根据需要配置备自投功能。

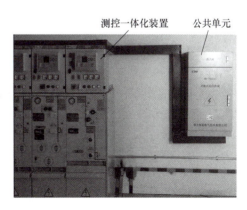

图 10-5　分散式 DTU 配置方案

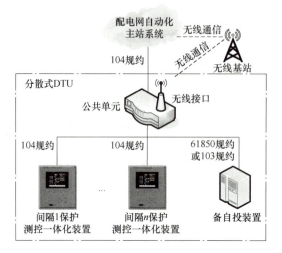

图 10-6　分散式 DTU 配置方案网络拓扑结构

保护信息及"三遥"信息经由交换机或无线基站上送 DAS 主站，其网络拓扑结构如图 10-8 所示。

图 10-7　集中式 DTU 配置方案

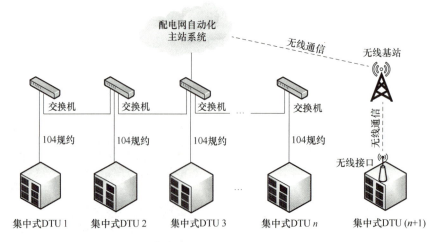

图 10-8　集中式 DTU 配置方案网络拓扑结构

10.4.4 配电终端配置数量计算

影响供电可靠性的主要因素分为计划停电和故障停电，配电网自动化一般针对故障停电，通过快速故障定位将故障隔离在较小范围内，尽可能恢复受故障影响的健全区段供电，达到减小故障停电面积和缩短故障停电时间的目的，因此应基于故障停电因素确定各类供电区域内单条馈线上所需的配电终端数量。

各类供电区域每条馈线上所需安装的"三遥"或"二遥"配电终端数量取决于只计及故障停电因素的用户供电可靠性 A_{set}、故障定位指引下由人工进行故障区段隔离所需的时间 t_2、故障修复时间 t_3 以及馈线年故障率 F。根据网架结构是否满足 $N-1$ 准则，配电终端配置数量有所不同。

1. 网架结构满足 $N-1$ 准则的情形

当网架结构满足 $N-1$ 准则时，对于全部安装"三遥"配电终端的情形，假设每条馈线上对 k_3 台分段开关和 1 台联络开关部署"三遥"配电终端，将馈线分为 k_3+1 个"三遥"分段，为满足 A_{set} 的要求，k_3 应满足

$$k_3 \geq \frac{t_3 F}{8760(1-A_{set})} - 1 \qquad (k_3 \geq 0) \qquad (10\text{-}1)$$

对于全部安装"二遥"配电终端的情形，假设每条馈线上对 k_2 台分段开关和 1 台联络开关部署"二遥"配电终端，将馈线分为 k_2+1 个"二遥"分段，为满足 A_{set} 的要求，k_2 应满足

$$k_2 \geq \frac{t_3 F}{8760(1-A_{set}) - t_2 F} - 1 \qquad (k_2 \geq 1) \qquad (10\text{-}2)$$

对于"三遥"和"二遥"配电终端混合安装的情形，假设每条馈线上对 k_3 台分段开关和 1 台联络开关部署"三遥"配电终端，将馈线分为 k_3+1 个"三遥"分段，再在每个"三遥"分段内对 h 台分段开关部署"二遥"配电终端，将每个"三遥"分段分为 $h+1$ 个"二遥"分段，为了满足 A_{set} 的要求，在给定 k_3 的条件下，h 应满足

$$h \geq \frac{t_3 F}{8760(1-A_{set})(1+k_3) - t_2 F} - 1 \qquad (h \geq 1) \qquad (10\text{-}3)$$

在给定 h 的条件下，k_3 应满足

$$k_3 \geq \frac{F[(1+h)t_2 + t_3]}{8760(1-A_{set})(1+h)} - 1 \qquad (k_3 \geq 0) \qquad (10\text{-}4)$$

同时有

$$k_2 = (k_3+1)h \qquad (10\text{-}5)$$

2. 网架结构不满足 $N-1$ 准则的情形

当网架结构不满足 $N-1$ 准则时，假设每条馈线上对 k_3 台分段开关部署"三遥"配电终端，将馈线分为 k_3+1 个"三遥"分段，为满足 A_{set} 的要求，k_3 应满足

$$k_3 \geq \frac{t_3 F}{17520(1-A_{set}) - t_3 F} - 1 \qquad (k_3 \geq 0) \qquad (10\text{-}6)$$

对于全部安装"二遥"配电终端的情形，假设每条馈线上对 k_2 台分段开关部署"二遥"配电终端，将馈线分为 k_2+1 个"二遥"分段，为满足 A_{set} 的要求，k_2 应满足

$$k_2 \geq \frac{t_3 F}{17520(1-A_{set})-t_3 F-2t_2 F}-1 \qquad (k_2 \geq 1) \qquad (10\text{-}7)$$

若主干线采用具有本地保护和重合闸功能的"二遥"配电终端实现 k_2+1 级保护配合，则可以在故障处理过程中省去 t_2 时间，为满足 A_{set} 的要求，k_2 应满足

$$k_2 \geq \frac{t_3 F}{17520(1-A_{set})-t_3 F}-1 \qquad (k_2 \geq 1) \qquad (10\text{-}8)$$

3. 单条馈线上所需"三遥"或"二遥"配电终端数量的确定

当馈线采用全"三遥"配电终端配置或"三遥"和"二遥"配电终端混合配置时，联络开关配置为"三遥"功能；当馈线采用全"二遥"配电终端配置方案时，联络开关配置为"二遥"功能。根据式（10-1）～式（10-8）计算出每条馈线所需进行"三遥"或"二遥"的分段开关数，也即所需划分的"三遥"或"二遥"分段数，即可确定每条馈线上所需配置的"三遥"或"二遥"配电终端的数量。但是在具体确定"三遥"或"二遥"配电终端的数量时，架空线路和电缆线路存在一些区别。

对于架空馈线，由于其每配置 1 台"三遥"（或"二遥"）FTU 通常只能对应 1 台开关，因此若采用全"三遥"或全"二遥"配电终端方案，实际需要的"三遥"（或"二遥"）FTU 的数量应为 k_3+1（或 k_2+1）；若采用"三遥"和"二遥"配电终端混合方案，实际所需的"三遥"配电终端数量应为 k_3+1，"二遥"配电终端数量为 k_2。对于电缆馈线，1 台"三遥"（或"二遥"）DTU 一般可以针对多台开关，因此电缆馈线"三遥"或"二遥"DTU 的台数应根据由公式计算出的"三遥"或"二遥"分段数结合 DTU 的实际配置方案来确定。

根据电缆馈线的实际情况，主干线环网柜安装 1 台"三遥"DTU 一般实现 1 个"三遥"分段，当馈线上环网柜的出线较少时，安装 1 台"三遥"DTU 也可实现多个"三遥"分段，并且可同时控制联络开关，如图 10-9a 所示；分支环网柜可以安装 1 台"三遥"DTU 实现 2 个"三遥"分段，如图 10-9b 所示。

10.4.5 配电终端规划案例

现有沿海某经济发达的中型城市，拟在其市区开展配电网自动化建设工作，以提高供电可靠性。市区负荷密集、对供电可靠性要求高的 A 类供电区域涉及电缆馈线 60 条，馈线长度均在 5km 左右；区域内的馈线全部采用"手拉手"接线，且满足 $N-1$ 准则，每两条馈线之间通过联络开关互连。规划中的计算参数均按典型参数选取，见表 10-3，拟在 A 类供电区域采用全"三遥"配电终端配置方案，下面计算所需的"三遥"DTU 数量。

表 10-3 典型参数

供电分区	只计及故障停电因素的用户供电可靠性 A_{set}（%）	电缆馈线单位长度年故障率 γ	故障修复时间 t_3
A	99.992	0.04 次/(km·年)	4h/次

1）单条电缆馈线年故障率为

$$F = 电缆馈线单位长度年故障率 \gamma \times 电缆馈线长度$$
$$= 0.04 \times 5 \ 次/年 = 0.2 \ 次/年$$

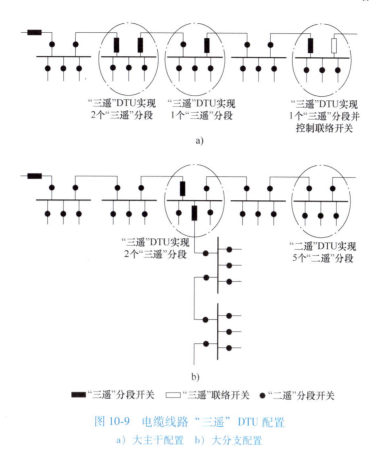

a)

b)

■ "三遥"分段开关　□ "三遥"联络开关　● "二遥"分段开关

图 10-9　电缆线路 "三遥" DTU 配置
a）大主干配置　b）大分支配置

2）单条电缆馈线 "三遥" 分段 DTU 配置数量为

$$k_3 \geq \frac{t_3 F}{8760(1-A_{\text{set}})}-1 = \left[\frac{4 \times 0.2}{8760(1-99.992\%)}-1\right] 台 \approx 0.1416\ 台$$

因此 k_3 取 1 台。

3）对于 A 类供电区域中的 60 条电缆馈线，采用全 "三遥" 配电终端配置方案，每条馈线上配置 1 台 "三遥" DTU，将馈线分为用户数量相近的 2 个 "三遥" 分段，共需要 60 台 "三遥" DTU。

4）对于 A 类供电区域中的 60 条电缆馈线，全部采用 "手拉手" 接线，则 30 个联络开关共需配置 30 台 "三遥" DTU。

5）综上，A 类供电区域中的 60 条电缆馈线，共需配置 90 台 "三遥" DTU。

10.5　配电网通信规划

10.5.1　通信规划原则

通信系统根据逻辑结构和传输业务功能划分为骨干传输网和接入网。配电网通信规划主要侧重接入网的规划。

配电网通信系统作为配电网各类信息传输的载体，由于受到配电网结构、环境和经济等条件的约束，在建设和改造时，要考虑组网技术、网络架构、传输介质和设备选型等方面需要与配电网的特点和规模及业务发展相适应，充分考虑并满足配电网自动化系统、用电信息采集系统、分布式电源、电动汽车充换电站及储能装置等源网荷储的监控终端的远程接入需求。

配电网通信系统应以安全可靠、经济高效为基本原则，充分利用现有成熟的通信资源，差异化采用无线公网、无线专网、光纤等通信方式，构建终端远程通信通道。

1）配电网通信系统与配电网一次网架同步规划、同步建设，或预留相应敷设位置或管道，充分利用电力系统的杆塔、排管、电缆等现有通信资源，完善配电网通信基础设施的建设，在满足现有配电网自动化需求的前提下，做到充分考虑业务综合应用和通信技术发展的前景，统一规划、分步实施、适度超前。

2）配电网通信系统可采用有线和无线两种组网模式，组网要求扁平化，终端设备宜选用一体化、小型化、低功耗设备。有线组网采用 EPON 或光纤工业以太网通信技术。无线组网可采用无线公网和无线专网方式。无线公网通信选用专线 APN 或 VPN 访问控制、认证加密等安全措施；无线专网通信采用国家无线电管理部门授权的无线频率进行组网，并采取双向鉴权认证、安全性激活等安全措施。

3）接入层光缆宜采用环形组网为主，部分无法满足的可采用链形、树形、星形结构。

4）"三遥"配电终端采用光纤通信方式。"二遥"配电终端采用无线通信方式，并应选用兼容 2G/3G/4G/5G 数据通信技术的无线通信模块，具备光纤敷设条件的站所终端可建设光纤通道。有光缆经过的"二遥"配电终端选用光纤通信方式。

5）新建的电缆线路应同步配套建设光缆线路。10kV 线路的光缆芯数不宜小于 24 芯，主干线路的光缆芯数为 36 芯及以上。

6）当 10kV 站点要同时传输配电、用电、视频监控等多种业务的数据时，在满足电力二次系统安全防护规定的前提下，可根据业务需求的实际情况，通过技术经济分析选择光纤、无线、载波等多种通信方式。

7）应高度重视配电网通信的网络安全，加强通信网络优化工作，优先使用专网通信，采用公网通信方式时应提高网络安全防护，保障配电网安全稳定运行。

10.5.2 组网方式

1. 配电网通信光缆网的目标网络架构

根据采用的光纤通信技术特点，以现有业务分布、现有管网等资源为基础，建设安全高效、灵活可靠的配电网通信光缆网，才能够满足配电网自动化的业务需求。

配电网通信接入网的光纤通信技术主要采用工业以太网技术。工业以太网主要采用环形为主，星形、链形为辅的方式接入。因此接入层光缆应以汇聚节点为中心，根据地理位置、道路情况、业务分布状况，将开闭所、开关站、环网柜、箱式变压器、柱上变压器、配电站/室、充电站等接入点与汇聚节点连成单归环或双归环结构，与汇聚节点间光缆无法成环的接入点，可建成链、星、树形结构。

配电网通信光缆网的目标网络架构如图 10-10 所示。

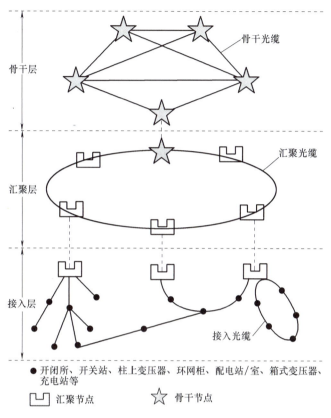

图 10-10　配电网通信光缆网的目标网络架构

2. 采用工业以太网技术的组网方案

接入设备采用工业以太网交换机时，多采用环状拓扑结构，如图 10-11 所示，其以接入网汇聚节点为中心，综合考虑开闭所、开关站、环网柜、箱式变压器、柱上变压器、配电站/室、充电站等终端的地理位置进行规划建设。环上节点的工业以太网交换机配置在开关站、开闭所等位置，并通过以太网接口和配电终端连接；上联节点的工业以太网交换机一般配置在变电站内，负责收集环上所有通信终端的业务数据，并接入骨干层通信网络。

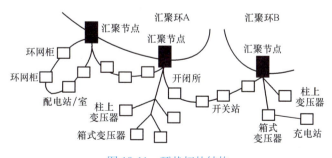

图 10-11　环状拓扑结构

组网设计要求如下：

1）以环形和双归汇聚节点链形结构为主，环形和双归汇聚节点链形结构采用无递减配线方式。对于不具备成环条件的，根据配电终端地理分布情况，可采用星形、链形、树形结构。同一环内节点数目不宜超过 20 个。

2）在组网设计时，应根据实际需求，通过合理的配置，来实现相切环、相交环等组网方式，如图 10-12、图 10-13 所示。

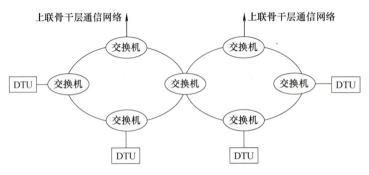

图 10-12　相切环组网方式

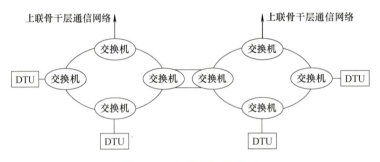

图 10-13　相交环组网方式

3. EPON 通信网络建设方案

无源光网络（Passive Optical Networks，PON）采用无源光节点将信号传输给终端用户，其主要优势是：初期投资少，维护简单，易于扩展，结构灵活，可充分利用光纤的带宽和优良的传输性能。大多数 PON 系统都是多业务平台，对于向全光 IP 网络过渡是一个很好的选择。

PON 技术可细分为多种，主要区别体现在数据链路层和物理层的不同，其中以太网无源光网络（Ethernet Passive Optical Networks，EPON）使用以太网作为数据链路层，并扩充以太网使之具有点到多点的通信能力。EPON 综合了 PON 技术和以太网技术的优点，表现为低成本，高带宽，扩展性强，服务重组灵活快速，与现有以太网兼容，管理方便等。

EPON 通信网络的保护模式主要有以下 4 种。

（1）主干光纤冗余保护

主干光纤冗余保护如图 10-14 所示。

1）OLT：采用单个 PON 端口，PON 端口处内置 1×2 光开关装置。

2）光分路器：使用 2∶N 光分路器。

3）ONU：无特殊要求。

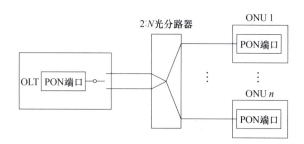

图 10-14　主干光纤冗余保护

4）切换动作：由 OLT 检测线路状态，切换由 OLT 完成。

（2）OLT_PON 端口冗余保护

OLT_PON 端口冗余保护如图 10-15 所示。

1）OLT：备用的 OLT_PON 端口处于冷备用状态。

2）光分路器：使用 2：N 光分路器。

3）ONU：无特殊要求。

4）切换动作：由 OLT 检测线路状态和 OLT_PON 端口状态，切换由 OLT 完成。

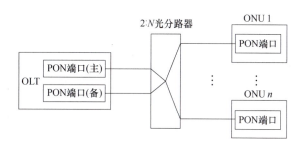

图 10-15　OLT_PON 端口冗余保护

（3）全程光纤冗余保护

全程光纤冗余保护，即 OLT_PON 端口、主干光纤、光分路器及配线光纤全冗余保护，如图 10-16 所示。

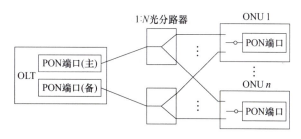

图 10-16　全程光纤冗余保护

1）OLT：主、备用的 OLT_PON 端口均处于工作状态。

2）光分路器：使用 2 个 1：N 光分路器。

3）ONU：在 PON 端口前内置光开关装置。

4）切换动作：由 ONU 检测线路状态，并决定主用线路，切换由 ONU 完成。

（4）ONU_PON 端口冗余保护

ONU_PON 端口冗余保护，即 OLT_PON 端口、主干光纤、光分路器、配线光纤及 ONU_PON 端口全冗余保护，如图 10-17 所示。

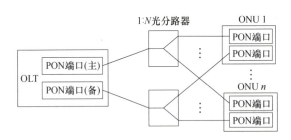

图 10-17　ONU_PON 端口冗余保护

1）OLT：主、备用的 OLT_PON 端口均处于工作状态。

2）ONU：主、备用的 ONU_PON 端口均处于工作状态，但只有主用的 ONU_PON 端口承载业务，备用的 ONU_PON 端口只完成协议的交互。

3）光分路器：使用 2 个 1：N 光分路器。

4）切换动作：由 ONU 检测线路状态，并决定承载业务的主用线路，切换由 ONU 完成。

EPON 系统中，当进行光纤保护切换时，4 种保护模式的光通道切换时间都满足小于 50ms。考虑到保护范围和保护成本，现在的主流保护模式是 OLT_PON 端口冗余保护和主干光纤冗余保护，这需要在 OLT 上预留备用 PON 端口，光分路器需配置 2：N 的，备用光纤最好实现物理路由的冗余。

4. 无线公网建设方案

在配电网自动化网络建设过程中，根据区域特点及业务需求特点，可以充分利用运营商现有的无线公网（GPRS/CDMA1X/3G/4G/5G），采用 APN/VPDN 技术，构造安全的电力数据传输通道，实施国网统一的安全机制，通过专用设备对数据加密，实现公司无线通信业务集约化运营。

配电网自动化移动虚拟专网采用地市分散组网方式。考虑到运营商的组网方式为总部和省级两级组网方式，有些市、区、县不能提供专线组网方式，因此，通常采用公网无线服务器接入组网方式，如图 10-18 所示。

5. 无线专网建设方案

无线专网技术包括无线窄带专网和无线宽带专网，无线窄带专网技术种类较多，如 230MHz 无线电台和 Mobitex 无线专网；无线宽带专网技术以 WiMAX、TD-LTE 等为代表。

1）230MHz 无线电台采用电力专用频带，安全性良好，通信延时短，适于突发的数据传输业务，其缺点包括容易受到同频信号干扰、网络通信速率较低、全网容量较小等。230MHz 无线电台主要用于负荷管理系统中。

2）Mobitex 无线专网是一种基于 Mobitex 技术构建的无线窄带分组数据通信系统。Mobitex 技术为蜂窝式分组交换专用数据通信网技术，主要用于传输突发性数据，其数据传输速率上、下行均为 8kbit/s，可使用电力专用 230MHz 频段。Mobitex 无线专网可作为一种

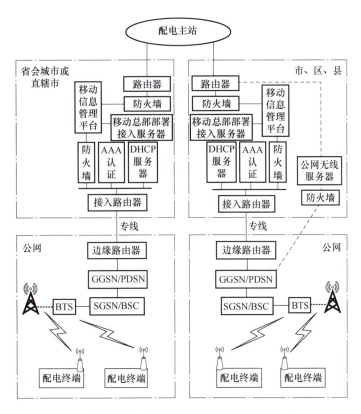

图 10-18　公网无线服务器接入组网方式

230MHz 无线电台的升级和替代方式，其缺点在于传输速率较低。

3）WiMAX 是基于 IEEE 802.16 标准的无线宽带接入城域网技术，其传输容量大，能够支持多媒体通信业务，技术和产业也较为成熟，但目前国内还未有授权频谱可用。

4）TD-LTE 是我国具有自主知识产权的第四代移动通信技术，TD-LTE 是一种利用已授权的 230MHz 频谱资源的无线宽带通信系统，也是配电网自动化无线专网建设的新技术选择，具备较高的频谱效率，上下行的灵活调度能力，多样化高宽带服务的承载能力以及较低的建网成本等。TD-LTE 无线专网架构如图 10-19 所示，其由业务主站系统、核心网设备、网管平台、多业务传送平台（Multi-Service Transport Platform，MSTP）设备、交换机、无线基站（Evolved NodeB，eNB）和用户终端设备（Customer Premise Equipment，CPE）组成。

核心网设备在主体功能上涵盖了 TD-LTE 系统的分组核心网（Evolved Packet Core，EPC）。多业务传输平台（Multi-Service Transfer Platform，MSTP）设备提供了多种物理接口，可实现以太网等各种业务的接入、汇聚和传输，并提供统一网管。核心网设备可提供丰富的业务支持，包括用户位置信息的管理、网络特性和业务的控制、信令和用户信息的传输机制等，并可提供用户数据的传输、系统接入的控制（接入控制、拥塞控制、系统信息广播）、无线信道的加扰解扰、移动性管理（切换、位置定位）等功能。核心网系统主要有以下特性：

1）能够满足电力无线专网从建网初期到大规模发展时期各个阶段的网络建设需要，实现平滑升级和扩容。

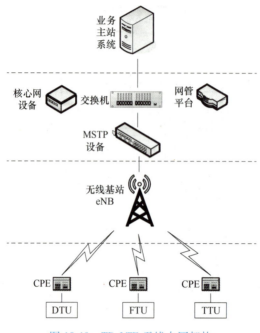

图 10-19　TD-LTE 无线专网架构

2）支持智能天线、动态信道分配、功率控制以及多载频动态管理等技术。

3）设备的上行、下行用户接口均满足国际电信联盟（International Telecommunication Union，ITU）标准，传输误码率 $<10^{-11}$。

4）网管平台具有配置管理、故障管理、维护管理、性能管理、安全管理、集群视频语音调度 6 类功能。无线基站 eNB 采用基带射频分离或一体化架构的 LTE 基站，具有大容量、广覆盖、高吞吐量等特点，可满足配用电业务需求。

应开发接口种类丰富的工业级用户终端设备，以适应配电网的恶劣环境，并能够很好地满足多种配用电业务的需求。用户终端设备将采集的配用电业务信息转化为 TD-LTE 信号，通过无线基站 eNB 和核心网设备，实现配电终端与配电主站的双工通信。

6. 中压电力线载波通信建设方案

中压电力线载波通信组网采用"一主多从"的方式，一台载波主机可带多台载波从机（载波从机不宜超过 14 个），组成一个逻辑网络。载波主机安装在变电站或开关站内，载波从机安装在 10kV 配电站/室或配电设施附近。配电网自动化和用电信息采集终端通过各自所属的载波主机与配电主站进行通信。中压电力线载波通信组网方式如图 10-20 所示。

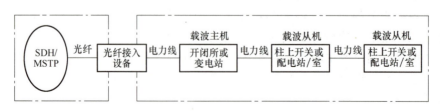

图 10-20　中压电力线载波通信组网方式

10.5.3 通信方式选择

工业以太网、EPON 通信、中压电力线载波、无线公网、无线专网等几种常用通信方式的特性对比见表 10-4。

表 10-4 配电网自动化常用通信方式的特性对比

通信方式	工业以太网	EPON 通信	中压电力线载波	无线公网	无线专网
传输介质	光缆	光缆	中低压配电线路	空间	空间
传输速率	100Mbit/s 或 1Gbit/s	1.25Gbit/s	几到几十 kbit/s	50~数百 kbit/s	几 kbit/s~几 Mbit/s
传输距离	>20km	≤20km	>20km	网内不限	基站覆盖范围
可靠性	高	高	高	一般	一般
通信实时性	高	高	低	一般	低
信息安全性	高	高	较高	低	高
资金投入	高	高	较高	运营成本高	较高
安装维护	不方便	不方便	较方便	方便	方便
抗扰性	高	高	一般	一般	一般
影响因素	基本没有	基本没有	配电网负荷和结构	天气、地形、网络状况	天气、地形

根据配电网自动化实施区域的具体情况选择合适的通信方式。A+类供电区域的配电终端以光纤通信方式为主；A、B、C 类供电区域应根据配电终端的配置方式，确定采用光纤、无线或载波通信方式；D、E 类供电区域的配电终端以无线通信方式为主。各类供电区域的配电终端的通信方式选择具体见表 10-5。

表 10-5 配电终端的通信方式选择

供电区域	通信方式
A+	光纤通信为主，试点选择无线专网
A、B、C	根据配电终端的配置方式确定采用光纤、无线或载波通信
D、E	无线通信为主

对可靠性要求高或具有光缆资源的场合，优先采用光纤通信方式。在各种光纤通信技术中，EPON 通信和光纤工业以太网具有与配电网络的明显适应性和投资的经济性，因此这两者作为主要的技术选择。对于"三遥"配电终端覆盖率较高的区域，宜采用 EPON 通信；对于设备级联数较多的线路，可采用工业以太网；对于光纤无法覆盖的区域，可采用中压电力线载波。

对配电终端量大面广、实时性要求不高且不需要进行遥控控制的场合，可采用无线公网。

无线专网目前仍处于试点阶段，大型城市核心区由于供电可靠性要求高、配电网自动化规划建设水平高等原因，加之光缆通道缺乏、施工困难等问题，可考虑建设无线专网通信。

10.6 信息安全防护规划

10.6.1 安全防护规划原则

配电网自动化系统主站的配电网运行监控应用部署在生产控制大区，配电网运行状态管控应用部署在管理信息大区，其安全性将直接对配电网安全产生影响，因而有必要规划建立一个完整的配电网自动化安全防护体系。其规划建设必须符合《电力二次系统安全防护规定》《电力二次系统安全防护总体方案》《配电网二次系统安全防护方案》《中低压配电网自动化系统安全防护补充规定》等要求。

1）在生产控制大区与管理信息大区之间应部署正、反向电力系统专用网络安全隔离装置，实现电力系统专用网络的安全隔离。

2）在管理信息大区的不同系统的横向之间应安装硬件防火墙，实施安全隔离。

3）配电网自动化系统应支持基于非对称密钥技术的认证功能，配电主站下发的遥控命令应带有基于调度证书的数字签名，配电终端侧应能够鉴别配电主站的数字签名。

4）对于采用公网作为通信信道的前置机，与配电主站之间应采用正、反向网络安全隔离装置，实现物理隔离。

5）具有控制要求的配电终端设备应配置软件安全模块，对来源于配电主站的控制命令和参数设置指令，应采取安全鉴别和数据完整性验证措施，以防范冒充配电主站对配电终端进行的攻击，以及恶意操作电气设备。

10.6.2 信息安全防护体系建设方案

按照配电网自动化主站系统的结构，安全防护分为以下 7 个部分，即大区边界 B1、生产控制大区横向边界 B2、生产控制大区系统与安全接入区边界 B3、安全接入区与通信网络边界 B4、信息内网与无线网络边界 B5、管理信息大区系统间的安全防护边界 B6、配电终端的安全防护边界 B7。配电网自动化主站系统边界划分如图 10-21 所示。

1）配电网运行监控应用与配电网运行状态管控应用之间为大区边界 B1，应采用电力专用横向单向安全隔离装置。

2）配电网运行监控应用与本级电网调度控制系统或其他电力监控系统之间为生产控制大区横向边界 B2，应采用电力专用横向单向安全隔离装置。

3）配电终端采用任一通信方式接入配电网运行监控应用时，应设立安全接入区，生产控制大区与安全系统接入区边界 B3 应采用电力专用横向单向安全隔离装置。

4）在安全接入区与通信网络边界 B4 处，安全接入区部署的采集服务器应采用经国家指定部门认证的安全加固操作系统，采用用户名/强口令、动态口令、物理设备、生物识别、数字证书等至少一种措施，实现用户身份认证及账号管理。

5）当配电终端采用无线网络接入配电网运行状态管控应用时，信息内网与无线网络边

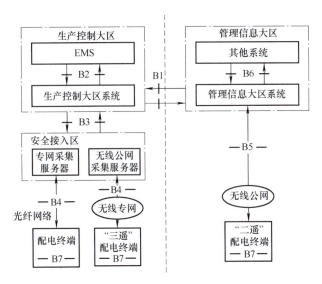

图 10-21　配电网自动化主站系统边界划分

界 B5 应采用安全加密认证措施，实现接入认证和数据传输加密。配电主站与配电终端之间的访问控制、安全数据交换、单向认证，以及遥控、参数配置、版本升级等关键和敏感信息需加密传输。

6）管理信息大区系统间的安全防护边界 B6：在管理信息大区，配电主站与不同等级的安全域之间的边界，应采用硬件防火墙等设备实现横向域间安全防护。

7）配电终端的安全防护边界 B7：对于接入生产控制大区的配电终端，可通过内嵌安全芯片实现配电终端与配电网自动化主站系统之间基于国产非对称密码算法的双向身份鉴别，并对来源于配电网自动化主站系统的控制命令、远程参数设置和远程软件升级指令，采取安全鉴别和数据完整性验证措施。对于接入管理信息大区的"二遥"配电终端，可通过内嵌安全芯片实现配电终端与配电主站之间基于国产非对称密码算法的双向身份鉴别，并对来源于配电主站的远程参数设置和远程软件升级指令，采取安全鉴别和数据完整性验证措施。

课后习题

1. 简述配电网自动化主站系统的软、硬件构成。

2. 某市拟在辖区内开展配电网自动化建设工作，以提高供电可靠性。规划区的供电分区为 B 类，涉及电缆馈线 102 条，馈线的平均长度约 5km，全部采用"手拉手"接线，且满足 N-1 准则，计划采用全"三遥"配电终端的配置方案。涉及架空馈线 352 条，其中 296 条满足 N-1 准则，计划采用"三遥"和"二遥"配电终端混合的配置方案，对每条馈线的 1 台分段开关和 1 台联络开关部署"三遥"配电终端，再在部署"三遥"配电终端的分段开关两侧各部署一台"二遥"配电终端；其余 56 条不满足 N-1 准则，计划采用全"二遥"配电终端的配置方案。规划用到的计算参数均按典型参数选取，见表 10-6，要求计算所需部署配电终端的数量。

表 10-6　习题 2 典型参数

供电分区	线路类型	只计及故障停电因素的用户供电可靠性 A_{set}（%）	馈线单位长度年故障率 γ	故障隔离时间 t_2	故障修复时间 t_3
B	电缆线路	99.991	0.09 次/（km·年）	0.0833h/次	4h/次
	架空线路（满足 $N-1$ 准则）	99.97	0.15 次/（km·年）	0.5h/次	5h/次
	架空线路（不满足 $N-1$ 准则）	99.91	0.22 次/（km·年）	0.5h/次	5h/次

第 11 章

配电网自动化新技术

11.1　单相接地故障人工智能选段

11.1.1　概述

非有效接地方式，特别是谐振接地方式具有自动消除瞬时性单相接地故障，有利于熄灭接地电容电流在故障点形成的电弧，提高供电可靠性等优点，广泛应用于一些欧洲和亚洲地区的配电网以及北美地区的一些工业系统。配电网发生永久性单相接地故障时，线电压对称，不影响用电，但为了防止因非故障相电压升高、绝缘弱化而导致的故障扩大，要求尽快准确选出接地故障区段并予以切除。受线路结构、线路参数、电压/电流互感器的非线性特性以及电磁干扰等因素的影响，配电网单相接地故障情况复杂、故障电流微弱。不同接地故障情况下的暂态零序电流在频谱特征、能量分布、衰减特性等方面存在显著差异。这些因素增加了单相接地故障选段的难度，其选段保护问题长期以来未能得到很好解决。因此，有必要进一步开展非有效接地配电网单相接地故障选段保护的研究工作。

综合国内外研究现状，能在非有效接地配电网中应用的接地故障选段保护，根据是否直接利用故障信号可分为两类：主动式选段方法和被动式选段方法。前者通过外加信号源或进行一定操作，在电压或电流波形上叠加特定信号，实现接地故障选段；后者通过识别故障发生后原始信号在接地故障区段和非故障区段的差异性，判断接地故障区段。

现有的主动式选段方法包括信号注入法、中电阻法、消弧线圈补偿法等。其中，信号注入法由信号注入装置向配电网注入特定幅值或频率的信号，通过检测特定信号在配电网中的差异化分布实现故障选段，该方法需要外加信号注入装置，成本较高。中电阻法是在单相接地故障发生后，在配电网中性点处投入并联电阻，以产生幅值较大的零序电流，进而放大接地点前后的零序电流信号特征差异，并依此构造高灵敏度的选段保护判据，但零序电流的增大提高了电弧重燃的风险，且并联电阻阻值的整定也是该方法的难点。消弧线圈补偿法则是在发生单相接地故障后，调整消弧线圈的补偿度，利用故障区段与非故障区段的零序信号的差异化特征实现故障选段，该方法对消弧线圈的自动调谐能力要求较高，需要搭配成本较高的控制器，并且削弱了对故障电流的抑制效果。

被动式选段方法可分为稳态法和暂态法。稳态法忽视了暂态信号中丰富的接地故障特征信息，且在瞬时性单相接地故障、高阻单相接地故障等复杂工况下，稳态信号包含的故障特征信息微弱，应用效果不理想。此外，过补偿的谐振接地系统面临稳态故障特征被补偿的问题，单相接地故障路径上的稳态零序电流存在极性翻转现象，给单相接地故障选段带来挑战。暂态信号中包含幅值、极性等故障特征信息，故基于暂态量的暂态法相比于稳态法，在可靠性和适用性方面表现更优。

11.1.2　单相接地故障选段难点

现场运行工况复杂、存在高阻单相接地故障、间歇性电弧故障信号难以准确测量或识别、开口零序电流互感器测量精度较低等问题，造成基于已有单相接地故障选段方法的装置的选段准确率偏低。单相接地故障选段难点主要表现在以下几个方面：

1. 现场故障数据难于获取，准确模型建立困难

各种因素导致难以从现场获取大量的单相接地故障波形数据，研究所采用的数据绝大部分还是从仿真模型中获取的。而配电网结构复杂多变，接地故障形式多种多样，包括金属接地、雷击放电接地、树枝接地、电阻接地、绝缘不良接地、电弧接地等，且故障形态并不是单一不变的，而是动态发展变化的，要准确模拟实际运行中的各种故障过程非常困难。在配电网中，一般不允许进行现场单相接地故障试验，即使经过批准，也只允许进行极少量试验，且对试验的规模、方式有各种限制。此外，由于难以对故障特征量进行定量分析，绝大部分研究都只能建立在故障后零序网络模型仿真的基础上。

2. 存在故障信号微弱，难以检测的运行工况

谐振接地系统发生单相接地故障时，流过各线路的零序电流不仅与线路类型、长度有关，还与系统规模、出线数目有关。由于消弧线圈的补偿作用，单相接地故障的稳态零序电流幅值较小。因接地过渡电阻多呈非线性动态变化，且故障初期往往电阻值相对较大，有可能出现暂态零序电流小于稳态零序电流的情况，再通过一定电流比的电流互感器输出时，信号会更加微弱，且暂态过程短，不易检测，同时暂态零序电流呈现更为复杂的故障特性，这些都对选段装置的采样速度和测量准确度要求更高。

3. 故障信号变化范围大，不易准确测量

现场的电压/电流互感器的电压/电流比为一定值，但暂态信号与稳态信号幅值相差大，若电压/电流互感器的电压/电流比的选择以稳态信号的数量级为参照，则测量暂态信号时可能由于电压/电流互感器饱和使测量准确度降低；若以暂态信号数量级为准则选取电压/电流互感器的电压/电流比，又可能导致稳态量测量不准确，如此给故障信号的准确测量带来困难。目前电量测量多采用基于电磁感应原理的互感器，而配电网运行中，各种带电设备都将产生交变电磁场，对电量信号形成电磁干扰，并使波形的幅值和形态特征发生一定变化，给故障信号的准确测量增加难度。

4. 虚假接地及间歇性弧光接地，造成选段方法正确启动困难

在传统上，启动选段方法时通常采用零序电压瞬时值的阈值判断，实际应用中普遍存在准确性不高的问题，配电网正常运行时，零序量因线路投切等原因产生的波动，以及雷击等非单相接地故障产生的虚假接地，将造成选段装置的误启动，高阻单相接地故障情况下则可能导致选段装置拒启动。运行经验表明，谐振接地系统中的单相接地故障大多为瞬时性故障，在缆线混合系统中，瞬时性故障常常伴随着间歇性弧光接地，间歇性电弧不但幅值不稳定，且含有大量的谐波分量，如何可靠识别，有待进一步研究。因此，如何准确、快速地启动选段方法，成为选段装置实用化过程中需要解决的关键问题。

5. 基于阈值的选段方法，难以适应现场复杂运行工况

已有的选段方法大多采用设定阈值方法判断故障区段，阈值一旦设定便不再改变，且阈

值的选取依靠人工经验，难以适应单相接地故障的多样性，易造成误选、漏选。随着配电网容量不断扩大，接线方式越来越复杂，系统的运行方式也频繁改变，电容电流也随之发生改变，此外母线电压的变化、负荷电流的变化以及接地过渡电阻不确定等也会对故障零序电流造成影响，进而对基于阈值判断的选段方法造成一定的困难，影响选段的准确性和可靠性。

11.1.3 人工智能选段方法

已有的单相接地故障暂态选段方法，首先利用人工的方式选取单相接地故障特征量，然后通过在选段判据中设置阈值来区分故障和非故障区段，或通过分类或聚类算法，识别出单相接地故障区段。采用人工的方式选取单相接地故障特征量，受先验知识的影响较大，难以得到最优的特征量及其组合，此外，选段判据中的阈值往往是通过大量仿真得出的，其工程适用性差。

计算机视觉技术中的语义分割模型可自适应提取图像特征并实现像素级别的分类，避免了人为选取特征量和设定固定分类阈值，广泛应用于图像识别领域。当配电网发生单相接地故障时，故障区段与非故障区段的暂态零序电压导数波形与暂态零序电流波形间的关系存在较大差异，将两波形归一化后绘制在同一"图像"中，利用训练好的语义分割模型准确识别故障区段和非故障区段波形的差异化特征，并实现"图像"的像素级分类，进而识别出故障区段，实现免阈值就地选段，具有选段准确率高、抗干扰能力强等优点，有望解决已有选段方法存在的问题。

1. 语义分割技术及其应用场景

语义分割算法是一种深度学习模型，采用端到端、像素到像素的训练方式，能够接收任意大小的输入，并通过推理和学习生成相应大小的输出。该算法能够有效捕捉和学习图像中的语义信息，训练后的模型可准确标记图像中的不同物体或区域，为计算机视觉任务提供精细的语义理解。

在语义分割任务中，模型的关注点主要包括：

1）物体边界和形状。模型通过学习图像中不同物体的边界和形状，实现像素级别的语义分割。

2）纹理和颜色信息。模型通过学习图像中的纹理和颜色信息来提取与语义内容相关的特征，帮助模型更好地理解物体的表面特征。

3）图像关联信息。模型关注图像中每个像素周围的关联信息，有助于捕获物体的局部特征和微观结构，同时学习整个图像的全局关联信息，使模型能够更好地理解整个场景。

在语义分割算法中，模型对输入图像的每个像素进行分类，预测每个像素属于不同类别的概率，模型会选择具有最高概率的类别，作为该像素的最终预测类别。

语义分割技术在医学影像分析、自动驾驶、城市规划、农业管理等领域都有广泛应用。在医学影像分析领域，可帮助识别和分割医学影像中的肿瘤、器官和病变分布；在自动驾驶领域，能够识别道路、车辆和行人，辅助导航和避障；在城市规划领域，可用于提取建筑物、道路和绿地等城市要素，例如在图 11-1a 中对道路、建筑等物体进行了分割；而在农业领域，可辅助作物识别和病害检测，例如在图 11-1b 中实现对水稻和杂草的分割。

2. 基于语义分割的人工智能选段模型

人工智能选段模型采用语义分割算法，语义分割算法主要有全卷积神经网络（Fully

图 11-1 语义分割技术的应用

a) 道路、建筑分割 b) 水稻、杂草分割

Convolutional Network，FCN）、UNet、Deeplab v3、Segnet 等。全卷积神经网络的结构如图 11-2 所示，图中的 9 个方块代表不同的特征矩阵，表示为 $D_n[C, H, W]$，其中 C 是通道数，H 是高度，W 是宽度，$n=1，2，\cdots，9$。特征矩阵上方的标注是特征矩阵的高度和宽度，特征矩阵下方的标注是特征矩阵的通道数，卷积核在每次卷积操作中生成一个二维矩阵，卷积层的输出由多个这样的二维矩阵组成，二维矩阵的数量就是通道数。

以尺寸为 3×480×480 的 RGB 图像为例，将该图像作为全卷积神经网络的输入，在输入图像与 D_1 之间，用尺寸为 7×7 的卷积核对输入图像做卷积操作，获得 $D_1[64, 240, 240]$；随后，在 D_1 和 D_2 之间，采用最大池化操作将 D_1 缩小为 $D_2[64, 120, 120]$；然后，在 D_2 和 D_6 之间，利用多个瓶颈层将 D_2 转换为 $D_6[2048, 60, 60]$；接着，在 D_6 和 D_8 之间，利用 3×3 的卷积核和 1×1 的卷积核将 D_6 的通道数调整为语义分割任务中的标签个数，得到 D_8[标签个数, 60, 60]；最后，在 D_8 和 D_9 之间，通过双线性插值将 D_8 扩展为 D_9[标签个数, 480, 480]，得到与输入图像尺寸相同的分割结果。

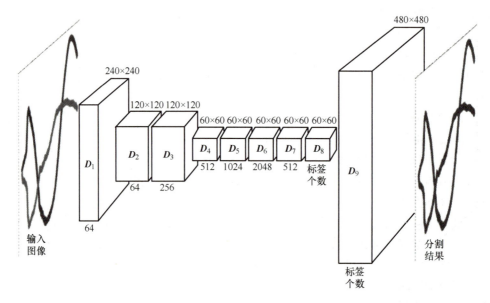

图 11-2 全卷积神经网络的结构

3. 人工智能选段模型的训练

在语义分割模型的训练阶段，关键在于准备和处理输入的训练图像及其对应的标签图

像，训练集中的每张图像上的每个像素点都在相应的标签图像上有一个匹配的标签，这为模型提供了一个明确的学习目标。通过比较模型的预测输出标签与这些真实标签之间的差异，可以调整全卷积神经网络中的权重和偏差参数，从而不断优化模型的语义分割能力。

为了生成适合于训练的输入图像，首先应对暂态零序电压信号进行求导，随后用低通滤波器对得到的暂态零序电压导数波形和零序电流波形进行滤波处理，以消除高频噪声，接着从故障发生时刻开始，截取一个周期长度的波形数据，并对这段数据进行归一化处理，以确保模型能够处理不同幅度范围的输入信号，最后将归一化后的暂态零序电压导数波形与零序电流波形叠加在一起，形成用于模型训练的输入图像，输入图像能够提供暂态零序电压和零序电流间的关系的信息。

为了训练语义分割模型，需要对这些输入图像进行像素级的标注，以生成相应的标签图像，如图 11-3 所示。在标签图像中，不同的像素类别代表不同的语义信息，标签图像的背景的像素类别被标记为"0"，位于单相接地故障点上游的选段装置测得的波形，其对应的像素类别被标记为"1"，而单相接地故障点下游以及非故障线路的选段装置测得的波形，其对应的像素类别均被标记为"2"。经训练后的模型可以区分输入图像不同区域的语义信息，实现区内和区外单相接地接地故障的准确判定。

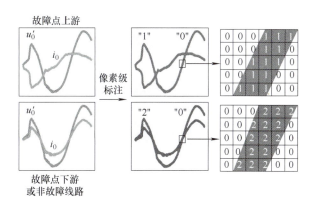

图 11-3　标签图像的标注过程

现场单相接地故障波形数据难以大量获取，因此要求利用少量现场数据或仿真数据训练得到的选段模型，能适用于工程实际。可利用 PSCAD/EMTDC 软件构建配电网单相接地故障仿真模型，仿真生成单相接地故障波形数据以供选段模型训练使用。在三相不平衡的情况下，获取在不同故障位置、不同故障初相位、不同接地过渡电阻以及多样的单相接地故障模型等情况下的仿真波形数据。共选取 4000 个仿真波形数据用于训练，其中位于故障点上游的仿真波形数据 2000 个，位于故障点下游和非故障线路的仿真波形数据 2000 个。训练结束后，将模型参数保存在文件中。

4. 人工智能选段模型的测试

在测试阶段，把训练得到的模型参数载入语义分割模型中，由语义分割模型对输入图像进行预测，输出与输入图像相对应的分割结果，即一张与输入图像大小相同的标签图像。在输出的分割结果中，暂态零序电压和零序电流波形的所有像素点均被标定了类别标签，即"1"或"2"，同时将类别标签映射为不同颜色的像素点，以展示标签图像中不同区域的语义信息。

　　用实时数字仿真系统（Real Time Digital Simulation System，RTDS）数据、真型试验数据以及现场数据，对训练好的选段模型进行测试。RTDS 数据样本共有 102 个，其中不接地系统的数据样本 51 个，谐振接地系统的数据样本 51 个，接地过渡电阻范围为 10～3000Ω；真型试验数据样本共有 271 个，其中不接地系统的数据样本 78 个，谐振接地系统的数据样本 193 个，故障类型包括低阻接地和高阻接地；现场数据样本共有 111 个。

　　在 RTDS 数据样本中，故障点上游波形数据 60 个，故障点下游波形数据与非故障线路波形数据 42 个，全部判对。语义分割模型的输入为暂态零序电压导数波形与暂态零序电流波形的叠加图，输出标签图像与输入图像尺寸相同，在输出标签图像中，标签为"1"的像素数量大于标签为"2"的像素数量时，表明选段装置位于故障点上游，反之，则选段装置位于故障点下游。例如，图 11-4a、b、c 所示的输出标签图像中只有标签"0"和标签"2"，表明对应的选段装置位于故障点下游，此时选段装置的研判结果为区外故障；图 11-4d、e、f 所示的输出标签图像中只有标签"0"和标签"1"，表明选段装置位于故障点上游，此时选段装置的研判结果为区内故障。

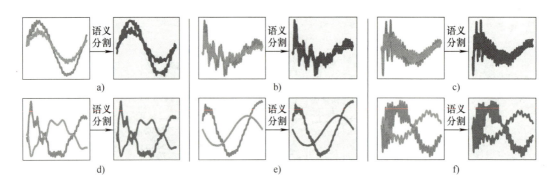

图 11-4　RTDS 数据样本测试结果

a）故障点下游 1　b）故障点下游 2　c）故障点下游 3　d）故障点上游 1　e）故障点上游 2　f）故障点上游 3

　　真型试验数据样本中，故障点上游波形数据 149 个，故障点下游波形数据与非故障线路波形数据 122 个，其中故障点上游波形数据判错了 1 个，故障点下游波形数据与非故障线路波形数据判错了 7 个，部分数据样本及其测试结果如图 11-5 所示。

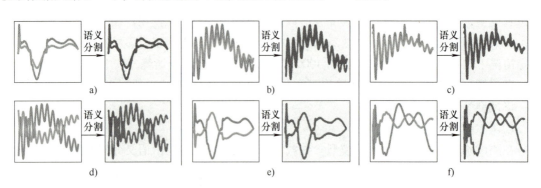

图 11-5　真型试验数据样本测试结果

a）故障点下游 1　b）故障点下游 2　c）故障点下游 3　d）故障点上游 1　e）故障点上游 2　f）故障点上游 3

现场数据样本中，故障点上游波形数据 65 个，故障点下游波形数据 46 个，故障点上游波形数据全部判对，故障点下游波形数据与非故障线路波形数据判错了 6 个，部分数据样本及其测试结果如图 11-6 所示。

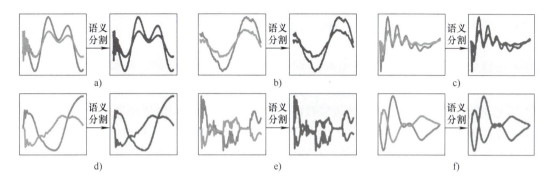

图 11-6　现场数据样本测试结果

a）故障点下游 1　b）故障点下游 2　c）故障点下游 3　d）故障点上游 1　e）故障点上游 2　f）故障点上游 3

11.1.4　人工智能选段装置设计

1. 硬件设计

人工智能选段装置的硬件电路主要包括 MCU 及其外围电路、采样电路、开关量输出电路、供电电路、树莓派及其供电控制电路等，如图 11-7 所示。其中，供电电路从电压互感器（TV）二次侧取电，经 DC/DC 隔离变换电路后为其他电路供电。MCU 通过采样电路实现对零序电压和零序电流的实时采集，并通过串口通信发送给树莓派模块。树莓派模块首先对故障暂态零序电压和零序电流波形进行滤波及归一化处理，再将其叠加形成图像，输入训练后的人工智能选段模型，若输出标签图像中标签为"1"的像素个数大于标签为"2"的像素个数，树莓派模块将通过串口通信将发生单相接地故障的信号发送给 MCU，由 MCU 控制开关量输出电路，使继电器触点闭合，FTU 将采集该开关量闭合信号，并上送给配电主站。

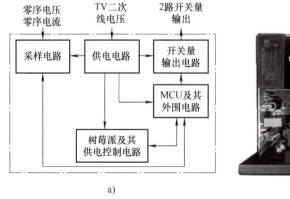

图 11-7　人工智能选段装置原理框图及实物图

a）原理框图　b）实物图

（1）MCU 及其外围电路

MCU 及其外围电路包括 MCU、晶振电路、程序烧写电路、掉电保持电路、外围存储器、运行指示电路、看门狗及复位电路等。MCU 采用基于 ARM 内核的 32 位微控制器 STM32F407，其具有单精度浮点运算单元，工作主频为 168MHz，4 个 UART 接口的通信速率可达 10.5Mbit/s，3 个 SPI 接口的通信速率可达 37.5Mbit/s。

（2）采样电路

配电网柱上开关内安装有零序电压和零序电流互感器，零序电压互感器的电压比为 17.32kV/6.5V，零序电流互感器的电流比为 20A/1A，通过航空插头引出其二次侧接线，接入人工智能选段装置。人工智能选段装置内部零序电压互感器的电压比选为 6.5V/1V，零序电流互感器的电流比选为 1A/0.5V，测量准确度等级均为 0.1 级，其二次侧输出经一阶无源低通滤波电路后接入 A/D 转换电路。A/D 转换电路采用 8 通道同步采样、双极性输入、16 位分辨率的 AD7606 芯片，AD7606 通过 SPI 通信接口将同步采集的零序电压和零序电流波形数据传送给 MCU。采样电路如图 11-8 所示。

（3）开关量输出电路

为了提高开关量输出电路的抗干扰能力，在其输出控制回路中加入光电耦合器，实现电气隔离，如图 11-9 所示。

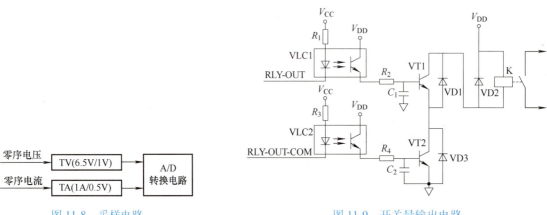

图 11-8 采样电路   图 11-9 开关量输出电路

RLY-OUT 和 RLY-OUT-COM 两个引脚分别连接至 MCU 并行接口中的 PA0 和 PA1，平时置 PA1 为高电平，晶体管 VT2 截止，则无论 PA0 被置为高电平或低电平，继电器 K 的线圈均无法得电，只有当 PA1 被置为低电平，且 PA0 也同时被置为低电平时，继电器 K 的线圈才会得电，使其触点闭合，降低了误动的可能性。

（4）树莓派及其供电控制电路

为支持人工智能选段模型对算力的要求，在人工智能选段装置中配置了树莓派模块，树莓派模块是一款基于 Linux 操作系统的微型计算机主板，其通过串行异步通信接口与 MCU 交换数据，MCU 将采集到的零序电压和零序电流波形数据发送给树莓派模块，树莓派模块则将人工智能选段模型的输出结果反送给 MCU。树莓派供电控制电路采用负载开关芯片 SGM2581，其输入电压范围为 2.5～5.5V。

2. 软件设计

人工智能选段装置的软件模块主要有零序信号采集与存储、MCU 与树莓派模块间的信息交换、数据处理与图像绘制、人工智能选段模型部署与调用、开关量输出控制等，如图 11-10 所示。下面介绍部分主要软件模块。

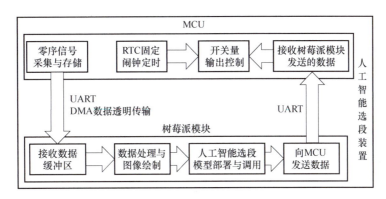

图 11-10 人工智能选段装置的软件模块

（1）零序信号采集与存储

人工智能选段模型可自动适应不同分辨率的图像，因此人工智能选段装置的采样速率可设置在 2~10kHz 的范围内。此外，采样芯片 AD7606 与 MCU 之间采用 SPI 串行同步通信，在一次信号采集的过程中，AD7606 用两个通道分别采集零序电压和零序电流信号，若 MCU 直接保存 AD7606 发送的数据，则零序电压和零序电流按照采样顺序交替存储在数据暂存区中，在 MCU 将数据发送给树莓派模块的过程中，这种排列方式的波形数据的传输容错性能低。因此，需要将数据暂存区一分为二，分别存储零序电压和零序电流波形数据。

（2）MCU 与树莓派模块间的信息交换

采用基于直接存储器访问（Direct Memory Access，DMA）的数据透明传输方式，MCU 通过 UART 向树莓派模块发送零序电压和零序电流波形数据，并接收树莓派模块发送的选段结果，选段结果的通信帧格式为：帧起始字符（68H）+功能码+数据域长度+数据域+校验码+结束字符（16H）。其中，数据域包含了故障区段研判结果，即区内故障和区外故障。

（3）人工智能选段模型部署与调用

在树莓派模块中部署训练好的人工智能选段模型之前，需要先安装合适的机器学习框架及运行环境，例如 TensorFlow Lite 或 PyTorch，这一步骤涉及树莓派模块 Python 环境的设置，即安装所需的库文件并配置必要的环境变量。完成上述工作后，将训练好的人工智能选段模型的相关文件复制至树莓派模块，树莓派模块一旦检测到单相接地故障，就会通过编写好的脚本或程序调用该模型，该模型以独立进程的形式执行单相接地故障研判任务。

（4）开关量输出控制

人工智能选段装置包含两个常开的输出开关量，接到 FTU 的开关量输入接点，当开关量闭合时，FTU 立即将其作为遥信信号上报给配电主站。其中一个输出开关量作为人工智能选段装置的"心跳包"信号，当 RTC 固定闹钟定时时间到达，则控制对应的继电器，使其常开触点闭合，由 FTU 向配电主站上报一次"心跳包"信号，配电主站软件根据是否定时收到人工智能选段装置的"心跳包"，判断该装置是否运行正常。另一个输出开关量作为判断是否发生区内故障的遥信信号，当 MCU 接收到树莓派模块发送的区内故障数据帧，则控制对应的继电器，使其常开触点闭合，由 FTU 向配电主站上报区内故障报警信号。

11.1.5 人工智能选段装置的工程应用

分段开关与 FTU 一起构成配电网架空线路柱上一、二次融合开关，已运行的 FTU 都具备单相接地选段功能，但多采用传统的基于零序电压电流伏安特性、功率方向等的单相接地选段方法，选段准确率较低。电网公司对 FTU 的外部接口做了统一定义，要求各生产商遵循，可以利用预先生产的带航空插头的连接线，在不停电情况下实现在分段开关与 FTU 之间串联人工智能选段装置，人工智能选段装置接线示意图及现场安装图分别如图 11-11 和图 11-12 所示，装置安装完成后无需调试，上电后立即经由 FTU 主动向配电主站发送"心跳包"信号，实现快速接入配电主站。当检测到区内发生单相接地故障，且持续时间超过 5s，人工智能选段装置将闭合相应的继电器触点，由 FTU 向配电主站上报区内单相接地故障报警信号，配电主站根据配电网拓扑、FTU 编号以及收到的区内单相接地故障报警信号，采用基于网形结构矩阵的故障区段定位算法，判断得到单相接地故障区段。将安装有人工智能选段模型的树莓派嵌入新增 FTU 中，或对在运 FTU 加装人工智能选段装置，将有效提高单相接地故障选段准确率，缩短单相接地故障查找时间，降低停电损失。

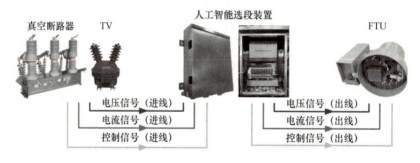

图 11-11　人工智能选段装置接线示意图

图 11-12　人工智能选段装置现场安装图

11.2 单相接地故障柔性消弧

11.2.1 概述

配电网运行过程中存在大量因电缆绝缘劣化、绝缘子污损击穿、外力破坏及树枝触碰裸导线等复杂原因引起的电弧性、间歇性或永久性单相接地故障，其中的电弧性单相接地故障易引发火灾及设备烧毁，永久性单相接地故障点附近的跨步电压将构成人畜安全隐患。随着配电网缆化率的提高和大量电力电子设备的应用，单相接地故障电流中的有功分量和谐波分量大幅增加，与无源消弧技术相比，有源（柔性）消弧技术具有可补偿单相接地故障电流中的有功分量和谐波分量，提高系统的消弧能力，促使故障点电弧熄灭等优点，可有效避免单相接地电弧电流和电压的能量，以及间歇性电弧接地过电压对系统绝缘造成的威胁，阻止故障扩大，因此柔性消弧技术的研究已经成为热点。

已有的柔性消弧方法存在的消弧效果受配电网三相对地参数不对称、接地过渡电阻变化和中性点至故障点阻抗压降变化等因素影响的问题，还未得到很好的解决，无法可靠实现单相接地故障的零能量消弧，即促使单相接地故障点的电流和电压同时趋于零。因此研究不受中性点至故障点阻抗压降变化等因素影响的柔性零能量消弧技术，对于提高配电网供电的安全性、可靠性和经济性具有重要意义。

11.2.2 消弧方法

配电网单相接地故障消弧方法根据控制目标不同，可分为电流消弧法和电压消弧法。电流消弧法的抑制对象为单相接地故障点电流，由消弧装置注入与单相接地故障点电流大小相等、方向相反的补偿电流，实现消弧；电压消弧法以单相接地故障点电压为抑制对象，通过调控零序电压或旁路故障点，抑制故障相恢复电压，破坏电弧重燃的条件。

根据消弧装置是否外加电源，两种消弧方法可相应分为无源消弧法和有源（柔性）消弧法。无源电流消弧法以消弧线圈为代表，发生单相接地故障时，中性点电压加在消弧线圈上，产生电感性无功电流，补偿单相接地故障电容电流，减小单相接地故障电流，促使电弧熄灭。无源电压消弧法以消弧接地开关（又称接地故障转移装置）为代表，在单相接地故障发生后，将故障相在母线处通过快速开关接地，抑制故障相电压，阻止电弧重燃。受限于消弧线圈的特性，无源电流消弧法无法补偿单相接地故障电流中的有功分量和谐波分量，残流仍有可能使电弧重燃。无源电压消弧法在消弧接地开关闭合瞬间将对配电网产生较大冲击；在消弧接地开关断开时，存储于线路对地电容中的电荷只能通过电压互感器释放，可能导致电压互感器饱和，甚至引发铁磁谐振；若误选故障相，消弧接地开关的闭合将引发两相接地短路故障；在重载的长线路末端发生低阻单相接地故障时，无源电压消弧法可能增大单相接地故障点电流。为解决上述问题，在无源消弧法基础上，出现了柔性消弧法。

柔性消弧法通过控制电力电子装置主动向配电网注入补偿电流的方式实现单相接地故障消弧。理论上，通过切换使用不同的控制策略，电流消弧法和电压消弧法可在同一电力电子装置即柔性消弧装置上实现，柔性电流消弧法可补偿单相接地故障电流中的有功分量和谐波分量，柔性电压消弧法可柔性控制故障相电压，分别弥补了现有无源电流消弧法和无源电压消弧法存在的不足，但柔性消弧法相较于无源消弧法，需以单相接地故障点的电流或电压作为消弧闭环控制的给定控制目标值，由于单相接地故障发生的位置具有随机性和不确定性，单相接地故障点的电流和电压均难以直接获得。

已有的柔性电流消弧法大多以估算的方式获得电流控制目标值。在单相接地过渡电阻较小的情况下，已有的柔性电流消弧法受线路阻抗和负荷电流影响小，消弧效果较好，但在发生高阻单相接地故障时，其补偿响应时间较长。另外，已有的柔性电流消弧法的消弧效果受对地参数测量误差影响，还存在难以抑制间歇性电弧接地过电压的问题。

已有的柔性电压消弧法以单相接地故障相电源电压负值作为电压控制目标值，实现对零序电压的闭环控制，该方法具有无需测量对地参数，且能有效抑制间歇性电弧接地过电压等优点。已有的柔性电压消弧法均以单相接地故障相母线处的电压替代单相接地故障点的电压，可抑制单相接地故障相母线处电压为零，但在重载的长线路末端发生低阻单相接地故障时，单相接地故障点的残流和残压受线路阻抗和负荷电流影响大，甚至可能增大故障点的电流和电压，不利于电弧熄灭。针对柔性电压消弧法存在的问题，有学者提出了柔性自适应消弧法，即在低阻单相接地故障时，将柔性电压消弧法切换为柔性电流消弧法，提升了消弧效果，但两种消弧法切换的边界条件，即单相接地过渡电阻值的大小难以确定，且此时柔性电流消弧法存在的谐波电流分量抑制困难和消弧效果受对地参数测量不准影响等问题仍然存在，因此有学者提出在低阻单相接地故障时，将单相接地故障相母线处的电压控为非零值，该方法未能实现故障点零电位消弧，存在安全隐患，非零值的具体确定方法也有待进一步研究，且尚未考虑配电网三相对地参数不对称的影响。

已有的柔性自适应消弧法，在低阻单相接地故障时采用电流消弧法，在高阻单相接地故障时切换为电压消弧法，存在切换条件复杂且未能同时发挥两种消弧法的优势等问题。若将已有的柔性电流消弧法和柔性电压消弧法以并行的方式同时控制柔性消弧装置，即采用电流-电压双闭环并行控制器的柔性融合消弧法，可解决单一柔性电流或电压消弧法对不同单相接地过渡电阻适应性差的问题。但柔性融合消弧法中的柔性电流和电压消弧法，均用故障相母线处的电压替代故障点的电压，其消弧效果受故障相母线处至故障点的压降和三相对地参数不对称等因素影响，难以实现抑制故障点的电流和电压同时趋于零。在采用电流-电压双闭环并行控制器的柔性融合消弧法的基础上，进而提出计及配电网三相对地参数不对称影响，以中性点至故障点压降负值与系统对地导纳的乘积，叠加三相对地参数不对称电流作为电流闭环控制器的给定控制目标值，同时以零序电压与中性点至故障点压降负值相等为电压闭环控制器的控制目标，将故障点的电流和电压同时抑制为趋于零的柔性零能量消弧法。

在单相接地故障类型未知的情况下，先采用柔性融合消弧法同步降低故障点的电流和电压，使流经故障点的能量低于再次击穿绝缘介质所需的能量，有效抑制电弧性单相接地、瞬时性和永久性单相接地等类型的故障。延时设定的时间后，逐渐减小柔性融合消弧法的给定控制目标值，并进行单相接地故障是否消失的判断，若单相接地故障消失，则判为瞬时性单相接地故障，此时继续逐渐减小柔性融合消弧法的给定控制目标值，直至其为零，为存储于线路对地电容中的电荷提供放电通路，抑制铁磁谐振的产生；若单相接地故障未消失，则进行单相接地故障类型识别，若识别为电弧性单相接地故障，则逐渐恢复柔性融合消弧法的给定控制目标值，实现对单相接地过渡电阻呈非线性变化的电弧性单相接地故障的抑制；若识别为非电弧性永久单相接地故障，则推算出中性点至故障点的压降值，并考虑三相对地参数不对称对消弧效果的影响，平滑切换为柔性零能量消弧法，全补偿单相接地故障点电流的同时抑制单相接地故障点电压趋于零，在消弧期间动态更新中性点至故障点的压降值，以适应负荷电流的变化。即以柔性融合消弧法为先导，结合柔性零能量消弧法，实现多类型单相接地故障全过程精准消弧。

11.2.3　柔性消弧装置

国外曾报道宽频单相接地故障电流补偿装置 ERC+的应用，其利用单 H 桥逆变器经升压变压器向配电网注入电流，实现单相接地故障电流补偿，消弧前先进行单相接地选线，并以检测的单相接地故障线路的零序电流作为逆变器指令电流。瑞典 SN 公司于 1992 年研制出剩余电流补偿装置 RCC，其结构为单 H 桥逆变器经升压变压器并联于消弧线圈两端，消弧线圈补偿单相接地故障电流中的大部分基波无功分量，逆变器补偿单相接地故障电流中的有功分量和谐波分量，通过控制注入的零序电流的大小，使单相接地故障前后配电网的对地导纳保持一致，实现对经消弧线圈补偿后的故障点剩余电流的补偿，其对零序电流的测量精度和注入电流的控制精度要求较高。国内的柔性消弧装置的结构也多由单 H 桥逆变器结合升压变压器及消弧线圈组成。中国矿业大学王崇林教授课题组提出了三相五柱双二次绕组的零残流消弧线圈，双二次绕组分别连接单 H 桥逆变器和可控电抗器，逆变器从消弧线圈二次侧注入单相接地故障补偿电流。上述柔性消弧装置的拓扑结构如图 11-13a 所示。

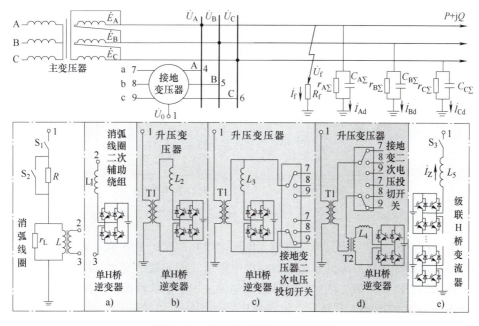

图 11-13　柔性消弧装置的拓扑结构

武汉大学陈柏超教授课题组提出了由磁控电抗器和单 H 桥逆变器并联的柔性消弧装置，磁控电抗器补偿单相接地故障电流的基波无功分量，逆变器补偿单相接地故障电流的有功和谐波分量。华北电力大学杨以涵教授课题组提出了基于单相有源滤波技术的主从式消弧装置，其以自动调匝式消弧线圈为主消弧装置，单 H 桥逆变器结合升压变压器作为从消弧装置。上述柔性消弧装置的拓扑结构如图 11-13b 所示。

长沙理工大学曾祥君教授课题组提出了无源器件和单 H 桥逆变器并联的混合消弧装置，接地变压器二次电压经开关投切后和逆变器并联，再经升压变压器与消弧线圈并联后接入配电网中性点，其拓扑结构如图 11-13c 所示。西安交通大学宋国兵教授课题组提出了无源器件和单 H 桥逆变器串联的拓扑结构（见图 11-13d），其与图 11-13c 所示结构的主要区别在于前者的无源器件和逆变器串联，而图 11-13c 中为并联。

已有经中性点接入配电网的柔性消弧装置，受单个 H 桥逆变器的注入功率及耐压的限制，需要逆变器与传统消弧线圈、升压变压器配合使用，还存在单 H 桥逆变器输出电平数少、开关频率高等问题。针对存在的问题，福州大学郭谋发教授课题组采用单相级联 H 桥多电平变流器经接地变压器接入配电网的方式，实现了柔性消弧，其拓扑结构如图 11-13e 所示，该方案摒弃了升压变压器。

11.2.4　柔性消弧方法原理

1. 柔性融合消弧法

柔性电流消弧法和柔性电压消弧法的消弧效果在适应不同单相接地过渡电阻、对地参数测量存在误差以及间歇性电弧接地故障等方面具有互补性，因此提出柔性融合消弧法，即将已有的柔性电流消弧法和柔性电压消弧法以并行的方式同时控制图 11-13e 中的柔性消弧装置。该消弧法采用电流-电压双闭环并行控制，其电流闭环控制的目标为使注入零序电流等于故障相电源电压负值与系统对地导纳的乘积，电压闭环控制的目标为使系统零序电压等于故障相电源电压的负值。化简图 11-13e 可得图 11-14 所示柔性融合消弧法原理示意。

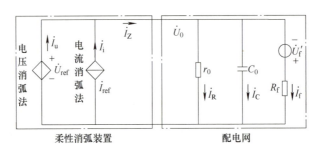

图 11-14　柔性融合消弧法原理示意图

对于电弧性接地故障，将故障点电流及电压同步补偿至低于电弧的重燃值，即可使电弧熄灭，另外，电弧性接地故障的单相接地过渡电阻呈快速非线性变化，故障相母线处至故障点的电压难以动态准确求取，因此，柔性融合消弧法用于电弧性接地故障消弧时，忽略三相对地参数不对称和故障相母线处至故障点的压降的影响，以故障相电源电压替代故障点电压，即 $\dot{U}_{\mathrm{f}}'=\dot{E}_{\mathrm{f}}$，对图 11-14 所示等效电路列写 KCL 方程，可得

$$\dot{U}_0\left(\frac{1}{r_0}+\mathrm{j}\omega C_0\right)+\frac{1}{R_{\mathrm{f}}}(\dot{U}_0+\dot{E}_{\mathrm{f}})-\dot{I}_{\mathrm{z}}=0 \tag{11-1}$$

式（11-1）中的注入电流 $\dot{I}_{\mathrm{z}}$ 和零序电压 $\dot{U}_0$ 为变量，在系统结构不变时，其余参数均为固定值。为了满足 KCL，调整注入电流和零序电压中的任一值，则另一值将随之发生相应的变化。若调整注入电流大小为 $\dot{I}_{\mathrm{z}}=\dot{U}_0(1/r_0+\mathrm{j}\omega C_0)$，则零序电压变为 $\dot{U}_0=-\dot{E}_{\mathrm{f}}$，即强制使故障相

母线处电压为零，此时以单相接地故障点的电流为控制目标，称为柔性电流消弧法；若调控零序电压为故障相电源电压的负值，即 $\dot{U}_0 = -\dot{E}_\mathrm{f}$，为满足式（11-1），则注入电流相应地变为 $\dot{I}_\mathrm{z} = \dot{U}_0(1/r_0 + \mathrm{j}\omega C_0)$，即补偿单相接地故障电流为零，此时以单相接地故障点的电压为控制目标，称为柔性电压消弧法。

综上可知，柔性电流消弧法和柔性电压消弧法仅控制目标不同，本质上均为抑制单相接地故障点的电流或电压趋于零，将柔性电流和电压消弧法进行融合，即形成柔性融合消弧法，可充分发挥两种消弧法各自的优势。相较于采用单一的柔性电流或电压消弧法，柔性融合消弧法对单相接地过渡电阻变化的适应性更强，其消弧效果更佳。对于电弧性接地故障，无论在呈低阻单相接地故障特性的电弧重燃阶段，还是在呈高阻单相接地故障特性的电弧熄灭阶段，柔性融合消弧法均可对接地电弧进行有效抑制，且无需复杂的切换条件。

2. 柔性零能量消弧法

对于非电弧性永久接地故障，应将故障点电流和电压补偿至零，以消除安全隐患，因此，需计及故障相母线处至故障点压降和三相对地参数不对称的影响，实现单相接地故障精准消弧。已有的柔性电流消弧法和柔性电压消弧法，均忽略故障相母线处至故障点压降的影响，用易获取的故障相电源电压替代故障点电压。

已有柔性电流消弧法将故障相电源电压负值与系统对地导纳的乘积，即故障相母线处发生金属性单相接地故障时系统的对地电流，作为给定控制目标值，故障相母线处至故障点压降相对于故障相电源电压，其值较小，对给定控制目标值的计算结果影响较小，故已有柔性电流消弧法受故障相母线处至故障点压降的影响小。

已有柔性电压消弧法将故障相母线处的电压抑制为零，假设发生金属性单相接地故障，则故障点的电压为零，但故障相母线处和故障点间存在线路阻抗，且该线路阻抗上有负荷电流流过，故其两端的电位差不为零，与故障相母线处电压和故障点电压均为零矛盾，因此将故障相母线处电压抑制为零时，故障点存在残压。若是发生低阻单相接地故障，特别是重载长线路末端发生低阻单相接地故障时，易出现故障点残压大于无柔性消弧干预情况下的故障点电压的情况，此时已有柔性消弧方法将使单相接地故障电流增大。

针对非电弧性永久接地故障的消弧，可将柔性全补偿电流消弧法与柔性零电位电压消弧法相融合，实现单相接地故障柔性零能量消弧。其中柔性全补偿电流消弧法计及配电网三相对地参数不对称的影响，以中性点至故障点压降的负值与系统对地导纳的乘积，再叠加三相对地参数不对称电流作为其给定控制目标值；柔性零电位电压消弧法以系统零序电压与中性点至故障点压降负值相等为控制目标。图 11-13e 所示级联 H 桥变流器构成的柔性消弧装置，其注入的三相对地参数不对称抑制电流及消弧电流在零序网络中流通，即与各线路对地导纳支路及单相接地故障支路形成流通回路。构建注入零序补偿电流时配电网的等效电路图，如图 11-15 所示。

对图 11-15 中的节点 D 列写 KCL 方程，可得

$$\dot{U}_0(Y_A + Y_B + Y_C) + \dot{I}_\mathrm{bd} + \dot{I}_\mathrm{f} - \dot{I}_\mathrm{z} = 0 \qquad (11\text{-}2)$$

式中，Y_A、Y_B、Y_C 分别为各相对地导纳；$\dot{I}_\mathrm{bd} = \dot{E}_A \dot{Y}_A + \dot{E}_B \dot{Y}_B + \dot{E}_C \dot{Y}_C$ 为系统三相对地参数不对称电流；$\dot{I}_\mathrm{f} = (\dot{U}_0 + \dot{U}_{\mathrm{f0}})/R_\mathrm{f}$ 为单相接地故障点电流，其中 $\dot{U}_{\mathrm{f0}}$ 为中性点至故障点的压降。

与式（11-1）类似，式（11-2）中仅注入电流 $\dot{I}_\mathrm{z}$ 和零序电压 $\dot{U}_0$ 为变量，若柔性消弧装

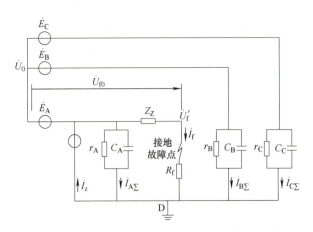

图 11-15 注入零序补偿电流时配电网的等效电路图

置注入电流为 $\dot{I}_z = -(Y_A + Y_B + Y_C)\dot{U}_{f0} + \dot{I}_{bd}$，则系统零序电压将变化为 $\dot{U}_0 = -\dot{U}_{f0}$；若控制系统零序电压为 $\dot{U}_0 = -\dot{U}_{f0}$，则柔性消弧装置注入电流随之变化为 $\dot{I}_z = -(Y_A + Y_B + Y_C)\dot{U}_{f0} + \dot{I}_{bd}$。柔性全补偿电流消弧法的关键在于中性点至故障点的压降、对地导纳和三相对地参数不对称电流等参数的求取，而柔性零电位电压消弧法的关键只在于中性点至故障点的压降的求取，因此柔性零电位电压消弧法相对于柔性全补偿电流消弧法，具有无需测量对地参数和三相对地参数不对称电流的优势。

式（11-2）中除单相接地过渡电阻和中性点至故障点的压降值难于直接获取外，其他参数均可经直接测量或计算得到，若发生单相接地故障后，改变注入补偿电流或调控零序电压，并将调整前后的注入补偿电流及其对应的系统零序电压的值代入式（11-2），可求得中性点至故障点的压降值，该压降值与故障相母线处至故障点的阻抗以及故障相线路的电流有关，对于发生的某一次非电弧性永久接地故障，其中故障相母线处至故障点的阻抗不变，但故障相的电流随负荷电流变化而改变，因此零序电压的给定控制目标值应动态调整，以适应负荷电流的变化，可将零序电压给定控制目标值的动态调整与单相接地故障是否消失的动态辨识相结合，在非电弧性永久接地故障消弧期间，逐渐减小零序电压给定控制目标值，同时测量其减小前后的系统零序电压及其对应的注入补偿电流的值，并代入式（11-2），可算得新的零序电压给定控制目标值，以适应负荷电流的变化。

11.2.5 柔性消弧装置设计

1. 硬件设计

柔性消弧装置的构成如图 11-16 所示。装置主要由级联 H 桥变流器及其控制系统组成。图 11-16 中 TV 为电压互感器，TA 为电流互感器，ZT 为接地变压器，S_1、S_2、S_3 为开关，MT 为多绕组降压变压器，L_N 为滤波电感，HB1~HB12 为 H 桥功率模块，DR 为阻尼电阻，L_{ASC} 为消弧线圈的等效电感。级联 H 桥变流器的级联数为 12，其首端经滤波电感连接于接地变压器中性点，其末端连接到大地。每个 H 桥功率模块的直流侧电压为 800V，直流侧电源由接于 10kV 母线的三相电源经多绕组降压变压器和三相整流器获取。H 桥功率模块中的 IGBT 的耐压为 1700V，额定电流为 225A。滤波电感 L_N 的电感量为 0.05H。H 桥功率模块直流侧电容的电容量为 $600\mu F$，耐压为 1700V。三相整流器的耐压为 1600V，额定电流为 160A。

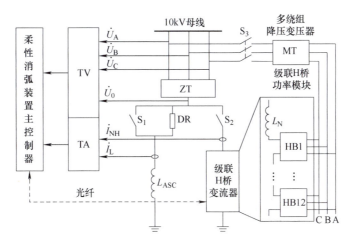

图 11-16　柔性消弧装置的构成

（1）主控制器

柔性消弧装置的主控制器由 CPU 板卡、采样板卡、光纤通信板卡和开关量输入/输出板卡等构成，如图 11-17 所示。主控制器通过光纤与每个 H 桥功率模块的控制器通信，将命令下发至每个 H 桥功率模块，并获取每个 H 桥功率模块的运行状态。

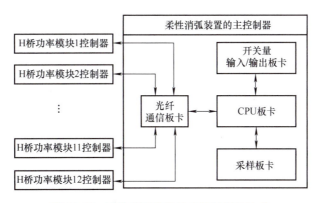

图 11-17　柔性消弧装置的主控制器的构成

（2）H 桥功率模块

柔性消弧装置的每个 H 桥功率模块均由一次和二次器件构成。一次器件包括整流电路和 H 桥单元，二次器件包括 H 桥功率模块的控制器、IGBT 驱动电路、A/D 采样电路、电源管理电路和光纤通信电路等，如图 11-18 所示。多绕组降压变压器从 10kV 母线处取电源，经整流电路为 H 桥单元直流侧供电，同时经电源管理电路为 H 桥功率模块的二次器件供电。每个 H 桥功率模块的控制器可根据光纤通信电路收到的控制命令，以及 A/D 采样电路采集的直流侧电压等，生成开关管的控制信号，并通过 IGBT 驱动电路实现对 H 桥单元的输出控制。为实现对各个 H 桥功率模块的保护功能，H 桥功率模块的控制器还实时检测 H 桥单元的直流侧电压和 IGBT 温度。

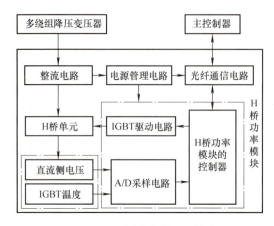

图 11-18　H 桥功率模块的构成

（3）柔性消弧装置

研制的柔性消弧装置实物如图 11-19 所示，装置采用集装箱预装，具备模块化、安装灵活等特点。其可独立运行，亦可与消弧线圈配合使用，经由接地变压器中性点接入配电网。

2. 软件设计

配电网单相接地故障识别与处置算法流程如图 11-20 所示。配电网正常运行时，柔性消弧装置每隔一定时间测量配电网对地等效电容和泄漏电阻值，并结合监测的零序电压及三相电压综合判断是否发生单相接地故障。若监测到发生单相接地故障，则先选出故障相，接着采用柔性融合消弧法向配电网注入单相接地故障补偿电流，期间会减小一次注入电流和零序电压给定值，同时以柔性消弧装置输出的有功功率的方向和对地导纳变化趋势作为单相接地故障是否消失的综合判据。

若单相接地故障消失，则判为瞬时性单相接地故障，此后继续减小给定控制目标值至零，将柔性消弧装置的柔性融合消弧法退出；若单相接

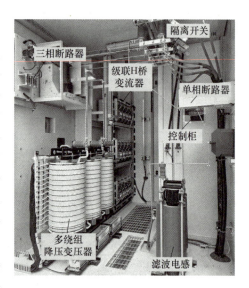

图 11-19　柔性消弧装置实物图

地故障未消失且经识别为电弧性单相接地故障，则逐步恢复给定控制目标值，并仍采用柔性融合消弧法进行消弧，直至故障点被隔离或设定的消弧时间到达；若单相接地故障未消失且经识别为非电弧性永久接地故障，则计算中性点至故障点的压降值，进而算得线路阻抗压降，将线路阻抗压降除以平滑切换限定时间内的控制周期数，得到每个控制周期的给定值调整量，平滑切换限定时间内的每个控制周期，均将故障相电源电压负值与算得的调整量进行累加，进而求得柔性全补偿电流消弧法和柔性零电位电压消弧法新的给定控制目标值，实现柔性融合消弧法平滑切换至柔性零能量消弧法，经过一定延时后，逐渐减少给定控制目标

值，重新计算中性点至故障点压降值并动态更新给定控制目标值，以适应负荷电流的变化，直至故障点被隔离或设定的消弧时间到达，实现多类型单相接地故障全过程精准消弧。

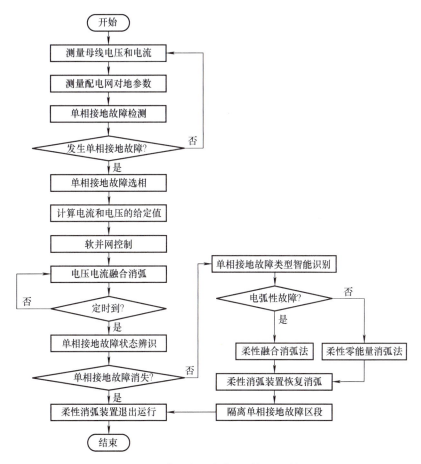

图 11-20　配电网单相接地故障识别与处置算法流程图

11.2.6　柔性消弧实验

为验证柔性消弧装置的性能，搭建了 10kV 配电网真型试验系统，如图 11-21 所示，其中 OL 代表架空线路，CL 代表电缆线路。0.4kV 电源经调压变压器和升压变压器后接入 10kV 母线，试验系统包含 1 条架空线与电缆线混合线路、2 条纯电缆线路、1 条纯架空线路以及二次监控保护系统等，线路采用 π 形等效电路模型模拟。接地变压器连接于母线处，消弧线圈和柔性消弧装置经开关接到接地变压器的中性点。

在 10kV 配电网真型试验系统中，分别开展柔性消弧装置独立消弧的试验及其与消弧线圈配合消弧的试验。单相接地故障的接地介质包括泥土、沙石、砖、干草、树枝等类型。下面介绍金属性单相接地故障、电弧性单相接地故障和高阻单相接地故障等三种典型单相接地情况下，柔性消弧装置独立消弧试验情况。

（1）金属性单相接地故障柔性消弧试验

设配电网 A 相发生金属性单相接地故障，柔性消弧试验结果如图 11-22 所示。在单相接

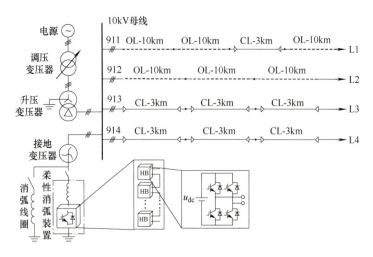

图 11-21　10kV 配电网真型试验系统

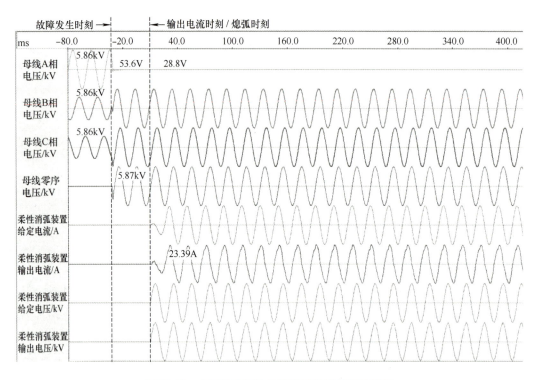

图 11-22　金属性单相接地故障柔性消弧试验结果

地故障发生后，配电网母线 A 相电压有效值从 5.86kV 迅速降低，经过 10.65ms 的暂态过程后，稳定至 53.6V；同时，非故障相电压有效值从 5.86kV 迅速抬升，经暂态过程后，接近于 10.12kV；母线零序电压从零升高至 5.87kV。在故障发生 33.93ms 后，柔性消弧装置输出电流 23.39A，配电网 A 相电压进一步降低至 28.8V。此后，单相接地故障被持续抑制，直至故障点被隔离或设定的消弧时间到达。

（2）电弧性单相接地故障柔性消弧试验

设配电网 A 相发生电弧性单相接地故障，柔性消弧试验结果如图 11-23 所示。在单相接地故障发生后，配电网 A 相电压有效值从 5.86kV 迅速降低，经过 8.56ms 的暂态过程，出现零休特性；同时，非故障相电压有效值从 5.86kV 迅速抬升，经暂态过程后，接近于 10.08kV；母线零序电压从零升高至 5.96kV。在故障发生 43.28ms 后，柔性消弧装置输出电流 28.86A，经过 167.67ms 后，配电网 A 相电压进一步降低至 200V 以下，最大残余电压为 185.9V。单相接地故障被持续抑制，直至故障点被隔离或设定的消弧时间到达。

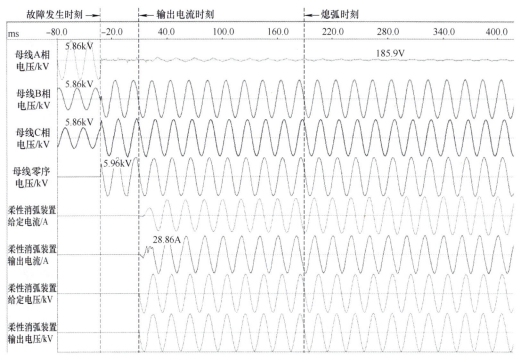

图 11-23　电弧性单相接地故障柔性消弧试验结果

（3）高阻单相接地故障柔性消弧试验

设配电网 C 相发生高阻 16kΩ 单相接地故障，柔性消弧试验结果如图 11-24 所示。在故障发生后，配电网 C 相电压有效值为 5.84kV，与故障前基本保持一致；同时，非故障相电压有效值为 5.91kV；母线零序电压从零抬升为 69V。在故障发生 48.33ms 后，柔性消弧装置输出电流 29.15A，配电网 C 相电压迅速降低，经过 144.50ms 后，配电网 C 相电压降低至 200V 以下，最大残余电压为 197.9V。单相接地故障被持续抑制，直至故障点被隔离或设定的消弧时间到达。

综上，对于不同类型的单相接地故障，故障相残余电压均能被基于级联 H 桥变流器的柔性消弧装置抑制到 200V 以下，且响应时间均小于 300ms。在非金属性单相接地故障情况下，接地点残余电流能够被抑制到小于 0.3A；在金属性单相接地故障情况下，接地点残余电流能够被抑制到小于 2A；在电弧性单相接地故障情况下，能够在 100ms 内有效熄灭故障电弧，且不重燃。

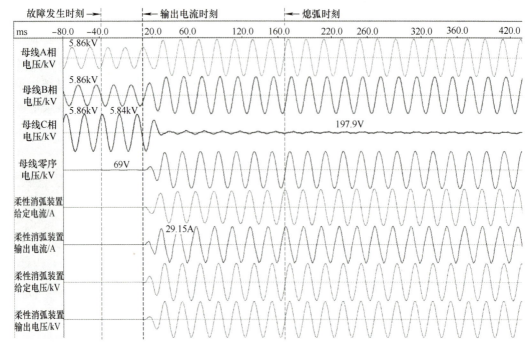

图 11-24　高阻单相接地故障柔性消弧试验结果

课后习题

1. 配电网单相接地故障选段的难点有哪些？

2. 基于深度学习算法的配电网单相接地故障暂态选段方法相对于已有方法，有什么优势？

3. 配电网单相接地故障抑制为什么需采用柔性消弧技术？

4. 简述柔性消弧方法的分类及其优缺点。

5. 简述采用单相级联 H 桥变流器的柔性消弧装置的消弧效果。

附　　录

附录 A　配电网自动化实现方式

1. 简易型

简易型方式是基于就地检测和控制技术的一种准实时方式，采用故障指示器来获取配电线路的故障信息。开关设备采用重合器或具备自动重合闸功能的开关设备，通过开关设备之间的逻辑配合（如时序等）就地实现配电网故障隔离和供电恢复。

简易型方式适用于单辐射或单联络的配电网一次网架或仅需故障指示功能的配电线路，对配电网自动化主站系统和通信通道没有明确的要求。

2. 实用型

实用型方式利用多种通信手段（如光纤、载波、无线公网/专网等），以实现遥信和遥测功能为主，并可对具备条件的配电一次设备进行单点遥控的实时监控。配电网自动化系统具备基本的配电 SCADA 功能，可实现配电线路、设备数据的采集和监测。根据配电终端数量或通信方式等，可增设配电子站。

实用型方式适用于通信通道具备基本条件，配电网一次设备具备遥信和遥测（部分设备具备遥控）条件，但不具备实现集中型馈线自动化功能条件的地区，其以配电 SCADA 监控为主要实现功能。

3. 标准型

标准型方式在实用型方式的基础上实现完整的配电 SCADA 功能和集中型馈线自动化功能，能够通过配电网自动化主站系统和配电终端的配合，实现配电网故障区段的快速切除与自动恢复供电，并可通过与上级调度自动化系统、生产管理系统、配电网 GIS 平台等其他应用系统的互连，建立完整的配电网模型，实现基于配电网拓扑的各类应用功能，为配电网生产和调度提供较全面的服务。实施集中型馈线自动化的区域应具备可靠、高效的通信手段（如光纤传输网络等）。

标准型方式适用于配电网一次网架和设备比较完善，配电网自动化和信息化基础较好，集中型馈线自动化实施区域具备相应条件的地区。

4. 集成型

集成型方式在标准型方式的基础上，通过信息交换总线实现配电网自动化系统与相关应用系统的互连，整合配电信息，外延业务流程，扩展和丰富配电网自动化系统的应用功能，支持配电生产、调度、运行及用电等业务的闭环管理，为配电网安全和经济指标的综合分析以及辅助决策提供服务。

集成型方式适用于配电网一次网架和设备条件比较成熟，配电网自动化系统初具规模，各种相关应用系统运行经验较为丰富的地区。

5. 智能型

智能型方式在标准型或集成型方式的基础上，通过扩展配电网分布式电源/储能装置/微电网的接入及应用功能，在快速仿真和预警分析的基础上进行配电网自愈控制，并通过配电网络优化和提高供电能力实现配电网的经济优化运行，以及与其他智能应用系统的互动，实现智能化应用。

智能型方式适用于已开展或拟开展分布式电源/储能装置/微电网建设，或对配电网的安全控制和经济运行辅助决策有实际需求，且配电网自动化系统和相关基础条件较为成熟完善的地区。

附录 B　线损计算原始数据

附表　2009 年 8 月 1 日菲宝线部分三相平均有功、无功功率

名称	系统时间	有功功率/kW			无功功率/kvar		
		A 相	B 相	C 相	A 相	B 相	C 相
贝瑞特 5#变	2009080100	0.2630	0.2225	0.2265	0.25	0.24	0.22
贝瑞特 6#变	2009080100	0.5745	0.5870	0.5750	0.11	0.12	0.11
豪宝 14#变	2009080100	0.2269	0.2431	0.1729	0.02	0.03	0.01
宏升 1#变	2009080100	0.1820	0.1865	0.1620	0.02	0.02	0.02
菲宝织造变	2009080100	0.3840	0.4665	0.3535	0.18	0.17	0.15
建邦 1#变	2009080100	0.0470	0.0000	0.0000	0.06	0.00	0.00
凯欣 1#变	2009080100	0.1135	0.1135	0.1720	0.05	0.00	0.01
日祥 1#变	2009080100	0.0765	0.0000	0.1020	0.07	0.00	0.03
大堡村 13#变	2009080100	0.0768	0.0767	0.1126	0.03	0.02	0.05
大堡村 7#变	2009080100	0.2736	0.2325	0.2461	0.00	0.00	0.00
艺彩 2#变	2009080100	0.1396	0.1186	0.1223	0.08	0.06	0.06
艺彩 1#变	2009080100	0.1045	0.0790	0.0895	0.03	0.03	0.02
贝瑞特 5#变	2009080107	0.0530	0.0505	0.0375	0.08	0.07	0.06
贝瑞特 6#变	2009080107	0.4305	0.4440	0.4355	0.07	0.08	0.09
豪宝 14#变	2009080107	0.2730	0.2344	0.2022	0.11	0.10	0.09
宏升 1#变	2009080107	0.1910	0.2160	0.2080	0.07	0.07	0.10
菲宝织造变	2009080107	0.1540	0.2720	0.1320	0.07	0.10	0.04
建邦 1#变	2009080107	0.0075	0.0000	0.0000	0.00	0.00	0.00
凯欣 1#变	2009080107	0.0270	0.0125	0.0320	0.07	0.09	0.08
日祥 1#变	2009080107	0.0145	0.0000	0.0517	0.02	0.00	0.00
大堡村 13#变	2009080107	0.1437	0.1438	0.1835	0.01	0.01	0.03
大堡村 7#变	2009080107	0.1156	0.1245	0.1054	0.03	0.05	0.03

（续）

名称	系统时间	有功功率/kW			无功功率/kvar		
		A 相	B 相	C 相	A 相	B 相	C 相
艺彩 2#变	2009080107	0.1294	0.1164	0.1233	0.07	0.06	0.06
艺彩 1#变	2009080107	0.3710	0.4040	0.3780	0.13	0.13	0.16
贝瑞特 5#变	2009080112	0.1100	0.0925	0.0855	0.15	0.13	0.12
贝瑞特 6#变	2009080112	0.6865	0.7055	0.6955	0.12	0.14	0.13
豪宝 14#变	2009080112	0.2580	0.1992	0.1841	0.05	0.02	0.04
宏升 1#变	2009080112	0.2280	0.2430	0.2185	0.07	0.07	0.03
菲宝织造变	2009080112	0.3360	0.5710	0.5350	0.17	0.20	0.16
建邦 1#变	2009080112	0.0475	0.0000	0.0000	0.07	0.00	0.00
凯欣 1#变	2009080112	0.1800	0.2085	0.2190	0.06	0.08	0.06
日祥 1#变	2009080112	0.1165	0.0000	0.1815	0.13	0.00	0.03
大堡村 13#变	2009080112	0.1550	0.1432	0.2272	0.02	0.03	0.04
大堡村 7#变	2009080112	0.1812	0.2120	0.1627	0.02	0.04	0.03
艺彩 2#变	2009080112	0.1258	0.1185	0.1212	0.06	0.05	0.06
艺彩 1#变	2009080112	0.0530	0.0420	0.0480	0.06	0.06	0.05
贝瑞特 5#变	2009080118	0.1160	0.1035	0.0795	0.12	0.11	0.10
贝瑞特 6#变	2009080118	0.6580	0.6730	0.6670	0.13	0.14	0.14
豪宝 14#变	2009080118	0.4061	0.3923	0.3316	0.07	0.06	0.10
宏升 1#变	2009080118	0.2335	0.2450	0.2420	0.11	0.11	0.11
菲宝织造变	2009080118	0.4480	0.6295	0.6205	0.25	0.25	0.24
建邦 1#变	2009080118	0.0075	0.0000	0.0000	0.00	0.00	0.00
凯欣 1#变	2009080118	0.0665	0.0510	0.1065	0.01	0.04	0.03
日祥 1#变	2009080118	0.0507	0.0000	0.0637	0.05	0.00	0.02
大堡村 13#变	2009080118	0.1968	0.1967	0.2307	0.03	0.03	0.04
大堡村 7#变	2009080118	0.2808	0.2755	0.2215	0.02	0.05	0.03
艺彩 2#变	2009080118	0.2329	0.2081	0.2148	0.16	0.14	0.15
艺彩 1#变	2009080118	0.3705	0.3520	0.3870	0.17	0.15	0.14
贝瑞特 5#变	2009080122	0.2065	0.2015	0.1720	0.21	0.20	0.19
贝瑞特 6#变	2009080122	0.6480	0.6680	0.6565	0.10	0.14	0.13
豪宝 14#变	2009080122	0.3765	0.3551	0.3041	0.06	0.06	0.08
宏升 1#变	2009080122	0.1700	0.1710	0.1650	0.05	0.04	0.03
菲宝织造变	2009080122	0.5925	0.7395	0.7505	0.28	0.28	0.23
建邦 1#变	2009080122	0.0075	0.0000	0.0000	0.00	0.00	0.00
凯欣 1#变	2009080122	0.1015	0.1190	0.1395	0.02	0.00	0.02
日祥 1#变	2009080122	0.0332	0.0000	0.0380	0.02	0.00	0.01
大堡村 13#变	2009080122	0.1793	0.1565	0.2404	0.04	0.03	0.07

（续）

名称	系统时间	有功功率/kW			无功功率/kvar		
		A 相	B 相	C 相	A 相	B 相	C 相
大堡村 7#变	2009080122	0.2715	0.2364	0.2249	0.02	0.03	0.02
艺彩 2#变	2009080122	0.2371	0.1983	0.2100	0.17	0.13	0.13
艺彩 1#变	2009080122	0.3605	0.3780	0.3535	0.10	0.11	0.12

注：表中各变压器的电流互感器电流比分别为：贝瑞特 5#变 350A/5A，贝瑞特 6#变 500A/5A，豪宝 14#变 500A/5A，宏升 1#变 500A/5A，菲宝织造变 300A/5A，建邦 1#变 150A/5A，凯欣 1#变 500A/5A，日祥 1#变 75A/5A，大堡村 13#变 600A/5A，大堡村 7#变 600A/5A，艺彩 2#变 350A/5A，艺彩 1#变 500A/5A。表中日祥 1#变的电压互感器电压比为 10000V/100V。

参 考 文 献

[1] 王益民. 实用型配电网自动化技术 [M]. 北京：中国电力出版社，2008.

[2] 高亮. 配电网设备及系统 [M]. 北京：中国电力出版社，2009.

[3] 李景禄. 实用配电网技术 [M]. 北京：中国水利水电出版社，2006.

[4] 李天友. 配电技术 [M]. 北京：中国电力出版社，2008.

[5] 苑舜，王承玉，海涛，等. 配电网自动化开关设备 [M]. 北京：中国电力出版社，2007.

[6] 王秋梅，金伟君，徐爱良，等. 10kV 开闭所的设计、安装、运行和检修 [M]. 北京：中国电力出版社，2005.

[7] 陈皓. 微机保护原理及算法仿真 [M]. 北京：中国电力出版社，2007.

[8] 杨奇逊，黄少锋. 微型机继电保护基础 [M]. 3 版. 北京：中国电力出版社，2007.

[9] 阳宪惠. 工业数据通信与控制网络 [M]. 北京：清华大学出版社，2003.

[10] 盛寿麟. 电力系统远程监控原理 [M]. 2 版. 北京：中国电力出版社，1998.

[11] 陈在平. 现场总线及工业控制网络技术 [M]. 北京：电子工业出版社，2008.

[12] 陈堂. 配电系统及其自动化技术 [M]. 北京：中国电力出版社，2003.

[13] 刘健，倪建立，邓永辉. 配电自动化系统 [M]. 2 版. 北京：中国水利水电出版社，2003.

[14] 国家电网公司. 配电自动化终端/子站功能规范：Q/GDW 514—2010 [S]. 北京：中国电力出版社，2011.

[15] 黄新波. 输电线路在线监测与故障诊断 [M]. 北京：中国电力出版社，2008.

[16] 周昭茂. 电力需求侧管理技术支持系统 [M]. 北京：中国电力出版社，2007.

[17] 国家电网公司. 国家电网公司重点应用新技术目录 [M]. 北京：中国电力出版社，2009.

[18] 张晶，郝为民，周昭茂. 电力负荷管理系统技术及应用 [M]. 北京：中国电力出版社，2009.

[19] 袁钦成. 配电系统故障处理自动化技术 [M]. 北京：中国电力出版社，2007.

[20] 郭谋发，杨耿杰，黄建业，等. 配电网馈线故障区段定位系统 [J]. 电力系统及其自动化学报，2011，23（2）：18-23.

[21] 郭谋发，杨振中，杨耿杰，等. 基于 ZigBee Pro 技术的配电线路无线网络化监控系统 [J]. 电力自动化设备，2010，30（9）：105-110.

[22] 国家电网公司. 电力负荷管理系统数据传输规约：Q/GDW 130—2005 [S]. 北京：中国电力出版社，2007.

[23] 国家能源局. 远动设备及系统 第5-104 部分：传输规约 采用标准传输协议集的 IEC 60870-5-101 网络访问：DL/T 634.5104—2009 [S]. 北京：中国电力出版社，2009.

[24] 王首顶. IEC 60870-5 系列协议应用指南 [M]. 北京：中国电力出版社，2008.

[25] 郭谋发，杨耿杰，丁国兴，等. 基于 IEC 60870-5-104 及 OPC 的水电厂自动化系统 [J]. 电力自动化设备，2007，27（10）：100-103.

[26] 杨耿杰，丁国兴，郭谋发. 基于 IEC 60870-5-104 规约的水电厂通信管理机设计 [J]. 电力自动化设备，2008，28（8）：85-89.

[27] 国家电网公司. 智能电能表信息交换安全认证技术规范：Q/GDW 365—2009 [S]. 北京：中国电力出版社，2009.

[28] 国家电网公司. 电力用户用电信息采集系统设计导则 第三部分：技术方案设计导则：Q/GDW

378.3—2009［S］.北京：中国电力出版社，2009.

［29］　杨耿杰，郭谋发，丁国兴，等.基于嵌入式操作系统的GPRS配变抄表及监测终端［J］.电力自动化设备，2009，29（8）：118-123.

［30］　杨耿杰，郭谋发，丁国兴.基于标准负控规约的配电变压器监测与管理系统［J］.福州大学学报（自然科学版），2009，37（6）：853-858，888.

［31］　龚静.配电网综合自动化技术［M］.北京：机械工业出版社，2008.

［32］　冯庆东，毛为民.配电网自动化技术与工程实例分析［M］.北京：中国电力出版社，2007.

［33］　国家电网公司.配电自动化技术导则：Q/GDW 382—2009［S］.北京：中国电力出版社，2010.

［34］　国家电网公司.配电自动化主站系统功能规范：Q/GDW 513—2010［S］.北京：中国电力出版社，2011.

［35］　王守相，王成山.现代配电系统分析［M］.北京：高等教育出版社，2007.

［36］　杨耿杰，郭谋发.电力系统分析［M］.北京：中国电力出版社，2009.

［37］　陈彬，张功林，黄建业.配电网自动化系统实用技术［M］.北京：机械工业出版社，2015.

［38］　国家电网公司.配电网自动化建设与改造标准化设计技术规定：Q/GDW 625—2011［S］.北京：中国电力出版社，2013.

［39］　国家电网公司.配电自动化规划设计技术导则：Q/GDW 11184—2014［S］.北京：中国电力出版社，2014.

［40］　国家电网公司.配电自动化规划内容深度规定：Q/GDW 11185—2014［S］.北京：中国电力出版社，2014.

［41］　国家电网公司.配电网规划设计技术导则：Q/GDW 1738—2012［S］.北京：中国电力出版社，2012.

［42］　国家电网公司.电力通信网规划设计技术导则：Q/GDW 11358—2019［S］.北京：中国电力出版社，2019.

［43］　国家电网公司.电力以太网无源光网络（EPON）系统 第1部分：技术条件：Q/GDW 1553.1—2014［S］.北京：中国电力出版社，2014.

［44］　国家电网公司.终端通信接入网工程典型设计规范：Q/GDW 1807—2012［S］.北京：中国电力出版社，2012.

［45］　国家电网公司.配电网技术导则：Q/GDW 10370—2016［S］.北京：中国电力出版社，2017.

［46］　周建勇，田志峰，李艳，等.广覆盖LTE 230系统在电力配用电应用中的研究与实践［J］.电信科学，2014（3）：168-172.

［47］　徐丙垠，李天友，薛永端.配电网继电保护与自动化［M］.北京：中国电力出版社，2017.

［48］　国家能源局.电能信息采集与管理系统 第4-5部分：通信协议——面向对象的数据交换协议：DL/T 698.45—2017［S］.北京：中国电力出版社，2017.

［49］　郑毅，刘天琪.配电自动化工程技术与应用［M］.北京：中国电力出版社，2016.

［50］　郭谋发.配电网单相接地故障人工智能选线［M］.北京：中国水利水电出版社，2020.